高等学校创新能力提升计划（2011计划）
出土文献与中国古代文明研究协同创新中心

复旦大学出土文献与古文字研究中心

考工司南

中国古代科技名物论集

闻人军 著

上海古籍出版社

图书在版编目(CIP)数据

考工司南：中国古代科技名物论集 / 闻人军著. —
上海：上海古籍出版社，2017.11
ISBN 978-7-5325-8627-1

Ⅰ.①考… Ⅱ.①闻… Ⅲ.①手工业史—中国—古代
②《考工记》—研究 Ⅳ.①N092

中国版本图书馆 CIP 数据核字(2017)第 245246 号

考工司南：中国古代科技名物论集

闻人军 著

上海古籍出版社出版发行

（上海瑞金二路 272 号 邮政编码 200020）

（1）网址：www.guji.com.cn

（2）E-mail：gujil@guji.com.cn

（3）易文网网址：www.ewen.co

常熟新骅印刷有限公司印刷

开本 787×1092 1/16 印张 24 插页 2 字数 345,000

2017 年 11 月第 1 版 2017 年 11 月第 1 次印刷

印数：1—1,500

ISBN 978-7-5325-8627-1

K·2388 定价：78.00 元

如有质量问题，请与承印公司联系

前　言

本集收有39篇文章，五分之三是20多年前旧刊，五分之二为2015、2016年的新作。具体地说，已发表过的有21篇，原文曾刊出、现据新资料作了增补的有3篇，第一次发表的有15篇。书中按内容分为三编，各编内将内容相近的放在一起，并大致按发表时间先后为序。

《考工编》收有20篇与《考工记》研究有关的文章，其中"成书年代"、"声学知识"、"流体力学"3篇均是硕士论文的一部分，"齐尺"、"火候"、"磬折"三篇亦脱胎于该毕业论文。已刊的"兵器学"篇与新刊的"新析偶得"篇原是学术会议论文。"弓有六善"两篇是以《考工记》研究为基础的沈括研究的成果。书中收入了两则大百科全书条目，是《考工记》的简介，其中之一是与王师锦光教授(1920.1—2008.12)合撰的。"版本源流"篇作于20世纪80年代末，曾作为拙著《考工记译注》(1993、2008)的附录，今据新出资料有所补充。另外几篇是新写的。我参加复旦大学的"基于出土资料的上古文献名物研究"项目后，先写了"夹辅"和"辅车相依"姐妹篇。"再论磬折"、"璧羡度尺"、"拨尔而怒"和"嘉量铭"四篇是配合学术界近年的《考工记》研究，有感而发。"考工记在国外的流传和研究"这个题目原来不在计划之中，是汪少华教授建议增加的。

《司南编》含11篇文章，涉及司南、指南针和罗经盘。1988年笔者根据考古资料发现旱罗盘系中国发明，本集收入与此有关的三篇文章。浮式司南的设想追溯到20世纪80年代与王师合作的论文，2015年笔者提出原始水浮指南针是瓢针司南酌，这一发现有待学术界深入研讨和认可，然自信这一发现将经得起历史的检验。近几十年来陆续出土了一些宋元针碗，乃指南水针之遗存，其前身就是瓢针司南酌。另有3篇讨论和再论司南古义的演变，两篇对重要史料《因话录》和《茔原总录》作了考证和辨伪。司南、指南针和罗经盘这一领域悬案甚多，有待学术界继续深入研究。

《杂学编》的8篇文章中，"大斗出，小斗进"、"宋辽金里亩制度"、"古代里亩制度"三篇讨论度量衡，"日高图"和"一行"两篇与古代测量天地有关，"海井"、"四镜"亦属名物研究，还有一篇漫谈"沈存中法"及其实物见证。

科技史界前辈钱临照教授指出《考工记》是中国先秦的百科全书。指南针是中国古代四大发明之一。名物(named things)研究可观察物质文化海洋中的大千世界。本人探索所得与之相比微不足道。承蒙汪少华教授提议，复旦大学出土文献与古文字研究中心教授委员会审议，将此论文集列为"高等学校创新能力提升计划(2011计划)"出土文献与中国古代文明研究协同创新中心成果并资助出版，谨致谢忱。原拟除已刊的文章外，通过研究，新写四五篇。项目展开，一路走来，发现可做的题目不少，结果形成了本书目前的格局。旧作新文，不当之处，望识者指正。

回首往事，1963—1968年，我在上海交通大学无线电系学习水声工程。1978年报考杭州大学中国物理学史研究生时，我才第一次听说《考工记》这部古籍。恩师将我引进了科技史研究的广阔天地，悉心培养。毕业答辩委员会除导师和物理系张礼和主任外，校外请来了胡道静、游修龄教授，校内请了历史系徐规教授，论文答辩颇得好评。钱老知道后，让其高足传来读博深造的殷切期望。当时我深受历史系毛昭晰、金普森、徐规等教授器重，一时未能领会钱老的深意，留下难以弥补之憾。胡先生不拘一格，推荐我作为《中华文化要籍导读丛书》的作者之一，导读的作者们大多是各派的领军人物，我是其中的小字辈，由是催生了我的处女作《考工记导读》，钱老为之亲笔题词"《考工记》乃我先秦之百科全书"。接着胡先生主编《中国古代科技名著译注丛书》，让我写《考工记译注》；得知我想英译《考工记》，热情鼓励。此事一搁多年，直到 2012 年才实现宿愿，在英美出版了《考工记》英文译注[*Ancient Chinese Encyclopedia of Technology: Translation and Annotation of Kaogong ji, The Artificers' Record* (Routledge Studies in the Early History of Asia)]。多年来，我在硅谷重温电子技术之梦，但心中一直放不下科技史。

弹指一挥间，钱老、胡老、王师、徐师先后远去，归隐道山。当年同学少年，绝大多数已经退休，我也随时可以告别喜爱的电子行业，专注热爱的科技史事业；也许有朝一日，有更多的内容可以充实，使这本小书无愧于《考工司南》之名。

闻人军

2016 年感恩节于美国加州阳光谷

目　　录

司 南 编

杂 学 编

Contents

II. On "Sinan"

III. Miscellanies

考工编

《考工记》成书年代新考

《考工记》是我国最早的手工艺专著，故而确认它的成书年代，无疑将有助于先秦史特别是中国科技史的研究。

一、历 史 悬 案

汉代马融作《周官传》说：《周官》“亡其冬官一篇，以《考工记》足之”。郑玄《目录》说：“司空之篇亡。汉兴，购求千金不得。此前世识其事者记录以备大数。”陆德明《经典释文·序录》又说：“河间献王开献书之路，时有李氏上《周官》五篇，失冬官一篇。乃购千金不得，取《考工记》以补之。”《隋书·经籍志》上也有类似提法。

一般认为，《考工记》原是单行之书。汉代将它取来补入《周官》，《周官》又名《周礼》，遂有《周礼·冬官考工记》之称。

经江永、①郭沫若、②陈直③等人考证，《考工记》的作者是齐人料无疑义，但成书年代之争，一直聚讼纷纭，未有定论。郑玄漫言“前世”，孔颖达以为是西汉人作，贾公彦、王应麟等认为是先秦之书。自顾炎武以降，注重考据，对该问题的研究逐步深入，诸家争鸣，形成了下列几种代表性的

---

① 江永：《周礼疑义举要》卷六。

② 郭沫若：《“考工记”的年代与国别》，《沫若文集》第十六卷，人民文学出版社，1962年。

③ 陈直：《古籍述闻》，《文史》第3辑，中华书局，1963年。

观点：

(1) 春秋末年成书说，代表人物郭沫若。①

(2) 战国后期成书说，代表人物梁启超、②史景成。③

(3) 战国时期(阴阳家)成书说，代表人物夏纬瑛。④

(4) 战国初期成书说，代表人物杨宽、⑤王燮山。⑥

此外，汉代成书说仍不绝如缕。英国科学史家李约瑟倾向于战国成书说，但仍将《考工记》的成书年代记作"周、汉，可能原是齐国的官书"。⑦真可谓众说纷纭，莫衷一是。

上述各家之言，究竟孰是孰非，有待新的考证。兹将探索所得概述如次。

二、从度量衡制看其成书年代

《考工记》(下文简称《记》)中的量制是齐国之制。郑玄注嘉量一鬴等于六斗四升，意指姜齐旧量。《记》文中出现的"寻"、"常"、"仞"等四进制系统的长度单位也属姜齐旧制。另外，在衡制中也有姜齐旧制的标志。

"栗氏"条说：嘉量"重一钧"。春秋战国时曾存在大、小尺两种不同的度量衡系统。⑧ 大尺系统以周、秦、晋、楚和田齐为代表，每斤约合 250 克。小尺系统以姜齐为代表，每斤约合 198.4 克。⑨ 按一钧等于 30 斤推算，《记》文嘉量不过 6—7.5 公斤左右。照理，嘉量比单纯的鬴(釜)量多

---

① 郭沫若：《"考工记"的年代与国别》。

② 梁启超：《古书真伪及其年代》，中华书局，1955 年，第 126 页。

③ 史景成：《考工记之成书年代考》，《书目季刊》1971 年春季第 5 卷第 3 期。

④ 夏纬瑛：《〈周礼〉书中有关农业条文的解释》，农业出版社，1979 年。

⑤ 杨宽：《战国史》，上海人民出版社，1980 年，第 81 页。

⑥ 王燮山：《"考工记"及其中的力学知识》，《物理通报》1959 年第 5 期。

⑦ Joseph Needham, *Science and Civilisation in China*, vol. 4, part 3, Cambridge University Press, 1971, p. 717.

⑧ 高自强：《汉代大小斛(石)问题》，《考古》1962 年第 2 期。

⑨ 国家计量总局主编：《中国古代度量衡图集》，文物出版社，1981 年。

出双耳和臀部，应比普通釜量为重。但实际上，属于新量的田齐子禾子釜重达 13.94 公斤，陈纯釜也有 12.08 公斤。[①]《记》文嘉量比田齐新量轻得多，理应属于容积较小、重量较轻的姜齐旧量。

郭沫若于 1947 年发表《"考工记"的年代与国别》一文，颇有创见。但因稍欠精审，仍有值得推敲之处。例如：郭老以《记》文中关于"四升为豆"的有关记载推论《记》文采用姜齐旧量。其实，据解放后的考证，齐国新旧两种量制均是"四升为豆"之制，[②]故"四升为豆"不足以援引为据。郭老认为《考工记》的成书年代"是在齐量尚未改为陈氏新量的时代，即是春秋末年"，[③]从而奠定了春秋末年成书说。这步推论也是不够严密的。因为在田氏代齐过程中，新旧两种量制并行，作为齐国官书的《考工记》无疑应当著录公量。倘从《记》文采用姜齐旧量出发，仅能判断《考工记》是田太公得周天子承认而立为诸侯的那一年（公元前 386 年）以前的作品。郭老的著作也以"春秋"绝笔作为春秋和战国时期的分界线，[④]所以《考工记》成书于春秋末年的提法值得讨论。

三、从历史地理称谓看其成书年代

《考工记》中，"胡"字作为历史地理的称谓，共有两处：一是"胡无弓车"，二为"妢胡之笴"。前者公认是指北方少数民族。"妢胡"的解释历来不同，笔者以为是指陕西泾河中游地区，当时是西北少数民族的聚居地之一。[⑤]

顾炎武《日知录》说："《史记·匈奴传》曰：'晋北有林胡、楼烦之戎，燕

① 上海博物馆：《齐量》，上海博物馆，1959 年。

② 上海博物馆：《齐量》。

③ 郭沫若：《"考工记"的年代与国别》。

④ 郭沫若：《中国史稿》第一册，人民出版社，1976 年。

⑤ 杜子春云：妢，"书或为邠"。《集韵》："邠或作豳。"邠是周祖先公刘所立之国，在今陕西省旬邑县西泾河中游地区。顾祖禹《读史方舆纪要》说："邠州，古西戎地。后公刘居此，为豳国。"又说："寿山，在州城南。四面崒嵂，其顶平旷，有茂林修竹之胜。"《穆天子传》说："犬戎胡觞天子于雷水之阿。"今疑"妢胡"应为"邠胡"，即陕西泾河中游地区。

北有东胡、山戎。'盖必时人因此名戎为胡。……《考工记》亦曰'胡无弓车'……以此知《考工》之篇亦必七国以后之人所增益矣。"①

《墨子·非攻中篇》说"虽北者,且不一著何,其所以亡于燕、代、胡貊之间者,亦以攻战也",②这是早期称北狄为胡的例子。《穆天子传》说"犬戎胡觞天子于雷水之阿",③这是西戎名胡的例子。《非攻》篇的著作年代较早,约在墨翟生时。《穆天子传》出于晋代汲县魏墓,其成书在魏襄王二十年(公元前299年)以前。但梁启超说:"粤、胡是到战国末才传名到中国的,因此可知《考工记》是战国末的书。"④古代粤、越相通,《记》文中的"粤"即"越"字,战国前早已传名入中原了。公元前473年,越王勾践灭吴,接着挥兵北上,称霸徐州(今山东滕县),势力范围伸入山东,影响所及自不待言。可见梁启超的观点不能成立。

不过,戎狄称胡不见于《左传》,迄今所知的春秋时期文献中均无先例(此据杨宽先生惠告)。由此看来,《考工记》不大可能是春秋时期的著作。

四、从金石乐器形制看其成书年代

自1930年前后河南洛阳金村古墓出土周磬以来,全国各地陆续出土的编磬已经形成了明显的演变序列,从而揭开了千百年来困惑了无数解经者的《考工记》磬制"倨句"的秘密。

春秋末期以前,编磬尚未定型。至春秋末期,形制渐趋一致。如河南淅川县下寺一号墓出土编磬的倨句平均值为153°左右,而且相互之间比较接近。⑤ 在这个基础上,一种古代的实用角度定义——"磬折"(磬之倨句)的概念开始发端。当时"半矩谓之宣,一宣有半谓之欘,一欘有半谓之

---

① (清)顾炎武著,黄汝成集释:《日知录集释》卷三十二(道光十四年刻本),第25a、b页。

② 孙诒让:《墨子间诂》卷五(《万有文库》本)。

③ 《穆天子传》卷四。

④ 梁启超:《古书真伪及其年代》,第126页。

⑤ 河南省博物馆、淅川县文管会、南阳地区文管会:《河南淅川县下寺一号墓发掘简报》,《考古》1981年第2期。

柯”。一柯有半折合现在的 151°52′30″，和磬的倨句相近，所以“一柯有半谓之磬折”。[①] 但是山西长治分水岭 269、270 号墓出土的编磬，倨句值在 131°～152°之间波动，[②]尚无一定的规范可循。战国时期，情形有所不同，出现了两类定型的编磬。

第一类的倨句度数沿用磬折的大小，一般在 150°左右。其代表性的出土地点计有：湖北随县曾侯乙墓、[③]山西万荣县庙前村、[④]河南辉县琉璃阁墓甲、[⑤]河南洛阳金村古墓，[⑥]以及湖北江陵纪南故城址附近出土的彩绘楚编磬等。[⑦] 据考证，这批墓葬的年代为战国前期。

第二类编磬的倨句度数约为 135°，跟《记》文“磬氏”条“磬氏为磬，倨句一矩有半”（即 135°）相应。出土这类编磬的代表性墓葬有：山西长治分水岭 14、25、126 号墓，[⑧]河南汲县山彪镇一号墓、[⑨]洛阳 74C1 四号墓、[⑩]山东诸城县臧家庄等。[⑪] 此外，日本《支那古玉图录》著录一磬，[⑫]也属这一类。这类编磬都是战国时期之物，年代不早于战国初期。

显然，第二类编磬是按《考工记》规定的倨句要求制作的。由第二类编磬的出现时期可以推测《考工记》的编成和流传当在进入战国以后。

---

① 《周礼》卷四二。

② 山西省文管会晋东南工作组：《长治分水岭 269、270 号东周墓》，《考古学报》1974 年第 2 期。

③ 随县擂鼓墩一号墓考古发掘队：《湖北随县曾侯乙墓发掘简报》，《文物》1979 年第 7 期。

④ 杨富斗：《山西万荣县庙前村的战国墓》，《文物参考资料》1958 年第 12 期。

⑤ 许敬参：《编钟编磬说》，《河南博物馆馆刊》第九集，1937 年。

⑥ 常任侠：《中国古典艺术》，上海出版公司，1954 年，第 30 页。

⑦ 湖北省博物馆：《湖北江陵发现的楚国彩绘石编磬及其相关问题》，《考古》1972 年第 3 期。

⑧ 山西省文管会：《山西长治市分水岭古墓的清理》，《考古学报》1957 年第 1 期。山西省文物管理委员会、山西省考古研究所：《山西长治分水岭战国墓第二次发掘》，《考古》1964 年第 3 期。边成修：《山西长治分水岭 126 号墓发掘简报》，《文物》1972 年第 4 期。

⑨ 郭宝钧：《山彪镇与琉璃阁》，科学出版社，1959 年。高明：《略论汲县山彪镇一号墓的年代》，《考古》1962 年第 4 期。

⑩ 洛阳博物馆：《河南洛阳出土“繁阳之金”剑》，《考古》1980 年第 6 期。

⑪ 齐文涛：《概述近年来山东出土的商周青铜器》，《文物》1972 年第 5 期。编磬十二具系山东省博物馆藏品。

⑫ ［日］梅原末治：《支那古玉图录》，日本京都大学，1955 年。

近年来,我国东周编钟屡见出土,但完全符合《记》文规定的尺度比值的,尚未发现。其中符合得比较好的当推随县曾侯乙墓的甬钟。① 江苏六合程桥二号墓春秋晚期编钟②和春秋战国之交的山西长治分水岭269、270号墓出土编钟,③其规范化和精确度均不及战国初期的随县曾侯乙墓甬钟严谨。战国前期的编钟,以河南辉县琉璃阁墓甲④及汲县山彪镇⑤出土的为例,其精准度也未超过随县曾侯乙墓。据此,编钟的演化为《记》文成书于战国初期提供了又一个旁证。

五、从青铜兵器形制看其成书年代

武器的生产是以整个社会的生产为基础的,所以兵器的演变打上了时代的印记,客观上为《考工记》的成书年代提供了绝好的证据。

根据传世和出土的铜兵实物及东周器物标型学的研究,不难发现,《记》文中描述的戈、戟、剑、弓矢等兵器形式,均盛行于战国初期。日本的薮内清也认为《考工记》"关于兵器的记述和考古遗物比较结果,可以推定其中含有战国时代的资料"。⑥ 下面对戈、戟、剑、弓矢分别作些具体讨论。

(一) 戈

商戈无胡,西周始有短胡戈及中胡戈出现,春秋以中胡多穿戈为主,春秋战国之交至战国前期以长胡多穿戈为主。《记》文说"戈广二寸,内倍之,胡三之,援四之","倨句外博"。和《记》文记载相近的实例有:春秋末期或战国初期的江苏六合和仁东周墓出土之戈,⑦战国初期的随县曾侯

---

① 华觉明、贾云福:《先秦编钟设计制作的探讨》,《自然科学史研究》1983年第1期。
② 南京博物院:《江苏六合程桥二号东周墓》,《考古》1974年第2期。
③ 山西省文管会晋东南工作组:《长治分水岭269、270号东周墓》。
④ 许敬参:《编钟编磬说》。
⑤ 郭宝钧:《山彪镇与琉璃阁》。
⑥ [日]《世界大百科事典》第10册,平凡社,1974年,第183—184页。
⑦ 吴山菁:《江苏六合县和仁东周墓》,《考古》1977年第5期。

乙墓及安徽亳县曹家岗七号墓出土铜戈，①合于《记》文规定。战国前期的河南辉县赵固一号墓、②汲县山彪镇一号墓③出土的铜戈中，也有与之相近的。此外，《支那古器图考》著录的河北易县燕下都故城址出土的战国戈，④尚符合《记》文规定。

至战国中后期，戈形更为进化，援、胡、内三者均出利刃，杀伤力更大。其例子有：湖南衡阳战国纪年（公元前338年）铭文铜戈、⑤山东蒙阴唐家峪战国铭文铜戈等等，⑥形制已和《记》文的要求不同。

（二）戟

周戟的发展可分为四个阶段：（1）戈、矛单独使用。（2）戈、矛合体合用。（3）戈、矛分铸联装。（4）戈、矛变形加舭。《记》文说戟"与刺重三锊"，分明是戈、矛分铸联装的。战国前期的随县曾侯乙墓、河南汲县山彪镇一号墓、辉县赵固一号墓，辉县琉璃阁、河北唐山贾各庄、山西长治分水岭等处，均出土过这种形式之戟。⑦ 春秋末年的江苏六合程桥一号墓中，已有戈、矛分铸联装的戟，但其所属戈形不合《记》文的有关规定。⑧

（三）剑

据《记》文记载，上士之剑长三尺，中士之剑长二尺半，下士之剑长二尺。剑形的特征是"中其茎，设其后"。且身、茎有一定的比例关系：上士

---

① 殷涤非：《安徽亳县曹家岗东周墓发掘简报》，《考古》1961年第6期。

② 中国科学院考古研究所：《辉县发掘报告》，科学出版社，1956年。

③ 郭宝钧：《山彪镇与琉璃阁》。

④ 原田淑人、驹井和爱辑：《支那古器图考》（兵器篇），东方文化学院东京研究所，1932年。

⑤ 单先进、冯玉辉：《衡阳市发现战国纪年铭文铜戈》，《考古》1977年第5期。

⑥ 山东省临沂地区文物组：《介绍两件带铭文的战国铜戈》，《文物》1979年第4期。

⑦ 随县擂鼓墩一号墓考古发掘队：《湖北随县曾侯乙墓发掘简报》；又郭宝钧：《殷周的青铜武器》，《考古》1961年第2期。

⑧ 江苏省文物管理委员会、南京博物院：《江苏六合程桥东周墓》，《考古》1965年第3期。

之剑 5∶1，中士之剑 4∶1，下士之剑 3∶1。茎上设后之剑，始于春秋末年，但身、茎比例尚不符合《记》文的要求。

必须指出，春秋战国时期各国的度量衡并不统一，存在地域和时期的差异，其他名物也是如此。可惜时人不够注意，在讨论时往往套用周尺（合 23.1 厘米），而未加区别对待。

战国前期的洛阳金村古墓出土一剑，通长 68.58 厘米，身茎比为 5∶1。① 按周尺计算，相当于《考工记》中的上士之剑。

据作者考证，《考工记》中齐国小尺等于 19.7 厘米左右。② 按此，山东平度县东岳石村战国早期的 16 号墓出土之剑（长 58.8 厘米）、③《支那古器图考》收录一剑（长 47.3 厘米，身茎比 4∶1）④分别相当于上士之剑和中士之剑。吴大澂收藏过的战国鱼肠剑，身茎比为 3∶1，通长约为齐尺的二尺，当是下士之剑。⑤

湖北江陵出土的越王勾践剑（通长 55.7 厘米，柄长 8.4 厘米），不合《记》文规定。⑥ 但越王州句剑中，有一把长 57 厘米，身茎比为 5∶1；⑦有一把长 58 厘米；⑧均相当于上士之剑。浙江省博物馆馆藏的一把"越王州句自作用剑"（长约 61.8 厘米，身茎比为 5∶1），也可列入上士之剑。⑨ 由此说明，勾践在位时（公元前 496—前 464 年），《考工记》尚未问世或未流传到越国。而州句在位时（公元前 448—前 412 年），《考工记》已传入

---

① White, W.C.（怀履光），"Tombs of Old Lo-Yang", Shanghai, 1934. 唐兰：《洛阳金村古墓为东周墓非韩墓考》，《大公报》1946 年 10 月 23 日。唐文将该墓年代订为公元前 404 年。

② 闻人军：《〈考工记〉齐尺考辨》，《考古》1983 年第 1 期。

③ 考古研究所山东发掘队：《山东平度东岳石村新石器时代遗址与战国墓》，《考古》1962 年第 10 期。

④ 原田淑人、驹井和爱辑：《支那古器图考》（兵器篇）。

⑤ 周纬：《中国兵器史稿》，生活·读书·新知三联书店，1957 年。

⑥ 湖北省文化局文物工作队：《湖北江陵三座楚墓出土大批重要文物》，《文物》1966 年第 5 期。

⑦ 周纬：《中国兵器史稿》。

⑧ 湖南省博物馆：《三十年来湖南文物考古工作》，文物编辑委员会编：《文物考古工作三十年》，文物出版社，1979 年。

⑨ 浙江省博物馆展品。

越国。

此外，战国初期的唐山贾各庄 16 号墓出土一剑（通长 49 厘米，身茎比约 4∶1），①战国前期的洛阳中州路 2728 号墓出土铜剑（长 49.1 厘米，身茎比约 4∶1），②若按齐尺计算，均系中士之剑。

南齐时有人盗发楚王冢，曾得科斗书《考工记》竹简。③ 楚国及其某些邻邦的出土文物，应当与《考工记》的问世和流传有密切关系。

楚王酓章剑，茎上无后，形制不合《记》文规定。④ 这是酓章（熊章）在位时（公元前 488—前 431 年）《考工记》尚未问世或未流传到楚国的一个证据。长沙东郊战国初期的 301 号墓出土一剑（长 49.5 厘米，身茎比为 4∶1），该地战国前期的 216 号、317 号墓各出土一剑（长 57.4 厘米，身茎比约 5∶1），⑤如果仍按齐尺计算，近似于中士之剑和上士之剑。又长沙紫檀铺战国前期的 30 号墓出土一剑长 66 厘米，⑥按楚尺等于 22.5 厘米计算，⑦相当于上士之剑。这些例子说明战国前期《考工记》已在楚地流传。

从剑的演变来看，《考工记》似乎是在公元前 5 世纪下半叶问世和流传的。凡此种种，戈、戟、剑的演变又为《考工记》的战国初期成书说添一旁证。

（四）弓矢

《考工记》对于弓矢的记载，不厌其详，然而却没有提到“弩”。迄今所发现的实物铜弩机，不早于战国中期。《周礼》、《战国策》中都有弩的记载，⑧

---

① 安志敏：《河北省唐山市贾各庄发掘报告》，《考古学报》第 6 册，1953 年。

② 中国科学院考古研究所：《洛阳中州路（西工段）》，科学出版社，1959 年，第 98 页。

③ 《南齐书·文惠太子传》。

④ 刘节：《楚器图释》，《北京图书馆考古专集》（第二种），1935 年，第 9 页。

⑤ 中国科学院考古研究所：《长沙发掘报告》，科学出版社，1957 年，第 43 页。

⑥ 湖南省文物管理委员会：《湖南长沙紫檀铺战国墓清理简报》，《考古通讯》1957 年第 1 期。

⑦ 陈梦家：《战国度量衡略说》，《考古》1964 年第 6 期。

⑧ 周纬：《中国兵器史稿》。

近年出土的《孙膑兵法》里也多次提到弩。① 战国以前已有木弩，②《考工记》时代是否已发明铜弩机，尚不敢妄断，至少不及《孙膑兵法》和《周礼》著作时代成熟，故未著述在内。由此可以推测，《考工记》的成书比战国中期的《孙膑兵法》及中后期的《周礼》年代要早。

《记》文中提到的箭矢，郑众和郑玄都以为是铜镞铁铤，其实不然。"冶氏"条说："杀矢，刃长寸，围寸，铤十之。"铤长当为一尺。历年出土的铜镞表明，其演变规律大体上由翼形向三棱形进化。铤部长短不一，能达到一尺左右的，迄今只发现三棱形的类型。公元前5世纪的长沙浏城桥楚墓，已有这种长铤出现。③ 战国前期的长沙紫檀铺战国墓出土的三棱形铜镞，全长21.5厘米，铤长19.5厘米，④正与《记》文的记载相当。时代相近的长沙左家公山15号墓，铜镞已长达36厘米，⑤战国前期的长沙东郊墓葬中还出现了铁铤。⑥

《考工记》中箭笴长三尺。⑦ 长沙浏城桥楚墓的箭长75.7厘米，⑧比《记》文的记载要长。而随县曾侯乙墓出土的竹质箭杆通长70厘米，⑨长沙左家公山15号墓的箭杆长度也是70厘米，⑩更接近于《记》文的规定。

关于弓的长度，高至喜曾对长沙、常德战国墓出土的文物资料加以分析，并指出："《考工记》中关于弓矢的记载，与出土的战国弓矢均甚相合。"⑪

由于《考工记》关于弓矢的记载和战国前期的出土文物相对应，故弓

---

① 杨泓：《中国古兵器论丛》，文物出版社，1980年，第138页。

② 宋兆麟、何其耀：《从少数民族的木弩看弩的起源》，《考古》1980年第1期。

③ 湖南省博物馆写作小组：《长沙浏城桥楚墓和它出土的兵器》，《光明日报》1971年11月16日。

④ 湖南省文物管理委员会：《湖南长沙紫檀铺战国墓清理简报》。

⑤ 湖南省文物管理委员会：《长沙左家公山的战国木椁墓》，《文物参考资料》1954年第12期。

⑥ 中国科学院考古研究所：《长沙发掘报告》，第43页。

⑦ 《周礼》卷四一"矢人"条郑玄注。

⑧ 湖南省博物馆写作小组：《长沙浏城桥楚墓和它出土的兵器》。

⑨ 随县擂鼓墩一号墓考古发掘队：《湖北随县曾侯乙墓发掘简报》。

⑩ 湖南省文物管理委员会：《长沙左家公山的战国木椁墓》。

⑪ 高至喜：《记长沙、常德出土弩机的战国墓——兼谈有关弩机、弓矢的几个问题》，《文物》1964年第6期。

矢一项也为《考工记》的战国初期成书说提供了佐证。

六、关于车制设计

“周人上舆”，进入战国以后，工艺进步，分工益细。由于“舆人”的一部分专攻车辕，曲辕称辀，故这部分工匠又称“辀人”。

《记》文“辀人”条说：“轮辐三十，以象日月也。盖弓二十有八，以象星也。”根据已有的出土文物资料，盖弓数往往在二十左右，辐条数在三十上下，并不严格一律，看来这是《记》文作者的设计思想。《老子》中也有“三十辐共一毂”的类似说法，这该是当时流行的一种概念。

在已有的资料中，春秋晚期的淅川县下寺墓地，①不早于战国中期的洛阳中州路车马坑和辉县琉璃阁车马坑，②其车辕形制都不合《记》文的描述。战国早期偏晚的长沙浏城桥一号楚墓，曾出土两件车辕明器。其一为曲辕，形状前段如“注星”的第一、五、六、七、八颗星；后段水平，正与《记》文“辀注则利准”的描述相符。③ 1978年江陵天星观一号楚墓出土的十二件龙首曲辕也是这种情况。④

古金文“车”字均为象形文字，其中有一个作“[illegible]”形，显然是曲辕。在康殷据此字复原的古车透视示意图中，曲辕的样子也和《记》文相合。⑤可惜至今尚缺战国前期木车的考古资料，《考工记》记载的正确性还有待日后的地下发掘物来进一步验证。

七、关于所谓阴阳五行问题

夏纬瑛的观点在《考工记》研究领域内独树一帜。他说《考工记》和

---

① 河南省丹江库区文物发掘队：《河南淅川县下寺春秋楚墓》，《文物》1980年第10期。

② 洛阳博物馆：《洛阳中州路车马坑》，《考古》1974年第3期。又郭宝钧：《山彪镇与琉璃阁》。

③ 湖南省博物馆：《长沙浏城桥一号墓》，《考古学报》1972年第1期。

④ 湖北省荆州地区博物馆：《江陵天星观1号楚墓》，《考古学报》1982年第1期。

⑤ 康殷：《文字源流浅说》，荣宝斋，1979年，第531页。

《周礼》都称“六职”，所以《考工记》原来就是《周礼》的第六篇，不是后来补阙进去的。他还以为《考工记》“是战国年间齐国的阴阳家所作，而非春秋年间齐国的官书”。①

但是仔细分析起来，《记》文开宗明义就宣称的“国有六职”是：王公、士大夫、百工、商旅、农夫和妇功。而《周礼》“小宰”所提到的六职是邦治、邦教，邦礼、邦政、邦刑和邦事。《考工记》讲社会分工，《周礼》指六种官职，两者是难以等同的。显然，《考工记》不是《周礼》原来的第六篇。

《周礼》的作者是谁姑且不论，而《考工记》中有“画缋之事杂五色”之类的提法，并不能肯定它均出自阴阳家的手笔。这是因为，我国的阴阳五行学说在其发展过程中是和科学技术相互影响、互有渗透的。它的来龙去脉学术界还在探讨之中，对此问题的深入讨论已经越出了本文的范围。

史景成在《考工记之成书年代考》一文中提出的论据，除了有关阴阳五行说的内容之外，还涉及《记》文“玉人”条所谓“王后与夫人之称不别”和“五等爵”问题，②其立论建立于东汉郑玄的注释文字之上，郑玄之注与《考工记》原文不见得尽合，故亦有值得商榷之处。

综上所述，大致可以肯定《考工记》成书于战国初期。此外，关于《考工记》的性质和流传情形，这里不妨再作些分析和推测。

郭沫若说《考工记》是齐国的官书，确实独具慧眼。诚然，在战国初期齐国公私两种量制并行，《记》文嘉量既是公量，则很可能是官书。而且《记》文中没有铁器和盐业的记载，也可视作齐国官书的旁证。《考工记》各工种属于封建社会初期官营手工业或家庭小手工业的范畴，作为官书，故未包括豪民所经营的大手工业——冶铁和煮盐业在内。

陈直认为：“《考工记》疑战国时齐人所撰，而楚人所附益。”他说：“辀人别出一章，疑楚人所撰，《方言》：‘车辕楚卫人名曰辀也。’”③辀人之谓，《考工记》开首的三十工之内确实没有提到。程瑶田以为系舆人之误，可

① 夏纬瑛：《〈周礼〉书中有关农业条文的解释》。
② 史景成：《考工记之成书年代考》。
③ 陈直：《古籍述闻》。

存其一说。①

笔者以为齐人所撰的《考工记》中，应该包括车辕的制法。《诗·秦风·小戎》说“五棨梁辀”，秦人早已称辀。《春秋公羊传·僖元年》说：庆父在汶水附近“抗辀经而死”。公羊子是齐人，②则辀也是齐语。何休《春秋公羊解诂》云：“辀，小车辕，冀州以北名之。”可见燕也称辀。辀名如此大行于世，则非《记》文“辀人”条为楚人所撰的独特标识。考虑到《考工记》在战国时期广为流传，有些人将《记》文中的术语改用当地方言是可能的。另一方面，由于各国竞相引进先进技术，工程术语中难免出现“外来语”。也许是齐人原作“舆人为辀”，后来改称“辀人为辀”。当然，也不能排除其他诸侯国特别是楚人略加增益的可能性。

汉时流传的《考工记》不止一种本子。③ 王应麟《困学纪闻》说：“《周礼》，刘向未校之前有古文，校后为今文，古今不同。郑据今文注，故云‘故书’。”④大概《考工记》在西汉重新问世之后，失次断简曾经整理，故某些文字语气不够统一；虽然其中的“段氏”、“韦氏”、“裘氏”、“筐人”、“楖人”和“雕人”条文已阙，仅存名目，但上下篇的字数基本相同。尽管有增益和整理，今本《考工记》能和战国初期的出土文物相互印证，说明其基本内容未变，它作为我国上古至战国初期的手工艺科技知识的结晶，是可以信赖的。汉代“少府”下有“考工室”一职，重新问世的《考工记》一书的命名盖以此欤？

附记：本文写作得到吾师王锦光及胡道静、徐规、沈文倬等先生的热情指教，深表感谢。

原载《文史》第23辑，中华书局，1984年

---

① 孙诒让：《周礼正义》卷七七。
② 《汉书·艺文志》的《公羊传》注。
③ 程际盛：《周礼故书考》（积学斋丛书本）。
④ 王应麟：《困学纪闻》卷四。

军按：2008年拙著《考工记译注》重版时，上文收入附录，并根据新的考古发现资料在文末补充了如下一些论据。

从金石乐器形制看其成书年代

1988年山东阳信西北村一战国早期墓葬的器物陪葬坑、1990年山东临淄淄河店二号墓（战国早期）等出土的几套编磬，其倨句平均值近于135度。特别是淄河店二号墓M2 52∶2号磬（断裂为3块，无缺失），股宽10.0、股上边20.0、鼓上边30.0厘米，倨句135度，这几个主要尺度与《考工记·磬氏》记载完全一致。齐国故城遗址博物馆藏有一具磬背（股上边）上有篆铭"乐堂"两字的黑石磬，其倨句为135度。该石磬出土于齐故城郭城之内的遗址中，可能是东周时齐国乐府所用之乐器。①

从青铜兵器形制看其成书年代

《考工记·桃氏为剑》记载的是一种盛行于战国早期的剑式。吴越之剑，名闻天下。当时攻伐征战频仍，往西传入楚国，往北传入齐国的机会甚多，故《记》文前言列举了"吴粤之剑"。就吴越和楚地的双箍宽格圆盘首剑而言，与其说是《考工记》的规定流传至吴越、楚地，倒不如说是《考工记》成文时，作者著录了当时的流行式。

关于车制设计

我国古独辀车的辐，在商代已有装二十六根的，春秋时有装二十八根或以上的。据刘广定搜集的资料，②迄今已发现的"轮辐三十"的车轮，最早为春秋早期河南上村岭虢国墓地一车，③较集中出现的是春秋战国之交和战国早期的考古发现。1988年山西太原金胜村发掘了251号墓和一座大型车马坑，251号墓墓主是赵简子（卒于公元前475年）或赵襄子（卒于公元前425年），很可能是前者。大型车马坑面积110平方米，共有

---

① 《中国音乐文物大系》总编辑部：《中国音乐文物大系·山东卷》第一章"乐器第九节磬"及附表，大象出版社，2001年。

② 刘广定：《从车轮看考工记的成书时代》，《汉学研究》第17卷第1期，1999年。

③ 中国科学院考古研究所：《上村岭虢国墓地》，科学出版社，1959年。

战车、仪仗车17辆，其中三辆车的车轮辐条数为三十。① 1990年4月，山东省文物考古研究所在临淄齐陵镇附近发掘了一座战国早期大墓，即淄河店2号战国墓，在殉葬坑中清理出22辆独辀马车。下葬时车轮被拆下分开放置，共清理出车轮46个(包括残迹)，其车辐数最少的20根，但以26及30根的居多，②迄今尚未发现战国中期"轮辐三十"的考古资料。甘肃平凉庙庄战国晚期秦墓所出木车和秦始皇陵所出铜车上也能看到装三十辐的车轮。《老子》中提到"三十辐共一毂"，亦与《考工记》的叙述相符。刘广定注意到"除上村岭之一车，金胜村之三车与临淄之多辆车外，其他车轮之辐数亦均与《考工记》所载不同"，他认为"史景成先生'作于阴阳五行说盛行之战国晚期'说应为上限，不会更早"。③ 但笔者从另一个角度分析发现，正是金胜村251号赵卿墓和淄河店2号战国墓车马坑的考古发现，作为迄今为止最接近于《考工记》时代的实物资料，传达了一个不可忽视的信息："轮辐三十"不仅是一种取法于大自然的机械设计思想的体现，而且在公元前5世纪上半叶曾有意识地付诸实践过。

1978年湖北随县战国初年曾侯乙墓出土的漆箱盖上，围绕北斗的"斗"字，绘有一圈二十八宿的名称，两端还配绘苍龙和白虎。这是战国初关于我国二十八宿及四象的考古资料，由此可证《考工记》"盖弓二十有八，以象星也"有当时天文学知识的背景。

---

① 山西省考古研究所、太原市文物管理委员会：《太原金胜村251号春秋大墓及车马坑发掘简报》，《文物》1989年第8期。山西省考古研究所等：《太原晋国赵卿墓》表九，文物出版社，1996年。

② 山东省文物考古研究所：《山东淄博市临淄区淄河店二号战国墓》，《考古》2000年第10期。

③ 刘广定：《再研〈考工记〉》，《广西民族学院学报》(自然科学版)2005年第3期。

《考工记》的版本源流

《考工记》编成于战国初期，在流布过程中可能出现过几种战国古文《考工记》，如南齐时襄阳楚王冢出土的科斗书《考工记》之类（事见《南齐书·文惠太子传》）。因遭秦世焚书之劫，《考工记》亦一度散佚。西汉复出之本，已有残缺，阙"段氏"、"韦氏"、"裘氏"、"筐人"、"楖人"、"雕人"六节。当时《周官》六官缺第六官《冬官》，遂以《考工记》补阙，补入时，或许已经由山东儒生之手作了初步整理。《考工记》恐原无书名，西汉"少府"下有"考工室"一职，主作器械，《考工记》的得名很可能与此有关。一说"考工"意即考核百工。西汉时，《考工记》既有以东方六国古文书写的"故书"，又有口耳相传，用隶书著之于简帛的"今书"。自刘向、刘歆父子校定之后，《考工记》随《周官》一起有了隶定之本。

刘歆以降，杜子春、郑兴和郑众父子、贾徽和贾逵父子，以及马融等人纷纷注释《周礼》（即《周官》），各有不同程度的成就。及郑玄出，先从张恭祖受《周官》、《礼记》，后师事马融受其《周官传》，并兼采杜子春、二郑之说，"赞而辩之"，作《周礼注》，它与《仪礼注》和《礼记注》合称郑氏《三礼注》，系集今古文经学之大成的著作，一向为学林所推重。隋唐以前诸家的《周礼》注，有的尚有吉光片羽散见于他人著作之中，然大多已湮没，硕果仅存者，唯郑玄《周礼注》一书而已，后世种种版本，均自此书繁衍而来。

魏晋时，除传注外，出现了集解。南北朝时，又兴起义疏之学。唐贾公彦据晋陈劭《周官礼异同评》十二卷、北周沈重《周官礼义疏》四十卷等，按孔颖达、颜师古等《五经正义》的体例，奉敕撰成《周礼疏》五十卷。

在此之前，南朝末年，陆德明采摭诸本，搜访异同，撰成《经典释文》三十卷（其中卷八和卷九为《周礼音义》）。此书考证字音，兼收字义辨释，对经典文字的异同亦多所考正，为《考工记》校勘保存了不少有价值的材料。《经典释文》较为常见的是清徐乾学通志堂本，1983 年由中华书局影印出版。国内唐抄本已失传，日本则藏有唐代写本《经典释文》。京都帝国大学文学部辑有《唐钞本丛书》，1935 年影印了第二集 04—06 册，其中 05 册是《经典释文》残卷（损坏第 31 页）。现存《经典释文》的最早刻本，则是北京图书馆所藏的宋乾德三年（965）刻宋元递修本（监本），1980 年由上海古籍出版社影印出版线装本，1985 年该社又据原版缩印出版精装和平装本，以利流传。

《周礼》的各种版本之中，现存最古的是唐文宗开成二年（837）以楷书写刻的"唐开成石壁十二经"，世称"开成石经"或"唐石经"。《开成石经》当年立于长安太学内，现已移入西安市三学街陕西省博物馆的西安碑林。旧有以《开成石经》为准的唐石经《周礼》十二卷流传。民国十五年（1926），江苏武进人陶湘曾代张氏皕忍堂由北京文楷斋工人模刻《唐开成石壁十二经》，有朱、墨、蓝色三种印本，纸白字大，刻印皆精。但《开成石经》也有多处阙误，一般都用其校勘，而不是作为底本使用。

雕版经传始于五代。后唐长兴三年（932），由冯道等发端，开始依据《开成石经》校刻包括《周礼》在内的《九经》，至后周广顺三年（953）刻完，世称《五代监本九经》，现已全佚。监本虽然地位最尊，但民间抄本和雕印本依然绵绵不绝。

宋代雕版印刷大盛，现存最古的雕版印刷的《周礼·考工记》是宋刻本。《周礼·考工记》和单解《考工记》的宋刻本，约存十多种，大部分已收入 1985 年 10 月上海古籍出版社出版的《中国古籍善本书目（经部）》。宋本分官刻本、家刻本和坊刻本三大类。宋初国子监雕刻《九经》均以冯道旧监本为底本，宋监本《周礼》恐已失传。北京图书馆尚藏有南宋两浙东路茶盐司刻宋元递修本唐贾公彦《周礼疏》五十卷等。台北故宫博物院于 1976 年影印出版的"景印宋浙东茶盐司本《周礼注疏》"五十卷，书中实际上是贾公彦《周礼疏》五十卷。宋代的家刻本校勘比较精审，南宋廖氏世綵堂根据家藏的唐石经本、建安余仁仲《周礼郑注陆音义》十二卷、兴国于氏本、附释音注疏建本等二十三种版本，校订成《周礼》十二卷等《九经》，后元初相台岳氏据此刊于家塾。建安余仁仲的万卷堂是宋代书坊中颇为有名者，元初岳氏《刊正九经三传沿革例》称："前辈谓兴国于氏本及建安余氏本为最善，逮详考之，亦彼善于此尔。又于本音义不列于本文下，率隔数页，始一聚见，不便寻索，且经之与注遗脱滋多；余本间不免误舛，要皆不足以言善也。"叶德辉《书林清话》卷六说：岳氏相台家塾所刊《九经三传》，"似乎审定极精，而取唐、蜀石经校之，往往彼长而此短"。旧传以为相台岳氏指岳珂，据《张政烺文史论集》中的考证，当是岳濬。传世的宋婺州唐宅刻本《周礼》十二卷，也是单注本，卷三后有"婺州市门巷唐宅刊"牌记，卷四、卷十二末镌"婺州唐奉议宅"牌记。赵万里先生在《中国版刻图录》一书叙录中指出："宋讳缺笔至桓、完字。刻工沈亨、余竑又刻《广韵》。《广韵》缺笔至构、慎字，因推知此书是当南宋初期刻本。"此宋本曾藏海源阁，后转周叔弢收藏，现珍藏于国家图书馆。此外，宋代又有京本《附释音纂图互注重言重意周礼》十二卷、巾箱本《纂图附音重言重意互注周礼郑注》十二卷之类，供士人帖括之用。

《周礼》的注和疏原来分别流传，大约在南北宋之交出现了注疏合刻的《周礼注疏》四十二卷。"正经注疏，萃见一书"的《周礼》司刻本，在绍兴元年(1131)以前就问世了，后来遂有各种各样的《周礼注疏》版本。

单解《考工记》的著作始于宋朝，宋元明清，代有新本出现，为数亦相当可观。其中较有名的是北宋王安石《考工记解》、南宋林希逸《鬳斋考工记解》、明末徐光启《考工记解》、清戴震《考工记图》等。现存林氏《鬳斋考工记解》的最早版本是宋刻元明递修本，藏于上海图书馆。上海复旦大学图书馆藏有徐光启《考工记解》的清抄本，已由上海古籍出版社于1983年列入《徐光启著译集》影印出版。戴震《考工记图》相当有名，其版本很多，最初是清乾隆间纪氏阅微草堂刻本，较通行的是1955年上海商务印书馆本。需要说明的是，此类著作的经文均节自《周礼》，并非重新发现了《考工记》古本。

自宋至今，含《考工记》全文的各种书籍已刻数百种，诚难一一列举。

下面仅就几条主要的版本源流作一简单的介绍。

(一)《四部丛刊》本系统

《四部丛刊》本《周礼》十二卷,即民国十八年(1929)上海商务印书馆影印叶德辉观古堂所藏明嘉靖间翻元初岳氏相台本。岳氏相台本系据南宋世綵堂廖氏《九经》本校正重刻。

(二)《丛书集成》本系统

《丛书集成》本《周礼郑氏注》十二卷,民国二十五年(1936)上海商务印书馆据清嘉庆戊寅(1818)黄丕烈《士礼居丛书》本排印。《士礼居丛书》的《周礼郑氏注》以明嘉靖间徐氏翻宋《三礼》本为底本,参照绍兴间集古堂董氏雕本、宋单注本和余仁仲本校改,书后附有《重雕嘉靖本校宋周礼札记》。

《四部丛刊》影印的明嘉靖翻元本附有陆氏《音义》,《士礼居丛书》所据的嘉靖翻宋本不附《音义》。阮元《周礼注疏校勘记·序》说后者"不附音义而胜于宋椠余氏、岳氏等本,当是依北宋所传古本也"。嘉靖徐氏刻《三礼》本,现藏于北京图书馆,上有清钱听默、黄丕烈、陆损之校并跋。王重民《中国善本书提要》认为:不附音义的嘉靖翻宋本,"孙诒让晚始见之,以校黄本,黄本每多差误"。

(三)《四部备要》本系统

《四部备要》本《周礼》四十二卷,即民国十七年(1928)上海中华书局据明崇祯间永怀堂《十三经古注》原刻本校刊的排印本。永怀堂原刻本系明东吴金蟠、葛鼒的校订本,大概源出某种《周礼注疏》四十二卷本。《四部备要》本保留了永怀堂本的风格,订正了某些错误,也出现了一些新的疏误。

(四) 中华书局《十三经注疏》本

阮元主持校刻的《十三经注疏》号称善本,其中《附释音周礼注疏》四十二卷原出南宋建本，即宋十行本。明嘉靖中，用宋十行本重刻闽板《周礼注疏》四十二卷。万历二十一年(1593)用闽本重刻北监本。崇祯元年(1628)常熟毛晋用北监本重刻汲古阁毛氏本。清乾隆四年(1739)据明北监本重校刊《周礼注疏》四十二卷，是为武英殿《十三经注疏附考证》本。嘉庆二十年(1815)江西南昌府学刻印阮元的《重刻宋本十三经注疏附校勘记》。1935 年上海世界书局根据南昌府学初刻本缩小石印。1980 年北京中华书局据世界书局缩印本影印，影印前曾与同治十二年(1873)江西书局重修阮本及点石斋石印本核对，改正了一些文字讹脱和剪贴错误。阮刻《附释音周礼注疏》的底本是宋刻元(可能还有明)修本，阮元认为"内补刻者极恶劣，凡闽、监、毛本所不误者，补刻多误"(阮元《周礼注疏校勘记・序》)。阮氏的《周礼注疏校勘记》先由臧庸引据各本校其异同，后由阮氏本人正其是非。其子阮福撰《雷塘庵弟子记》说："此书尚未校刻完竣，即奉命移抚河南，校书之人不能细心，其中错字甚多。有监本、毛本不错而今反错者，《校勘记》去取亦不尽善，故大人不以此刻本为善也。"(叶德辉《书林清话》卷九)对阮刻《十三经注疏》及其《周礼注疏校勘记》中的疏误，孙诒让的《十三经注疏校勘记》作过校正，然仍未尽。

(五)《四库全书》本系统

乾隆间纂修《四库全书》，其中《周礼注疏》四十二卷采用内府所藏监本，或即阮元《周礼注疏校勘记》中提到的何焯康熙丙戌(1706)所见的"内府宋板元修注疏本"。文渊阁《四库全书》已在 1986 年由台湾商务印书馆影印出版，文澜阁《四库全书》在 2015 年由杭州出版社影印出版，加入流通。

(六)《九经》系统

《九经》之"刊板昉于五代，至宋咸平始颁州县，较汉唐石经传布差广"。明末无锡秦镤求古斋"爰取《九经》，重加订正，略其疏义，存厥本文，字句之间，颇攻雠较，越六载"(秦镤《九经・序》)，于崇祯十三年(1640)完成摹宋刻小本《九经》。王士祯《分甘余话》云：秦刻《九经》"剞劂最精，点画不苟”(叶德辉《书林清话》卷九)。后来此书又有清观古堂刊本、清据秦刻重刊本,但质量不及秦氏原刻本。

在国外,主要是朝鲜、日本,《考工记》也有多种版本。高丽成宗朝(995—997)曾遣使向宋朝求得板本《九经》,内含《周礼》。文宗十年(1056)西京留守建议“京内进士、明经等诸业举人,所业书籍率皆传写,字多乖错,请分赐秘阁所藏《九经》,《汉》、《晋》、《唐书》,《论语》,《孝经》,子、史、诸家文集,医卜、地理、律算诸书,置于诸学院,命所司各印一本,送之”(《增补文献通考》卷二四二《艺文考》),自此有了《周礼》朝鲜刻本。11世纪朝鲜还翻刻过宋本《三礼图》。在中国发明活字印刷术之后,13世纪初朝鲜创铸字印书法。15世纪初,李朝开始大规模铸铜活字,印经、史、子、集诸书,但成化以前《周礼》的印数有限。至成化年间(1465—1487),“以所藏铸本”大事刻印《纂图互注周礼》十二卷、《礼图》一卷等(清初朝鲜刊本,杭州大学图书馆藏),此后又曾翻刻。

约自明代起,《周礼》有了日本开版本,其中有些又流进中国,如:《周礼注疏》六卷宽永(1624—1643)刊本,《周礼注疏》四十二卷宽延二年(1749)皇都书肆大和屋伊兵卫等刊本,《周礼注疏》文化(1804—1817)刊本等。1977年和1979年本田二郎著、原田种成校阅的《周礼通释》上、下卷相继在东京由株式会社秀英出版。

法国汉学家、工程师毕瓯(E. Biot)的《周礼》法译本(*Le Tcheou-li ou Rites des Tcheou*)二卷,1851年在巴黎由法国国立出版社(Imprimerie Nationale)出版,毕瓯所用的底本是清方苞编的《钦定周官义疏》。毕瓯的法译本是《周礼》的第一个,也是迄今为止唯一的西文全译本,也是《考工记》的第一个西文全译本。1939年北平文典阁曾据此影印,1975年台北成文出版社又影印。近年,西方出版界出现了几种新影印本和电子书。

2012年夏拙译《中国古代技术百科全书——考工记译注》[*Ancient Chinese Encyclopedia of Technology — Translation and Annotation of the Kaogong ji (the Artificers' Record)*](2013年版)由英国劳特利奇(Routledge)出版社出版。此译本以《四部丛刊》本为底本,这是第一本正式出版的《考工记》英译本。2014年,劳特利奇出版社又推出了它的Kindle电

子版。《考工记》的第一个德文译本是赫尔曼(Konrad Herrmann)的德文译注(关增建、Konrad Herrmann 译注:《考工记翻译与评注》,上海交通大学出版社,2014 年)。

《考工记》的中文版本虽多,然此错彼差,常令校勘者有善本难求之叹。鉴于《考工记》文字之异同由来已久,大多在隋唐以前,有些在汉代甚至汉以前就已发生,搜齐现存的全部版本既难办到,又非必要。如果以上述各个系统的代表性版本为基础,加上《开成石经》本,参照东汉许慎《说文解字》、陆德明《经典释文》,以及唐宋时期关于经文正误的一些文字学著作,尽量利用清儒和当代的研究成果,将清儒段玉裁的"定其底本之是非"与"断其立说之是非"结合起来研究,就有可能把《考工记》校勘到郑玄注《周礼》时的样子。至于恢复先秦旧貌,现下还可望而不可即,只能寄希望于未来的考古发现。

原载《考工记译注》,上海古籍出版社,1993 年,今改正少许刊误并略有增补

《考工记》在国外的流传和研究

历史上,《考工记》被国外学者认识、学习和研究,首先是作为经学著作《周礼》的一部分,输入朝鲜半岛,东渡日本,译介欧美。借着经学的光环,《考工记》早就有了日本和朝鲜刊本。19 世纪,西方有了《考工记》的法文译本。20 世纪,日本和西方汉学界、科技史界研究《考工记》的著作次第出现。20 世纪 80 年代初,《考工记》在科技文明史上的重要价值甚至引起了联合国教科文组织的注意。21 世纪,除《考工记》中文电子书外,法、英文电子书开始在西方学术界流传。然而,国外研究资料比较分散,《考工记》研究综述尚付阙如。笔者所知也不够全面,试作此文,希望识者不吝补正,以俾有助于《考工记》的进一步流传和研究。

一、《考工记》的东传

中华文化的东传,先是到达朝鲜半岛,然后再到日本列岛。在 6 世纪末开始的大约一千年的汉学时代中,日本以中国为师,不断地移植、吸收、传播中国文化和科技知识。自 7 世纪初起,日本朝廷开始派遣使团到隋唐,买求内外典籍。一直到 9 世纪末,先后由官方组织派遣了 20 多次遣隋、唐使团,包括《周礼》在内的儒家经典,经由文化交流管道,或曰“中日书籍之路”,传入日本列岛。唐朝有日本留学生,他们所用的教材及学习的时间与中国学生相同,其中《周礼》的学制是两年。701 年,日本制定《大宝律令》,次年全面施行。其《学令》规定郑玄注《周礼》十二卷为教材之一,“《易经》《书经》《周礼》《仪礼》《礼(记)》,各为一经,《孝经》《论语》学者兼习之”。① 平安时代日本公卿的读书讲习会,包括《周礼》在内的儒家经典是讲习的主要汉籍。唐陆德明的《经典释文》含《周礼》二卷,国内唐抄本早已失传,日本则藏有唐代写本《经典释文》。京都帝国大学文学部辑有《唐钞本丛书》,1935年影印了第二集,其中有《经典释文》残卷(损坏第31页)。日本所藏《经典释文》唐抄本是存世的最早的含有大量《考工记》经注词语的文物,在《考工记》研究上也很有价值。

约自明代起,《周礼》有了日本开版本。其中有些又流进中国,如:《周礼注疏》六卷宽永(1624—1643)刊本,《周礼注疏》四十二卷宽延二年(1749)皇都书肆大和屋伊兵卫刊本,《周礼注疏》文化(1804—1817)刊本等。至迟在18世纪,《考工记》研究开始从《周礼》中独立出来。井口文炳据其友人上野义刚遗著《三礼名物解》,撰成上野义刚著述、井口文炳订补的日文《考工记管籥》,由平安的唐本屋吉左卫门于宝历二年(1752)刻行,对《考工记》的用语、器物的用途、形状、尺寸引经据典详细解释(图一)。② 乾隆二十年(1755)冬,戴震的《考工记图》在中国刊行,该书使戴震一举成名。1767年,唐本屋吉左卫门又刊行了上野义刚著、井口文炳订补的《考工记管籥》卷上、卷下,以及井口文炳所著《考工记管籥图》1卷、《考工记管籥续编》1卷、《考工记管籥续编图汇》1卷。在戴震的《考工记图》问世200年后,近藤光男(1921年生)发表《戴震的〈考工记图〉:科学思想史的考察》。③ 近藤光男后任国立御茶水女子大学文学教育学部教授,曾与安田二郎合作译注《戴震集》(朝日新闻社,1971年)。

《周礼》涉及的名物众多,翻译不易。1977年和1979年本田二郎(1922年生)著、大东文化大学教授原田种成(1911—1995)校阅的《周礼通释》上、下卷相继在东京由株式会社秀英出版。这是《周礼》也是《考工记》的日文全译及注释本。《考工记》部分从下卷第404页到第627页,每段内容包括:汉字本文、日语书下文、语释(注释)、通释(日语译文)、郑注

① 窪美昌保:《大宝令新解》,(东京)目黑甚七,1916年,第64页。
② 日本京都大学图书馆藏,采自闻人军《考工记译注》,上海古籍出版社,1993年。
③ 《东方学》第11辑,1955年。收入其论文集《清朝考证学的研究》,研文出版,1987年。

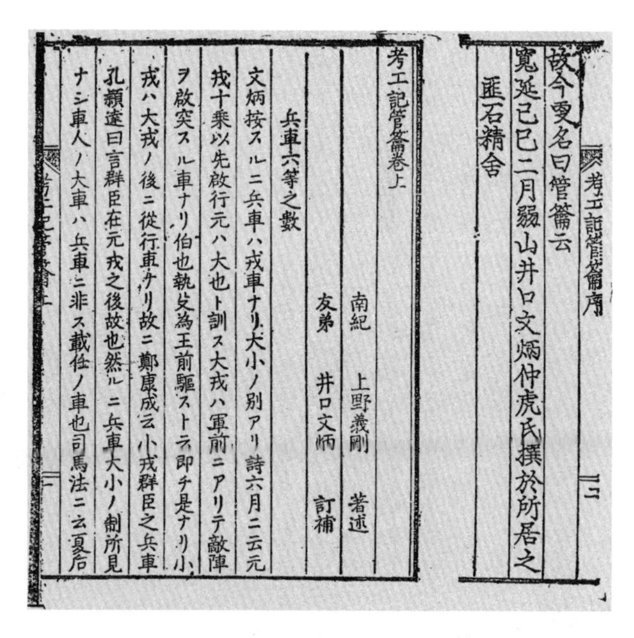
考工記管籥序
故今更名曰管籥云
寬延己巳二月弱山井口文炳仲虎氏撰於所居之
匪石精舍

考工記管籥卷上
南紀　上野義剛　著述
友弟　井口文炳　訂補
兵車六等之數
文炳按スルニ兵車ハ戎車ナリ大小ノ別アリ詩六月ニ云元
戎十乘以先啟行元ハ大也ト訓ス大戎ハ軍前ニアリテ敵陣
ヲ啟突スル車ナリ伯也執殳為王前驅スト云即チ是ナリ小
戎ハ大戎ノ後ニ從行車ナリ故ニ鄭康成云小戎群臣之兵車
孔穎達曰言群臣在元戎之後故也然ルニ兵車大小ノ制所見
ナシ車人ノ大車ハ兵車ニ非ス載任ノ車也司馬法ニ云夏后

图一　《考工记管籥》(1752)书影

(有郑注者译出，无郑注者省略)(图二)。此外，加藤虎之亮(1879—1958)曾撰《周礼经注疏音义校勘记》上、下(东京：无穷会，1957、1958 年)。日本现代汉学家广岛大学教授野间文史(1948—　)根据阮元的《十三经注疏》编有《周礼索引》(福冈中国书店，1989 年)。

高丽成宗朝(995—997)曾遣使向宋朝求得板本《九经》，内含《周礼》。文宗十年(1056)西京留守建议“京内进士、明经等诸业举人，所业书籍率皆传写，字多乖错，请分赐秘阁所藏《九经》《汉》《晋》《唐书》《论语》《孝经》，子、史、诸家文集，医卜、地理、律算诸书，置于诸学院，命所司各印一本，送之”(《增补文献通考》卷二四二《艺文考》)，自此有了《周礼》朝鲜刻本。11 世纪朝鲜还翻刻过宋本《三礼图》。在中国发明活字印刷术之后，13 世纪初朝鲜创铸字印书法。15 世纪初，李朝开始大规模铸铜活字，印经、史、子、集诸书，促进了朝鲜的汉学研究。至成化年间(1465—1487)，“以所藏铸本”大事刻印《纂图互注周礼》十二卷、《礼图》一卷等。清代朝鲜学者与中国学者交往结谊，时有所闻，有的涉及《考工记》的流传与研究。

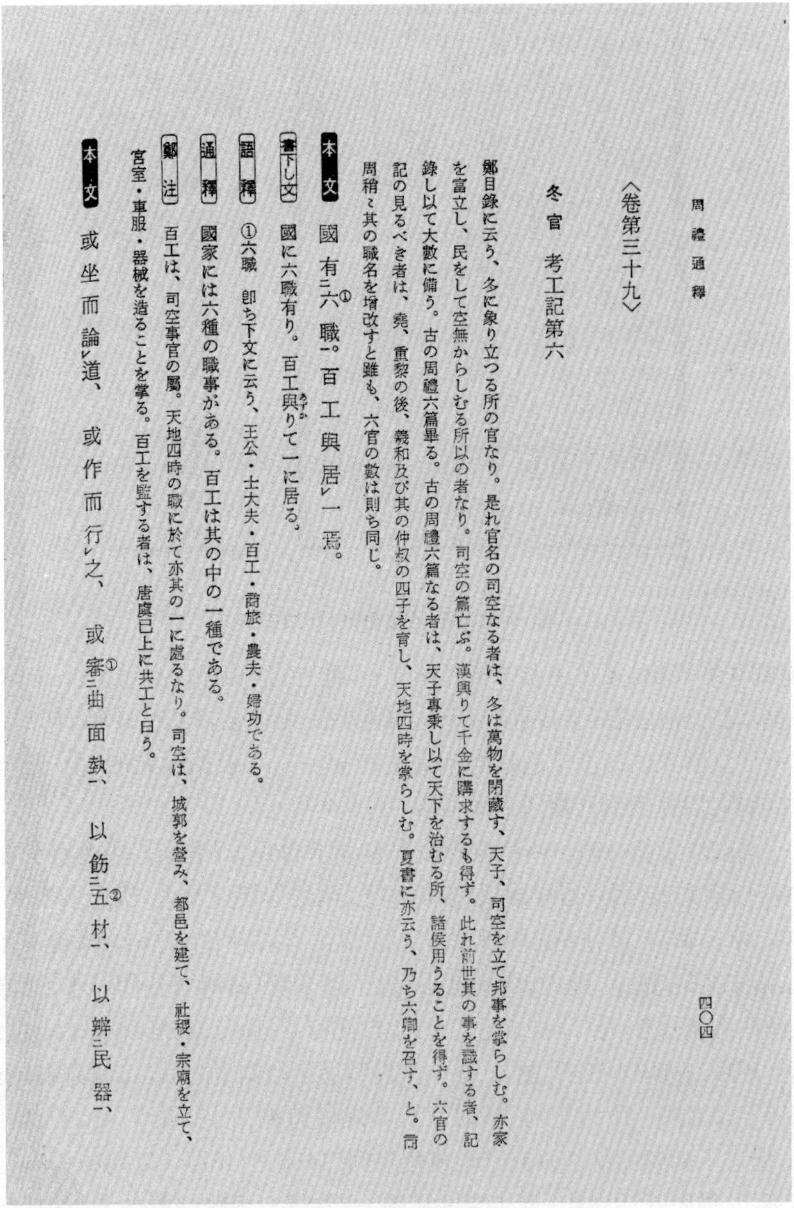

周禮通釋　　四〇四

〈巻第三十九〉

冬官　考工記第六

鄭目錄に云う、多に象り立つる所の官なり。是れ官名の司空なる者は、多は萬物を閉藏す、天子、司空を立て邦事を掌らしむ。亦家を富立し、民をして空無からしむる所以の者なり。司空の篇亡ぶ。漢興りて千金に購求するも得ず。此れ前世其の事を識する者、記錄し以て大數に備う。古の周禮六篇畢る。古の周禮六篇なる者は、天子專秉し以て天下を治むる所、諸侯用うることを得ず。六官の記の見るべき者は、堯、重黎の後、羲和及び其の仲叔の四子を育し、天地四時を掌らしむ。夏書に亦云う、乃ち六卿を召す、と。司周稍〻其の職名を增改すと雖も、六官の數は則ち同じ。

本文　國有六①職。百工與居一焉。

書下し文　國に六職有り。百工與りて一に居る。

語釋　①六職　卽ち下文に云う、王公・士大夫・百工・商旅・農夫・婦功である。

通釋　國家には六種の職事がある。百工は其の中の一種である。

鄭注　百工は、司空事官の屬。天地四時の職に於て亦其の一に處るなり。司空は、城郭を營み、都邑を建て、社稷・宗廟を立て、宮室・車服・器械を造ることを掌る。百工を監する者は、唐虞已上に共工と曰う。

本文　或坐而論道、或作而行之、或審①曲面埶、以飭五②材、以辨民器、

图二　本田二郎《周礼通释》(1979)书影

乾隆五十五年(1790)乾隆帝八十大寿,朝鲜遣使进贺,学者柳得恭等作为副使的随员来京,两次与纪昀、翁方纲、刘鐶之、阮元交游。柳得恭在《刘阮二太史》中记载了纪昀向他们推荐阮元的《车制考记》考据精详。又在《燕台再游录》中表示,他认识阮元并拜读过他的《考工记车制图解》。①

嘉庆十四年(1809)十月二十八日,朝鲜青年学者金正喜(1786—1856)随朝鲜冬至兼谢恩使副使、父亲金鲁敬来到北京,造访阮元,获赠《十三经注疏校勘记》、《经籍纂诂》等书,还讨论了《考工记》辀制。道光九年(1829)九月,阮元主编的《皇清经解》在广东刻成。已是东北亚著名学者的金正喜致函阮元长子阮常生求书。大约1831年末至1832年初,金正喜收到阮氏所赠《皇清经解》,②《皇清经解》中的许多《考工记》研究著作也一起传到了朝鲜。

二、国外的"金有六齐"研究

对中国古代青铜器成分作化学分析,进而讨论《考工记》"金有六齐"诸问题,一直受到国内外研究者的重视。《考工记》"金有六齐"之"金"释为青铜,没有争议。紧接着的"六分其金而锡居一,谓之钟鼎之齐"等配比中的"金",则有青铜和纯铜两种解释。有些学者在研究的过程中改变观点,也有的认为"金有六齐"并非真实记录。国内著述很多,在此略而不论。在国外,该论题乃是《考工记》研究中的一个热点,在此单独叙说。

古铜器分析研究的先驱者是曾留学德国的京都大学教授、精通汉文的化学家近重真澄(1870—1941)。他认为《考工记》是周代的著作,其中的"金有六齐"是世界最早的合金规律。因为周代试样太难

① 仪征巫晨:《阮元与朝鲜学者金正喜》,http://blog.sina.com.cn/s/blog_670b88180102v5cl.html,(2014-11-08)[2015-12-08]。

② 三风堂堂主:《阮元与韩国学者金正喜》,http://www.bokeyz.com/user1/sfttz/211199.html,(2011-10-20)[2015-12-08]。

获得，遂收集了很多汉代铜器作化学分析。他研究古铜器二十余年，自 1918 年起，发表《東洋古銅器の化學的研究》（《史林》第三卷第二号，1918 年）、《东洋古代文化之化学观》（《史林》第四卷第二号，1919 年）、《东洋古铜器的化学成分》（*The Composition of Ancient Eastern Bronze*, *Journal of the Chemical Society*, London, vol. 117, 1920）等论文。他曾设想"金有六齐"各配比中之金为青铜，后来改释为红铜，而非青铜，认为除"鉴燧之齐"外，"六齐"之说是很合理的，而且同汉代试样的成分相符合。

近重真澄之后，日本东亚考古学的领衔学者，京都大学教授梅原末治（1893—1983）从研究古坟、铜镜出发，进而全面地研究以青铜器为中心的东亚古代文化，成果丰硕。其中不乏与《考工记》研究有关者，如：《中国古铜器的化学分析》；[①]《支那古代の銅利器に就いて》；[②]《支那古銅器の化學的研究に就て》，[③]化学分析据同期小松茂和山内淑人的《東洋古銅器の化學的研究》；《支那銅利器の成分に關する考古學的考察》，[④]化学分析据同期山内淑人、小泉瑛一、小松茂的《古代利器の化學的研究》，讨论了金有六齐和由此反映的《考工记》的年代。

此外，道野鹤松（1905—1976）的《古代中国之纯铜器时代》（*On the Copper Age in Ancient China I*，《日本化学会杂志》，no. 55，1932）以"金有六齐"各配比中之"金"为红铜解释"金有六齐"。后又作《东洋古代金属器的化学的研究》（1934）、《东洋古代金属器的化学的研究（2）》（1941）、《殷墟出土品型金属器的化学研究》（《东洋史集说》，富山房，1941）等。

在西方，开风气之先者是英国著名汉学家叶兹（W. Perceval Yetts，1878—1957）。他曾担任世界上第一个中国艺术考古系（伦敦大学中国艺术考古系）的第一任教授，着力研究中国古籍和利用当时少量的青铜器化学分

---

① *L'analyse* chimique des *bronzes anciens de la Chine*, *Artibus Asiae*, vol. 2, no. 4, 1927, pp. 247 - 264.

② 《东方学报》京都第 2 册，1931 年，收入其论文集《支那考古学论考》，弘文堂，1938 年。

③ 《东方学报》京都第 3 册，1933 年。

④ 《东方学报》京都第 11 册，1940 年，收入其论文集《东亚考古学论考第一》，星野书店，1944 年。

析资料，于 1929 年发表《中国古代的青铜铸造技术》(*The technique of bronze casting in ancient China*, OZ NF 5, 1929, pp. 84 – 85)，1932 年作《青铜铸造技术》(*Techniques of Bronze Casting*, *Eumorfopoulos Catalogue*, London, 1932)。在西方汉学界，他是最早研究“金有六齐”铜锡配比的学者。

巴纳(Noel Barnard, 1922—　)1922 年出生于新西兰，1953 年获澳大利亚国立大学首批博士奖学金，攻读中国史博士学位，随后在澳大利亚国立大学执教，在此度过了五十多年的学术生涯，成为世界级中国早期历史和考古学权威，精于金文。他利用中文(包括金有六齐)、日文和西文资料，对过往 40 年间发表的传世和出土的 350 多件中国古代青铜器，就范铸技术及合金成分配制进行了较系统的科学分析和研究，1961 年发表专著《中国古代的青铜铸造和合金》(*Bronze Casting and Bronze Alloys in Ancient China*, Monumenta Serica Monograph XIV, Tokyo, 1961)。2014 年 92 岁高龄时，巴纳还从堪培拉寓所亲自到惠灵顿，接受了母校维多利亚大学的名誉文学博士学位。

盖顿斯(Rutherford J. Gettens, 1900—1974)是美国化学家和文物保护专家。1951 年受聘从哈佛的福格艺术博物馆来到华盛顿的弗里尔美术馆，创建技术实验室以应东方艺术和考古研究之需。他曾对弗里尔美术馆所藏的 120 件中国青铜器，逐个进行 X 光透视、化学分析、金相检验，研究造型材料和范铸技术。其结晶是 1969 年出版的《弗里尔中国青铜器》卷二《技术研究》(*The Freer Chinese Bronzes*, vol. II *Technical Studies*, Freer Gallery of Art, Oriental Studies, no. 7, Washington D. C. 1969, 36 – 56)。

切斯(William T. Chase, 1940—　)曾与盖顿斯共事。盖顿斯之后，继任为技术实验室的首席保护专家。他称“金有六齐”为“《周礼》配方”(*Zhou Li* formula)，于 1983 年作《中国青铜铸造技术简史》(*Bronze casting in China: A short technical history*)，收入了 G. Kuwayama 所编的《伟大的中国青铜时代：专题讨论》(*The Great Bronze Age of China, a symposium*, Los Angeles County Museum of Art, 1983, pp. 100 – 123)。切斯发展了盖顿斯的工作，曾多次来华，进行交流。

日本中国科技史研究的领军人物薮内清(1906—2000),对“金有六齐”也作过综合研究。他认为释金为红铜比较接近实际情况,然而根据原文看来,似乎释金为青铜是正确的。①

三、近现代日本的《考工记》研究

日本《考工记》研究的代表人物是薮内清及其学生吉田光邦。薮内清毕业于日本京都大学理学部,曾任京都大学教授、京都大学人文科学研究所所长。他致力于中国科学技术史的研究:“并一直努力使广大的日本人民知道,在科学技术的历史上中国曾取得了怎样伟大的成就。”②薮内清是日本《世界大百科事典》(1974)《周礼考工记》的撰稿人,他认为“由于是中国最古的技术书,《考工记》是研究古代物质文化不可或缺的文献”。

日本著名科学史家吉田光邦(1921—1991)系京都大学人文科学研究所教授,1984 年出任研究所所长。吉田光邦是第一个把技术史作为一个独立领域来研究的日本学者,研究业绩主要集中在考察具体技术的纯技术史、技术文化史、比较技术史三个方面。他对《考工记》作过一系列的研究,先后发表了《弓和弩》(《东洋史研究》第 12 卷第 3 号,1953 年)、《中國古代の金屬技術》(《东方学报》京都第 29 册,1959 年)、《周禮考工記の一考察》(《东方学报》京都第 30 册,1959 年)等,后来他将有关论文结集为《中国科学技术史论集》(日本放送出版协会,1972)出版,成为他的代表作之一。

自 19 世纪末起,日本即开始关注中国的考古发掘和研究。20 世纪 20 年代,北京历史博物馆编辑部主任罗庸研究车制,制作古车模型,发表《模制考工记车制记》(1926)和《模制考工记车制述略》(1928)。1928 年,矢岛恭介在《考古学杂志》发表《中国古代的车制》。20 世纪 50 年代初,辉县战国车马坑古车轮绠等考古发现激起了东西方学术界研究车制的热

---

① 薮内清著,梁策、赵炜宏译:《中国・科学・文明》,台北淑馨出版社,1989 年,第 26—28 页。

② 薮内清著,梁策、赵炜宏译:《中国・科学・文明》,第 4 页中文译本序言。

情。1959 年《东方学报》京都第 29 册和第 30 册先后刊登了林巳奈夫(1925—2006)的《中國先秦時代の馬車》和《周禮考工記の車制》。林巳奈夫后为京都大学教授、名誉教授，他利用现代考古的类型学理论对铜器、玉器进行分析，并与甲骨、金文及中国古代文献相互参证，取得了一系列具有国际影响力的研究成果。如《中國古代の祭玉、瑞玉》(《东方学报》京都第 40 册，1969 年)、《中国殷周時代の武器》(京都大学人文科学研究所，1972 年)、《中國古代の玉器、琮について》(《东方学报》京都第 60 册，1988 年)、《春秋戦国時代青銅器の研究》(吉川弘文馆，1989 年)等。1991 年他将玉器研究的主要论文以《中国古玉の研究》为名结集出版，收有 1969—1989 年之间的 7 篇论文。林巳奈夫对《考工记・玉人》"璧羡"的见解参见本书《"同律度量衡"之"璧羡度尺"考析》。度量衡研究方面，林巳奈夫还发表过一篇《戦国時代の重量单位》(《史林》第五十一卷第 2 号、1968 年)。计量史家新井宏 1997 年发表《论考工记的尺度》(《计量史研究》19 - 1，1997 年)，继续吴大澂、闻人军等的研究，通过《考工记》和出土文物的比较，证明存在一种略小于汉尺(23.1 厘米)的周尺(约 20 厘米)。

原田淑人(1885—1974)曾任东京帝国大学教授和日本考古学会会长，是"日本近代东洋考古学先驱"之一。上世纪 20 年代，曾来中国参加"东亚考古学会"的活动，1930 年做过北京大学教授。由于原田的汉学家传渊源，加上后来在东京帝大曾专攻过文献学，因而重视将汉文典籍与考古遗物结合研究。1932 年与驹井和爱合辑的《支那古器图考》(兵器篇)由东方文化学院东京研究所出版。1936 年发表《周官考工記の考古學的檢討》(《东方学报》东京第 6 册，1936 年)，晚年还有《史海片帆(二)周官考工記の性格とその製作年代とについて》(《圣心女子大学论丛》第 30 期，1967 年)问世。

东京大学教授驹井和爱(1905—1971)是原田淑人的学生，发表过《戈戟考》(《东方学报》东京第 11 册之 2，1940 年)、《支那戰國時代の兵器》(《东方学报》东京第 12 册之 1，1941 年)等有关文章。

京都大学教授水野清一(1905—?)先有《玉璧考》(《东方学报》京都第 2 册，1931 年)、《支那古銅容器の一考察》(《东方学报》京都第 4 册，1933

年)、《桃氏の青銅剑》(1940年)等论文,后出版论文集《殷周青铜器と玉》(日本经济新闻社,1959年)。

建筑史方面,前有高田克己(1905—1989)的《〈考工記〉にあらわれた営造意匠の法式の研究》(1961)和《規矩考——〈周礼考工記〉よりの考察》(《大手前女子大学论集》,1969,1970续,1971续完)等论述,后有田中淡(1946—2012)在京都大学人文研究所中国科技史共同研究班的研究。田中淡的研究先后受到太田博太郎的近代建筑史学和林巳奈夫文献实证的中国考古学的影响,并在此基础上形成了自己的风格。1980年田中淡作《先秦时代宫室建筑序说》(《东方学报》京都第52册,1980年),收入其《中国建筑史の研究》(弘文堂,1989年)。该书第一篇为《先秦时代宫室建筑序说》,其第一章是《〈考工记〉匠人营国及其解释》。

从与《考工记》有关的研究也可看出,日本学者中常见的治学方式是先一个问题、一个问题地弄清楚,一个题目做到有点分量了,才结集出专著。所以论文集的题目往往很大,里面则是几篇论文。但对研究者而言,检索十分方便。

与《考工记》年代相近的随县曾侯乙墓出土的大量文物,给国内外《考工记》研究提供了宝贵的实物资料。东京大学东洋文化研究所教授平势隆郎(1954—　)对中国"先秦编年"和"古典经传"有一家之说,发表过《新编史记东周年表》(东京大学出版会,1995年)等论著,他的观点引发了当代日本学界对此的大论争。他在任教九州大学时,曾发表《编钟的设计与尺寸以及三分损益法》一文(载《曾侯乙编钟研究》,湖北人民出版社,1994年),将出土资料、复制实验数据和《考工记》记载结合起来研究。

此外,还有介绍《考工记》的文章,如大久保庄太郎的《周礼考工记》(《羽衣学园短期大学研究纪要》,1969年)等。

四、西方汉学界的《考工记》研究

欧洲传教士和学者认识《周礼·考工记》应可上溯到明末清初的第一

次西学东渐。17、18世纪，许多中文书籍流入欧洲，《考工记》随着《周礼》作为中国经典的一部分传入西方。法国汉学大师雷慕沙（J. P. A. Rémusat，1788—1832）没有到过中国，仅从书本学习而成功地掌握了有关中国的深广知识，26岁时便担任了法兰西学院主持“汉文与鞑靼文、满文语言文学讲座”的教授。1816年受命为17、18世纪由中国方面赠送给法国皇家图书馆的中文书籍编纂《中文书籍目录》。清方苞（1668—1749）编的《钦定周官义疏》谅在其列。1817年雷慕沙翻译出版了《四书》中的《中庸》。1832年雷慕沙44岁英年早逝后，由他的学生儒莲（Stanislas Julien，1797—1873）接替，引领法国汉学约半个世纪之久。儒莲法译了《道德经》等许多中文书籍，还率先将沈括《梦溪笔谈》中关于毕昇发明活字印刷的记载译成了法文。

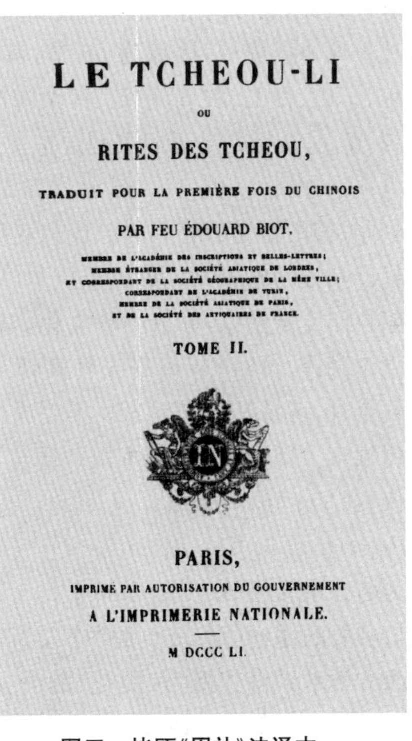
LE TCHEOU-LI

OU

RITES DES TCHEOU,

TRADUIT POUR LA PREMIÈRE FOIS DU CHINOIS

PAR FEU ÉDOUARD BIOT,

TOME II.

PARIS,

IMPRIMÉ PAR AUTORISATION DU GOUVERNEMENT

A L'IMPRIMERIE NATIONALE.

M DCCC LI.

图三　毕瓯《周礼》法译本（1851）卷二书影

儒莲的一个得意门生叫毕瓯（Édouard Constant Biot，1803—1850），是法国工程师和汉学家。他曾参加里昂与圣艾蒂安之间的法国铁路第二线的建设，具有工程技术背景。他关于中华文明的著述大多发表于《亚洲丛刊》（*Journal Asiatique*）。其中包括1841年的《周髀算经》法译本，这是《周髀算经》的第一个西文译本。此外，他也是《中华帝国地理辞典》和《中国学校铨选史》的作者。他最著名的学术成就是法译《周礼》（*Le Tcheou-li ou Rites des Tcheou*），底本是方苞《钦定周官义疏》，除翻译经文外，也译述了不少《周礼》注释的内容。可惜他也享年不永，未及全部完成。留下的扫尾部分由导师儒莲和父亲 J. B. 毕瓯(Jean-Baptiste Biot)帮助完成。定稿分作 2 卷，于 1851 年在巴黎由法国国立出版社(Imprimerie Nationale)出版，这是《周礼》的第一部，也是迄今为止唯一的西文全译本，也是《考工记》的第一个西文全译本，西方学术界常加以引用(图三)。毕瓯作为雷慕沙的再传弟子，继承师门法译中国典籍的传统，又有工程技术背景，故能翻译包括《考工记》在内的《周礼》，书中自认为此等业绩不在发掘巴比伦、亚述之下。1939 年北平文典阁曾据此影印，1975 年台北成文出版社又影印。近年，西方出版界出现了几种新影印本和电子书。

虽然《周礼》尚无英文全译本，但已有节译本。南宋叶时所作的《礼经会元》四卷将《周礼》按内容摘录，分项叙说。清代福建长溪学者胡必相(字梦占)以《礼经会元》为基础，“删其繁，增其缺，参以注疏，运以鄙词，俾事聚其类，物分其群”，作《周礼贯珠》二卷，于 1797 年刻于及修家塾。《周礼贯珠》将《周礼》摘编为 56 节，其中含《考工记》原文的主要有建国、染采、车旗、百工、农事、市政、梓栗陶旊、声乐、弓矢、甲革、戈戟、祭祀玉器等 12 节，前几年孔夫子旧书网曾拍卖过一本《周礼贯珠》。《周礼贯珠》由冯湛溪增加辑注，更名为《新增注释周礼串珠》于嘉庆丁丑(1817)由岳云楼刻印；德国慕尼黑著名的巴伐利亚州立图书馆藏有《新增注释周礼串珠》，且已扫描为电子书。英人金执尔(William R. Gingell)于 1842 年乘运兵船自印度抵南京，仰慕中华文化，努力学习中文，数年后任英国驻福州领事馆翻译。1849 年请华人林高怀为其讲解胡必相的《周礼贯珠》。经过八个月，三易其稿，于 1850 年完成了英译《周礼贯珠》。那时他已代理福州领事。1852 年，英译本以《〈周礼贯珠〉所见公元前 1121 年中国人的礼仪》(*The Ceremonial Usages of The Chinese, B. C. 1121. As Prescribed in The Institutes Of The Chow Dynasty Strung As Pearls*)为名在伦敦由 Smith, Elder, & C°出版(图四)。该书除译文外，也有少量必要的注释(第 62 页脱“梓人为筍虡”一段，疑原稿缺失——笔者注)。西方学术界将其视为《周礼》的英文节译本，从某种意义上说，也可视为《考工记》的英文节译本。1861 年 4 月，英国委任金执尔为驻武汉领事。

金执尔在中国学者林高怀帮助下完成了《周礼》的节译，此时西方汉学家们的兴趣,则大都集中在中国历史学、考古学、美术和宗教方面。比利时汉学家哈雷兹(Charles-Joseph de Harlez de Deulin, 1832—1899)在 1887—1898 年间先后发表了多篇有关《易经》研究的译著与论文。1894 年在《通报》发表《周礼和山海经的来源和历史价值》(*Le Tcheou-li et le Shan-hai-king. Leur origine et valeur historique*, *T'oung Pao*, 1894, 5(1)11 - 42, 5(2)107 - 122),但未及《考工记》。瑞典最有影响的汉学家高本汉(Klas Bernhard Johannes Karlgren, 1889—1978),运用欧洲比较语言学的方法,探讨古今汉语语音和汉字的演变,颇有创获。他 1931 年发表《早期文献中的〈周礼〉和〈左传〉》(*The Early History of the Chou Li and Tso Chuan Texts*, *BMFEA* 3, 1931, pp. 1 - 59),揭示《毛诗》、《尔雅》等早期文献已引用《周礼》、《考工记》和《左传》,证明《周礼》、《考工记》和《左传》至迟在公元前 2 世纪中叶早已有之,它们不是伪书,可以在研究中放心地引用。瑞典汉学家布罗曼(Sven Broman, 1923—1994)是高本汉的学生,其博士论文为《〈周礼〉研究》(*Studies on the Chou Li*, *BMFEA 33*, 1961, pp. 1 - 89),在高本汉的《周礼》研究的基础上,将《周礼》职官与其他先秦文献中出现的相同职官作比较,但仅仅提到《考工记》取代了《周礼》的最后一官。

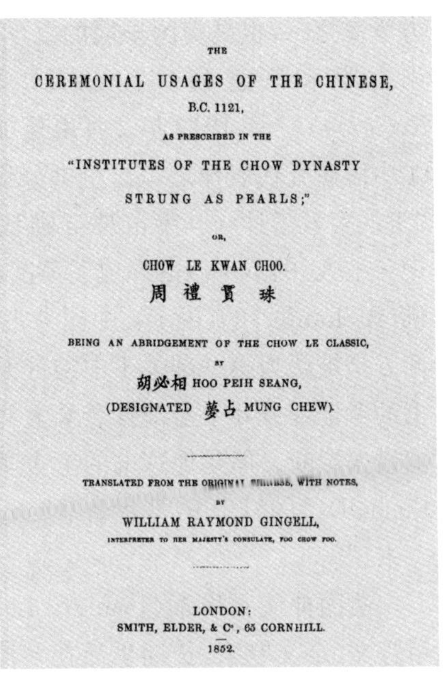
THE
CEREMONIAL USAGES OF THE CHINESE,
B.C. 1121,
AS PRESCRIBED IN THE
"INSTITUTES OF THE CHOW DYNASTY
STRUNG AS PEARLS;"
OR,
CHOW LE KWAN CHOO.
周禮貫珠
BEING AN ABRIDGEMENT OF THE CHOW LE CLASSIC,
BY
胡必相 HOO PEIH SEANG,
(DESIGNATED 夢占 MUNG CHEW).

TRANSLATED FROM THE ORIGINAL CHINESE, WITH NOTES,
BY
WILLIAM RAYMOND GINGELL,
INTERPRETER TO HER MAJESTY'S CONSULATE, FOO CHOW FOO.

LONDON:
SMITH, ELDER, & Co, 65 CORNHILL.
1852.

图四　金执尔《周礼贯珠》英译(1852)书影,美国史坦福大学图书馆藏

劳弗尔(Berthold Laufer, 1874—1934)出生于德国科隆的一个犹太家庭,1897 年在莱比锡大学获博士学位,通晓多国文字。移居美国后,先后领导并参加了 4 次远东探险活动,长期担任美国芝加哥菲尔德自然史博物馆(The Field Museum)人类学馆馆长,是 20 世纪初西方最著名的东方学家之一，也是美国早期的汉学权威，著述甚丰。他的《玉器——中国考古学和宗教研究》(*Jade: Study in Chinese Archaeology and Religion*)一书，1912年2月由芝加哥菲尔德自然史博物馆出版，系劳弗尔中国研究代表作之一。全书分作十二部分，还有两个附录。在第五章“玉的宗教崇拜——宇宙神玉器”中，他将《周礼·春官·典瑞》和《考工记·玉人》的不少段落译成了英文，加以引用。夏鼐先生指出：“美国人劳佛(B. Laufer)的《说玉：中国考古学和宗教的研究》(1912年英文本)在西方是被认为第一部关于中国古玉的考古研究划时代的专著。实际上这书的考证部分几乎全部抄袭吴大澂的研究成果，有些地方也沿袭了吴氏的错误论断。但是他这书的考古学研究方面，确是远胜于布什尔(S. W. Bushell)等的《H. R. 毕沙普(Bishop)收藏玉器的调查和研究》(1906年)一书。”①

法国神父雷焕章(Jean A. Lefeuvre, 1922—2010)是世界第一流的甲骨文、金文专家，长期生活在台湾。他曾撰写《兕试释》②和英文《商代晚期黄河以北地区的犀和野水牛——从甲骨文中的 和兕字谈起》(*Rhinoceros and Wild Buffaloes North of the Yellow River at the end of The Shang Dynasty: Some Remarks on the Graph* and the *Character* 兕, *Monumenta Serica*, 39, 1990—1991)，引用考古发现、甲骨文、金文和许多文献(包括《考工记·函人》)资料，考定甲骨文“兕”字是指野生圣水牛(*Bubalus*)。他认为自殷商至东晋，“兕”字均是指野生圣水牛：“检视从《诗经》到东晋古籍中的兕，唯有当它是野水牛，我们才能对这些古籍做合理的解释。”(第108页)学术界对这一观点有争议，对《考工记·函人》中的兕为何种动物，也存在几种不同的理解。

加拿大多伦多大学东亚研究系的研究生阿勒斯顿(Frederick Scott Allerston)将《考工记》的英文译注(*The K'ao Kung Chi: A Translation*

---

① 夏鼐：《有关安阳殷墟玉器的几个问题》，中国社会科学院考古研究所编著：《殷墟玉器》，文物出版社，1982年，第2页。

② 雷焕章：《兕试释》，《中国文字》第8期，艺文印书馆，1983年，第84—110页。

and Annotation）作为其文科硕士学位论文，于1968年4月完成。这篇用当年的英文打字机打印出来的学位论文，共109页（包括扉页前言目录12页，正文92页，参考文献5页），现藏于多伦多大学图书馆档案部（图五）。阿勒斯顿先生硕士毕业后的去向、职业发展及近况不明。

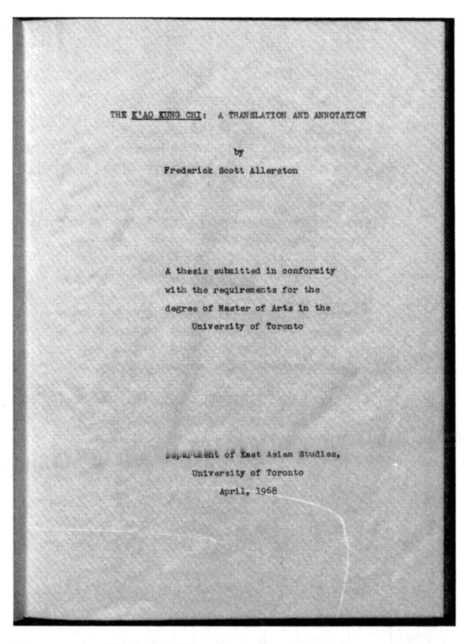
THE K'AO KUNG CHI: A TRANSLATION AND ANNOTATION

by

Frederick Scott Allerston

A thesis submitted in conformity
with the requirements for the
degree of Master of Arts in the
University of Toronto

Department of East Asian Studies,
University of Toronto
April, 1968

图五　阿勒斯顿的《考工记》译注论文打印本（1968），加拿大多伦多大学图书馆藏

这是2012年拙作《考工记》英文译注在英美出版以前世上唯一的《考工记》英文全译本，但从未正式发表。拙译出版后，才知道1968年西方汉学界有这么一篇硕士论文。今年要撰写这篇综述，恰巧吾友吴景春先生到多伦多，在他与加拿大多伦多大学档案部爱德华兹（Barbara Edwards）女士的帮助下，才见到这篇论文。阿勒斯顿认为《考工记》作于战国晚期，但可能稍早于《周礼》，《周礼》很可能与《吕氏春秋》同期或稍晚，并指出："《考工记》是最早和最全面的技术著作，研究古代中国物质文化和社会状况的首要资源。而且，在世界上不同文化圈之间的比较技术史研究中，它有非凡的文献价值。"（p. IV－V）论文前言对从郑玄《周礼注》到孙诒让《周礼正义》的《考工记》研究史作了简略的回顾。译注常利用《周礼正义》的解释，也参考了到20世纪60年代为止中外学术界的主要研究成果。书中注释《考工记》中的尺和寸，采用了福开森（John Calvin Ferguson，1866—1945）的研究，即每尺231毫米。

1932年马衡作《〈隋书·律历志〉十五等尺》，福开森把它译成英文（*The Fifteen Different Classes of Measures as Given in the "Lü Li Chih" of the*

Sui Dynasty History)。翌年,洛阳金村古墓出土周尺,福开森得之于怀履光(William Charles White, 1873—1960),作双语的《得周尺记》(*Chou Dynasty Foot Measure*)。这两种双语著作当年由私家印制,北京的法国书店有售。1941年,福开森的《中国的尺度》(*Chinese Foot Measure*)发表在位于德国的国际性汉学刊物《华裔学志》(*Monumenta Serica*)上,文中有洛阳金村周尺和新莽嘉量的照片。福开森指出:洛阳金村"周尺是中国现代考古研究中最有价值的发现之一"(p. 364)。1934年,福开森将自己数十年的上千件收藏全部无偿地捐赠给了金陵大学(福开森创办的汇文书院的后身),其中多为名贵文物,包括此一周尺。

建于1928年的哈佛燕京学社是美国研究中国问题的重要中心。该社"引得编纂处"先后编纂经、史、子、集各种引得64种81册,包括《〈周礼〉引得(附注疏引书引得)》,为科学利用我国古典文献创造了条件。就郭沫若对《考工记》的年代和国别的考证,哈佛大学中国史教授杨联陞补充了3条齐国方言,他认为郭氏将《考工记》定为春秋时期似乎太早。①

俄罗斯汉学家库切拉(С. Кучеры)教授受业于北京大学教授及《周礼》研究专家张政烺先生,为纪念他的导师,库切拉正在将《周礼》全书译为俄文[*Установления династии Чжоу:*(*Чжоу ли*)],2010年由莫斯科东方文学出版社出版了第一册,内容覆盖《天官》的上半部分。2011年3月29日,俄罗斯科学院东方学所和东方文学出版社在东方学所举行了《史记》、《周礼》的俄译本推介会。当时国内媒体报道:"《周礼》是一部连中国人都感艰深的儒家经典,其俄译者是俄著名汉学家库切拉,也是全书翻译,带有详细的注释和解说。"其实完成全璧还有待时日,我们期望全书俄译早日完成,到那时世上就有了《考工记》俄译本。

1980年前后,联合国教科文组织计划将《考工记》先译成现代汉语,

---

① Lien-Sheng Yang, *Studies in Chinese Institutional History*, Harvard University Press, 1963, p. 103.

再译成英、法、俄、西班牙和阿拉伯文，从而形成联合国通用的六种工作语言的《考工记》，以广流传和研究。上海古籍出版社编审胡道静先生是我硕士毕业论文的答辩委员，曾举荐我撰写《考工记导读》（中华文化要籍导读丛书，巴蜀书社，1987 年），邀我撰写《考工记译注》（中国古代科技名著译注丛书，上海古籍出版社，1993 年）。据他函告，当时国内有关部门将译《考工记》为现代汉语的任务交给了上海博物馆的蒋大沂（1904—1981）先生。1981 年蒋先生不幸身故，未完成的译稿不知所处。

2008 年夏，国家汉办暨孔子学院总部正式立项《五经》翻译项目。2009 年 7 月 27—29 日，《五经》研究与翻译国际学术委员会第一次工作会议在北京香山举行。会议计划中外著名学者携手把包括《周礼》在内的《十二经》翻译成 9 种语言，争取在三年半出齐《五经》英译本，再根据英译本并参照经文底本，翻译成法语、德语、西班牙语、俄语、阿拉伯语、希伯来语、印地语和马来语等 8 种语言。《中华五经翻译》国际学术合作工程委员会的主持人是著名汉学家施舟人（Kristofer Schipper，1934— ）教授，他出生于瑞典，祖籍荷兰，系法国巴黎高等研究院研究主任，也是福州大学世界文明研究中心暨西观藏书楼主任。这项功在千秋的工程仍在进行中。

笔者早有英译《考工记》的想法，得到过胡道静等前辈的热情鼓励。2008 年拙著《考工记译注》增订再版，笔者在后记中流露了英译《考工记》的意愿。2009 年开始付诸行动，以四部丛刊本为底本，于 2011 年完稿。由于《考工记》的特殊性，尤其对国外读者而言插图必不可少，承蒙许多博物馆、刊物、有关作者概允引用或提供图片，特别是王纪潮、施劲松、付兵兵、纪东等先生女士的盛情帮助，使拙译顺利附有插图 157 幅。2012 年夏《中国古代技术百科全书——考工记译注》[*Ancient Chinese Encyclopedia of Technology — Translation and annotation of the Kaogong ji* (*the Artificers' Record*), Routledge, 2013]由英国的劳特利奇出版社出版，在伦敦和纽约先后发行，这是第一部正式出版的《考工记》英文译本，劳特利奇出版社将其列入“亚洲古代史研究丛书”，2014 年又推出了它的 Kindle 电子版（图六）。

2014 年 11 月，上海交通大学出版社出版了关增建和德国赫尔曼

图六　闻人军《考工记》英文译注(2013)书影

(Konrad Herrmann，1945—　)合作译注的《考工记——翻译与评注》,此书含有白话文译注评、英文译注、英文评论、德文译注、《考工记》研究著述汇录等,它的英文译注、评论由Matthew Klopfenstein完成。这是《考工记》的第一部德译本。译者赫尔曼是计量学家兼汉学家,曾任德国联邦测绘技术部主任,还将几部中文书籍从现代或古代汉语译成德语。他编译过鲁迅、丁玲的著作。科技史方面,则有节译《梦溪笔谈》(*Pinselunterhaltungen am Traumbach: Das gesamte Wissen des Alten China*,1997)和德译《天工开物》(*Erschließung der himmlischen Schätze*, 2004)。

五、李约瑟等科技史家的《考工记》研究

将《考工记》作为科学文明史上的重要文献加以研究,是从李约瑟(Joseph Needham，1900—1995)博士开始的。李约瑟及其《中国科学技术史》合作团队,主要利用毕瓯法译《周礼》中的《考工记》,也有不少学者能直接阅读中文,对《考工记》作了多方面的研究。

1954年,《中国科学技术史》第一卷"导论"出版。李约瑟指出:河间献王为后人保存下了重要的技术文献《周礼·考工记》。① 1956年,《中国

① Joseph Needham, *Science and Civilisation in China*, vol. 1, Cambridge University Press, 1954, p. 111.

科学技术史》第二卷“科学思想史”出版，李约瑟关注《周礼·考工记》注疏中有关《易经》的注释。①

在国外《考工记》研究的历史上，1959年是值得注意的一年。该年2月，第九届国际科学史大会在西班牙巴塞罗那和马德里举行，李约瑟提交了会议论文：《中国古代的轮和齿轮》(*Wheels and Gear-Wheels in Ancient China*)。薮内清与李约瑟的首次会晤也发生在第九届国际科学史大会上。1959年，《中国科学技术史》第三卷“数学、天学和地学”出版，引用了《考工记》“匠人建国”测量术、“玉人”圭璧祭祀日月星辰等资料。②鲁桂珍、萨拉曼(Raphael A. Salaman)和李约瑟合作的《中国古代轮匠的技艺》(*The Wheelwright's Art in Ancient China*)一文，1959年发表于《自然》(*Physis*)。此论文分作二部分。第一部分为《轮绠的发明》(*The Invention of "Dishing"*)，将《考工记》的“轮人为轮”节译成了英文；根据考古发现的河南辉县战国车马坑第16号车的轮绠，结合《考工记》的记载，作了中欧比较研究。其第II部分是《工场风光》(*Scenes in the Workshop*)，分析研究了汉制车轮画像石以及多种木轮的实物形象资料。

随着《中国科学技术史》后续卷册的出版，对《考工记》的研究逐渐展开。第四卷的三个分册，集中体现了李约瑟研究《考工记》的水平。在第四卷第一分册(物理学)中，涉及栗氏为量、轮人为轮、金有六齐、凫氏为钟、匠人测量等。李约瑟等对《考工记》的研究，以第四卷第二分册(机械工程)为代表，他称《考工记》为“研究中国古代技术史的最重要的文献”。不但把《考工记》的“总叙”译成了英文，而且对《考工记》制轮制车技术作了比较详尽的研究。第四卷第三分册(土木工程和航海技术)探讨了“匠人营国”的水利技术，也涉及市政规划。

此外，如第五卷第六分册[军事技术：抛射武器和攻守城技术，叶山(Robin D. S. Yates)著]对弓箭等冷兵器的研究，第五卷第十二分册[陶

① Joseph Needham, *Science and Civilisation in China*, vol. 2, Cambridge University Press, 1956, p. 663.

② Joseph Needham, *Science and Civilisation in China*, vol. 3, Cambridge University Press, 1959, p. 571.

瓷技术，克尔(Rose Kerr)与伍德(Nigel Wood)著]对陶人、旊人的论述，第六卷第一分册(生物学)引“梓人”的大兽小虫分类法，第二分册[农业，白馥兰(Francesca Bray)著]阐述“匠人”、“车人”的农具，也涉及《考工记》研究。总之，书中议题凡是能在《考工记》中找到源流的，一般都不会错过。这套《中国科学技术史》历时 50 多年，至今尚未完成，参与撰写的合作者众多，观点也不可能始终一致。如对《考工记》的成书年代的看法，就吸收了中国科技史界的研究成果，前后出现过几种不同的说法。

1982 年，上海古籍出版社为祝贺李约瑟博士八十寿辰出版多语种纪念论文集《中国科技史探索》(1986 年出版中文版)，荷兰格罗宁根大学的应用物理学教授史四维(A. W. Sleeswyk)为此作《木轮形式和作用的演变》一文。他以为《周礼》的定本完成于公元前 2 世纪，文中对《周礼・考工记》“轮人为轮”条“望而眡其轮，欲其幎尔而下迆也”一句提出了一种独特的解释，以为这句话指的是莫氏干涉效应。他还讨论了辉县战车上同时发现的轮绠和夹辅，把两者的工作原理相联系，用以解释辉县战车的几个中凹形车轮上发现的准直径撑(即夹辅)的功用。

伦敦大学的古克礼(Christopher Cullen)1996 年发表《中国古代的天文数学：周髀算经》(*Astronomy and Mathematics in Ancient China: The Zhou Bi Suan Jing*. Cambridge University Press, 1996)，这本英译和研究《周髀算经》的著作，援引了《考工记・辀人》的轸方盖圆所反映的盖天说，《磬氏》、《车人》中与矩有关的一系列角度定义，以及《匠人》的测量术，他认为《考工记》是战国晚期(约公元前 300 年)的文献。古克礼曾任李约瑟研究所所长，2014 年起为名誉所长。

芝加哥大学东亚语言文化学系教授钱存训(1909—2015)曾长期担任该校远东图书馆馆长。由于钱存训等华人汉学家的努力，芝加哥大学成为哈佛大学之外的另一个美国汉学研究重镇。他是李约瑟《中国科学技术史》系列第五卷第一分册(纸和印刷，1985)的作者。1961 年曾发表《汉代书刀考》(《中研院历史语言研究所集刊》外编第 4 号，下册)一文，由《考工记》“筑氏为削”及其郑玄注入手，展开了长达一万言的研究考证。他的名著《书于竹帛：中国古代的文字记录》(*Written on Bamboo and Silk:*

The Beginnings of Chinese Books and Inscriptions, Chicago: University of Chicago Press, 1962)引用了《南齐书·文惠太子传》所提到的科斗书《考工记》竹简这则史料。

加州大学圣迭戈分校物理系教授程贞一(1933—)1980年起在该校中国研究计划开设了自然科学史课程,授课24年。1988年发表《曾侯乙编钟在声学史中的意义》(载《曾侯乙编钟研究》,湖北人民出版社,1994年),并主编英文《曾侯乙双音编钟》(*Two-Tone Set-Bells of Marquis Yi*, 1994),出版英文专著《中华早期自然科学之再研讨》(*Early Chinese Work in Natural Science*, Hong Kong University Press, 1996),中文专著《黄钟大吕:中国古代和16世纪声学成就》(程贞一著、王翼勋译,2007)等论著,将《考工记》中不少与声学和力学知识有关的段落译成了英文,并作了深入研究。如《中国科学技术史》第四卷第一分册(物理学)中的声学部分是李约瑟和鲁宾逊(Kenneth Robinson)的合作,他们将"金有六齐"一系列配比中的"金"释为青铜,得到铜含量的一系列比率,再与纯律的谐率数据比较,误以为谐率数据出现在"金有六齐"中,是中国古代铸造工匠误用了谐率知识。程贞一通过详细考证,指出了"金有六齐"的真正意义,它与乐律学的谐率无关。

第一届中国科技典籍国际会议1996年在山东淄博举行,以《考工记》为主题,研究《考工记》的论文有二十多篇,绝大多数由国内学者提交。德国柏林工业大学的维快(Welf H. Schnell)在会上发表《〈考工记〉和 *De Architectura*——两本古籍中的不同技术观点》,将《考工记》和西方唯一传世的古建筑学书籍,即维多(Vitruv)的《建筑学十书》(*De Architectura libri decem*,约公元前33年)作比较研究,认为两书代表了截然不同的技术观及对技术的不同理解,此文收进了会后出版的《中国科技典籍研究——第一届中国科技典籍国际会议论文集》。中国科技典籍国际会议迄今已在国内外举办过五届,还将继续进行,已是国内外学者开展中国科技典籍学术研究与交流的重要平台。

《考工记》词条

中国先秦时期的手工艺专著，战国时期已经流传。作者不详。全文虽仅7 000多字，但内容丰富。相传西汉时《周官》（即《周礼》）六篇缺"冬官"篇，遂将此书补入，得以流传至今。《考工记》记述了木工、金工、皮革工、染色工、玉工、陶工等6大类的30个工种，其中6种内容已失传，仅存名目。后来又衍出一种，实存25个工种的内容。

《考工记》首先介绍了单辕双轮马车的总体设计，并在"轮人"、"舆人"、"辀人"条中详述了车的四种主要部件"轮、盖、舆、辕"特别是车轮的制造工艺和检验方法，详细指明了各部件的作用和要求以及要求加工质量的原因，记录了一系列的检验手段，如用规和平正的圆盘检验车轮是否圆平正直（规和萬），用悬线验证辐条是否正直（县），又用水浮起车轮观察其各部分是否均衡（水），最后用量器和衡器测知其体形大小和轻重是否符合标准（量和权）。

在车轮取材方面书中指出首先应考虑时间因素，即所谓"斩三材必以其时"。其次是从中选择优质材料和精细加工，如要求车轴美好、坚固和灵便。对轮的直径要求适中，轮径偏大则乘车上下不便，轮径偏小则马拉车费力，车轮滚动时阻力和轮径成反比因而必须选用适当的轮径。近代出土的商周战车尚有尺寸比例不合理以及重心偏高等缺点，而《考工记》所载的造车方法已克服了这些缺点。

"冶氏"、"桃氏"、"矢人"、"庐人"、"弓人"条记载了多种兵器的形状、大小和结构特点。尤其对弓矢的制造工艺记述详尽，如对弓身的用材就比较了7种材料的优劣，探讨了如何增加弓身的弹力、射速，以及加固和保护弓身等问题。“矢人”条对各种箭镞的长短大小，铤的长短都有所规定，还记述了以水浮法检验质量分布的平衡性。

《考工记》将商周以来积累的冶金知识归纳为“金有六齐”，这是已知世界上最早的青铜合金配制法则，它揭示了青铜机械性能随锡含量而变化的规律性。此外，《考工记》还包含有数学、力学、声学、建筑学等多方面的知识和经验总结。

历代注释和研究《考工记》者甚多，以东汉郑玄注、唐贾公彦疏、清戴震《考工记图》、程瑶田《考工创物小记》以及孙诒让《周礼正义》等较为著名。

原载《中国大百科全书》(机械工程卷)，作者王锦光、闻人军，中国大百科全书出版社，1987年，第407—408页

《考工记》新析偶得

它山之石，可以攻玉。——《诗·小雅·鹤鸣》

本文是借鉴科学方法论赏析《考工记》的初步尝试。《考工记》本身就是原始系统思想指导下的杰作，因此，科学方法论的历史回顾和注重方法论的历史研究，特别是科学史研究，将在文中交替进行。

一、承前启后：《考工记》在系统思想萌芽中

上世纪30、40年代开始兴起的现代系统科学，先在科学技术领域内大显身手，继之给社会科学研究注入新风。这一过程实际上是中国原始系统思想的历程在高一级层次上的重现。无怪耗散结构理论的创始者普利高津(I. Prigogine)要说："也许我们最终有可能把强调定量描述的西方传统和着眼于自发自组织世界描述的中国传统结合起来。"①我们一时还无法实现这个目标，但至少可以大致整理出我国古代朴素的系统概念由自然和工程系统伸向社会科学领域的粗线条。

早在《考工记》面世以前，原始系统思想就已萌生。如西周时代的《诗·豳风·七月》，乃是农奴的集体创作，系统地叙述了一年之中的气象、物候，劳动和生活情形。迄至战国初年，齐国编成官府手工艺专著《考工记》，它与《墨

① 湛垦华、沈小峰等编：《普利高津与耗散结构理论》，陕西科技出版社，1982年，第VI页。

经》合称为先秦科技的双璧。篇幅虽小，信息量却大得异乎寻常。信息的生命在于流通。《考工记》携带着社会欢迎的科技信息，广为流传，其影响远在《墨经》之上。而《墨经》中的纯科学理论，当时的中国社会一时接受消化不了，很少有人问津，一搁千百年。《考工记》和《墨经》实际上代表了先秦科技结构的两种可能的发展方向，中国古代社会选择了与之匹配的《考工记》系统，冷落《墨经》，从此走上了东方式的发展道路，影响二千年。乃至西方近代科学发生，两度西学东渐，《墨经》的潜在价值一贬再贬，空余西学吾国"古已有之"的惋惜。《考工记》问世之后，原始系统思想流布日广。著名的如都江堰水利工程，由战国时代秦国李冰父子设计和主持修造，以分水、排砂、引水三大主体工程和一百二十个附属渠堰工程，构成了一个协调运转的工程总体。

原始系统思想波及战国时代的社会科学领域，原先单篇的著作逐渐汇成系统的书籍，作者也大多可考了。战国后期，一方面衍生了邹衍的五行相胜、循环无端的"五德终始"说这个赘瘤。另一方面，列国分立的状态终于跃迁为金字塔式分权结构的封建帝国。

二、从无序到有序：战国的归宿

《考工记》的出现是天下一统的序曲，秦统一中国是以《考工记》为代表的原始系统思想的凯歌。

《考工记》开宗明义曰："国有六职，百工与居一焉。"接着分述："坐而论道，谓之王公。作而行之，谓之士大夫。审曲面势，以饬五材，以辨民器，谓之百工。通四方之珍异以资之，谓之商旅。饬力以长地财，谓之农夫。治丝麻以成之，谓之妇功。"寥寥数语，已勾勒出相互联系和制约的一个社会系统，衬托出"百工"的地位和作用。这是一个充满矛盾运动的系统，作者以为"知者创物"，"百工之事，皆圣人之作也"，"巧者述之，守之世，谓之工"。这种观点有悖于历史唯物主义，事实上已被工匠在科技进步中的日益显著的作用所否定。传统的"食官"的工商，①与日渐发展的

① 《国语·晋语四》。

私营工商业相比,在整个经济活动中所占的比重开始逆转。井田制的瓦解和封建经济的形成和发展,从根本上动摇了原来的国家结构。“百家争鸣”促进了思想解放、人才流动和科技交流日趋频繁,进一步暴露了文字、度量衡、政令的不统一,通信渠道的不流畅,愈来愈不能适应形势的发展。社会发展的内在规律迟早要宣告:《考工记》时代的国家结构(见图七)行将变成明日黄花。

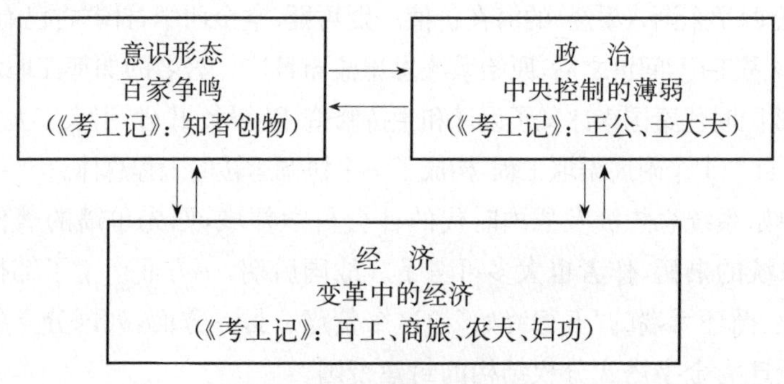

图七　战国前期的国家结构

用耗散结构理论同样可以导致这样的结论:上述的历史进程是势不可挡的。所谓耗散结构,是在开放和远离平衡态的条件下,在与外界环境交换物质和能量的过程中,通过能量的耗散和内部各要素之间的非线性相互作用,由涨落导致的时空或功能上的有序结构。根据热力学第二定律,一个孤立系统的熵(代表系统无序程度的物理量)永不会减少。耗散结构理论却说明,一个远离平衡态的开放系统与外界交换能量、物质的过程,就是流入负熵的机会,有可能使系统的总熵逐步减小,从无序走向有序。各诸侯国的结构显然是一个远离平衡态的开放系统。《考工记》中提到的“郑之刀,宋之斤,鲁之削,吴粤之剑”,“燕之角,荆之干,妢胡之笴,吴粤之金锡”等等,大多是当年驰誉全国的手工、林、牧业特产。各诸侯国为了增强经济和军事实力,竞相引进先进技术,《考工记》在流传中掺杂了各国方言即其明证。名义上的周天子统治管理的汉族王朝也是一个远离平衡态的开放系统。有用的信息是负熵。《考工记》作者盛赞的“胡”的弓车技术,对于中原地区就是一种负熵流,早已存在,有待继续探索的中外文化交流中谅必也有负熵流的引入。向自然界的索取有增无已。发展中的经济基础与处于上层建筑的意识形态及政体间有非线性的影响,意识形态和政治体制的相互作用中也存在着非线性的机制,变法图强成为大势所趋。变法也是一股负熵流,决定社会前进方向的诸要素之间的协同合作与竞争,主宰着社会发展的进程。各国之间错综复杂的关系和攻伐征战的胜负,相当于耗散结构理论中的"涨落"。强秦统一中国的战争则是增长最快的涨落。种种使原有的国家结构完备化的努力,竟瓦解了战国时代的国家结构,列国纷争无已的局面,终于让位于中国封建社会初期的有序结构。这一过程的终于完成自然有助于我们具体探讨战国时代的各要素间究竟有什么样的非线性机制,从而使战国史研究深入一步。

三、欲清晰先模糊:"百工"子系统的赏析

"百工"这种官营手工业制度,从殷商到战国,已历一千余年(或许夏代已经发端)。在相当长的时期内,它几乎是可以集中人力和物力来经营较大规模的手工业生产的唯一方式。《考工记》所记述的虽然只有当时官营手工业中的三十个工种,即"攻木之工七,攻金之工六,攻皮之工五,设色之工五,刮摩之工五,抟埴之工二"(由于散佚和增衍,实存二十五个工种的具体内容)。但一旦构成系统,此书的价值远过于这三十工的机械总和。作者用述而不创的儒家伦理,天时、地气、材美、工巧四原则,以及严格的质量管理制度,将三十工有机地组成一个整体,构成了一系列先秦科技文明之窗,部分地展现了先秦时代科技发展的生动具体的画面。

领略《考工记》整体的形象美,可以借鉴欣赏油画或观看电视的方法,即拉开一定的距离,适当的模糊反而更为清晰,系统原理其实也是这样说的。如此考察《考工记》的"百工",略去细节,五个引人注目的子系统便显出来了。它们分别是:一、由"一器而工聚焉者,车为多"统率的制车系统,包括"轮人"、"舆人"、"辀人"和"车人"等节,这是世界上最早的木车设计制造大全。二、由"金有六齐"统率的铜器铸造系统,包括"筑氏"、"冶氏"、"桃氏"、"凫氏"、"栗氏"及"段氏"等,这是由世界上最早的青铜合金

合理配比关系构筑的系统。三、以“弓人”和“矢人”为代表的弓矢兵器系统。四、以“梓人”为代表的礼乐饮射系统。五、以“匠人”为代表的建筑、水利系统。鉴于《考工记》指出“夏后氏上(即崇尚)匠,殷人上梓,周人上舆”,青铜文化无疑是当时文明的主流,而“弓箭对于蒙昧时代,正如铁箭对于野蛮时代和火器对于文明时代一样,乃是决定性的武器”。[①] 春秋战国的乱世,对兵器的社会需要大大促进了它的研制和生产。所以,《考工记》作者强调这五个子系统也是势所必然。当然,其他内容(如纺织、陶瓷等)也是整个“百工”系统的有机组分。就这样,系统思想的萌芽在《考工记》中获得了滋养的温床,进一步发展。

例如:“匠人营国”节说:匠人营建国城,九里见方,每边设三门。国城中主要的道路,纵向九条,横向九条,纵向路宽正可容九辆车子并行。王宫的布局,左面是祖庙,右面是社庙,前面是朝廷,后面是市集。市集和朝廷各一百步见方。[②] “匠人为沟洫”节说“……九夫为井。井间广四尺,深四尺,谓之沟。方十里为成。成间广八尺,深八尺,谓之洫。方百里为同。同间广二寻,深二仞,谓之浍”,前者指都城规划,后者是井田制中的部分沟洫水利系统,似乎都是原始系统思想的产物。“匠人为沟洫”节还记载:凡修筑沟渠堤防,一定要先以匠人一天修筑的进度作为参照标准,又以完成一里工程所需的匠人及日数来估算整个工程所需的人工,然后才可以调配人力,实施工程计划。[③] 规定这种程序正是为了对生产率作评估预测,以便作好总体规划设计。

四、孰先孰后:初解“辀人”和阴阳五行色彩之谜

我们运用考古实物资料与《考工记》的有关文物记载相印证的方法,

---

① 恩格斯:《家庭、私有制和国家的起源》,《马克思恩格斯全集》第21卷,人民出版社,1965年,第34页。

② 《考工记·匠人》:“匠人营国,方九里,旁三门。国中九经九纬,经涂九轨。左祖右社,面朝后市,市朝一夫。”

③ 《考工记·匠人》:“凡沟防,必一日先深之以为式,里为式,然后可以傅众力。”

以及借助其他可资利用的手段，已经确认《考工记》的主体编成于战国初期，[①]但并没有排除它在流传中有所增衍的可能性，其中《考工记》内的“辀人”和阴阳五行色彩之谜扑朔迷离也是一个重要的原因。理清原始系统思想的发展脉络，增强了我们解决这两个悬案的信心。

“辀人”一词不在《考工记》开头综述的三十工之内，以致有人说：“辀人别出一章，疑楚人所撰。”[②]“辀人”节说车轸的方形，象征大地；车盖的圆形，象征上天；轮辐三十条，象征每月三十日；盖弓二十八条，象征二十八星宿。[③] 迄今为止，轮辐三十条和盖弓数二十八的实物证据，尚未在早于战国时期的考古资料中发现。不过，这种象征性的车制设计，完全可以在系统思想和天文学知识（盖天说、二十八宿等）的双重影响下出现。我们推测它是在《考工记》的流传中增衍的内容，又在继续流传中对制车部门发生了实际的影响。即“辀人”节的成文当在战国初期与中期之间。

关于上文提及的原始系统思想的副产品——“五德终始”说，它在与《考工记》的有关记载之间，也存在着孰先孰后，谁影响谁的问题。《考工记》曰：“画缋之事，杂五色。东方谓之青，南方谓之赤，西方谓之白，北方谓之黑，天谓之玄，地谓之黄。青与白相次也，赤与黑相次也。玄与黄相次也。”有的研究者认为《考工记》是战国年间在齐国的阴阳家们所作，上述引文“里头暗含着‘五德相胜’说的意思——如夏尚青，其德属木，依次相代者为殷之金德；殷尚白，其德属金，依次为周之火德相代；周德属火，故尚赤；周德已衰，自当另有一个水德的王朝出现，以代周室统治天下。《考工记》中的话，不正是与之大致相合吗？”[④]也就是说，“五德终始”说在前，《考工记·画缋之事》“相次”之文在后。在我们看来，与其说“画缋之事”的“相次”之文套用了“五德终始”说，还不如说“五德终始”说的产生受到了以《考工记》为代表的原始系统思想的影响。不过，“相次”之文颇为

① 闻人军：《〈考工记〉成书年代新考》，《文史》第23辑，1984年。

② 陈直：《古籍述闻》，《文史》第3辑，1963年。

③ 《考工记·辀人》：“轸之方也，以象地也；盖之圜也，以象天也。轮辐三十，以象日月也；盖弓二十有八，以象星也。”

④ 夏纬瑛：《“周礼”书中有关农业条文的解释》，农业出版社，1979年，第8页。

费解。由于自然科学与社会科学的交互影响相当复杂，阴阳五行学说的哲学观念曾经对我国传统科学理论发生了深刻的影响，如果说在“画缋之事”的一些提法上留下了早期阳阴五行说的影子，亦在情理之中。自然科学与社会科学之间的交叉渗透由来已久，在《考工记》中也有端倪可寻。

五、最优化：人弓矢的搭配

据“弓人”节的记载，在人、弓、矢三者与“的”构成的系统中，射手因体形、意志、血性气质的差别，而有危人和安人之分。危人刚毅果敢、火气大、行动急疾；[①]安人长得矮胖，意念宽缓，行动舒迟。[②] 弓矢的刚柔程度不同，也有危弓（刚硬的弓）、危矢（剽疾的箭）和安弓（柔软的弓）、安矢（柔缓的箭）之别。在数学上、人、弓、矢的组合可有八种方式（见表一）。

表一　人弓矢的搭配方式

a. 安人的搭配方式	b. 危人的搭配方式
1. 安人、安弓、安矢	5. 危人、安弓、安矢
2. 安人、安弓、危矢	6. 危人、安弓、危矢
3. 安人、危弓、安矢	7. 危人、危弓、安矢
4. 安人、危弓、危矢	8. 危人、危弓、危矢

“弓人”节指出：第 1 和第 8 两种方式最不可取。其原因是“其人安、其弓安、其矢安”则箭的速度不快，不易命中目标，即使射中了也无力深入。“其人危、其弓危、其矢危”则箭的蛇行距离过长，不能稳稳中的。[③] 按照空气动力学、心理学知识和射箭理论。在第 2、4、5、7 种情况下，人、弓、矢的特性都不能协调一致。唯独第 3 和第 6 两种方式是最佳搭配。[④]

---

① 《考工记 · 弓人》：“（危人）骨直以立，忿势以奔。”

② 《考工记 · 弓人》：“（安人）丰肉而短，宽缓以荼。”

③ 《考工记 · 弓人》：“其人安，其弓安，其矢安，则莫能以速中且不深。其人危，其弓危、其矢危，则莫能以愿中。”

④ 闻人军：《〈考工记〉中的流体力学知识》，《自然科学史研究》1984 年第 1 期。

而《考工记》中正是这样要求的。在人造系统中。最优化设计历来是人们追求的目标之一。按当时的科学水平衡量,《考工记》中有不少设计符合这一要求。如"国有六职"节说:倘若车轮太小,则马拉车相当费力,好比常处于爬坡状态一样;如果车轮太大,则人上下十分不便;故以身长八尺之人为例,轮径宜选六尺三寸——六尺六寸,上下车时高度恰到好处为度。① 又如"冶氏"节说:戈的"援"与"胡"之间的角度,太钝的话,战斗时不易啄人;太锐的话,实用时不易割断目标。戈的"内"太长的话,"援"容易折断,"内"太短的话,使用起来不够快捷;所以援应横出微斜向上。文中还规定了"内"、"胡"、"援"三者的长宽应取一定的比例。② 总之《考工记》中用最优化设计追求最佳效果的例子简直不胜枚举。

六、黑箱方法:钟鼓之乐

古人研究人造或自然系统,常常不自觉地运用一种行之有效的黑箱方法,传统医学是人们早已熟悉的例子,但是黑箱原理在先秦时期的应用不限于此。试看《考工记》中,"凫氏"节说:"钟大而短,则其声疾而短闻。钟小而长,则其声舒而远闻。""韗人"节也说:"鼓大而短,则其声疾而短闻。鼓小而长,则其声舒而远闻。"两者的句式竟完全相同,意味深长。有些科技史著作评价道:"钟、鼓不同的形状,会给人带来很不相同的声音感觉。'大而短,则其声疾而短闻';'小而长,则其声舒而远闻'。这些从长期制作乐器的过程中总结出来的声学问题的定性描述,远远超出了为乐器规定某种尺寸等的技术规范的意义,它已经为人们较自觉地对钟鼓的形状或厚薄作适当调整,使之达到预想的要求,提供了理论上的依据。"③ 这段评语颇有见地,但在前半段没有进一步说明钟与鼓的发声机制有所

---

① 《考工记·国有六职》:"轮已崇,则人不能登也;轮已卑,则于马终古登阤也。故兵车之轮六尺有六寸,田车之轮六尺有三寸,乘车之轮六尺有六寸,……人长八尺,登下以为节。"

② 《考工记·冶氏》:"戈广三寸,内倍之,胡三之,援四之。已倨则不入,已句则不决,长内则折前,短内则不疾。是故倨句外博。"

③ 杜石然等:《中国科学技术史稿》上册,科学出版社,1982年,第113页。

不同，跟古人一样，仅根据输入和输出的关系，借助于黑箱方法（见图八）来定性研究钟（或鼓）系统的声学特性，突出了两者声学特性的一致。这种规律性的认识由古人抽象出来殊属难能可贵。我们本可费力地做一系列模拟实验来验证它的正确性，不过，运用新的科学方法来作理论分析显得更为经济。

图八　钟鼓黑箱方法示意图

实际上，钟的发声机制是一种弯曲板的板振动，鼓的发声机制是由空气柱耦合的膜振动，在数理声学上，其表述均是复杂的常规方法束手无策的偏微分方程。阐述钟的声学特性不得不求助于一种新的科学方法——科学计算。有人认为，“当前科学计算的兴起并形成与科学理论，实验鼎足而立之势，是伽利略以来在科学方法论方面取得的最大进展”。① 近年来，已经出现了多种多样的计算方法。我们选用上世纪50年代发展起来的一种有限元法，在“化整为零，裁弯取直，以简驭繁，图难于易”的思想指导下，②用上端封闭、椭圆截面的柱壳作为静态模型，近似模拟先秦扁钟的振动，经过电子计算机的运算，得出了大小长短不同的四种模拟钟的基频。从而发现：只有在一定的范围内“凫氏”的上述记载才是正确的。③ 至于鼓，我们采用不同于演绎或归纳的一种推论方法——类比，从机电类比出发，将鼓等效于经过电容耦合的一对RLC串联振荡电路，通过较易分析的电振荡探索本质上是机械振动的鼓声，得出了类似的结论：在一定的范围内，“韗人”关于鼓的声学特性的分析是正确的。④ 近现代科学技术的进步，使我们能够对一些在古代只能作“黑箱”处理的系统，化作

---

①　冯康：《计算——新的第三种科学方法》，《百科知识》1985年第5期。

②　冯康：《计算——新的第三种科学方法》。

③　闻人军：《〈考工记〉中声学知识的数理诠释》，《杭州大学学报》（自然科学版）1982年第4期。

④　闻人军：《〈考工记〉中声学知识的数理诠释》。

"灰箱"或"白箱"来处理。但对客观事物的认识是没有穷尽可言的,控制论的黑箱原理永远不会被淘汰。

七、负反馈:箭羽的作用

控制论(Cybernetics)产生于上世纪 40 年代,它的希腊语字源是 κυβερνητικη,意即舵手艺术,创自古希腊哲学家柏拉图(Platon,前 427—前 347)。这个天才发明耐人寻味,不由使人联想到箭的方向舵——箭羽。箭羽大概是人类最早发明的负反馈控制设置之一。我们之所以取这种较保守的说法,是因为浙江余姚河姆渡新石器文化遗址出土的一批木质、骨质和石质的"蝶形器",很可能原是捆扎在狩猎标枪尾部的翼形定向器,①它对于标枪投掷方向的稳定作用,与箭羽的原理是一致的。我国旧石器时代晚期发明的弓箭。在新石器时代取得了长足的进步。三代以降,在长期的生产实践中。制箭工匠对箭羽的性能和装置方法作了比较深入的研究,形成了系统的经验。在"矢人"节中首次详细记载了箭羽的装置法和各种弊病,进而指出箭羽装妥后,即使有强风,也不会受它的影响。② 风是一种干扰因素,箭羽大小适当,装置得法的箭是一个简单的有负反馈的稳定控制系统。按照空气动力学知识,不难说明箭羽的反馈作用。当箭飞速前进时,如因侧风干扰,使头部偏向左方(或右方);箭矢由于惯性,仍沿原先的方向前进,于是迎面而来的空气阻力有了垂直于箭羽的分力,此分力反过来使箭羽向左(或向右),箭镞随之向右(或向左)转,抵消了侧风对方向性的影响。这就是说垂直的箭羽有横向稳定的作用。同理,水平设置的箭羽有纵向稳定的作用。③ 垂直箭羽与水平箭羽的配合,使箭能够保持良好的方向性,准确地飞向目标。

---

① 王仁湘、袁靖:《河姆渡文化"蝶形器"的用途和名称》,《考古与文物》1984 年第 5 期。

② 《考工记·矢人》:"五分其长,而羽其一,以其笴厚为之羽深。水之,以辨其阴阳。夹其阴阳,以设其比,夹其比,以设其羽,叁分其羽,以设其刃。则虽有疾风,亦弗之能惮矣。"

③ 闻人军:《〈考工记〉中的流体力学知识》。

八、结　　语

通过本文的分析，揭示了《考工记》中已有系统思想的萌芽，但这毕竟是原始综合的孪生姐妹，与处于高级综合前夜的当代系统思想在质上有高下之分，不可同日而语。科学方法论给我们观察、分析、研究科技史和其他历史问题提供了有用的新工具，通过这次粗浅的尝试，它的开发应用的前景更令人神往了。然而，系统思想并不是解决一切问题的灵丹妙药，传统方法依然大有用武之地。就《考工记》而论，尚有不少奥秘未被揭开。“但我相信，我们正是站在一个新的综合，新的自然观念的起点上”，[1]未来社会科学和自然科学的多学科交叉将是打开《考工记》大门的金钥匙。

就像大多数令人振奋的科学成就一样，当人们离《考工记》越远时，越容易确定它的真实价值及其在历史上的位置。

此文系20世纪80年代某学术会议论文，未刊行

① 湛垦华、沈小峰等编：《普利高津与耗散结构理论》，第Ⅵ页。

《考工记》中声学知识的数理诠释

声学知识发轫于生产劳动、音乐娱乐和军事行动等社会活动，尤其和乐器结下了不解之缘。我国古代口头传习的声学知识是异常丰富的，在战国初期成书的科技古籍《考工记》中，留下了关于钟、磬、鼓三种乐器的声学特性的宝贵记载。以往的注释者提到《考工记》中的声学知识时，常以笼统的概括代替具体的分析。本文力求通过数理分析得出比较明晰、直观的阐释，但因实际情况过于复杂，分析时不得不忽略一些次要因素。

一、与“磬”有关的声学知识

磬的发声机制是弹性板的横振动。东周编磬发展到《考工记》时代，磬形大体上如图九所示。

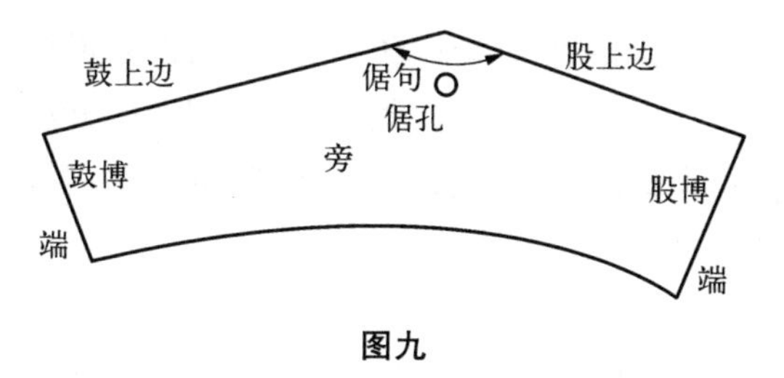

图九

《考工记》“磬氏”条说：“（磬声）已上，则摩其旁。已下，则摩其耑（端）。”郑众注：“磬声大（太）上，则摩鑢其旁。”郑玄注“薄而广则浊”、“短而厚则清”(引文均据《周礼》,《四部备要》本)。

由于磬形平板的横振动的数理分析极为复杂,故取具有自由边界条件的正方形板的横振动来模拟。

里兹(Ritz)法(1909 年发表)提供的振动频率表达式为

$$\omega = \frac{\alpha}{a^2}\sqrt{\frac{D}{\rho h}} \quad (1-1)$$

①

ω——板的自由振动角频率,α——振型常数,a——正方形的边长,h——板厚,ρ——质量密度,D——板的弯曲刚度,其值为

$$D = \frac{Eh^3}{12(1-v^2)} \quad (1-2)$$

②

E——杨氏弹性模量,v——材料的泊松比。

将(1-2)式代入(1-1)式得到

$$\omega = \frac{\alpha h}{2a^2}\sqrt{\frac{E}{3\rho(1-v^2)}} \quad (1-3)$$

由上式可知

$$\omega \propto \frac{h}{a^2} \quad (1-4)$$

显而易见,《考工记》关于磬的声学特性的描述是正确的,由于磬的发声频率受长短、宽窄、厚薄的影响比较单纯,所以古人很早就认识到磬薄而广则音浊(频率低)、短而厚则清(频率高)。调音的方法是反其道而行之:若频率偏高,就摩鑢两旁,使磬变薄,以降低频率;若频率过低,则摩鑢两端,其边长减短,导致频率升高。

---

① S. 铁摩辛柯、D. H. 杨、W. 小韦孚著,胡人礼译,杜庆莱校:《工程中的振动问题》,人民铁道出版社,1978 年,第 337 页。

② S. 铁摩辛柯、D. H. 杨、W. 小韦孚著,胡人礼译,杜庆莱校:《工程中的振动问题》,第 335 页。

我国古磬从新石器时代的有孔石器脱胎而出，经历了漫长的发展过程。近年在山西省夏县东下冯遗址中，曾出土尚未磨平的原始石磬一具。据说是公元前 21—前 15 世纪的遗物，这是迄今所获的最早的石磬。① 商代的虎纹磬、鹦鹉纹磬、虺龙纹磬等特磬十分精致，周朝的制磬和调音技术更见进步。河南省洛阳金村古墓出土的一些周磬，上面带有明显的磨鑢痕迹。②

关于磨鑢工具，《禹贡》说豫州“锡贡磬错”，《诗·小雅·鹤鸣》说“它山之石，可以攻玉”，可见治磬要用能“攻玉”的“它山之石”，即磬错。至于调钟，《诗·小雅·鹤鸣》后文还提到“它山之石，可以为错”，大概是用来错金、调钟的错石。在考古发掘中，已发现过这类细沙岩类的磨错工具。③

二、与“鼓”有关的声学知识

《考工记》“韗人”条说：“鼓大而短，则其声疾而短闻。鼓小而长，则其声舒而远闻。”

鼓的两端为周边固定的圆形薄膜，中间是柱形空气共振腔。打击一端皮面后，经过空气柱的耦合，两端皮面交替振动。空气柱愈长，耦合愈松；空气柱愈短，耦合愈紧。

为简单计，我们将鼓膜的振动看作具有集中质量和弹性的阻尼振动，将空气柱看作弹性控制系统。通过机电类比，鼓的等效电路相当于经过电容耦合的一对 R、L、C 串联振荡回路，示于图一〇。

次级回路在初级回路内的反映电阻

$$R'_{11}=\frac{X_{12}^{2}R_{22}}{|Z_{22}|^{2}}=\frac{\left(\frac{1}{\omega C_{12}}\right)^{2}}{|Z_{22}|^{2}}R_{22} \text{④} \qquad (2-1)$$

① 常任侠：《古磬》，《文物》1978 年第 7 期，第 77 页。
② White, W. C.(怀履光), *Tombs of Old Lo-Yang*, Shanghai, 1934.
③ 史树青：《我国古代的金错工艺》，《文物》1973 年第 6 期，第 66 页。
④ 管致中等：《无线电技术基础》(上册)，人民教育出版社，1963 年，第 114 页。

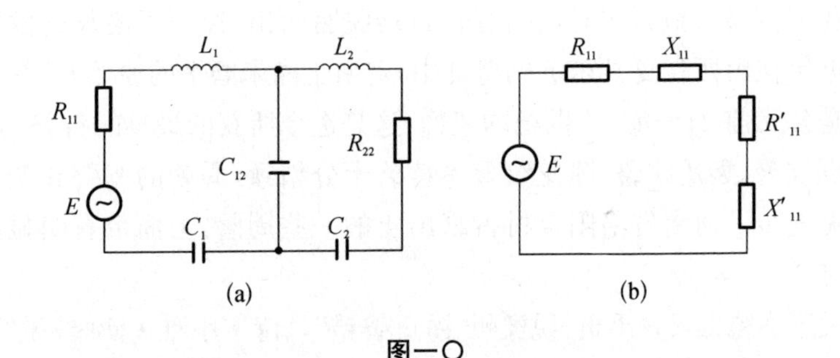

图一〇

如果鼓短，耦合较紧，耦合电容 C_{12} 较小；由(2－1)式可知 R_{11} 较大。如果鼓大，则等效的 R_{11} 和 R_{22} 均较大；R'_{11} 也较大，相应的初级等效电路总电阻 $R_{总}$（$=R_{11}+R'_{11}$）当然更大。在电学上讲，是电振荡的损耗大、衰减快。译成机械振动的语言，就是大而短的鼓，阻尼大，损耗多，衰减较快。

另一方面，鼓内声波每秒往复反射次数

$$N=\frac{C}{L_d} \tag{2-2}$$

N——每秒内两端面的总反射次数，C——声速，L_d——鼓长。由上式可知，鼓愈短，声频愈高而急促。

此外，空气中声波的吸收系数为

$$\alpha_a=\frac{2v_a\omega^2}{3C^3}\text{①} \tag{2-3}$$

α_a——空气中声波的吸收系数，v_a——空气中介质的黏滞系数，ω——声波的角频率，C——声速。

由(2－3)式可知，声波的频率愈高，在空气中传播时被吸收得愈厉害，故衰减较快。

综合上述三方面的因素，在一定的范围内，有“鼓大而短，则其声疾而

---

① E. G. 里查孙主编，章启馥等译：《声学技术概要》(上册)，科学出版社，1961 年，第 17 页。

短闻”的现象出现，小而长之鼓的情形恰恰相反，因此，“鼓小而长，则其声舒而远闻。”

我国鼓的起源很早。《礼记·明堂位》说：“土鼓、蒉桴、苇籥，伊耆氏之乐也。”所谓土鼓，可能是以陶土为架，蒙皮而成。后来才有独木雕的或几块木板拼合而成的圆鼓。不过，《考工记》里仍然留下了土鼓的痕迹。

《考工记》这一节的标题是“韗人为皋陶”，郑众说：“韗，书或为鞠。皋陶，鼓木也。”郑玄注：“鞠则陶字从革。”所以鞠人原是做土鼓的人。皋陶得名于原始土鼓的陶土鼓架，“皋”字之义，比较费解。《左传·哀公二十一年》疏释为“缓声而长引之”，移植到此，似可讲通。总之，古人对鼓的声学特性早就有所了解，《考工记》只不过是把长期积累下来的经验加以简练地概括而已。

三、与“钟”有关的声学知识

《考工记》“凫氏”条说：“薄厚之所震动，清浊之所由出，侈弇之所由兴，有说。钟已厚则石，已薄则播。侈则柞，弇则郁，长甬则震。……钟大而短，则其声疾而短闻。钟小而长，则其声舒而远闻。”显然，钟比磬和鼓要复杂得多。

国外研究声振动的方法，早的如 1787 年问世的克拉尼（Chladni）法，[①]近代的如上世纪 30 年代初的铁采尔（Tyzzer）法，[②]现代还应用群论，[③]全息术[④]等等。虽然各有所长，但楚鞭之长，不及马腹，对于解释“凫氏”条的声学现象，仍不够理想，难以说明问题。

我国的商周式扁钟比西方的圆钟具有显著的特点，它的感觉音高同

---

① Лрохоров, A. M. , *Большая Советская Энциклопедия*, 28(1978), p. 296.

② Tyzzer, F. C. , *Journal of the Franklin Institute*, 210(1930), p. 55.

③ Perrin, R. & Charnley, T. , *Journal of Sound and Vibration*, 31(1973), p. 411.

④ Roederer, J. G. , *Physikalische und Psychoakustische Grundlagen der Musik*, New York, 1977, p. 122.

实际基音的高度及其所产生的振型，三者是一致的。研究者们已经用快速富氏分析、线性预测法、[1]激光全息摄影[2]等现代检测技术，获得了商周式双音钟的功率谱、基音频率和钟的振动模式的光干涉振型图等一系列研究成果。下面将从新的角度来阐明《考工记》对编钟特性的分析符合现代科学原理。

1. 简化模型的建立

亥姆霍兹（Helmholtz，1821—1894）说过：钟是一种弯曲的金属板。[3] 中国科学院声学研究所的实验结果表明：扁钟基频的振型和一边钳定、三边自由的矩形板的第 IV 振型相似[参见图一一，(a)中的点画线和(b)中的虚线分别代表节线]。[4]

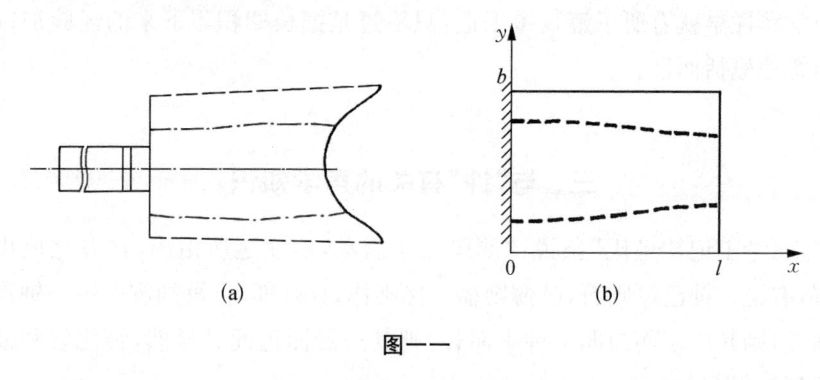

图一一

因为扁钟前后两半的振动对称，如果忽略钟体内部空气柱的影响，可以用具有上述边界条件的矩形板的自由振动来模拟钟体振动的大概情形。

取直角坐标系如图一一(b)所示。矩形板的自由振动方程为

---

① 陈通、郑大瑞：《古编钟的声学特性》，《声学学报》1980 年第 3 期，第 161 页。

② 马承源：《商周青铜双音钟》，《考古学报》1981 年第 1 期，第 131 页。

③ Geiringer，K.，*Musical Instruments from the Stone Age to the Present Day*，London，1945，p. 52.

④ 陈通、郑大瑞：《古编钟的声学特性》，《声学学报》1980 年第 3 期，第 161 页。

$$\frac{\partial^4 W}{\partial x^4}+2\frac{\partial^4 W}{\partial x^2\partial y^2}+\frac{\partial^4 W}{\partial y^4}+\frac{\rho h\partial^2 W}{D\partial t^2}=0 \text{①} \qquad (3-1)$$

其振动频率为

$$\omega_{Km}=\frac{\alpha_{Km}}{l^2}\sqrt{\frac{D}{\rho h}} \text{②} \qquad (3-2)$$

α_{Km} ——和板的形状及振型有关的常数。

设动力挠度

$$W(x,\ y,\ t)=\sum_{K=1}^{\infty}\sum_{m=1}^{\infty}\phi_{Km}(A'_{Km}\cos\omega_{Km}t+B'_{Km}\sin\omega_{Km}t) \qquad (3-3)$$

取振型函数 $\phi_{Km}=X_K Y_m$。

上式中，X_K 取一端钳定、一端自由的均匀梁的横振动的特征函数，Y_m 取两端自由的均匀梁的横振动的特征函数，③则(3-3)式就是微分方程式(3-1)的满足图一—(b)所示边界条件的近似解。

设在点 $\left(l,\ \frac{b}{2}\right)$ 处敲击，使其初速在点 $\left(l,\ \frac{b}{2}\right)$ 处充分大，以致除了 $\iint V(x,\ y,\ 0)dxdy=U$ 其余各处均为零。

设总冲量为 P，则

$$U=\frac{P}{\rho h}$$

因为　　$W(x,\ y,\ 0)=0$

所以　　$A'_{Km}=0$

而

---

① 菲利波夫，A. Л. 编著，俞忽等译：《弹性系统的振动》，建筑工程出版社，1959 年，第 223 页。

② Barton, *Journal of Applied Mechanics*, 18(1951), p. 131.

③ Dana, Y., Austin & Texas, *Journal of Applied Mechanics*, 17(1950), p. 448.

$$B'_{Km}=\frac{4}{\omega_{Km}lb}\int_0^b\int_0^l V(x,\ y,\ 0)\phi_{Km}(x,\ y)dxdy$$

$$=\frac{8Pl}{h^2 b\alpha_{Km}}\sqrt{\frac{3(1-v^2)}{E\rho}}\phi_{Km}\left(l,\ \frac{b}{2}\right)$$

所以　$W(x,\ y,\ t)=\sum\sum B'_{Km}\varphi_{Km}(x,\ y)\sin\omega_{Km}t$

$$=\frac{1}{h^2}\sum\sum\frac{8Pl}{b\alpha_{Km}}\sqrt{\frac{3(1-v^2)}{E\rho}}\phi_{Km}\left(l,\ \frac{b}{2}\right)\phi_{Km}(x,\ y)\sin\omega_{Km}t$$

则点 $(x,\ y)$ 处的振幅

$$A(x,\ y)\propto\frac{1}{h^2} \tag{3-4}$$

2. 释"薄厚之所震动，清浊之所由出"

李约瑟博士所著的《中国科学技术史》中，将"清浊"译为铸钟的金属的"纯"(Purity)与"不纯"(impurity)，①其实应指频率的高低。

将(1－2)式代入(3－2)式得到：

$$\omega=\frac{\alpha_{Km}h}{2l^2}\sqrt{\frac{E}{3\rho(1-v^2)}} \tag{3-5}$$

上式说明，h 越大(或小)，ω 越高(或低)。换言之，钟的厚薄关系到振动频率，这是钟声清浊的由来。

3. 释"钟已厚则石，已薄则播"

由(3－4)式可知，钟愈厚则振幅愈小。因为声强 I 和声波振幅平方成正比，所以太厚的钟不易发出声音。

反之，如果钟体太薄，则振幅过大，声强很强。而且由(3－5)式可知，h 愈小，则频率 ω 愈低，传播时衰减较少。因此，如果钟太薄的话，钟声响，传得远。

---

① Joseph Needham, *Science and Civilisation in China*, vol. 4, part 1, Cambridge University Press, 1962, p. 196.

4. 释“长甬则震”

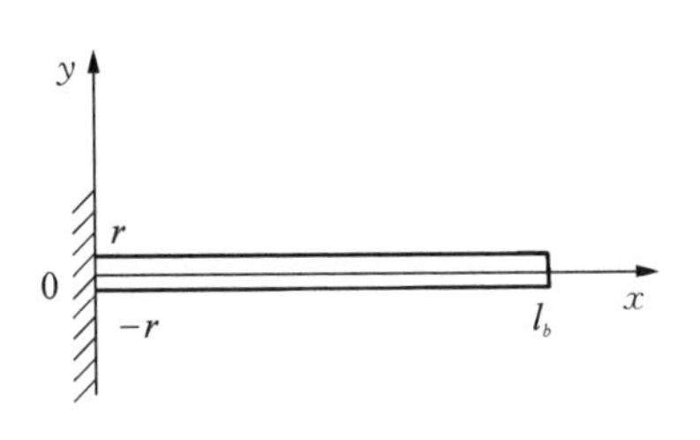

图一二

钟甬(柄)等效于一端钳定、一端自由的棒。为简单起见,假设质量均匀分布,棒长为 l_b,半径为 r,示于图一二。如果在自由端加以敲击,可以证明端点 ($x = l_b$) 的振幅

$$A_n(l_b) = \frac{8l_bP}{\pi^3\beta_n^2r^3}\sqrt{\frac{1}{E\rho}} \quad (3-6)$$

①

P——给予棒端的总冲量,$\beta_1 = 0.597$,$\beta_2 = 1.494$,$n > 2$ 时,$\beta_n \approx n - \frac{1}{2}$。

由上式可知,钟甬过长,即 l_b 太大的话,钟柄的振幅太大,对钟壳体的振动形成不适当的干扰,导致声音不正。

5. 释“钟大而短,则其声疾而短闻。钟小而长,则其声舒而远闻”

李约瑟的《中国科学技术史》中,将声疾和声舒分别译作声音有病(sickly)和健旺(healthy),②与《考工记》的原意不合。

为了剖析这两句话所描述的声学现象,可以借助于50年代发展起来的有限单元法。③ 今取上端封闭、椭圆截面的柱壳来近似模拟钟体的振动。由于对称性之故,在分析时只需考虑四分之一的钟体,划分节点和三角形单元(参见图一三)。为了便于对照,将钟形的四种假设情况分别计算。兹将在DJS-6数字计算机上所获的处理结果列于下表。

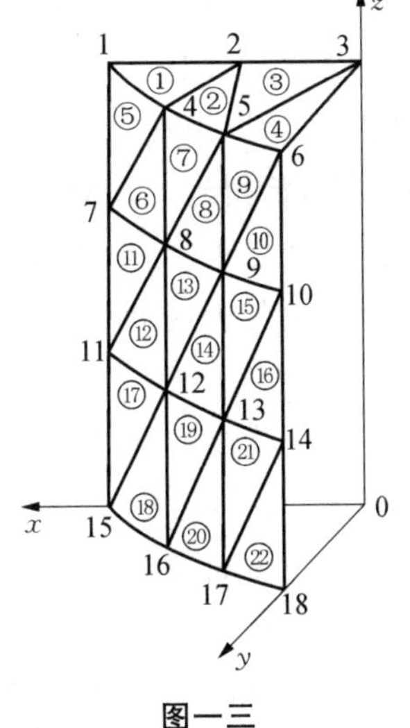

图一三

① Morse, P. M., *Vibration and Sound*, 2nd ed, McGraw-Hill, London, 1948, p. 161.

② Joseph Needham, *Science and Civilisation in China*, vol. 4, part 1, Cambridge University Press, 1962, p. 197.

③ 朱伯芳:《有限单元法原理与应用》,水利电力出版社,1979年。

模拟钟的基频

编号	钟长（cm）	横截面		钟厚（cm）	基频（Hz）
		长轴（cm）	短轴（cm）		
I	18	8	5	1	959
II	20	8	5	1	925
III	18	9	6	1	799
IV	18	8	5	1.2	1 149

由上表中I与II、III的对比可知，钟体变大与变短对振动频率的影响是相反的。所以，“钟大而短”与“钟小而长”的振动频率可以近似或相差无几，影响钟声传播远近可能的因素主要是振幅的不同。I和IV的对照则反映出钟体愈厚，基频愈高；与(3－5)式是一致的。

按《考工记》原文的意思，“钟大而短”，振幅较小，声强较弱，可能频率也较高，所以声音急疾消竭，传播距离近。反之，“钟小而长”，声源振幅较大，声音传得远。看来，《考工记》关于这两种情况的记载，只有在一定的范围内才是正确的。作者打算以后进一步求得模拟钟的动力响应，以便更深入地分析这个问题。

6. 释“侈弇之所由兴”及“侈则柞，弇则郁”

根据弹性力学原理，若钟口趋向弇狭，相当于附设加固环，使弯曲刚度增大。若钟口趋向侈大，则弯曲刚度变小。据(3－2)式，钟口的侈大或弇狭对于弯曲刚度D的影响要牵涉到振动频率，所以说钟的频率也跟钟口的侈弇有关。

如果钟口侈大，弯曲刚度变小，其等效厚度h变小，由(3－4)式可知，振幅$A_{Km}\left(l, \dfrac{b}{2}\right)$变大，故声强增大。由(3－5)式可知，频率$\omega$降低，因此传播时衰减较小。

又因为在振速相同的情况下，振动活塞的辐射功率与面积成正比。①

① 冯秉铨：《电声学基础》，高等教育出版社，1957年，第113页。

钟口与其类似,张得愈开,辐射功率也就愈大。

此外,钟口较大的话,声波在钟的空腔内由于内摩擦作用而引起的衰减也较小。

综合这三方面的因素,如果钟口侈大,则声音大而外传;如果钟口弇狭,情形正好相反,那么声音较小且抑郁不扬。

四、小　结

综上所述,《考工记》中的声学知识可大致归纳为以下几点:

① 音调高低(即振动频率)与发声体的厚薄、形状的关系;针对影响频率的因素,形成了一套行之有效的调音方法。

② 声音响度(实质上是振幅)与发声体厚薄、形状的关系。

③ 声源的衰减与其形状的关系。

④ 声音的辐射与钟口形状的关系。

⑤ 声音传播远近与声源强弱、声音频率的关系。

⑥ 当时对音色的研究也有独到之处,这在"侈则柞、弇则郁"中已有所反映。同时,《考工记》中著名的关于"金有六齐"、"钟鼎之齐"的规定,也隐含着发音材料与阻尼、音质等有关的思想。

最后顺便指出,《考工记》的作者已经对共鸣现象加以注意,在"梓人为笋虡"条中出现了"击其所县而由其虡鸣"的提法,这是上承《周易·乾卦·文言》中"同声相应"的思想,对于共鸣现象的又一次探索。但由于对共鸣的机理了解不够,实际上并不能起到"击其所县而由其虡鸣"的声学效果。当然,这是我们不能苛求于古人的。

本文写作过程中得到吾师王锦光教授、历史系徐规教授的指导及上海海运学院吴景春同志的帮助,特此致谢。

原载《杭州大学学报》(自然科学版)1982年第4期

《考工记》中的流体力学知识

按照以前流行的看法，古希腊亚里士多德（公元前384—前322）的《物理学》、《论天》等自然哲学著作中，隐约可见的空气动力学知识，乃是科学史上最早的记载。然而，我国战国初期成书的科技古籍《考工记》，早已以其独特的风格首开了流体力学的先河。其中的空气动力学知识，比起亚里士多德认为抛射体沿直线前进的理论来，更有过之而无不及。本文拟从三个方面试析《考工记》中的流体力学知识。

一、流体静力学知识——浮力和水平仪的应用

《考工记》谓："作车以行陆，作舟以行水。"①舟车这两种交通工具的制造和使用，跟古人对浮力的认识和应用有密切的关系。

早在新石器时代，我国就已有了水上交通工具——独木舟。关于独木舟的发明，后人作过种种推测，如《世本》说"古者观落叶以为舟"，《淮南子》曰"见窍木浮而知为舟"。总而言之，独木舟的发明离不开对物体浮性的认识。后来，木车发明，车轮滚滚，陆上交通工具获得了重大进步。值得注意的是，从独木舟到木板船，固然有赖于浮力知识的进步，而木车的关键部件——车轮的制造和检验工艺，也随着浮力知识的进步，日趋

① 《考工记》引文均据《周礼》（《四部备要》本）。

成熟。

《墨子·经下》说“荆(形)之大,其沈(沉)浅也,说在具(衡)”,提出了浮体平衡的概念。后来,《经说下》曾就这个问题作过初步的理论探讨。①《考工记》作为一种工艺书,主要着眼于科技知识的应用。“轮人”条说:“揉辐必齐,平沈(沉)必均。”这是指揉制和检验车轮的辐条,要求所有轮辐(《考工记》规定每轮三十辐)外形相同,而且等重。《考工记》记载,车轮的半成品制成后,要经过“规”、“萬”、“水”、“县(悬)”、“量”、“权”六道检验工序。其中的“水之,以眡(视)其平沈(沉)之均也”就是利用浮力知识检验车轮的质量分布是否均匀。如果选材或制作不当,重心偏离轮子的几何中心,置于水面上重力与浮力平衡时,轮面必与水面斜交。假如车轮浮露水面的部分是均匀的,则说明车轮各部分的质量分布对称均匀,符合有关技术要求。

此外,《考工记》中浮力知识的应用,还表现在制造箭干的生产工艺中。“矢人”条说:做箭干时“水之,以辨其阴阳”,郑玄注:“阴沉而阳浮。”明末科学家徐光启的《考工记解》认为:“阴阳者,竹生时向日为阳,背日为阴。阴偏浮轻,阳偏坚重。试之水,则阳偏居下,阴偏居上矣。矢三(原文如此,疑抄者笔误——笔者注)离弦,亦欲令阳下阴上,则无倾欹,故水之以辨也。”②郑、徐之说互异。今按《考工记》“轮人”条曰:“凡斩毂之道,必矩其阴阳。阳也者,稹理而坚;阴也者,疏理而柔。”郑玄注:“矩,谓刻识之也。”由此看来,阴阳的划分,以徐说为佳。标识箭干的阴阳是为了“夹其阴阳,以设其比(箭括);夹其比,以设其羽”,③即在正确的位置设置箭括和箭羽,使箭的质量分布左右对称,有利于保证箭飞行的稳定性。

《考工记》中所反映的流体静力学知识,除了浮力的应用外,关于水平仪的使用也值得一提。

《庄子·刻意》说:“水之性,不杂则清,莫动则平。”因为只在重力作用

---

① 《墨子·经说下》说:“沈,荆之贝也,则沈浅,非荆浅也。若易五之一。”见孙诒让《墨子间诂》(二)(《万有文库》本),第112页。

② 徐光启:《考工记解》(复旦大学图书馆藏清代抄本)。

③ 《考工记》“矢人”条。

下的静止液体的表面为一水平面，所以往往用作测量标准。《庄子·天道》说："水静则明，烛须眉，平中准，大匠取法焉。"这是关于工匠以"准"即水平仪定平的书面记载，然其端倪在《考工记》中早已出现。如："舆人为车"条说："立者中县（悬），衡（横）者中水。""匠人建国"条说："水地以县（悬）。"郑玄注："放四角立植而县，以水望其高下……"意即于四角立四柱，先悬绳以正柱，后用某种水平仪望四角之高低，以便平地。唐代李筌《神机制敌太白阴经》"水攻具篇"记载了唐代"水平"仪的形制尺寸，清末孙诒让认为："李筌《太白阴经》'水攻具篇'有水平法，盖古之遗制也。"① 北宋初，许洞撰《虎钤经》，其"水攻"篇的"水平"与《太白阴经》所载大同小异。曾公亮《武经总要》也记载了"水平"仪，并有图。李诫《营造法式》将《考工记》奉为楷模，一再提到"今谨按《周官·考工记》等修立下条……"，②《营造法式》也详细介绍了"水平"仪的形制尺寸。其法流传甚广，明代或呼水平仪为"水鸭子"，③清代江永说"今工人作室既成，有平水之法"，④戴震说"水地者，以器长数尺，承水，引绳中水而及远，则平者准矣"，⑤诸如此类，不一而足，寻其源流，皆可追溯到《考工记》。进一步的研究可以说明，《考工记》对我国古代建筑技术的影响是深远的。

顺便提到，在《考工记》"栗氏"条中记述："栗氏为量，改煎金锡则不耗，不耗然后权之，权之然后准之，准之然后量之，量之以为鬴。"这是指铸造量器的工艺过程。对于"准之"的解释，郑玄认为："准，击平正之；又当齐大小。"前者指校水平，后者为以水测度金属的体积，模棱两可，未加取舍。清儒一般取后一种说法，杜正国复以为"准之"是校水平的工艺过程。⑥ 我认为"准之"的含义大概是在浇铸前将陶范校水平的工艺过程，很可能使用了某种叫作"准"的水平尺，不过，这种推测尚有待于验证。

---

① 孙诒让：《周礼正义》卷八十二（《四部备要》本），第12页下。
② 李诫：《营造法式》"序目"（《万有文库》本），第21页。
③ 《新编鲁般营造正式》（宁波天一阁藏明刻本）。
④ 江永：《周礼疑义举要》卷七（《丛书集成》本），第82页。
⑤ 戴震：《考工记图》（《万有文库》本），第96页。
⑥ 杜正国：《"考工记"中的力学和声学知识》，《物理通报》1965年第6期。

二、水利工程中的水力学知识

黄河流域是我们中华民族的发祥地之一，桀骜不驯的黄河有过千秋功罪，也教给了先民们许多水利知识。《考工记》“匠人”条说：“善沟者，水漱之；善防者，水淫之。”意思是良好的水沟，会借助于水流冲击杂物而保持通畅；良好的堤防会靠水中沉积的淤泥而增加坚厚，真是经验之谈。

“匠人”条还指出：“凡为防，广与崇方，其閷叁分去一。大防外閷。”也就是说，凡是建筑堤防，下基的宽度应与堤防的高度相等，上顶的宽度是下基宽度的三分之二。大的堤防下基须加厚，上顶宽度不足下基的三分之二。因为离水面越深，水的压强越大，所以上述筑堤要求兼顾了经济效益和水力学原理。至于排水沟渠，此条则有“梢沟三十里而广倍”的规定。“梢沟”之义，已有不下四五种解释，①似乎都不够贴切。《尔雅·释木》说：“梢，梢櫂。”郭璞注：“木无枝柯，梢櫂长而杀者。”可见“梢”为一端较细、另一端较粗的长木。后世称船篙为“梢子”，也取其形。所以梢沟应指排水沟的形状，从近到远，随着它所控制的排水面积的增加，逐渐增宽。大约每隔三十里左右，宽度增加一倍。

该条接着还说：“凡行奠(停)水，磬折以叁伍。欲为渊，则句于矩。”由于《考工记》言简意赅，这两句话的真实含义难住了古往今来无数的注释者。郑众说：“行停水沟，形当如磬，直行三，折行五，以引水疾焉。”郑玄、贾公彦都以为水行欲纡曲。程瑶田《磬折古义》图解为一条锯齿形的折线状沟，②后来不少人采纳了程瑶田的观点。其实，这种解释并不符合水力学原理。

在渠系弯道处存在螺旋流，离心力要做功，所以弯道的水头损失要大于相同长度的直段。另外，弯道下游凸岸处还有漩涡。这些原因加大了

---

① 郑众以为“梢沟”是“水漱啮之沟”，由于水力冲刷“三十里而广倍”。郑玄认为梢沟系人力所成，是“不垦地之沟”。贾公彦、江永、孙诒让等以为梢沟即“捎沟”，就是掘沟。武汉水利电力学院等编写的《中国水利史稿》(上册)认为梢沟可能是沟边长有芦苇等梢料作物的排水沟。李约瑟《中国科学技术史》第Ⅳ卷第3分册第255页说是无旁枝之沟，等等。

② 程瑶田：《磬折古义》，《皇清经解》卷五百四十(学海堂本)。

能量损失，因此，一再改变水流方向，多作磬折形，并不能加快水速，反而会使流速降低。李约瑟《中国科学技术史》将《考工记》中的这句话解释为，“匠人”为了降低水速，所以筑成磬折形的弯道。① 这种解释避免了水力学原理的错误，但《考工记》“行奠水”的原意并非如此。

近年出版的《中国水利史稿》认为：“所谓‘奠水’，郑玄解释为停水，即静水，似指灌渠进口前面的水源。那么，渠道进口处要做成什么样子才能顺畅地引水呢？要做成类似石磬的样子，堰形要有150°左右的夹角，而其横段与折段的长度应是三比五。”② 并作“进口堰示意图”表示之（图一四）。这种解释颇有新意，但似乎意犹未尽，本文进一步发挥如下：

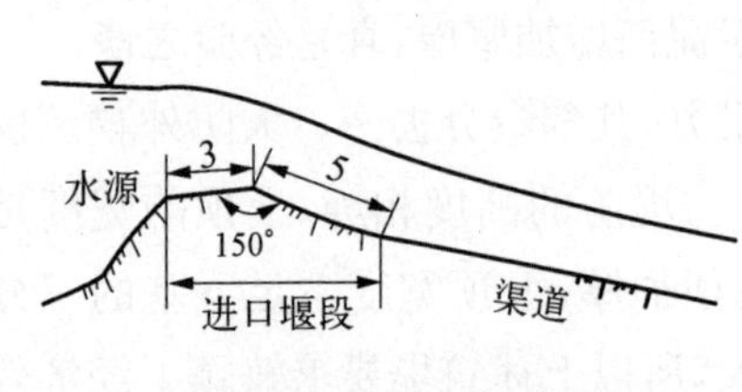

图一四　进口堰示意图

“凡行奠水”，可能是指泄水建筑物的过水能力。“磬折以参伍”，③指的是一种溢流堰的形状，类似现代实用剖面堰中的折线型剖面堰（图一五）。折线型剖面堰的泄流公式为：

$$Q = mb\sqrt{2g}H_0^{\frac{3}{2}}$$

Q——流量，H_0——作用水头，m——堰的流量系数，b——堰宽，g——重力加速度。④

折线型剖面堰结构简单，施工容易。现在的农村小型水利工程中，还有采用这种堰形的。在它几种常用的多边形断面中，梯形断面 $m=0.35$—0.44，矩形断面 $m=0.30$—0.42，而图一五所示断面 $m=0.42$—0.45，流量比梯形或矩形断面的剖面堰稍大一些。⑤ 古人能做出

---

① Joseph Needham, *Science and Civilisation in China*, vol. 4, part 3, Cambridge University Press, 1971, p. 255.

② 武汉水利电力学院、水利水电科学研究院《中国水利史稿》编写组：《中国水利史稿》上册，水利电力出版社，1979年，第108页。

③ “磬折”为春秋战国时期实用角度定义之一，约等于152°。见闻人军：《〈考工记〉磬制倨句考》，《浙江省历史学会会刊》第一辑，1981年，第19页。

④ 清华大学水利工程系水力学教研组：《水力学》上册，人民教育出版社，1961年，第399页。

⑤ 清华大学水利工程系水力学教研组：《水力学》上册，第400页。

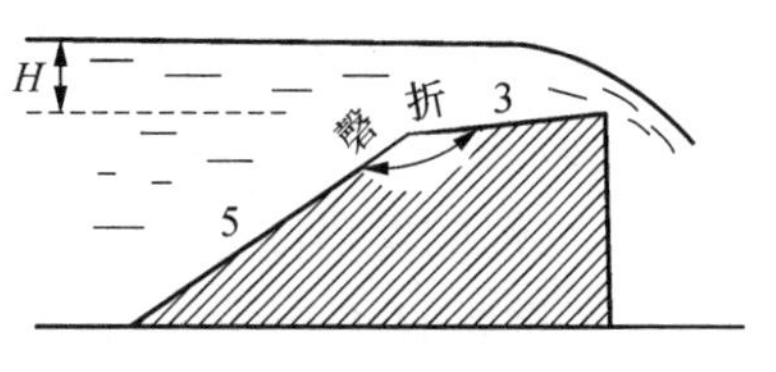

图一五　“磬折以叁伍”式的折线型剖面堰

这种设计选择,的确是难能可贵的。

至于“凡为渊,则句于矩”,历来大多理解为漱掘成渊,①李约瑟也作如是观,②但是这在水利工程中没有多大实际意义。《中国水利史稿》说:“所谓‘勾于矩’即渠系建筑物做成直角形,当是指渠道中的跌水。”③这种见解是可取的。引水渠通过陡峻地区时,用跌水连接渠道,集中落差,可防止渠道受到严重冲刷。现在为了节省工程量,跌水的落水墙常用垂直式或倾斜式。“句于矩”可释为“句如矩”,大概是指垂直式落水墙而言(《中国水利史稿》的跌水示意图见图一六,现代跌水的垂直式落水墙见图一七)。

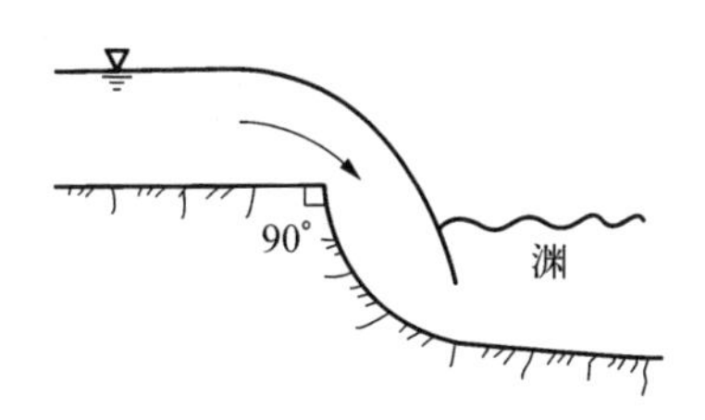

图一六　跌水示意图

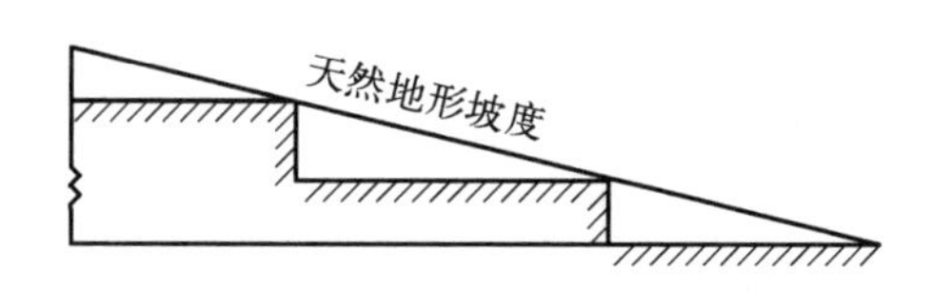

图一七　跌水的垂直式落水墙

《考工记》中排水沟的设计,溢流堰和跌水落水墙的形状选择,都比较科学合理,体现了春秋战国时期水力学知识迅速积累的一个侧面。由此看来,都江堰等著名水利工程的出现绝不是偶然的,它是《考工记》、《管子·度地篇》等所代表的先秦水力学知识发展的必然结果。

三、与弓矢有关的空气动力学知识

远在旧石器时代晚期,我们的祖先已经使用原始的弓箭。山西朔县

---

① 杨宽:《战国史》,上海人民出版社,1980年,第43页。林尹:《周礼今注今译》,台湾商务印书馆,1979年,第476页。

② Joseph Needham, *Science and Civilisation in China*, vol. 4, part 3, p. 255.

③ 《中国水利史稿》上册,第108页。

峙峪、沁水下川等旧石器时代晚期的遗存中，都发现过用燧石等坚质石料制作的箭镞。① 到了新石器时代，弓箭的使用更趋普遍。商代出现了青铜箭镞。弓箭的发明使抛射体获得了徒手投掷所不可比拟的速度和方向性，产生了重要的社会影响。由于它在狩猎和攻战中功勋卓著，古人对它的性能观察得特别仔细，研究也比较深入。

《考工记》"矢人"条说："夹其（箭干）阴阳，以设其比；夹其比，以设其羽。叁分其羽，以设其刃，则虽有疾风，亦弗之能惮矣。"这是出于对箭矢飞行稳定性要求的考虑。按《考工记》所言，箭干后视图当如图一八所示。

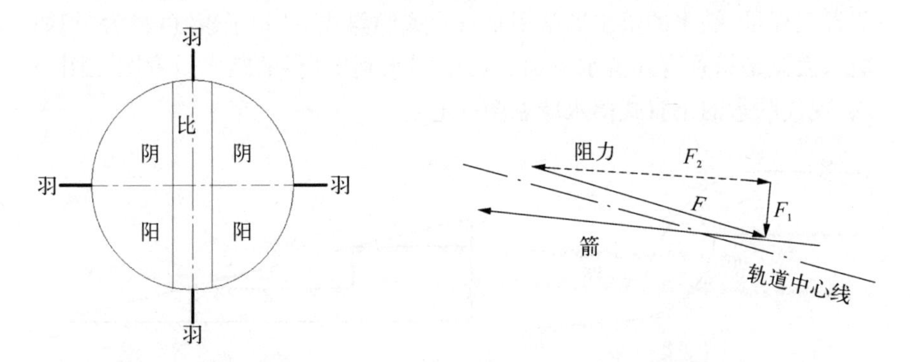

图一八　箭干后视图　　　　**图一九　箭羽横向稳定作用示意图**

除了整支箭的重心对飞行轨道有影响之外，当箭飞速前进时，如因侧风干扰，使头部偏向左方（或右方）；箭矢由于惯性，仍沿原来的方向往前飞，于是迎面而来的空气阻力 F 与垂直的箭羽间便形成了角度，垂直于箭羽的分力 F_1 向左（或向右）推箭羽，使箭镞向右（或向左）转（图一九）。所以垂直的箭羽有横向稳定作用。同理，水平箭羽有纵向稳定作用。

"矢人"条又说："羽丰则迟，羽杀则趮。"指出了箭羽大小失当的后果。按空气动力学常识，箭矢所受的摩擦阻力、压差阻力和诱导阻力均与箭羽的大小有关。② 若箭羽过大，则阻力增大，使飞行速度降低，这就是所谓

① 贾兰坡、盖培、尤玉柱：《山西峙峪旧石器时代遗址发掘报告》，《考古学报》1972 年第 1 期。王建、王向前、陈哲英：《下川文化——山西下川遗址调查报告》，《考古学报》1978 年第 3 期。

② 史超礼等：《航空概论》，高等教育出版社，1955 年，第 56—57 页。

"羽丰则迟"。而"羽杀"就是箭羽过少或零落不齐，箭的纵向或横向稳定作用较差，飞行时容易偏斜，这就是"羽杀则趮"的含义。

古人通过射箭的实践，认识到箭干的选择颇有讲究。"矢人"条提出："凡相笴，欲生而抟。同抟，欲重。同重，节欲疏。同疏，欲栗。"意指要挑选天生浑圆、致密、节间长、颜色如栗（跟比重、弹性、强度等有关）的竹竿来做箭干，其中自有道理。

近代为了研究射箭术的方便，引进了一个所谓（箭干）"挠度"（spine）的概念。[①] 箭干的 spine 和弓的配合十分重要。拉弓满弦时，箭干在弓弦的压力下弯曲变形。撒放后，由于箭干的弹性作用，反复拱曲，蛇行前进。现代利用高速摄影术已经证实了这种蛇行现象。spine 对箭矢飞行轨道的影响有多种表现，在国外，从前的人们不了解它的道理，曾经出现过所谓射箭术佯谬（paradox）的提法。[②] 而《考工记》"矢人"条对箭干的选择提出了上述一系列严格的要求，确系事出有因；否则，将如此条所说的，箭干"前弱则俛，后弱则翔；中弱则纡，中强则扬"，难以命中目标。

古代注释者对"矢人"条中的"弱"、"强"两字，解释含糊其辞。而近人又往往将"弱"和"强"简单地理解为"轻"与"重"。[③] 按照这种解释，"矢人"条的意思将变成箭干前轻则低飞，后轻则高飞，显然跟空气动力学原理相悖。

其实，"矢人"条提到"桡之，以眡其鸿杀之称也"，"桡"即"挠"，"鸿"即粗大，"杀"即细削。清人李塨认为"桡搦其干，则知干之或鸿而强，或杀而弱也"，[④]指出了《考工记》上下文之间的联系。我以为箭干的强弱实际上是指 spine 而言，由图二〇可以看出，[⑤]古人用"桡之"的办法检验箭干的粗细和刚硬程度，跟现代测量箭干的方法何其相似乃尔！

---

① *Encyclopaedia Britannica*, vol. 2, 1956, p. 269.

② 高柳宪昭：《トップアーチャーへのいざない用具编》，《アーチェリー》No. 34，1977 年 8 月号。古人对于架在弓的左侧的箭，不向弓的右侧，却向目标中心飞去的现象困惑莫解，称之为佯谬现象。

③ 王燮山：《"考工记"及其中的力学知识》，《物理通报》1959 年第 5 期。

④ 李塨：《学射录》卷二（《畿辅丛书》本），第 7 页下。

⑤ 高柳宪昭：《トップアーチャーへのいざない用具编》。

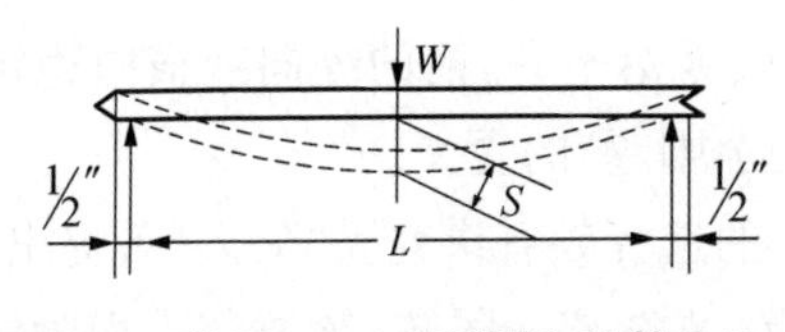

图二〇　箭干 spine 的测量和计算方法

$$S = \frac{WL^3}{48EI},$$

S——spine，W——外压力，L——支点间的长度，E——弹性模量，I——和截面形状有关的系数。

日人高柳宪昭分析了箭的强度和箭行方向的关系，他的分析包括spine适中、过强、过弱三种情况，各有图示（图二一 e、d、c）。① 我认为高柳的分析正适用于箭干强度适中，箭干“中强”和箭干“中弱”三种情况。

如果箭干“中强”，即 spine 值过小，则弓弦受到的压力和随之而来的形变较大。由于它对箭干的反作用较强，箭矢迅速飞离箭台，向左方倾斜而出（图二一 d），《考工记》把这种情况叫作“中强则扬”。

如果箭干“中弱”，则 spine 值过大；在弓弦的压力下，箭干过分弯曲。撒放后，由于箭干本身的反弹作用强，箭干将绕过中心线，向右侧飞出。其偏离中心线的程度比“中强”的箭干尤甚（图二一 c）。《考工记》称这种情况为“中弱则纡（曲）”。假如对于给定的弓，箭干的强度适中，spine 值恰到好处，箭的飞行轨道就比较理想（图二一 e）。

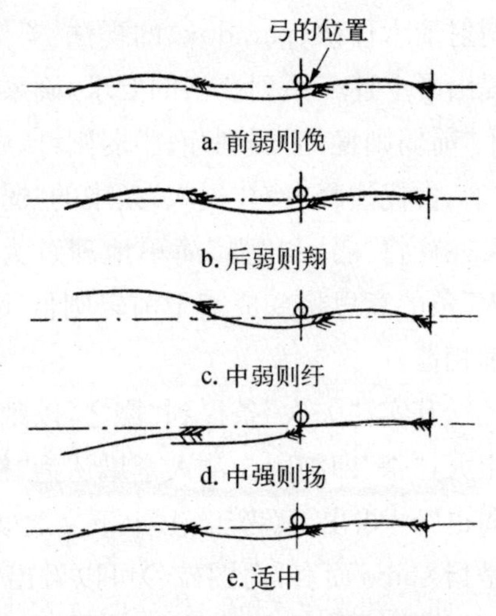

图二一　spine 对飞行轨道的影响

推而广之，箭干“前弱”和“后弱”对箭行方向的影响也可作类似解释。如果箭干“前弱”，即前部偏于细弱，那么拉弓时箭干前部的弯曲较大。撒放后，由于箭干本身的弹性作用，箭矢的前部比后部振动厉害。因此阻力增大，箭行迟缓，飞行轨道较正常情况为低，故曰“前弱则俛”（图二一 a）。如果箭

① 高柳宪昭：《トップアーチャーへのいざない用具编》。

干“后弱”，则拉弓时后部弯曲较大。撒放后，装有箭羽的箭矢后部振动厉害。这些振动能量的一部分将转化为帮助箭矢前进的空气动力，箭行速度较正常情况为快，故偏离正确的轨道而高翔，所以说“后弱则翔”（图二一 b）。

当然，如果箭干的刚柔软硬和弓力配合不当，撒放后箭干振动过快或过慢，与弓体振动不协调，经过箭台附近时可能与弓体相撞，也会使飞行方向转歪。

《考工记》的作者对于弓的性能和制作也相当重视，从而给后人留下了宝贵的记载，这份遗产尚有待于发掘研究。就空气动力学知识而言，不少地方颇有见地。例如，“弓人”条说：“凡析干，射远者用埶，射深者用直。”郑众注：“埶（势），谓形埶。假令木性自曲，则当反其曲以为弓，故曰‘审曲面埶’。”郑玄谓：“曲埶则宜薄，薄则力少；直则可厚，厚则力多。”“弓人”条中这句话的含义是，劈开干材，制作弓体时，凡是用来射远的弓，其弓体偏薄，弯曲方向宜反顺木的曲势，弓体曲率较大，弓高（弓体中点到弓弦的距离）也较大。凡是射深用的弓，其弓体较厚直。高柳宪昭曾作有现代射箭术方面的箭行初速、方向性对于弓高的函数关系示意图（图二二），①上述“弓人”条关于制作弓体的经验总结，也可用此图定性说明。

如图二二所示，我们发现初速的极值出现在较小的弓高处。这种情况相当于弓体厚直，利于射深。至于箭行的方向性，在一定的范围内是随着弓高的增加而增加的。这种关系表明，如果弓体逆木的曲势薄而弯的话，箭行的方向性较好，利于射中远处的目标。

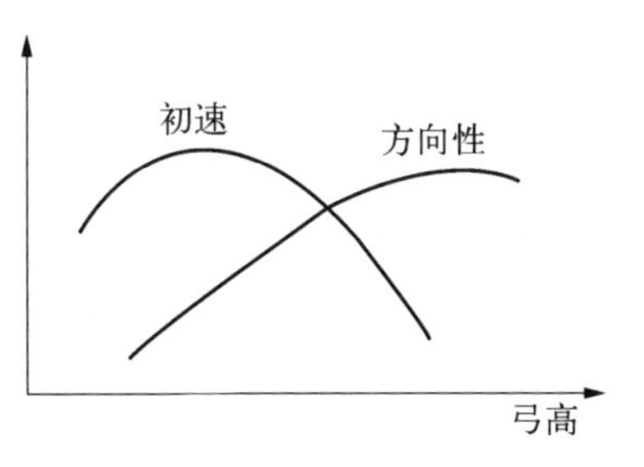

图二二　初速、方向性、弓高函数关系示意图

“弓人”条还提到：“其人安，其弓

①　高柳宪昭：《トップアーチャーへのいざない用具编》，《アーチェリー》No. 28，1976 年 8 月号。

安，其矢安，则莫能以速中，且不深。其人危，其弓危，其矢危，则莫能以愿中。"在这两种情况下，箭的 spine 都不易与弓的特性协调一致。人若宽缓舒迟，再用软弓和柔缓的箭，箭行的初速必定小，箭行迟缓，不易命中目标，即使射中了也无力深入。反之，强毅果敢的人，用强劲的弓和剽疾的箭，由于箭的蛇行距离过长，当然也不能准确中的。为了避免上述弊病，"弓人"条规定了人安者，用危弓和安矢；人危者，用安弓和危矢的搭配方式，这些经验对于现代的射箭运动仍有一定的参考价值。

《考工记》的字里行间闪烁着我国青铜时代科学技术的结晶，其中的流体力学知识也是不能等闲视之的。然而，远在两千多年前，我们的祖先已经在生产和社会实践中积累了更为丰富的实用流体力学知识，《考工记》不过是一个突出的例子而已。①

原载《自然科学史研究》1984 年第 1 期

---

①　笔者得到吾师王锦光先生的悉心指导，本文写作过程中曾赴上海射箭队观摩学习，该队傅家新指导、陈维国教练热情接待并提供《アーチェリー》杂志，特此致谢。

《考工记》中的兵器学

各个民族历史上的兵器，与该民族强弱盛衰的文明史息息相关，涉及历史上的政治、经济、科学、技术、美术、音乐，乃至民族性格等多种因素，是物质文化史的重要组成部分之一。

以前有人认为："吾国兵器在商周已臻发达，惜无著述遗留。"①然则战国初期成书的齐国官书《考工记》，记载兵器及兵车等制造之方法制度颇详。它不单是我国最早的手工艺专著，实际上也是我国最早的兵器学著作，甚至在当时的世界上也找不出第二部来。

今本《考工记》全文约七千一百字，记述了当时官营手工业中的三十个工种，由于散佚和增衍，现存二十五个工种，其中与兵器制造有关的主要是"轮人"、"辀人"、"舆人"、"冶氏"、"矢人"、"弓人"、"桃氏"、"庐人"和"函人"等章节。该书作为兵器学著作的价值，这里作如下概述。

一、记载了多种兵器的设计、制造和检验工艺

1. 兵车

《考工记》以"有虞氏上陶，夏后氏上匠，殷人上梓，周人上舆"四句话，简短地概括了以往技术进步的主要历程。商已有牛车、马车，然其迅速发

---

① 周纬：《中国兵器史稿》，三联书店，1975 年，第 1 页。

展是在入周以后。特别在东周时期，争霸称雄，干戈不息，攻伐征战的社会需求与日俱增，加之车辆制造牵涉面广，技术复杂，自然而然地在车辆制造业中吸引和组织了大批能工巧匠参加，到《考工记》时代，形成了“一器而工聚焉者，车为多”的局面。① 因此，《考工记》的作者将车辆，特别是兵车的设计制造放在优先的地位，进行了详细的讨论。

《考工记》首先明确指出“察车自轮始”，点明兵车制造和使用过程中的关键问题是车轮的质量。它从使用寿命长，运行轻快的要求出发，提出了“欲其朴属而微至”即结构坚固耐久、形状圆润光滑的概念。在“轮人”条中对组成车轮的各个零件，如轮辐、轮毂、绠、轮牙等提出了具体的性能要求，设计了形制大小，叙述了制造和检验工艺。其中包括用火煣制轮毂、轮辐、轮牙的工艺，用浮力知识检验煣制以后直齐如一的轮辐是否轻重均匀的工艺，尤值得称道的是它提出了“规(圆规)”、“萬(正轮之器)”、“水(水)”、“县(悬绳)”、“量(适量的黍)”、“权(天平)”六种检验车轮制作质量的工艺，即“规之，以眡其圜也；萬之，以眡其匡也；县之，以眡其辐之直也；水之，以眡其平沈之均也；量其薮以黍，以眡其同也；权之，以眡其轻重之侔也”。将工场中积累起来的实践经验如此系统地加以总结代表了当时的世界先进水平。

关于车盖和车舆(车箱)的制作设计和要求，在“轮人”和“舆人”条中一一体现。在“辀人”条中，又描述了对曲辕形制的要求“凡揉辀，欲其孙而无弧深”，即顺着木材的纹理，煣制曲率适中的曲辕。它还用与直辕牛车作对比的方式，生动地表述了曲辕“劝登马力”即有利于马发力的优点，给先秦科技史记下了光荣的一页。

2. 铜兵(戈、戟、矛、剑)

尽管在其他更早的先秦文献中已出现了戈、戟、矛、剑、斧、斤等长短铜兵的踪迹，但《考工记》中的记载集中而富有科学性，显然没有别的一部先秦古籍比得上它。它在“攻金之工”的标题下，提出了“金有六齐”的规定，即：“六分其金而锡居一，谓之钟鼎之齐；四分其金而锡居一，谓之戈戟

---

① 《考工记》原文采自《周礼》(《十三经注疏》本)，下同。

之齐；叁分其金而锡居一，谓之大刃之齐；五分其金而锡居二，谓之削杀矢之齐；金，锡半，谓之鉴燧之齐。”各种用途的青铜器要求不同的物理和机械性能，半个世纪以来的化学史和冶金史研究成果，已经证明了“金有六齐”记载的可靠性和内容的科学性。《考工记》接着分述了“筑氏”、“冶氏”、“凫氏”、“栗氏”、“段氏”、“桃氏”等工匠如何各司其职。“冶氏”所造的戈、戟是当时十分流行的兵器，《考工记》的有关文字记载也详略得当，明确无误，但后来实物或毁或埋，千百年间，世上绝迹，人们往往曲解戈戟的形状。随着近世考古学的发展，终于依靠出土实物澄清了先秦戈戟的形制，为我们正确理解《考工记》的相应记载提供了有力的佐证。若将《考工记》中铜兵和其他器物尺度的记载与出土实物作比较，可以发现齐国一尺约合今 19.7 厘米，①这反过来又有助于了解齐国小尺系统铜兵和其他兵器的大小。

3. 弓矢

日本科学史家吉田光邦说：“中国在很早以前，关于复合弓——就是把竹木或动物角、动物筋等粘合起来作弓身——的制作技术就很发达。在《周礼·考工记》中的‘弓人’一项里，已有制作弓的材料，计有：竹、角、筋等的记载，这是一个例证。”②制弓是比较复杂的技术，古人还说“制箭之法难矣哉”，③然而对于弓矢这个技术性要求很高的领域，《考工记》的记载已有许多独到之处。

一如“弓人”条说：“凡析干，射远者用势，射深者用直。”又说：“（凡弓）往体多、来体寡，谓之夹臾之属，利射侯与弋。往体寡、来体多，谓之王弓之属，利射革与质。往体来体若一，谓之唐弓之属，利射深。”郑玄注：“革，谓干盾；质，木椹（即射靶）。”《考工记》实际上已经指出往体少、来体多（即弓体外挠的少，内向的多）的弓颇能切合试弓习武及实战的要求。

二如“弓人”条说：“材美工巧为之时，谓之叁均。角不胜干，干不胜

---

① 闻人军：《〈考工记〉齐尺考辨》，《考古》1983 年第 1 期。

② ［日］薮内清等著，章熊、吴杰译：《天工开物研究论文集》，商务印书馆，1959 年，第 197 页。

③ 茅元仪：《武备志》卷一〇二（天启元年明刻本）。

筋，谓之叁均。量其力，有三均。均者三，谓之九和。”九和之弓适于发力且耐久。

三如“弓人”条说：“凡为弓，方其峻而高其柎，长其畏而薄其敝，宛之无已，应。”近人林尹译为：“凡制弓，弓末的箫要方，柎要高，隈要长，敝要薄，这样，虽然多次引弓，弓势与弦缓急必定相应，不致罢软无力。”①也就是久射而力不屈之意。

四如“弓人”条为了使弓力不受寒暑燥湿变化的影响，提出了一系列严格的工艺要求：“凡为弓，冬析干而春液角，夏治筋，秋合三材，寒奠体，冰析灂。……春被弦则一年之事。”据谭旦冏的《成都弓箭制作调查报告》，近代在成都，制弓要延续四年方能完成，②可见《考工记》中提出制弓周期要一年以上的要求是必要的。我国传统的弓箭制作法正是在《考工记》的基础上发展起来的。“弓人”条又说：“挢干欲孰于火而无赢，挢角欲孰于火而无燂，引筋欲尽而无伤其力，煮胶欲孰而水火相得，然则居旱亦不动，居湿亦不动。”意即揉干要恰到好处，不要太熟；揉角也要恰到好处，不要太烂；拉伸治筋要使筋力尽，无复伸弛而不影响它的机械强度；煮胶加水要适当，火候也要恰到好处。这样制成的弓，无论在干燥还是潮湿的环境中，弓体永不变形。

五如“弓人”条说：“弓有六材焉，维干强之，张如流水。维体防之，引之中叁。维角定之，欲宛而无负弦。引之如环，释之无失体，如环。”因为以优质材料做弓干，平时放在弓匣里防止变形，又用角撑距增加力量，所以引弓时一张便正。

在“弓人”条中，为了延长角、筋的使用寿命，也提出了制弓时相应的注意事项。“矢人”条中，对于鍭矢，茀矢、兵矢、田矢、杀矢的结构，干羽的弊病检验和选材方法，有详细的记载。检验箭羽时：“夹而摇之，以眡其丰杀之节也。”检验箭干时：“桡之，以眡其鸿杀之称也。”前者是检查箭羽的大小是否适当，后者用“桡之”的办注检验箭干的粗细、刚硬程度是否与弓

① 林尹：《周礼今注今译》，台湾商务印书馆，1979年，第487页。

② ［日］薮内清等著，章熊、吴杰译：《天工开物研究论文集》，第197页。

相称，跟现代测量箭干 spine（挠度）的原理和方法是一致的。①

4. *庐器、皮甲及其他*

“庐人”条记述了戈、殳、戟、酋矛、夷矛等句兵、击兵和刺兵杆体的大小尺寸，就其不同用途，设计了较有效的横截面形状，并提出了检验杆体制作质量的科学方法。它说：“凡试庐事，置而摇之，以眡其蜎也；灸诸墙，以眡其挠之均也；横而摇之，以眡其劲也。”从中可以看出，“庐人”用固定杆体一头、两头和中间三种不同方式对其作动态或静态试验，以检验它作为长兵器的杆体是否符合要求。“函人”条中，记述了制作皮甲的工艺。如果把鼓视为广义的兵器，在《考工记》“韗人”条中也可找到有关的详细记载。

二、提出了天时地气材美工巧的原则

“炼金以为刃，凝土以为器，作车以行陆，作舟以行水”，这是《考工记·总叙》作者所追述的科技发明史例。作者将历史上一个又一个发明家推崇到“圣人”的地位，一言以蔽之曰：“百工之事，皆圣人之作也。”百工泛指手工业的各行各业，发展到《考工记》时代，逐渐形成了粤之镈、燕之函、秦之庐、胡之弓车等传统的地方手工业，郑之刀、宋之斤、鲁之削、吴粤之剑等富有特色的地方产品，从《考工记》中还可以看出燕、荆、妢胡、吴粤（吴越）等地盛产牛角、竹木、铜锡等优质原材料。上述这些记载，从一个重要侧面反映了封建社会初期蓬勃发展的手工艺技术。《考工记》的作者正是在此基础上进而提出了天时地气材美工巧的原则。文中说：“天有时，地有气，材有美，工有巧，合此四者，然后可以为良。”这个原则是指百工而言的，自然也适用于在百工中举足轻重的兵器制造业。

《考工记》明确指出“轮人为轮，斩三材必以其时”；“弓人为弓，取六材必以其时”，“得此六材之全，然后可以为良”。上文提及的“凡为弓，冬析干而春液角，夏治筋，秋合三材，寒奠体，冰析灂”，“春被弦”等，也是重视

---

① 闻人军：《〈考工记〉中的流体力学知识》，《自然科学史研究》1984 年第 1 期。

天时对产品质量影响的例子。

《考工记》又指出，自然环境条件不仅影响到动植物的地理分布，而且对手工制品的加工质量也有不可忽视的影响："郑之刀、宋之斤、鲁之削、吴奥之剑，迁乎其地而弗能为良，地气然也。"从现代科学的角度来看，各地水土所含的化学物质不尽相同，热处理的效果确有优劣之分。

《考工记》对选材提出严格要求的例子更是不胜枚举。如"栗氏"条说要"改煎金锡"，即对铜锡等原料要更番冶炼，去除杂质，然后才能用于铸器。"矢人"条说："凡相笴，欲生而抟；同抟，欲重；同重，节欲疏；同疏欲栗。"这是选择制箭干的竹材的原则。"弓人"条对制弓的六材（干、角、筋、胶、丝、漆）均提出了选择的原则，文中还不时阐明之所以提出这些选材的要求的原因。

《考工记》一再提到"三材既具，巧者和之"，"六材既聚，巧者和之"，对工巧也很重视。"轮人"条说"凡揉牙（轮牙）外不廉而内不挫，旁不肿，谓之用火之善"。"函人"条中提出了皮甲"制善"（做工好）的标准是"视其朕而直"，即看起来甲缝笔直。"轮人"和"庐人"条中多次出现了"国工"即国之名工的提法。诸如此类，无不说明《考工记》的作者对工巧的重视和对巧工的推崇。作为相反的例子，"弓人"条中批评了偷工减料的贱工，曰："苟有贱工，必因角干之湿以为之柔。善者在外，动者在内；虽善于外，必动于内，虽善亦弗可以为良矣。"意思是当角干还没有干燥的时候就用火揉曲，外形虽好，但内部潜藏着变形的因素，外表再好也不能成为良弓。

三、军事科学技术的重要文献

一般而言，军事科学技术是当代先进科学技术水平的集中代表。在古代，军事科学技术也往往体现了当时的科学技术水平。《考工记》作为兵器和军事科学技术的重要历史文献，从多方面反映了先秦的科学和技术进步。

《考工记》的作者为了阐明设计思想或制作工艺，往往简述其科学技术方面的根据，因而牵涉到数学、物理学、化学、天文学、地学、生物学等多门学科，涉及兵器和多种器械制造、冶金、建筑、水利、度量衡、湅染、制革、制陶、乐器、礼器等专门知识。单就兵器方面而论，它涉及了刚体力学（如影响滚动摩擦力大小的因素，斜面受力分析，惯性现象）、液体力学（如浮力知识的应用）、空气动力学（如矢行轨迹的讨论）、工程力学（如戈、戟、庐器的形制和力学性能的关系）和热学（如爍制工艺、估测高温技术）等物理学知识，“金有六齐”等冶金化学知识，“规”、“萬”、“水”、“县”、“量”、“权”六种检验工艺则是数学和物理学知识的综合应用。

《考工记》还将兵器学和兵法、教练等问题结合起来讨论。如“庐人”条说：“凡兵无过三其身，过三其身，弗能用也，而无已，又以害人。故攻国之兵欲短，守国之兵欲长。攻国之人众，行地远，食饮饥，且涉山林之阻，是故兵欲短。守国之人寡，食饮饱，行地不远，且不涉山林之阻，是故兵欲长。”大意是所有的兵器均不能超过身高的三倍，过长的话，不但不能使用，反而要为害执持兵器的人。攻守双方的条件不同，兵器的长短也要因地制宜。在“弓人”条中指出，选择弓矢的时候，要按使用者的体形和“志虑血气”配合不同的弓矢：“丰肉而短、宽缓以荼”的人用“危弓”和“安矢”，“骨直以立、忿势以奔”的人用“安弓”和“危矢”，否则“其人安，其弓安、其矢安、则莫能以速中，且不深。其人危、其弓危、其矢危，则莫能以愿中”。如用现代射箭术解释，在这两种情况下，箭的脊骨都不易与弓的特性协调一致。慢性子的人用软弓和柔箭，箭的速度低，不易命中目标，且无力深入。急性子的强人用劲弓和剽疾的箭，由于箭的蛇行距离过长，也不能准确命中目标。《考工记》中提出的人、弓、矢的搭配方式是颇有道理的。

四、对后世的影响

《考工记》在战国时期曾经广泛流传，日本科学史家薮内清说，《考工记》“关于兵器的记述与考古遗物比较结果，可以推定其中含有战国时代的资料”。[①] 这就是说《考工记》的规定对战国时代的兵器制作发挥了影

---

① ［日］《世界大百科事典》第10册，平凡社，1981年，第183页。

响，国人的著述更屡有涉及。《考工记》曾经一度佚失，在西汉重新问世，因补《周官·冬官》之阙，侪身经部，身价倍增，历代多有注释，后来成了最受人重视的科技典籍之一，影响长盛不衰。

如王莽托古改制，离不了《考工记》。历代建筑工匠和《营造法式》(宋李诫著)把《考工记》奉为楷模。明末科学家徐光启与意大利传教士熊三拔合译《泰西水法》六卷，郑以伟作序赞其文风“酷似《考工记》”。[①] 清代文学家曹雪芹著《红楼梦》，时人跋曰：“《红楼梦》非但为小说别开生面，直是另一种笔墨。昔人文字有翻新法，学梵来书。今则写西法轮齿，仿《考工记》。”[②]徐光启门人茅兆海为徐著《考工记解》作跋，更道出徐光启的精湛见解：“于器用、舟、车、水、火、木、金之属资于庙算世务者，率皆精究形象以为决胜之图，缙绅先生能言之矣。然逆流寻源，皆以《考工记》为星宿海(星宿海在青海省西部，旧时以为它是黄河之源——笔者注)，江、淮、河、汉，分道而驰，即云梦不足吞，而沧溟难为委，朝宗之应，不亦宜乎！”[③]

诚然，随着社会的发展和科技的进步，兵器“历代异宜，形制有异”，[④]但《考工记》中提出的天时地气材美工巧的原则一直受重视。战国后期的《荀子》提出青铜器的制作关键在于“刑(型)范正，金锡美，工冶巧，火齐得”，[⑤]将《考工记》的四原则加以具体化。后世如明代丘濬撰《大学衍义补》一百六十卷，其中引述了《考工记》原文多处，他借古论今说：“今制弓矢，造自州县，然地势燥湿异气，人力巧拙异能，官吏勤怠异心，往往备物以塞责。取之不以其时，造之不得其法。……臣请自今以后凡造弓，……俾其取材必以时，择材必以良，而司工者又必依傍古法。顺天之时，随物之性，用人之能，如此则弓无不良矣。”丘濬在引述“庐人为庐器”条后，又指出当时边境战事中，“器械长短相制”，“长兵无短用，短兵无长用”。他建议加用弩、矛二器；“宜依古制”，更备殳作兵器，“以击虏马之足”。[⑥] 因

① 梁家勉：《徐光启年谱》，上海古籍出版社，1981年，第100页。
② 胡适：《中国章回小说考证》，上海书店，1979年，第252页。
③ 徐光启：《徐光启著译集·考工记解跋》，上海古籍出版社，1983年。
④ 曾公亮等：《武经总要》前集卷十三“器图”。
⑤ 荀况：《荀子·强国篇》。
⑥ 丘濬：《大学衍义补》卷一二一。

为明时步军手执，不同于周代车战，丘濬还提出了改进意见。《大学衍义补》于孝宗初奏上，明孝宗认为该书“考据精详，论述该博，有补政治”，[①]命录副本，付书坊刊行，产生了一定的影响。

关于兵车，“车战三代用之，秦汉以下寝以骑兵为便，故车制湮灭”。[②]北宋科学家沈括在熙宁七年（1074）被委任兼判军器监。翌年，他从《考工记》和《诗·小戎》等历史文献考定了兵车法式，作坊据此制成兵车，同年八月参加大阅，后藏于武库，未在实战中使用。[③]

与此相反，《考工记》中关于弓矢的知识却具有长久的生命力。有人将《考工记》中的制弓术加以概括提高，形成了著名的“弓有六善”说：“一者往体少而劲，二者和而有力，三者久射力不屈，四者寒暑力一，五者弦声清实，六者一张便止。”[④]沈括知延州时，曾大力提倡驰射。后来，他在《梦溪笔谈》中对“弓有六善”说作了技术性的说明。从此，“弓有六善”说产生了广泛的影响。有人从《梦溪笔谈》中摘出沈括之说衍入了唐代王琚所作的《射经》，[⑤]明代李呈芬《射经》、唐顺之《武编》和茅元仪《武备志》等均收有“弓有六善”的内容。《武备志》还指出：“弓之力欲与人协、矢之力欲与弓协。”[⑥]这与《考工记》关于人、弓、矢三者必须相称的论述如出一辙，这些经验对于现代的射箭运动仍有一定的参考价值。清代乾嘉学派对周代兵器作过大量的文献考证，程瑶田还结合考古实物作了有意义的探索，但均不以经世致用，改良武器，以资兵事为目的。

英国科学史家李约瑟指出：“弓弩很可能曾经两度从东方传到西方，第一次是在希腊时代和拜占庭时代初期，只作为一种抛射工具而传入；第二次是在 11 世纪，这一次的传入曾使欧洲出现一个弓箭十分盛行的时期。”[⑦]弩

---

① 丘濬：《大学衍义补》卷首《进衍义补本》。

② 曾公亮等：《武经总要》前集卷四，“用车”。

③ 沈括：《补笔谈》卷二。

④ 闻人军：《〈梦溪笔谈〉“弓有六善”考》，《杭州大学学报》（哲社版）1984 年第 4 期。

⑤ 闻人军：《〈梦溪笔谈〉“弓有六善”续考》，《杭州大学学报》（哲社版）1985 年第 3 期。

⑥ 茅元仪：《武备志》卷一〇二（天启元年明刻本）。

⑦ Joseph Needham, *Science and Civilisation in China*, vol. 3, Cambridge University Press, 1959, p. 575.

是在弓的基础上发展起来的，溯流寻源，似乎不能排除《考工记》的潜在影响。大约在唐代，《考工记》随着《周礼》传入日本。日本弓虽与中国弓构造不同，但以《考工记》为代表的中国制作弓箭技术对日本有何影响，也可作为中日文化交流的内容加以探讨。

原载《锦州师范学院学报》1987 年第 2 期

《考工记》中的物理学知识

《考工记》亦称《周礼·冬官考工记》，是中国先秦时期的手工艺专著，部分地反映了当时中国所达到的科学技术和工艺水平；作者不详，战国时期已经流传。郭沫若认为它是春秋末年齐国的官书，学术界有不同意见，有的主张战国成书说。《考工记》可能不是一时一人之作，在流传中有所增益。

《考工记》开首叙述百工之事的由来和特点，列举攻木、攻金、攻皮、设色、刮磨和抟埴等 6 类 30 个工种，包括了当时官方管理的手工业主要部分。由于原书一度散佚，西汉重新问世后，著录见于《汉书·艺文志》的《周官经六篇》，已有阙文，又经过整理，以致各工种条文详略不等，叙述次序有所更动；有 6 个工种仅存名目，且衍出"辀人为辀"条。所以今本《考工记》约 7 100 字，实际上记述了 25 个工种的具体内容。书中所阐述的科学道理含有力学、声学和热学等方面的物理知识。

《考工记》介绍了木制马车的总体设计，并在"轮人"、"舆人"和"辀人"条中，详细记述了木车的四种主要部件轮、盖、舆和辕。文中提出为了车行轻快、车轮要"微至(圆)"、轮径不能过小等有利于减小摩擦力的要求。文中列举了直辕牛车上坡费力且车不稳，上下坡时均不利于牛驾车等缺点，表明对当时车在斜面上的受力情形已有所认识。文中又指出曲辕马车的种种优点，以至"马力既竭，辀犹能一取焉"，这是对惯性认识的最早记载。"轮人"条记述了"规"、"萬"、"水"、"县"、"量"和"权"六种检验车轮制作质量的方法，其中"水之，以眂(视)其平沈(沉)之均"一法，体现了浮力知识的应用。“矢人”条讨论了箭干强度对箭飞行轨道的影响，正确指出箭干“前弱则俛(低)，后弱则翔，中弱则纡(曲)，中强则扬”；文中记载了箭羽的设置方法及箭羽对箭在飞行中的稳定作用，分析了箭羽大小不当的后果；字里行间反映出已涉及空气动力的知识。《考工记》中还有不少技术经验总结的内容与工程力学的知识有关。例如：堤防和粮仓墙壁的设计，机械部件如轮辐和凿孔之间的配合，弓体和其他多种兵器的形制设计和结构特点等等。“匠人”条记载了沟洫水利设施的情形，就一些渠系水力学问题作了经验性的综述。

《考工记》“凫氏”条是世界上关于制钟技术最早的论述，详细叙述了编钟的形制和各部分尺度比值，说明了钟壁厚薄、钟口形伏、钟柄长短等对发声的影响，记载了“钟大而短，则其声疾而短闻；钟小而长，则其声舒而远闻”这两种不同的声学效果。“韗人”条介绍了几种鼓的形制，记述了鼓形“大而短”及“小而长”的不同声学效果。“磬氏”条叙述了编磬的形制，并指出若音调太高，则磨鑢其旁；若音调过低，则磨鑢其端。这种调音方法反映出当时人们对音调与振动体长短、宽窄、厚薄之间关系的定性认识。

《考工记》“栗氏”条说：“凡铸金之状，金(铜)与锡；黑浊之气竭，黄、白次之；黄、白之气竭，青、白次之；青、白之气竭，青气次之。然后可铸也。”描述了冶铸青铜时观察火候的方法。“轮人”和“弓人”条记载处理木材的火烤法与热学知识有关。

此外，《考工记》记述了以水定平的“水地以县”法，“昼参诸日中之景，夜考之极星”的原始测量术和都城、宫室的建筑规范；记载了礼器和多种容器特别是标准量器——鬴的形制；论述了矩、宣、欘、柯和磬折等一整套当时工程上实用的几何角度定义。

《考工记》集中国先秦物理知识在工艺技术上应用之大成，对后世的手工艺制作以及度量衡、建筑等有较大影响。

原题目作“《考工记》中的物理知识”，载《中国大百科全书》(物理学卷)，中国大百科全书出版社，1987 年，第 696—697 页

《考工记》"齐尺"考辨

迄今为止,研究《考工记》的著作,还没有真正阐明它的尺度;有关度量衡史的文章,对此也不甚明了。至于偶尔提及《考工记》的其他学术文章,往往无暇及此,大多以为《考工记》中的尺度就是周尺。至 20 世纪 30 年代初期河南洛阳金村铜尺(现藏南京大学)出土,发现它的长度合今 23.10 厘米。[①] 其他已发现的战国尺,如楚尺、东周尺和秦尺,尺长均在 22.50～23.10 厘米之间。[②] 故而几十年来,人们习以为常,每每将 23.10 厘米当作《考工记》中尺度的标准,著书立说。其实,实际情况并非如此。

一、《考工记》齐尺不等于 23.10 厘米

众所周知,关于《考工记》的成书年代问题,历来众说纷纭,莫衷一是。郭沫若于 1947 年发表《考工记的年代与国别》一文,[③]对此作了较详尽的考证。郭老肯定了《考工记》中提到的量名都是齐制,并推断《考工记》为春秋末年齐国的官书。这篇论文中有不少精辟的见解,它的观点产生了较广泛的影响。

《考工记》中的量制确系齐国之制。郑玄注"嘉量"一鬴等于六斗四

---

① 曾武秀:《中国历代尺度概述》,《历史研究》1964 年第 3 期。

② 陈梦家:《战国度量衡略说》,《考古》1964 年第 6 期。

③ 郭沫若:《考工记的年代与国别》,载《天地玄黄》,大孚出版公司,1947 年,第 601—605 页。

升，意指姜齐旧量。《记》文中出现的“寻”、“常”、“仞”等四进制系统的长度单位也属姜齐旧制。此外，嘉量“重一钧”（一钧等于30斤）。按周、秦、晋、楚和田齐的衡制，每斤在250克左右，姜齐每斤约合198.4克，[①]所以《记》文嘉量不过6—7.5公斤左右。照理来说，嘉量比单纯的釜量多出双耳及臀部，应比普通釜量为重。但实际上，属于田齐新量的子禾子釜重达13.94公斤，陈纯釜也有12.08公斤，[②]由此可见，《记》文嘉量比田齐新量轻得多。因此，我们可以进一步确认《记》文嘉量属于容积较小、重量较轻的姜齐旧量。

郭老认为《考工记》的成书年代“是在齐量尚未改为陈氏新量的时代，即春秋末年”，[③]他的春秋末年成书说源出于此。仔细推敲的话，这步推论略欠精审。因为田氏代齐过程中，新旧两种量制并行，作为齐国官书的《考工记》无疑应当著录公量。若光从《记》文采用姜齐旧量出发，《考工记》的成书年代下限似应是田太公得周天子承认，立为诸侯的那一年（公元前386年）。我们认为《考工记》可能是战国初期齐国的官书。[④] 时至今日，《考工记》的成书年代问题仍属争鸣的课题之一。在此不拟赘述各家的观点，因为这种争论不至于影响到本文对《考工记》齐尺数值的讨论。

按《左传·昭三年》的记载：“齐旧四量，豆区釜钟，四升为豆，各自其四，以登于釜。”按照《考工记》“栗氏为量”条的规定，吴承洛所著的《中国度量衡史》考证了嘉量的形制（图二三）。[⑤] 鬴的容积，实质上是以边长为一尺的正方形的外接圆为底、高度一尺的圆柱体的体积，它的数值等于 $\pi\left(\frac{\sqrt{10^2+10^2}}{2}\right)^2\times 10$ 立方寸，即1 570.8立方寸。升是鬴的六十四分之一，所以齐升的容积为24.537 5立方寸。

---

① 国家计量总局主编：《中国古代度量衡图集》，文物出版社，1981年，第104—112页。

② 上海博物馆：《齐量》，上海博物馆，1959年。

③ 郭沫若：《考工记的年代与国别》。

④ Wang Jin-guang, Wenren Jun (China), *Age of Kao Goog Ji and Scientific Explanation on Its Some Contents*, *Proceedings of the 16th International Congress of the History of Science*, Bucharest, Romania, 1981, p. 228.

⑤ 吴承洛：《中国度量衡史》，商务印书馆，1937年，第129页。

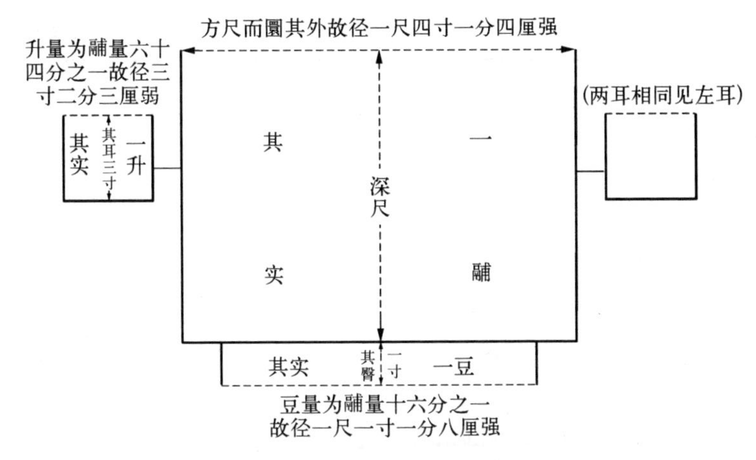

图二三　嘉量示意图

表一　战国量器简表

国别	器　名	铭刻容量	实测容量（毫升）	折合每升容量（毫升）	资料来源
秦	商鞅方升	升	201	201	《文物》1972年第6期(a)
赵	长陵盉一	一斗二益	2 325	230.6	同上
	长陵盉二	一斗一升	2 325	211.4	同上
	尹　壶	四斗	8 370	209.25	同上
	𠨘氏壶一	三斗少半升	6 400	192.0	同上
	𠨘氏壶二	三斗二升少半升	6 400	198.0	同上
东周	铜　钫	四斗	7 990	199.75	《北京大学学报》1956年第4期(b)
韩	廪陶量		1 670	167.0	《中国古代度量衡图集》(c)
	阳城陶量一		1 690	169.0	同上
	阳城陶量二		1 690	169.0	同上

（续表）

国别	器　名	铭刻容量	实测容量（毫升）	折合每升容量（毫升）	资料来源
齐	右里升一		206	206	《中国历代度量衡考》(d)
	右里升二		1 025	205	同上
	左关锹	锹	2 070	207.0	《文物》1964年第7期(e)
	子禾子釜	釜	20 460	204.6	同上
	陈纯釜	釜	20 580	205.8	同上
	市陶量		4 220	211	《中国古代度量衡图集》(c)
	左里敀亳豆		375	187.5	《中国科学技术史(度量衡卷)》(f)

(a) 马承源：《商鞅方升和战国量制》。(b) 朱德熙：《洛阳金村出土方壶之校量》。(c) 国家计量总局主编：《中国古代度量衡图集》。(d) 丘光明编著：《中国历代度量衡考》。(e) 紫溪：《古代量器小考》。(f) 丘光明、邱隆、杨平：《中国科学技术史(度量衡卷)》。

假如《考工记》中的尺度就是周尺（长 23.10 厘米），那么一寸＝2.31 厘米，一立方寸＝12.3 立方厘米（即毫升）。于是一齐升＝24.537 5×12.3毫升＝302 毫升。这个数值是否合理，可和“表一”中的其他一些战国量器进行比较，即可得出结论。

由表一可知，一般而言，战国量制每升合今 200 毫升左右。其中赵国长陵盉第一次铭刻的数值最大，也不过 230.6 毫升，远小于 302 毫升。显而易见，《考工记》中所用的齐尺不等于周尺（23.10 厘米）。

二、从齐量求齐尺数值

表一所列七件齐量中，前两件右里升一和右里升二，现藏中国历史博

物馆。"右里升一"上面的刻字书体极似战国陶器上的文字。紫溪曾测得升的口径相当于7.35×7.35厘米，内深5.7厘米。用小米量之，得187毫升。右里升二传说出土于山东临淄，旧为潍县陈簠斋收藏，今归中国历史博物馆。紫溪曾测得通高10、内深9.7、通柄长25.1、内口径12.7×12.5、底外径9.9×9.6厘米。用水量之，容830毫升。[①] 因为此两器的容量跟另外四个田氏新量相殊，故笔者曾推测此两器乃姜齐的旧量。

丘光明编著的《中国历代度量衡考》说："这两件器物的容积多次被人引用，结论不一。为此我们曾反复精心校测，并特请罗福颐（紫溪）监校。从实测容量和戳式印文分析，当是田齐一升和五升量，而不是姜齐旧量。"[②]

此两器既为田齐新量，为了与《记》文记载比较，需要在传世或出土的齐量中发现姜齐旧量或其遗制。

山东省博物馆藏有一灰陶质齐国"左里敀亳豆"（图二四），[③]上有两处印文："甘齐陈圙南左里敀亳区"、"□尚陈得零左里敀亳豆"，容量为375毫升。[④] 这一容量无法用田齐新量的数值解释，当是姜齐旧量。这陶豆既自铭为"亳区"，又自铭为"亳豆"。《中国科学技术史（度量衡卷）》说："如按齐旧量制四升为一豆，十六升为一区来折算，'亳区'每升仅合23.4毫升，'亳豆'每升也仅合93毫升。"[⑤]笔者以为此陶量实容姜齐二升之量，一升合

图二四　齐国左里敀亳豆

① 紫溪：《古代量器小考》，《文物》1964年第7期。

② 丘光明：《中国历代度量衡考》，科学出版社，1991年，第130页。日本计量史家新井宏按拙文的推算法，改用丘著重测的一升之值修正，算出《考工记》一尺等于20.3厘米（《考工記の尺度について》，《计量史研究》19-1，1997）。

③ 照片由山东省博物馆提供，铭文采自丘光明《中国物理学史大系（计量史）》，湖南教育出版社，2002年，图3-5。

④ 丘光明、邱隆、杨平：《中国科学技术史（度量衡卷）》，科学出版社，2001年，第120、121页，图9-5。

⑤ 丘光明、邱隆、杨平：《中国科学技术史（度量衡卷）》，第120页。

187.5 毫升。

如上所述,《考工记》记载的每升等于 24.537 5 立方寸,将它和"左里敀亳豆"的容量进行比较,可得 24.537 5 立方寸=187.5 立方厘米,1 立方寸=7.64 立方厘米,1 寸=1.97 厘米。所以 1 齐尺=19.7 厘米。这一数值可与下文考证的齐尺数值取得一致。

三、从大小尺体系看齐尺数值

根据不少中外学者的研究,我国战国时代存在两种不同系统的度量衡制。

日本关野雄认为我国先秦时代有大小两种尺度,大尺当今 22.5 厘米,小尺当今 18 厘米。他的具体数字值得商榷,不一定符合实际情况。① 高自强经过文献考证,也提出了这个问题,他认为大小两种量制的容量比率为 5∶3。② 谷春帆则明确指出:"古代山东(齐鲁)有个度量系统是四进制不是十进制,是小尺不是大尺。"③曾武秀也说:"据古文献记载,先秦似乎有二种尺并行。"他认为《考工记》"匠人为沟恤"和"庐人为庐器"条里就有用小尺的例子。④ 上述各家的看法基本正确。与"左里敀亳豆"对应的"鬴"的容量应是 187.5×64=12 000(毫升)。东周铜钫的四斗值是 7 990 毫升,折合为斛值等于 19 975 毫升。齐鬴和周斛之比如下:

$$12\,000 : 19\,975 \approx 12\,000 : 20\,000 = 3 : 5。$$

这个比率可以作为上述各说的佐证,今以此为出发点,进一步讨论齐尺的大小。因为齐尺是小尺,周尺是大尺,根据同样数据制成的鬴(斛)容量之比应为 3∶5。所以$(1\text{ 齐尺}/23.10\text{ 厘米})^3=3/5$,则 1 齐尺=19.5 厘米。

---

① 关野雄:《古代中国の尺度について》,《东洋学报》第 35 卷第 3、4 期,1953 年。

② 高自强:《汉代大小斛(石)问题》,《考古》1962 年第 2 期。

③ 谷春帆:《中国古代经济史中几个问题的考释(续)》,《北京大学学报》(哲学社会科学版)1964 年第 3 期。

④ 曾武秀:《中国历代尺度概述》。

又齐鬴(12 000毫升)和"子禾子釜"(20 460毫升)的容量之比也近似于3∶5,此非偶然。这是田氏新量在大尺系统十进制的影响下,趋向统一的表现。《管子·七法》曰:"尺寸也,绳墨也,规矩也,衡石也,斗斛也,角量也,谓之法。"①其中的"斗斛"显然是十进制的。早在田氏代齐前后制作的"左关铆"和"子禾子釜"、"陈纯釜"的比率关系中,可以看出齐国量制向十进制靠拢的苗头。此系旁枝,聊备一格。

四、由"璧羡度尺"定齐尺

这个工作清人吴大澂早已做过,吴承洛《中国度量衡史》书中引用了吴大澂的结论。但是吴大澂收藏且用于推算的"璧"是齐家文化玉石璧,不宜用作定齐尺的实物证据。

《考工记》"玉人之事"条说:"璧羡度尺,好三寸,以为度。"对于"璧羡"之"羡",郑众认为指璧径,"璧羡度尺"即璧径度尺。璧的外径一尺,用作长度的标准。

1977—1978年山东省曲阜鲁国故城出土了一批战国早期精美玉璧,其中乙组52号墓所出的一璧(图二五),直径19.9、孔径6.9厘米。② 其外径约当齐尺一尺,是可以用作起度的璧。

图二五 鲁国故城乙组52号墓玉璧

张瑞麟曾用所谓周制尺(19.7厘米),说明《灵枢经》中记载的有关解剖测量数据的科学性。③ 但是他把周尺和齐尺混为一谈,认为19.7厘米是周尺之长。好在《灵枢经》假设人为"八尺之士",和《考工记》中的"人长八尺"一致,所以

① 《管子》卷二《七法第六》(万有文库本)。

② 杨伯达主编:《中国玉器全集》(上),河北美术出版社,2005年,第265页,图一四一。

③ 张瑞麟:《从周制尺谈到〈灵枢经〉有关表面解剖测量的成就》,《中医杂志》1963年第1期。

张瑞麟分析《灵枢经·骨度篇》解剖测量数据近似正确的结论,实际上也是齐尺约当19.7厘米的一个旁证。

此外,吴大澂还根据《考工记》"玉人之事"条,用"镇圭、桓圭、大琮、大琬、瑁、珽"来考证尺度。由这六种圭琮推算出一尺的平均数是19.855 75厘米。[①] 毫无疑义,这是齐尺而非周制大尺。

五、由"剑"和"削"印证齐尺

我国历代,特别是近几十年来,出土的战国兵器不计其数,主要是三晋和秦、楚、燕的遗物,和《考工记》关系最密切的齐国兵器发掘尚少,但已提供了宝贵的资料,初步分析如下。

1960年山东平度县东岳石村的战国墓中,出土了8支铜剑。其中最长的一支(标号M16:1),长58.8厘米。该剑圆首,茎呈圆柱形,中间有两周平行的凸棱,[②]是战国早期相当流行的一种剑式,形制符合《考工记》中的描述。《考工记》"桃氏为剑"条说:"身长五其茎长,重九锊,谓之上制,上士服之。身长四其茎长,重七锊,谓之中制,中士服之。身长三其茎长,重五锊,谓之下制,下士服之。"郑玄按照此条"腊广二寸有半寸",茎"长倍之",推算出"上制长三尺","中制长二尺五寸","下制长二尺"。[③] 按此,齐国上士之剑的剑长应为三齐尺。M16:1号铜剑的长度相当于上士之剑,将58.8厘米除以3得到一齐尺等于19.6厘米。

1954—1955年间河南洛阳中州路东周墓葬出土的铜剑中,有一些也符合《考工记》著录的形式。如2729号墓出土的标号M2729:20春秋晚期铜剑,剑首圆形,茎圆柱形,中间有两条平行凸棱,茎上有緱的痕迹,腊上用绿松石嵌饕餮纹,长59、宽5、脊厚1.1厘米(图二六)。[④] 且其身茎

① 吴承洛:《中国度量衡史》,第50页。

② 中国科学院考古研究所山东发掘队:《山东平度东岳石村新石器时代遗址与战国墓》,《考古》1962年第10期。

③ 《周礼郑氏注》卷十一(丛书集成本)。

④ 中国科学院考古研究所:《洛阳中州路(西工段)》,科学出版社,1959年,第98页,图六七:7。

比为5∶1，无疑是一把上士之剑，将59厘米除以3得到一尺等于19.7厘米。另洛阳中州路2728号墓出土的标号M2728∶40战国前期铜剑，长49.1、宽4.5、脊厚0.9厘米，[①]属中士之剑。将49.1厘米除以2.5得到一尺等于19.64厘米。

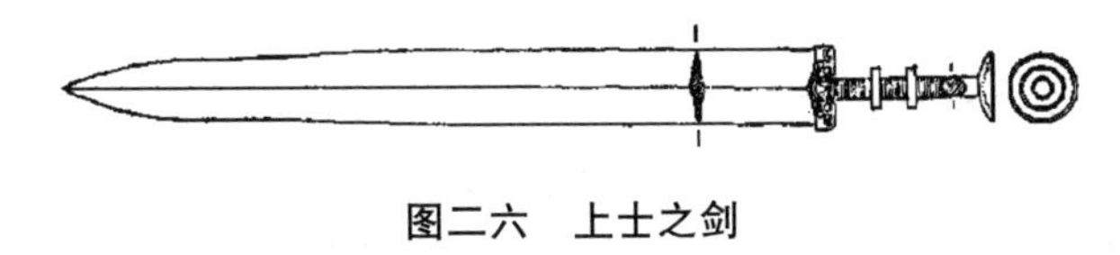

图二六　上士之剑

1932年出版的《支那古器图考》（兵器篇）著录一剑，[②]形制和上述山东平度县的M16∶1，河南洛阳M2729∶20、M2728∶40号剑相类。它的通长为47.3厘米，剑身和剑茎之比约为4∶1，大概是中士之剑。由此计算齐尺等于47.3厘米÷2.5＝18.92厘米，此剑藏于日本东京帝国大学。吴大澂也曾从他所收藏的周剑茎、身两个长度，判断他的周剑属于《考工记》中士之剑，以此推算出所谓“剑尺”等于19厘米左右。[③] 从这两例看来，剑尺属于小尺系统，或许就是齐尺。因为剑不是起度标准，制造时长度不很精密；锋刃经过磨砺，要缩短；再加上年代久远，所以剑尺比齐尺略小是不足为奇的。

据《考古》1966年第5期报道，河北省怀来县北辛堡战国早期的燕墓出土了四件铜削。除了一件长26厘米的比较特殊外，另外三件均长20厘米，宽约2厘米，弯成弧形（图二七）。[④]《考工记》“筑氏为削”条说：“长尺博寸，合六而成规。”规定铜削长一尺、宽一寸，这由北辛堡战国墓出土铜削得到了验证。

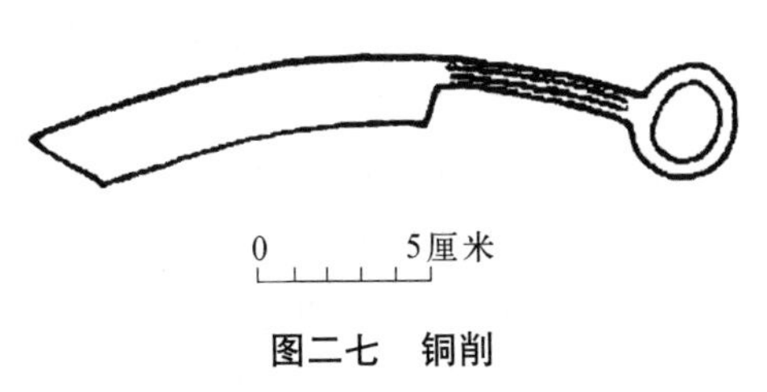

图二七　铜削

① 中国科学院考古研究所：《洛阳中州路（西工段）》，科学出版社，1959年，第98页，图六七∶6。

② 原田淑人、驹井和爱辑：《支那古器图考》（兵器篇），东方文化学院东京研究所刊，1932年，图版二四∶4。

③ 吴承洛：《中国度量衡史》，第137页。

④ 河北省文化局文物工作队：《河北怀来北辛堡战国墓》，《考古》1966年第5期。

战国时齐燕之间商业交往密切，都使用过刀币。燕国的“削”形受齐国的影响很深，由此推出1尺等于20厘米，也和上文获得的齐尺数值近似相等。

六、小　　结

为明晰起见，现将上面考证齐尺数值的结果，纳于表二。

表二　《考工记》齐尺数值简表

编次	来　源	对应齐尺数值（单位：厘米）	备　注
1	左里敀亳豆	19.7	
2	容积比率3∶5	19.5	
3	璧羡度尺	19.9	
4	吴大澂六圭琮	19.855 75	
5	平度M16∶1号铜剑	19.6	
6	洛阳M2729∶20号铜剑	19.7	
7	洛阳M2728∶40号铜剑	19.64	
8	《支那古器图考》中士之剑	18.92	仅供参考
9	吴大澂剑尺	19	仅供参考
10	怀来县战国燕削	20	

除《支那古器图考》中士之剑和吴大澂剑尺以外，其余八项的平均值约为19.74厘米。如将剑尺也计算在内，九项的平均值约为19.66厘米。

综上所述，战国时期的齐国，确实存在着一种小尺系统。《考工记》中记载的尺度，是小尺系统的齐尺，而不是周制大尺。周制大尺长23.10厘米，而《考工记》齐尺相当于米制的19.5—20厘米，约在19.7厘米左右。它的具体精确数值，有待于进一步研究和验证。

原载《考古》1983年第1期，今有所增订

说 “火 候”

吾国古代学术概念，内涵丰富，定义“模糊”，生命力却异乎寻常。本文暂且无意赘述“气”、“道”之类的哲学概念，只谈造化自然，精微难言的“火候”。

火的使用对人类文明进程发生了莫大的影响，万千寒暑也不知火焰几度翻腾，先民们终于悟出：用火之道，要在火候。先秦古籍将“火候”称为“火齐(剂)”。《周礼・天官・烹人》说厨者“掌其鼎镬，以给水火之齐”。《礼记・月令》谈烹饪，明确提出“火齐”的概念，《荀子・强国》则认为“火齐得”是铸造优质青铜器的关键之一。秦汉以降，炼丹术勃兴，讲求“伺候火力，不可令失其适”(《抱朴子内篇・金丹》)，“火候”便应运而生。流传至今的六朝后期的炼丹术文献中，已能找到“火候”之称，至迟在唐贞元(785—805)中，出现了烹饪火候的提法(《酉阳杂俎》前集卷七)。唐代丹家药师乃至某些文人对火候津津乐道，如白乐天《不二门》诗自谓：“亦曾烧大药，消息乖火候。”道家又将火候引申为内丹术语，用以描述人体生物钟的节律。后世火候亦泛指道德、学问、技艺等修养功夫。

东汉郑玄注三礼，将“火齐”释为用火的“多少之量”与“腥孰(熟)之纲”。由于炉鼎之变精微难言，火之用途日广，火候益被蒙上层层神秘的色彩，有的丹家甚至说：“火候者，是正一之大诀。”(《诸家神品丹法》卷二)近年来，有不少学者探索过“火候”古义，归纳起来，不出温度、时间及其调节的范围。英国李约瑟《中国科学技术史》将火候译为 fire time，对其亦有所阐发，但是实际上，古代各行各业所指的火候，既有共同之处，又有特殊性，殊难一概而论。譬如说，陶瓷的烧成火候，不仅有赖于加热温度、保温时间及其调节，还与烧成气氛的氧化还原性有关。炼丹、冶金、炮炙、烹饪、品茶等等，种种火候的精微之处，难以尽述。总之，愚以为在具有原始综合特征的中国传统科学的土壤中产生的火候概念，乃是一种模糊概念。用几个现代科学技术的术语，给它作全面精确、科学的界说，可能是不切实际的想法。

我国古代对火候十分重视，在许多领域中设有专职人员以观测或调节火候，其高手的造诣，几臻于造化自然之境地，惜火候经验大多保密，口耳相传，不形纸墨，不少已经失传。然而，有些文物（如宝剑、精瓷之类）可作历史见证，浩如烟海的古文献中也留下许多线索，等待着我们去发掘。笔者见闻有限，就接触到的材料看来，在古代，主要是通过文武诸火的定时、燃料的定量，或观察被加热物的性状和数量变化来控制火候的，其中有些方法颇具特色，现择要介绍如次，并试以近现代科技知识简释其原理。

一、直觉法

战国初年成书的《考工记》"栗氏"条说："凡铸金（青铜）之状，金（紫铜）与锡，黑浊之气竭，黄、白次之；黄、白之气竭，青、白次之；青、白之气竭，青气次之，然后可铸也。"在高温下，青铜合金中的原子光谱的综合色性随温度而变化，加上某些金属或杂质挥发而形成的氧化物等烟气，使古代工匠可借以判断冶铸的火候。所谓"炉火纯青"之时，基本上只剩下铜的原子光谱色，炉温达摄氏一千二百度以上。除冶金术外，金丹术中也常用类似的原理观察火候。

清初孙廷铨的《琉璃志》描述烧琉璃釉的火候说："其始也，石气浊，硝气未澄，必剥而争，故其火烟涨而黑。徐恶尽矣，性未和也，火得红；徐性和矣，精未融也，火得青；徐精融矣，合同而化矣，火得白，故相火齐者，以白为候。"待到"火得白"之时，基本上只剩下黑体辐射的光色，大约为一千三百至一千三百五十摄氏度。明代陆容的《菽园杂记》早就提到过观察瓷窑内火色以定火候，清朝朱琰所撰的我国第一部陶瓷史著作《陶说》，对于以匣钵黑体辐射的红白色来判断烧瓷火候亦有明确的记载。

品茶烹试之法，候汤最难。唐代陆羽《茶经》卷下“煮”条说：“其沸如鱼目，微有声为一沸，缘边如涌泉连珠为二沸，腾波鼓浪为三沸，已上水老不可食也。”沸腾之始，空气泡和蒸气泡接连形成，后者振动和破裂微微作声；继续加热，容器底部周边的环状带快速沸腾，使周边如“涌泉连珠”；继续加热，水的表面和内部一起沸腾，无数气泡迅速合并成气柱、气流和气块，状似“腾波鼓浪”。唐时以茶末就茶镬，故二沸时下茶最合适。这种观察气泡状沸腾以测火候的方法在古诗文中常见记载。宋代改为煮水沏茶，因用瓶煮水难以候视，则产生声辨之说。南宋李南金和罗大经先后赋有“声辨之诗”，通过听声掌握用瓶煮水的一、二、三沸之火候。罗大经认为沏茶当在背二涉三之际，其诗云：“松风桧雨到来初，急引铜瓶离竹炉。待得声闻俱寂后，一瓯春雪胜醍醐。”(《鹤林玉露》卷三)

宋代唐慎微《证类本草》卷四“制灵砂法”说：“抽之如针绞者，成就也。”明茅元仪《武备志》卷一二〇乌头“见血封喉方”云：以烟“薰药盆热，药面上结成冰，是火候好矣”。文中“冰”指乌头生物碱结晶，成书较早的明《白猿经》“造射罔膏法”与此大同小异(赵学敏《本草纲目拾遗·正误》)。这是以直接观察凝华和过溶结晶来判断火候的两种例子。

二、试 样 法

北魏贾思勰《齐民要术·煮胶》说：“候皮烂熟，以匕沥汁，看末后一珠，微有粘势，胶便熟矣。为过伤火，令胶焦。”这种动物胶多由胶原及其部分水解产物组成，基本上是蛋白质，即线型高分子化合物。随着煮胶时胶汁浓度的增大，对网状结构的形成有利，使胶汁的黏度增大，可据以判断煮胶火候。又因熬膏时使有机高分子化合物的浓度和结构发生变化，渐渐变成不溶于水的稠液，故丹家及中药炮炙者常用“滴入水中成珠子不散”来掌握熬膏火候(《增广太平惠民和剂局方》卷八)。

康熙《浮梁县志》引南宋蒋祈《陶记》说：“火事将毕，器不可度，探坯窑眼，以验生熟，则有火照。”“火照”是观测瓷窑火候的专用试样，宋代已经普遍采用。据清代唐英《陶冶图说》等记载，烧彩器之前，也需先在白瓷片上画色烧试，以验色性火候。顺便提到，《景德镇陶录·陶录余论》指出："因铁骨泥作质，故坯足露铁色。"如果瓷器胎内含有较多的铁质并在烧成后期受到二次氧化，会形成所谓的“朱砂底”或“紫口铁足”，故昔称“凡陶器出窑，底足可验火法”（《景德镇陶录》卷八引《拾青日札》）。

明末宋应星《天工开物》“锤锻”篇“针”条说：将半成品“入釜，慢火炒熬，炒后以土末入松木火矢、豆豉三物掩盖，下用火蒸，留针二三口插于其外，以试火候。其外针入手捻成粉碎，则其下针火候皆足。然后开封，入水健之”。松木火矢即松木炭，系固体渗碳剂，加入豆豉可起碳氮共渗的作用，能降低热处理的温度。外针暴露于空气中，易氧化，当它能被捻成粉末时，表示下针碳氮共渗的火候已足，可以淬火了。方以智《物理小识》卷七“健铁健钢”条也载有此法。

三、比较法

先秦医家切脉时已经采用正常人的体温作比较标准，事见《内经·素问》。《齐民要术·作豉法》明确记述："大率常欲令温如人腋下为佳"，“以手刺豆堆中候，看如人腋下暖，便翻之”，“若热汤（烫）人手者，即为失节伤热矣”。这是古代民间常用的简易验温方法。成书于6世纪的炼丹术著作《太清石壁记》“艮雪丹方”中也有类似的记载。

明《杨氏颐真堂经验方》“秋冰法”说：提炼秋冰（即秋石，系由人尿提取的甾体性激素）时，罐上用铁盏盖固，下面用火加热，“盏上用水徐徐擦之，不可多，多则不结（结晶）；不可少，少则不升（升华）”（《本草纲目》卷五十二）。孟乃昌认为“擦水是观察手段”，①这是以水的汽化为比较标准，用单位时间擦水次数多少来观察火候的旺衰，估计铁盏温度约为七十至

① 孟乃昌：《秋石试议——关于中国古代甾体性激素制剂的制备》，《自然科学史研究》1982年第1卷第4期。

九十摄氏度,在金丹术、冶金和中药炮炙中常见其应用。

我国古代缺乏科学仪器以测温度,往往综合应用观气、察色、闻声、嗅味等多种手段来掌握火候,其造诣之高,往往使人叹为观止。其中时而涉及一些物理学、化学和生理学等知识,部分地反映了我国古代科学技术的杰出成就。清代引进德国“火表”等高温计,各行各业逐渐采用新的科学仪器和方法。然而,“火候”一词始终没有被淘汰。

原载香港《大公报》1985 年 9 月 26 日第六张《中华文化》第 29 期

“磬折”的起源和演变

“磬折”一词，初见于《周礼·冬官考工记》，散见于先秦文献，后世诗文及数学著作亦有著录。“磬折之义，不明于天下也久矣”，[①]清儒程瑶田发掘于前，近人的数学史著作阐发于后，然验之于近几十年来陆续出土的春秋战国时期的编磬，以前的解释似乎还没有彻底解决这个问题。

一、问题的提出

石磬是一种古代敲击乐器，原始石磬系打制而成，[②]商代的特磬往往经过琢磨，雕以纹饰。商代后期开始出现三至五具一套的编磬，[③]周代编磬每套磬数逐渐增多，形制也逐渐趋向于规范化，春秋战国时期是编磬的全盛时期，战国前期的磬形大体上如图二八所示。图中鼓上边与股上边之间的夹角叫作“倨句”，“倨”即微曲，意为“钝”，“句”即“锐”，“倨句”意即钝锐，《考工记》中常用

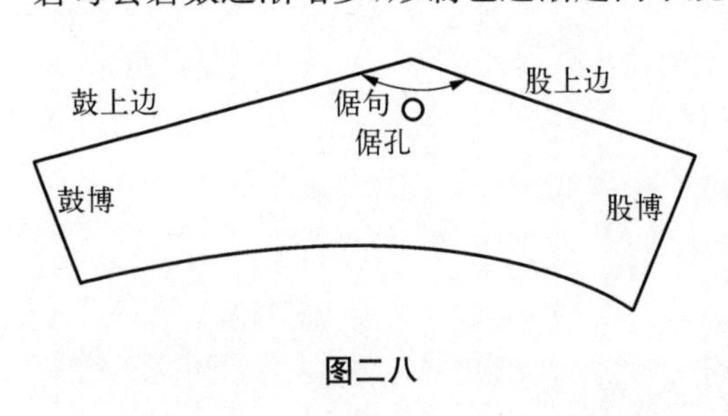

图二八

---

① 程瑶田：《磬折古义·磬折说》，《皇清经解》卷五百四十（学海堂本）。

② 东下冯考古队：《山西夏县东下冯遗址东区、中区发掘简报》，《考古》1980年第2期，第97—107页。

③ 吴钊、刘东升：《中国音乐史略》，人民音乐出版社，1983年，第13页。

“倨句”一词表示角度，其他先秦文献中也有这种用法。

《考工记》“磬氏”条规定：“磬氏为磬，倨句一矩有半。”“一矩有半”应等于 $90^\circ + \frac{1}{2} \times 90^\circ$，即 135°。《考工记》“车人之事”条曰：“车人之事：半矩谓之宣，一宣有半谓之欘，一欘有半谓之柯，一柯有半谓之磬折。”[1]以算式表示如下：

$$一宣 = \frac{1}{2} \times 90^\circ = 45^\circ,$$

$$一欘 = 45^\circ + \frac{1}{2} \times 45^\circ = 67^\circ 30',$$

$$一柯 = 67^\circ 30' + \frac{1}{2} \times 67^\circ 30' = 101^\circ 15',$$

$$一磬折 = 101^\circ 15' + \frac{1}{2} \times 101^\circ 15' = 151^\circ 52' 30''。$$

程瑶田曰：“盖磬氏为磬者，为磬折也，为磬折而有倨句。”[2]说到底，磬折应是某种磬之倨句，但上面的计算结果表明，《记》文磬折和磬制倨句两者的数值显然不同，这个问题的解释涉及先秦数学发展史几何角度定义的形成和发展过程，有必要加以澄清。磬折古义，汉代人已困惑不解，汉代以降，众说纷纭，莫衷一是，程瑶田《考工创物小记》和《磬折古义》颇有创获，惜其受历史条件限制，所说未必精当，推测也有失误。近人钱宝琮先生在 1945 年作《读〈考工记〉六首》，内云：“倨句或中矩，方正宜无偏；磬折一矩半，名因磬氏传；皋陶与耒疵，倨句悉仿旃；欘柯至磬折，加半序不愆；旧法本疏阔，名数难穷研。”在自注中，钱先生说：“半矩四十五度为宣。……得一百五十一度又八分度七为磬折，其角度较磬氏所定者为钝矣。旧法疏阔，难以名数详校也。”[3]《中国数学史》中说：“《考工记》‘磬氏’节明白规定，磬的两部分的夹角为‘倨句一矩有半’，也就是 135°，这和

---

① 《考工记》引文均据《周礼》(《四部备要》本)，下同。

② 程瑶田：《磬折古义・磬折说》。

③ 钱宝琮：《读〈考工记〉六首》，《中国科技史料》1982 年第 2 期，第 1—5 页(“名因磬氏传”原刊为“名因磬氏傅”，今据上下文校改)。

‘车人’‘一柯有半谓之磬折’显然不同。大概在135°上下的钝角都得称为‘倨句磬折’。于此可见《考工记》中宣、欘、柯、磬折等名词的定义是不很明确的。”①现在看来，这种解释值得商榷。

近年来，有些论著偶而涉及这个问题，②进行过一些研究，今就管见所及，对《考工记》磬折和磬制倨句问题作一新的探讨，力图有助于恢复中国早期数学发展史的本来面目。

二、春秋战国时期编磬实物

对《考工记》磬折和磬制倨句问题，最有说服力的证据莫过于历年来出土的春秋战国时期的编磬实物，为明晰起见，兹将初步搜集到的有关资料分列于表一、二、三。

因笔者所见有限，且时有石磬出土，故编磬资料难以收集齐全，容日后补充。下面暂据表列的编磬实物和有关文献资料，试作一些分析。

三、磬折一词的产生和流传

《中国数学史》指出：“劳动人民在制造农具、车辆、兵器、乐器等工作中，产生二直线间角度的概念。”③《考工记》中用矩、宣、欘、柯、磬折表示的角度概念就是这样产生的。矩是工匠用来量直角的曲尺，还可供测量之用，两者都要用到直角，矩的古体，金文作“[illegible]”或“[illegible]”等不下十种变体，④当早已有之，如甲骨文中的“匚”字，⑤系指方形的受物之器，与矩有关。“欘”和“柯”均是斫木材用的斧，因木柄和斧头间的角度有锐有钝，故借用斧名作角度定义，用来表示角度的大小。“宣”字之义，

---

① 钱宝琮主编：《中国数学史》，科学出版社，1981年，第15页。

② 湖北省博物馆：《湖北江陵发现的楚国彩绘石编磬及其相关问题》，《考古》1972年第3期，第41—48页。

③ 钱宝琮主编：《中国数学史》，第15页。

④ 周法高主编：《金文诂林》卷五上，香港中文大学出版社，1974年，第2886页。

⑤ 郭沫若：《卜辞通纂》，科学出版社，1983年，第550页。

表一　春秋时期石磬简表

出土时间	地点	磬数	倨句平均值	股博/股长/鼓长的平均值	年代	资料来源	备注
1993	山西曲村晋侯邦父墓	18	131.6°	1/2.6/3.6	春秋早期	《中国音乐文物大系(山西卷)》2000	
1961	山西侯马上马村 13 号墓	10	126°*	—	春秋中晚期	《考古》1963.5	分属二组，每组五件，形状作倨句形，大小递减，形制相似性较差。
60 年代	山西侯马上马村 5218 号墓	10	136.9°	1/1.7/2.6	春秋	《中国音乐文物大系(山西卷)》2000	倨句在 132°—144°之间。
60 年代	山西侯马上马村 1004 号墓	10	136.8°	1/2.1/3.0	春秋	《中国音乐文物大系(山西卷)》2000	倨句在 133°—141°之间。
1988	山西太原赵卿墓	13	141.8°	1/1.7/3.0	春秋晚期	《中国音乐文物大系(山西卷)》2000	倨句在 125°—155°之间。
1954	河南洛阳中州路	10	145°	1/1.7/2.4	春秋后期	《中国音乐文物大系(河南卷)》1996	一组十件，形状作倨句形，大小递减，形制相似较差。
1978	河南淅川下寺一号墓	13	153°	1/1.7/2.2	春秋晚期前段	《考古》1981.2	形制基本相似，倨句值最大为 158°，最小为 150°，多数在 151°—153°之间。

（续表）

出土时间	地点	磬数	倨句平均值	股博/股长/鼓长的平均值	年代	资料来源	备注
1978	河南淅川下寺二号墓	13	145.3°	1/1.7/2.2	春秋晚期前段	《淅川下寺春秋楚墓》1991	
1979	河南淅川下寺十号墓	13	150.5°	1/1.6/2.1	春秋晚期后段	《淅川下寺春秋楚墓》1991	
1965	山东临淄于家庄	12	135.8°	1/1.4/2.0	春秋	《中国音乐文物大系(山东卷)》2001	
1995	山东长清仙人台6号墓	10	141°	1/1.9/2.7	春秋早期偏晚	《中国音乐文物大系(山东卷)》2001	邿国国君之墓。倨句值在134°—149°之间。
1995	山东长清仙人台5号墓	14	138°	—	春秋晚期偏早	《中国音乐文物大系(山东卷)》2001	
1978	山东滕州庄里西村	13	139°	1/2.0/2.6	春秋晚期	《中国音乐文物大系(山东卷)》2001	1件残，按12件的数据计算。
1977	山东沂水刘家店子	完整者1件	147°	1/2.2/3.4	春秋	《中国音乐文物大系(山东卷)》2001	
1993	江苏邳州九女墩3号墓	13	139°	1/1.8/2.4	春秋晚期	《考古》2002.5	2件残，按11件的数据计算。徐国器。

注：带“*”号者系根据实物图片间接测量所得，下同。

表二 磬折型战国编磬简表

出土时间	地点	磬数	倨句平均值	股博/股长/鼓长的平均值	年代	资料来源	备注
1930年前后	河南洛阳金村古墓	3	148°*	1/1.9/2.6	战国前期	常任侠《中国古典艺术》	这三磬是"古先右六"磬、"介钟右八"磬、"古先齐厔左十"磬。
同上	同上	17	146°*	1/1.5/2.3	战国前期	[美]怀履光《洛阳古城古墓考》	实物由怀履光(William Charles White)弄至美国,边长比例系十三具磬之平均值。
1936	河南辉县琉璃阁墓甲	10	148°*	1/1.6/2.8	战国前期	《河南博物馆馆刊》第九集及郭宝钧《山彪镇与琉璃阁》	大磬的边长比例接近于《考工记》磬制规定的股"博为一,股为二,鼓为三"的比例,小磬的形制相差较多。
1995	河南上蔡	1	150°	1/1.2/1.5	战国	《中国音乐文物大系(河南卷)》1996	股侧刻有"商父之徵"4字铭文。
1958	山西万荣县庙前村	10	146°*	1/1.6/2.4	战国前期	《文物参考资料》1953.12	形制相似性较好。
1995	山西太原金胜村673号墓	10	151°*	1/1.4/2.2	战国早期	《中国音乐文物大系(山西卷)》2000	

（续表）

出土时间	地　点	磬数	倨句平均值	股博/股长/鼓长的平均值	年　代	资料来源	备　注
1988年收购	传山西永和战国墓出土青石编磬	8	155°	1/1.7/2.7	战国	《中国音乐文物大系(北京卷)》1999	
1970	湖北江陵纪南故城址附近圆形土丘	25	148°	1/1.8/2.6	战国时期	《考古》1972.3	二十五具彩绘石编磬分属若干组，各边比例与《考工记》磬制基本一致，唯小磬相差较多。
1978	湖北随县曾侯乙墓	32	157.4°	1/1.5/2.0	战国初期	《文物》1979.7、《曾侯乙墓》1989	有倨句数据的25具磬的平均值。
1981	湖北随县擂鼓墩二号墓	12	155.6°	1/1.5/1.9	战国中期	《中国音乐文物大系(湖北卷)》1999	
1982	河北涉县北关1号墓	10	146°	1/1.4/1.9	战国	《中国音乐文物大系(河北卷)》2008	

表三 倨句一矩有半型战国编磬

出土时间	地点	磬数	倨句平均值	股博/股长/鼓长的平均值	年代	资料来源	备注
—	—	1	136°*	1/1.8/2.3	战国	梅原末治《支那古王图录》	大阪江口治郎氏藏。
1935	河南汲县山彪镇1号墓	10	140.5°	1/1.8/2.6	战国时期	郭宝钧《山彪镇与琉璃阁》	大磬形制基本符合《考工记》规定，小磬误差较大。
1937	河南辉县琉璃阁60号和75号墓	21	—	—	战国中期	同上	60号墓出土十一具磬，75号墓出土十具磬，实物在台湾。
1982	河南洛阳解放路	23	140.7°	1/1.4/2.2	战国	《中国音乐文物大系(河南卷)》1996	倨句值在157°—130°之间。
1974	河南洛阳74C1四号墓	4	143°*	1/1.8/3.1	战国晚期	《考古》1980.6	该墓几经盗扰。四具磬与楚器“繁阳之金”剑并存，疑从外地流入洛阳。
1955	山西长治分水岭14号墓	22	139°*	1/1.8/2.6	战国(韩国早期)	《考古学报》1957.1	已发表的十一具磬的平均值。
1959—1960	山西长治分水岭25号墓	10	133°*	1/1.9/2.8	战国(韩国)	《考古》1964.3	一具磬残，未计入边长的比例。形制基本符合《考工记》规定。

（续表）

出土时间	地点	磬数	倨句平均值	股博/股长/鼓长的平均值	年代	资料来源	备注
1965	山西长治分水岭 126 号墓	16	135°*	1/1.6/2.2	战国（韩国早期）	《文物》1972.4	四号磬（标本号 292）的倨句值为 135°左右，其余未详。
1972	山西长治分水岭 269 号墓	10	140°*	1/1.8/2.7	战国早期	《考古学报》1974.2	倨句值在 152°—131°之间，以 130 余度居多。
1972	山西长治分水岭 270 号墓	11	140°*	1/1.8/2.7	同上	同上	四具磬的平均值，其余未详。
1988	山东阳信西北村陪葬坑	13	136°	1/1.8/2.6	战国早期	《中国音乐文物大系（山东卷）》2001	
1990	山东临淄淄河店二号墓	24	135°	1/1.7/2.5	战国早期	《中国音乐文物大系（山东卷）》2001	分为三组，每组 8 具。只发表 22 具石磬的形制数据。
1979	山东临淄大夫观	16	137.8°	1/1.8/2.7	战国	《中国音乐文物大系（山东卷）》2001	
?	山东淄博市临淄区齐都镇韶院	1	135°	1/1.4/1.9	战国	《中国音乐文物大系（山东卷）》2001	股上边有篆铭“乐堂”。

（续表）

出土时间	地　点	磬数	倨句平均值	股博/股长/鼓长的平均值	年　代	资料来源	备　注
1970	山东诸城县臧家庄	12	135°*	？/2/3.1	战国晚期	《文物》1972.5	承山东博物馆提供实物照片，特此致谢。
1964	河北易县燕下都故城址 16 号墓	15	137°	1/1.7/2.4	战国早期	《中国音乐文物大系（河北卷）》2008	
1995	江苏邳州九女墩 2 号墓	12	137°	1/1.8/2.6	战国早期	《中国音乐文物大系（江苏卷）》1996	

比较费解，程瑶田认为“宣之言发也，当是起土勾钼之最勾者”，①孙诒让以为“程说亦通”，②“磬折”的来源无疑与石磬有关。

由表一可知，在春秋后期以前，编磬尚未定型；至春秋末期，出现了规范化趋向，尤其是河南淅川下寺一号墓出土的编磬，其倨句平均值为153°左右，而且相互之间比较接近，正与《考工记》“车人之事”条“磬折”的概念相应，由此看来，磬折的概念是在制磬的实践中形成的，时代不会晚于春秋末期，因为“车人之事”条的矩、宣、欘、柯和磬折定义上下关联，所以也可以说矩、宣、欘、柯、磬折这一整套实用角度定义至迟在春秋末期已经形成。

磬折的概念形成之后，对制磬工匠发生了直接的影响，表二所列的编磬，其倨句基本上取磬折形，一般在150°左右，显然继承了春秋末期磬折遗风，这批编磬，时间上大多属于战国前期，地域北至晋地，南达曾、楚，说明磬折的概念在战国前期广为流传。其中曾侯乙墓编号下.15石磬的倨句为152°，下.12石磬的倨句为153°，③合乎磬折或相当接近。

《考工记》成书于战国初期，磬折作为当时常用的角度定义，在《记》文中必然有所反映，《考工记》中，除了“车人之事”条之外，明文提到磬折的还有三处。

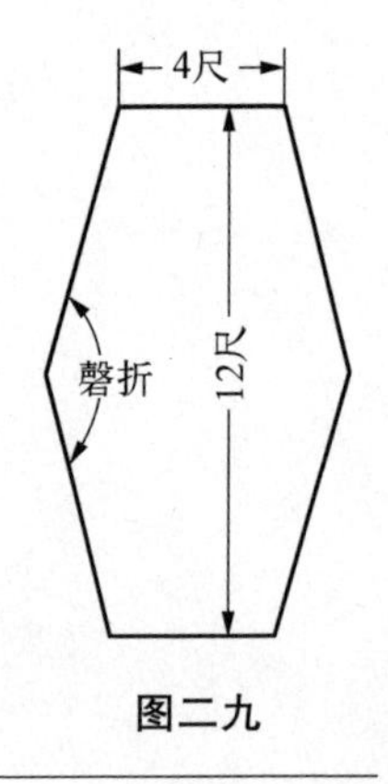

图二九

“韗人”条说：“为皋鼓，长寻有四尺，鼓四尺，倨句磬折。”这是以鼓高12尺、鼓面直径4尺、鼓木倨句磬折三个参数来规定皋鼓的形状(参见图二九)。

“车人为耒”条说：“(耒)疵长尺有一寸，中直者三尺有三寸，上句者二尺有二寸，自其疵，缘其外，以至于首，以弦其内，六尺有六寸，与步相中也。坚地欲直疵，柔地欲句疵；直疵则利推，句疵则利发，倨句磬折，谓之中地。”郑玄注：“缘外六尺有六寸，内弦六尺，应一步之尺数。”所见诚是。《考工记》曾经历了流传、佚

① 程瑶田：《磬折古义·磬折说》。
② 孙诒让：《周礼正义》卷八十五(《四部备要》本)，第15页。
③ 湖北省博物馆编：《曾侯乙墓》，文物出版社，1989年，第138—140页。

失和重新发现的过程，可能已有错简，上文似应原作"自其疵，缘其外，以至于首，六尺有六寸；以弦其内，与步相中也。"郑注又谓："中地之耒，其疵与直者如磬折，则调矣，调则弦六尺。"这种分析也许正确（参见图三〇）。此例说明磬折的概念已经用于古农具耒耜的成批生产。

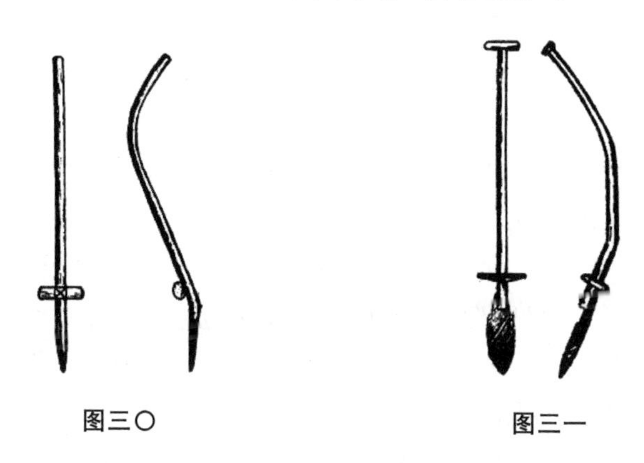

图三〇　　图三一

日本奈良正仓院藏有一把"子日手辛锄"（参见图三一），系我国唐代或唐以前输入日本的古代耜之遗制，①耜的本体就是耒。"子日手辛锄"的倨句也是在152°左右，疑乃古之"倨句磬折"遗制。

此外，"匠人"条曰："凡行奠（停）水，磬折以叁伍。"这句话相当费解，至今仍众说不一，笔者曾提出一种假设——可能是指渠系建筑物的溢流堰形状宜"磬折以叁伍"。这种溢流堰的剖面成折线型，堰顶与一腰长度之比为三比五，夹角为一磬折（参见图三二）。② 这是磬折概念在水利工程中应用的一个例子。

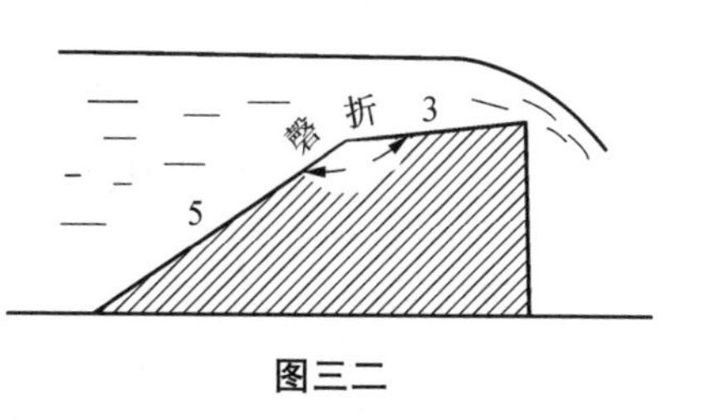

图三二

由上述例子可见，磬折的概念在战国时期广为流传和应用，这种实用

① 孙常叙：《耒耜的起源及其发展》，上海人民出版社，1964年，第31页。
② 闻人军：《〈考工记〉中的流体力学知识》，《自然科学史研究》1984年第3期，第1—7页。

几何角度定义在我国早期的工艺技术中起过一定的积极作用。

顺便指出,《礼记·曲礼》言宫廷礼仪“立则磬折垂佩”,郑玄注:“磬折,谓身微偻,如磬之曲折也。”①《庄子·渔父》:“今渔者杖拏逆立,而夫子曲要(腰)磬折,言拜而应。”②《管子·弟子职》:“俯仰磬折,拼毋有彻。”③《史记·滑稽列传》西门豹“簪笔磬折,向河立”④等等。这些例子说明在社会生活中,磬折的概念已有所延伸,但依然是指跟磬折大小近似的钝角。

然而,若按磬折的定义制磬,在实用上并不方便。也许有些工匠为了简化工艺,直接以“一矩有半”为磬之倨句,经《记》文作者在“磬氏”条中明文规定,随着《考工记》的流传,齐、魏、韩等国的磬匠按“磬氏”的规定制磬,由是产生了一大批“倨句一矩有半”型的编磬,而磬折型编磬渐被淘汰,至战国中期以后几乎绝迹。“倨句一矩有半”型编磬实物的形制不尽符合《记》文规定的原因是,编磬毛坯制成后,尚需通过刮磨来调音,刮磨工艺对倨句值有一定的影响,故有一些误差。就制磬工艺而言,从东周编磬到《考工记》的成书,可视为从实践上升为理论的阶段;从《考工记》的流传到战国中后期的编磬,可视为用理论指导实践的阶段;春秋战国时期的科技进步由此可见一斑。

四、磬折概念的失传和重新发现

无论磬折型编磬,还是“倨句一矩有半”型编磬,大多作为随葬品先后埋于先秦墓中,至西汉时已几乎绝迹,汉代及以后的磬,形制已有变化。经过秦灭六国,焚书之劫和楚汉之争,《考工记》也一度佚失,它在西汉重新问世后,时人已不明白“车人之事”条磬折等角度定义的含义。因为“车人为车”条有长度定义“柯长三尺”,郑玄遂误以为宣、欘 、柯、磬折是一套

---

① (清)孙希旦:《礼记集解·曲礼下》(《万有文库》本)第二册,第3页。
② (清)王先谦:《庄子集解·渔父第三十一》,中华书局,1954年,第89页。
③ 《诸子集成·管子·弟子职第五十九》,国学整理社,1935年,第316页。
④ 司马迁:《史记·滑稽列传第六十六》,中华书局,1959年,第3212页。

长度定义，甚至对于“磬氏为磬，倨句一矩有半”的解释也“繁而无当”。[①]由于郑玄注释“三礼”执经学界牛耳一千余年，他的这两个错误陈陈相因，在清朝乾嘉学派以前，一直无人发现。北宋聂崇义的新《三礼图》，南宋陈元靓的《事林广记》，明代王圻的《三才图会》，明朝数学和律学二艺俱精的朱载堉的《律吕精义》，明末科学家徐光启的《考工记解》等等，所作磬图或注释都是错误的。清代江永的《周礼疑义举要》和他的学生戴震的《考工记图》，所作解释或磬图也不正确。磬折古义就这样湮没了两千年，然而它的重新发现只是时间问题，这项工作是由程瑶田开始的。

程瑶田，字易田，号易畴，出生于安徽的文明古城歙县。他也是江永弟子，与戴震同学相善，读书好深沉之思，精于经学，尤肆力于《考工记》。他独具慧眼，明确表示：“磬折倨句，虽郑注言之，戴东原（即戴震）补注又详言之，然余窃以为未得其实也。”[②]他不仅在没有见到古磬实物的情况下论证了《考工记》磬制倨句等于一矩有半即135°，而且将“车人之事”条的几何角度定义重新发掘了出来，他说“余谓倨句度法生于矩，在《考工记》‘车人’职‘车人之事，半矩谓之宣，一宣有半谓之欘，一欘有半谓之柯，一柯有半谓之磬折’”，[③]从而肯定矩、宣、欘、柯、磬折是一套角度定义。这是程瑶田在这个问题上的最大贡献。他也注意到《考工记》中磬折和磬制倨句的矛盾，但是简单地以转抄笔误来解释这种现象。他说：“转写是《记》者，乃顺上文读之，遂伪‘矩’为‘柯’。”[④]他在《倨句矩法通例述》一文中已将《考工记》“车人之事”条有关原文改作“一欘有半谓之柯，一矩有半谓之磬折”，并特别声明“刊本并讹矩为柯，今改正之”。[⑤]

由本文的分析可知，程瑶田改“柯”为“矩”一举并不可取，事实上学术界

---

① 程瑶田：《磬折古义·磬折说》。

② 程瑶田：《考工创物小记·磬氏为磬图说》，《皇清经解》卷五百三十八（学海堂本），第37页。

③ 程瑶田：《考工创物小记·戈体倨句外博义述》，《皇清经解》卷五百三十七（学海堂本），第50页。

④ 程瑶田：《考工创物小记·宣欘柯磬折倨句度法述》，《皇清经解》卷五百三十九（学海堂本），第17页。

⑤ 程瑶田：《考工创物小记·倨句矩法通例述》，《皇清经解》卷五百三十九（学海堂本），第41页。

也没有采用他的这个观点，但他将磬折和磬制倨句一律定为一矩有半即 135°，却产生了不良的影响。例如，《中国古代数学史料》中由矩、宣、欘、柯、磬折的定义，列出了磬折等于“$\left(90^\circ+\frac{1}{4}\times45^\circ\right)+\frac{1}{2}\left(90^\circ+\frac{1}{4}\times45^\circ\right)$”的算式，如果按此计算，立即可得磬折等于 151°52′30″，但该书未作计算，就说“故‘倨句磬折’即表示角度为 135°”。[①] 这个疏忽初见于 1954 年的初版本，在 1963 年的再版本中也未加订正。

五、结　　语

1.《考工记》中所记载的磬折等几何角度定义，至迟形成于春秋末期，广泛流传于战国时期。这些角度概念在当时的生产实践中有一定的使用价值。

2. 世界上“把圆分为 360°是巴比伦天文学家在公元前最末一个世纪里首创的”，[②]比我国矩、宣、欘、柯、磬折等一整套角度概念的形成和流传晚了五个世纪左右，故磬折等几何角度概念在世界数学发展史上应有其一席之地。

3. 磬折等角度概念与我国传统天文学中把一个圆周分为 360.25°一样，可供实用而不适于进一步的数学推导。“角度的概念，一般说来，在我国周秦以后的数学发展中没有受到重视”，[③]“磬折”等角度定义也失传了，我国古代数学成就硕果累累，可是几何学的发展未能跟代数学的发展相称，这种缺憾不但妨碍了传统数学的发展，而且在一定程度上影响到近代科学理论体系的建立。

原题《“磬折”的起源与演变》，载《杭州大学学报》（自然科学版）1986 年第 2 期，这次重刊根据后续发表的实物资料作了适当补充和更新

---

① 李俨：《中国古代数学史料》，上海科技出版社，1963 年，第 9 页。

② [美] M. 克莱因著，张理京、张锦炎译：《古今数学思想》（第一册），上海科学技术出版社，1979 年，第 13 页。

③ 李俨、杜石然：《中国古代数学简史》（上册），中华书局，1963 年，第 26 页。

再论“磬折”

20世纪70、80年代之交，笔者开始对磬折感兴趣。1981年，曾在《浙江省历史学会会刊》第一辑发表过《〈考工记〉磬制倨句考》。后继续收集编磬资料，写成《“磬折”的起源与演变》一文，刊于《杭州大学学报》（自然科学版）1986年第2期。屈指算来，关注磬折已有30余年。近几十年来，又有新的先秦编磬出土，许多编磬形制资料陆续公布于世，特别是《中国音乐文物大系》各卷先后出版，资料较为集中，颇便检索，为有关研究创造了前所未有的条件。同时，拙文的观点亦得到了进一步的验证。在此期间，其他学者对此问题也作了不少研究，各有侧重，见仁见智，呈现出百花齐放、百家争鸣的可喜景象。2008年笔者在拙著《考工记译注》重版时曾提到两篇文章，即戴吾三先生的《〈考工记〉“磬折”考辨》（1998）和关增建先生的《〈考工记〉角度概念刍议》（2000）。[①] 后来知道李亚明先生的《〈周礼·考工记〉度量衡比例关系考》曾一再刊于台湾的《东华汉学》（2007）、《中国文化月刊》（2007）、《科学史通讯》（2008）和大陆的《古籍整理研究学刊》（2010）。新近又见关先生的《中国古代角度概念与角度计量的建立》（2015）。后面这两篇文章也涉及磬折，而且观点正好相反，李文将“磬折”和“磬氏为磬”的倨句完全等同，关文将两者分别对待，相映成趣。为使“磬折”的起源与演变更明晰起见，笔者觉得有必要再论几句。

---

① 戴吾三：《〈考工记〉“磬折”考辨》，载《考工记图说》，山东画报出版社，第144—150页。关增建：《〈考工记〉角度概念刍议》，《自然辩证法通讯》2000年第2期，第72—76页。

几何图形，最根本的是圆与方。几何角度概念也始于这两者。从圆出发，在《考工记》中有“为天子之弓，合九而成规；为诸侯之弓，合七而成规；大夫之弓，合五而成规；士之弓，合三而成规”，“筑氏为削，长尺博寸，合六而成规”等表示法。“合九而成规”即对应的圆心角是一个整圆的九分之一，其余类推。

从“方”出发，矩是最基本的单位。古人对“半”情有独钟，取半操作驾轻就熟。如将正方形沿对角线对折，得半矩。直接将一矩加半矩，就是《考工记》“磬氏为磬”规定的“倨句一矩有半”，合今 135 度。这种磬之倨句，已为出土的战国时期特别是战国前期的编磬所证实，《考工记 · 磬氏》所载不误。早在西周编磬尚呈上折下平的凸五边形的初始阶段，有些制磬工匠已有意将磬的顶角做成一矩有半。实例有：陕西扶风、宝鸡、长安出土、征集或采集的 9 具西周中晚期的石磬，倨句在 132°—138°之间，平均值为 136°。[①] 1992 年，山西曲村晋侯 8 号墓出土了 10 具西周中期的凸五边形编磬，其中有些磬的底边略呈弧形，除 1 磬残片不见顶角外，其余 9 具磬的顶角约在 135°—143°之间，平均值约为 139°。[②] 以这种倨句古制或传统所制的编磬在山东的齐鲁文化圈时有出土。如山东临淄于家庄春秋墓出土的一组 12 具编磬，形式已发展为上折下弧的曲尺形，倨句在 130°—140°之间，平均值为 136°。山东临淄淄河店二号墓出土三组战国早期的编磬，倨句在 129°—142°之间，平均值为 135°。[③] “一矩有半”为磬之倨句之制经《考工记》作者在“磬氏”条中明文规定，随着《考工记》的流传，齐、魏、韩、燕等国的磬匠按“磬氏”的规定制磬，由是产生了一大批“倨句一矩有半”型的编磬。

古人早已掌握了角度的平分法，虽然未见明确说明，但在《考工记 · 匠人》和《周髀算经》有关测量的文字中，隐约可见角度取半之术。《考工

---

① 方建军：《西周磬与〈考工记〉磬氏磬制》，《乐器》1989 年第 2 期，第 2—4 页。

② 《中国音乐文物大系》总编辑部：《中国音乐文物大系 · 山西卷》，大象出版社，2000 年，第 23—25 页。

③ 《中国音乐文物大系》总编辑部：《中国音乐文物大系 · 山东卷》，大象出版社，2001 年，第 349、352—353 页。

记》曰:“匠人建国,水地以县。置槷以县,视以景。为规,识日出之景,与日入之景。……以正朝夕。”立表测影,以表为圆心,用规画圆,与日出及日落的表影相交得两交点,两交点的连线就是东西方向。《周髀算经》卷下也有立表测影,其术曰:“以日始出,立表而识其晷。日入复识其晷。晷之两端相直者,正东西也。中折之指表者,正南北也。”[①]将东西方向的连线的中点与表相连,就是南北方向。这种方法与几何学中等腰三角形底边的垂直平分线平分顶角同理,也可用于平分角度。如将半矩作为更小的基本单位,再逐次加半,就是《考工记》“车人之事”条所定义的:“车人之事:半矩谓之宣,一宣有半谓之欘,一欘有半谓之柯,一柯有半谓之磬折。”在《考工记》中,磬折以古法表示为“一柯有半”。清末孙诒让《周礼正义》以今度和分数表示为“百五十一度八分度之七(笔者注:原刊误“七”为“一”,今据文意校改)”。[②] 在角度六十进位制中,磬折表示为151°52′30″;在十进制中,磬折表示为151.875°。这几种角度表示法在数学上是等价的。

《考工记》把矩、宣、欘、柯、磬折这套角度定义放在“车人之事”中,说明车人是这些角度的常用者,甚至有可能是发明者。矩、欘、柯是车人常用之物。车人制耒,就用到“倨句磬折”。《考工记》韗人制鼓,匠人为沟洫也提到“倨句磬折”或“磬折以叁伍”。那么什么是磬折?为什么这个角度称为磬折?

李亚明先生在撰写博士学位论文《〈周礼·考工记〉先秦手工业专科词语词汇系统研究》时碰到了磬折,他说:“关于‘磬折’,钱宝琮谓135°上下,今人闻人军谓合今151°52′30″,戴吾三谓合今148°。孙诒让《周礼正义》:‘此经言“磬折”者,文凡四见,而度则有三,不足异也。’四见者为:《韗人》:‘为皋鼓,长寻有四尺,鼓四尺,倨句磬折。’《磬氏》:‘磬氏为磬,倨句一矩有半。其博为一,股为二,鼓为三。’《匠人》:‘凡行奠水,磬折以叁伍。’《车人》:‘车人之事,半矩谓之宣,一宣有半谓之欘,一欘有半谓之柯,

① 程贞一、闻人军:《周髀算经译注》,上海古籍出版社,2012年,第105、108页。

② 孙诒让著,王文锦、陈玉霞点校:《周礼正义》卷八十五,中华书局,1987年,第3511页。

一柯有半谓之磬折。'亚明案：车人'柯'当为101.25°，'一柯有半'当为101.25°加50.625°，得151.875°，然则《车人》'磬折'当为151.875°。闻人军以'柯'为101.15°，基数有误，故其所定'磬折'度数亦误。综合《考工记》四例来看，则'磬折'泛指大于直角(90°)而小于平角(180°)的钝角。"①

这段话颇有可议之处。术业有专攻，难以苛求。但此文已多次刊于海峡两岸，在海内外影响颇大，王宁先生也让我说明一下，故在此略谈几句。首先，《考工记》"磬折"四例应当包括"车人为耒"中的"倨句磬折，谓之中地"，而不包括"磬氏为磬"的"倨句一矩有半"。其次，大概李先生只知小数表示法，不明角度六十进位制，把拙著中的101°15′臆改成了101.15°，且未注明出处，令读者难以查证。其实，一柯等于101°15′即101.25°，此数不误，由此推导的一磬折等于151°52′30″是正确的。再次，李文将"磬折"等同"磬氏为磬"的倨句，想用泛指说把几种情形统一起来，如能自圆其说也是一说；但即使"磬折"用于泛指，也只能指"一柯有半"左右的钝角，包括不了它的"基数"(101°15′的"柯")。再次，《考工记·冶氏》曰："戈广二寸，内倍之，胡三之，援四之。已倨则不入，已句则不决。长内则折前，短内则不疾。是故倨句外博。重三锊。戟广寸有半寸，内三之，胡四之，援五之。倨句中矩，与刺重三锊。"上文中"倨句外博"的意思是戈的援与胡之间的夹角略大于直角，此钝角与"倨句磬折"相去甚远，甚难泛指及此。顺便指出，有的作者误以为上文"内三之，胡四之，援五之。倨句中矩"是"勾股定理应用的最早实例"，②李文信以为真，作了引用并添加注释。在"边长与角度的比例关系"中，李文说："例如《冶氏》：'戟广寸有半寸，内三之，胡四之，援五之，倨句中矩。'即内(3)∶胡(4)∶援(5)=矩(90°)。"③其实，虽然郑玄、清儒对戟的形制作过错误的解读，但20世纪的考古研究加上出土古戟实物的印证，学术界早已弄清楚戟的形制及其演变情形。戟是戈与矛的组合兵器，《考工记》中戟的形制大体如

① 李亚明：《〈周礼·考工记〉度量衡比例关系考》，《古籍整理研究学刊》2010年第1期，第76—89页。

② 王志民主编：《齐文化概论》，山东人民出版社，1993年，第567页。

③ 李亚明：《〈周礼·考工记〉度量衡比例关系考》。

图三三所示,“倨句中矩”指的是援与胡之间成直角。戟的内、胡、援并不围成一个三角形,《考工记》这条记载与勾股定理毫不相干。李文作者在学位论文中研讨过戟的形制,按理应该知道内、援、胡三者的相对位置,却仍然出现这类失误,恐怕是李文作者早年缺了初等数学这一课,后来又未补上的缘故。何不亡羊补牢,充实提高,以便更上一层楼。

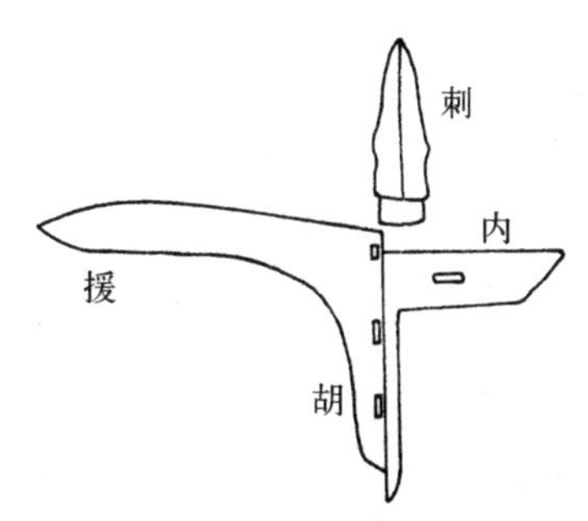

图三三　戟(1951年河南辉县赵固出土,采自《辉县发掘报告》)

南开大学刘洪涛(1943—2001)先生也讨论过磬折,可惜他拘泥于旧注,以为矩、宣、欘、柯都不是角度单位,因而认为“磬析表示一个弯曲不大的角,无固定大小”。① 这也是一种泛指说。然而,以《韗人》“为皋鼓,长寻有四尺,鼓四尺,倨句磬折”为例,在此“磬折”是确定皋鼓形制的三个必要参数之一,有固定大小,即“车人之事”规定的“一柯有半”。程瑶田说:“郑解此倨句磬折,言中围与鼖鼓同。依其说图之,过乎《磬氏》磬折约三十度。”②这就是说假定皋鼓中围与鼖鼓同,皋鼓形制已定,求得皋鼓倨句磬折之值,比程瑶田所定的皋鼓倨句磬折(等于135度)约多30度。程瑶田也认为郑玄此注是不对的,但他以为皋鼓倨句磬折等于一矩有半,③也不合《记》文原意。

关增建对角度概念作过深入研究,他的新作进一步将“磬折”与“磬氏为磬”的倨句作了切割。他认为:“实际上,在《考工记》中,磬折是作为一个特定角度的专有名称来使用的,其定义就是‘一柯有半’,与磬没有关系。正如欘、柯本义是指斧柄,但在《车人之事》条中,它们只表示角度,而与斧柄毫无关系一样,磬折也不是磬匠制磬时所要遵循的技术规

① 刘洪涛:《〈考工记〉不是齐国官书》,《自然科学史研究》1984年第4期,第359—365页。

② 孙诒让著,王文锦、陈玉霞点校:《周礼正义》卷七十九,第3303页。

③ 程瑶田:《考工创物小记·韗人三鼓图说》,载《程瑶田全集》,黄山书社,2008年,第188页。

范。……《考工记》的作者只是借用了磬折这一名称来表示这个特定的角度的，至于具体到磬的制作，则又专门规定，‘磬氏为磬，倨句一矩有半’，以此作为制磬规范。由出土的古磬来看，其顶上的折角也大都符合‘倨句一矩有半’的要求，而‘磬折’型编磬在出土古磬中则极为少见，原因就在于‘磬折’本身不是制磬规范。按照这样的思路去看待《考工记》的相关条文，所谓的‘倨句磬折’矛盾也就荡然无存了。”①

上述解释足成一家之言，但我们对《考工记》作者借用的“磬折”这一名称从何而来也有兴趣。笔者认为“磬折”这一名称与磬不无关系，在历年出土的春秋战国时期编磬中已可见到不少“磬折”型编磬，并不是“极为少见”(参见表一)。从现有资料来看，“磬折”型编磬是从楚文化区发端，向外扩散，影响所及，至少到达中原和晋地。“磬折”这一名称有丰富的内涵，携带着宝贵的信息。“车人之事”这套角度定义的原创者未必就是《考工记》的作者，甚至未必是齐人。在为这个“一柯有半”的角度定名时，已有一类磬的鼓上边与股上边的夹角约当“一柯有半”。由于定义了“一柯有半谓之磬折”，某些诸侯国的制磬生产也可能会受其影响。《考工记》的作者(或增益者)将“车人之事”的一整套角度定义收入书中，保留了“磬折”这一习惯用语，与“磬氏为磬”明确具体地规定“倨句一矩有半”并存书中，适用场合不同，叫法毕竟有别，理清源流，所谓矛盾自然就不存在。对我们而言，这反而是了解《考工记》的编成和流传的有用线索。

记得李志超先生的论文集《国学薪火》中有一篇叫《〈周礼〉〈考工记〉〈荀子〉》，文末李先生指出：“从思想内涵分析能帮助判断《考工记》的成书过程，可能《考工记》曾经荀子或其弟子之手增补，尤其是那些务虚之辞，如‘国有六职’、‘五色五方’等论议。荀子晚年在楚专事著作，则《考工记》所染的楚国色彩，以及它在楚地的存在(如考古发现者)都不足怪。闻人军《考工记导读》说到了这种楚国色彩，没有解释。”②李先生的大作出版于2002年，我知晓已迟，从网上购得时，拙著《考工记译注》已完稿，后来

---

①　关增建：《中国古代角度概念与角度计量的建立》，《上海交通大学学报》(哲学社会科学版)2015年第3期，第52—59页。

②　李志超：《国学薪火》，中国科学技术大学出版社，2002年，第95页。

由于种种原因,一直没有适当的机会重提这个话题,完成答卷。

愚意《考工记》的主体成书于战国初期,凡与主体不甚协调之处,总有原因。细究之下,其中可能就有文章。上世纪60年代,陈直先生鉴于"辀人别出一章"、《方言》"车辕楚卫人名曰辀也",推测辀人"疑楚人所撰","考工记疑战国时齐人所撰,而楚人所附益"。① 至90年代,宣兆琦先生撰文认为陈完"组织人马编定了《考工记》一书。湖南长沙浏城桥一号楚墓1971年出土的一件曲辕明器,1978年湖北江陵天星观一号楚墓出土的12件龙首曲辕,其形制正与'辀人为辀'节的描述相符。由此可以看出陈完主持编写《考工记》的蛛丝马迹。这是由于陈楚毗邻,后又为楚所灭,同属一个文化圈的缘故。世人不悟,以为楚人增益"。② 如果《考工记》在陈完主持下编定,为什么"辀人"不列于三十工之内,却别出一章?近几十年来,先秦马车不断出土,资料越来越丰富,这个问题值得继续考察。出土先秦编磬所携带的信息,特别是"磬折"型编磬,也是一个值得关注的切入点。笔者预料先秦编磬还会出土,可以进一步勾勒"磬折"的起源和流传的轨迹。要是日后再有战国科斗书《考工记》出土(很可能在楚地),则《考工记》研究必将大大推进一步。

---

① 陈直:《古籍述闻》,《文史》第3辑,1963年。

② 宣兆琦:《〈考工记〉的国别和成书年代》,《自然科学史研究》1993年第4期,第297—303页。

表一 磬折型春秋战国编磬简表

出土时间	地点	磬数	倨句平均值	股博/股长/鼓长的平均值	年代	资料来源	备注
1978	河南淅川下寺一号墓	13	153°	1/1.7/2.2	春秋晚期前段	《考古》1981.2	形制基本相似，倨句值最大为158°，最小为150°，多数在151°—153°之间。
1978	河南淅川下寺二号墓	13	145.3°	1/1.7/2.2	春秋晚期前段	《淅川下寺春秋楚墓》1991	
1979	河南淅川下寺十号墓	13	150.5°	1/1.6/2.1	春秋晚期后段	《淅川下寺春秋楚墓》1991	
1977	山东沂水刘家店子	完整者1件	147°	1/2.2/3.4	春秋	《中国音乐文物大系(山东卷)》2001	
1954	河南洛阳中州路	10	145°	1/1.7/2.4	春秋后期	《中国音乐文物大系(河南卷)》1996	一组十件，形状作倨句形，大小递减，形制相似较差。
1930年前后	河南洛阳金村古墓	3	148°*	1/1.9/2.6	战国前期	常任侠《中国古典艺术》	这三磬是“古先右六”磬，“介钟右八”磬和“古先齐厔左十”磬。

（续表）

出土时间	地点	磬数	倨句平均值	股博/股长/鼓长的平均值	年代	资料来源	备注
同上	同上	17	146°*	1/1.5/2.3	战国前期	[美]怀履光《洛阳古城古墓考》	实物由怀履光（William Charles White）弄往美国，边长比例系十三具磬之平均值。
1936	河南辉县琉璃阁墓甲	10	148°*	1/1.6/2.8	战国前期	《河南博物馆馆刊》第九集及郭宝钧《山彪镇与琉璃阁》	大磬的边长比例接近于《考工记》磬制规定的股“博为一，股为二，鼓为三”的比例，小磬的形制相差较多。
1995	河南上蔡	1	150°	1/1.2/1.5	战国	《中国音乐文物大系（河南卷）》1996	股侧刻有“商父之徵”4字铭文。
1958	山西万荣县庙前村	10	146°*	1/1.6/2.4	战国前期	《文物参考资料》1958.12	形制相似性较好。
1995	山西太原金胜村673号墓	10	151°*	1/1.4/2.2	战国早期	《中国音乐文物大系（山西卷）》2000	

（续表）

出土时间	地　点	磬数	倨句平均值	股博/股长/鼓长的平均值	年　代	资 料 来 源	备　　注
1988 年收购	传山西永和战国墓出土青石编磬	8	155°	1/1.7/2.7	战国	《中国音乐文物大系（北京卷）》1999	
1970	湖北江陵纪南故城址附近圆形土丘	25	148°	1/1.8/2.6	战国时期	《考古》1972.3	二十五具彩绘石编磬分属若干组，各边比例与《考工记》磬制基本一致，唯小磬相差较多。
1978	湖北随县曾侯乙墓	32	157.4°	1/1.5/2.0	战国初期	《文物》1979.7、《曾侯乙墓》1989	有倨句数据的 25 具磬的平均值。
1981	湖北随县擂鼓墩二号墓	12	155.6°	1/1.5/1.9	战国中期	《中国音乐文物大系（湖北卷）》1999	
1982	河北涉县北关 1 号墓	10	146°	1/1.4/1.9	战国	《中国音乐文物大系（河北卷）》2008	

注：带“*”号者系根据实物图片间接测量所得。

“同律度量衡”之“璧羡度尺”考析

“璧羡度尺”在历史的长河中沉浮多年，汉代现身于被重新发现的《周礼》和《考工记》中。自此以降，围绕着它的解释，争议了二千年。虽然从严格意义上考证它的来龙去脉仍嫌资料不足，本文试图在现有条件的基础上，作一不成熟的探索。

《考工记·玉人》曰：“璧羡度尺，好三寸，以为度。”郑玄注：“郑司农云：‘羡，径也。好，璧孔也。《尔雅》曰：“肉倍好谓之璧，好倍肉谓之瑗，肉好若一谓之环。”’玄谓羡犹延，其袤一尺而广狭焉。”①好，指璧中央之孔；肉，指内孔与外周之间的环状部分。《周礼·春官·典瑞》也有类似的记载，其文曰：“璧羡以起度。”郑玄注：“郑司农云：‘羡，长也。此璧径长尺，以起度量。《玉人职》曰：“璧羡度尺以为度。”’玄谓羡，不圜之貌。盖广径八寸，袤一尺。”②

《玉人》和《典瑞》所记应有更早的同一来源。虽然直接的记载早已湮没，幸有吉光片羽流传至今。皇甫谧《帝王世纪》曰：“（大禹）继鲧治水，乃劳身涉勤，不重径尺之璧而爱日之寸阴，故世传禹病偏枯，足不相过，至今巫称禹步是也。又手足胼胝，纳礼贤士，一沐三握发，一食三起飧。尧美

---

① 《周礼·冬官考工记》，中华书局影印阮元校刻《十三经注疏》本，1980年，第922页。

② 《周礼·春官·典瑞》，中华书局影印阮元校刻《十三经注疏》本，第778页。

其绩，乃赐姓姒氏，封为夏伯，故谓之伯禹。天下宗之，谓之大禹。”①大禹的故事代代相传，可知尧舜时已有“径尺之璧”且为世人所看重的可信度很高。

古史传说东夷的部落首领少昊已“同度量，调律吕，封泰山，作九泉之乐”。② 虞舜代尧执政后：“岁二月，东巡守，至于岱宗……肆覲东后。协时、月，正日；同律、度、量、衡。修五礼、五玉……”③他在巡视泰山，接见东方部落首领时，首先从基础较好的东夷开始，然后在势力范围全境实施了修订历法、统一律度量衡制度的德政。其中将“径尺之璧”加上以律出度的因素，制成“璧羡度尺”，谅是必要的一步。

《考工记·栗氏》中记载了迄今所知最早的律度量衡集成标准器栗氏“嘉量”的材料、形状、尺寸、制造工艺流程、用途和铭文，其文曰：“栗氏为量，改煎金锡则不耗，不耗然后权之，权之然后准之，准之然后量之，量之以为鬴。深尺，内方尺而圜其外，其实一鬴；其臀一寸，其实一豆；其耳三寸，其实一升。重一钧。其声中黄钟之宫。概而不税……”④

通过分析，不难看出栗氏嘉量的设计是从尺开始的，而其尺正来自《考工记·玉人》记载的“璧羡度尺”。为了满足“同律度量衡”的要求，始于黄钟，最后“声中黄钟之宫”，“璧羡度尺”与黄钟之间必有某种渊源。

1987年河南省舞阳县贾湖出土了一些公元前六七千年的七孔骨笛和其他多孔骨笛，其中一支七孔骨笛（M282－20）保存完好。经专家研究，七孔连同管音在内的八个音构成七声音阶。⑤ 贾湖晚期八孔骨笛（M253－4）奏出的音调还要复杂。先民创制贾湖骨笛的卓越成就表明，先秦文献中关于中国远古就有乐律知识的传说是有所根据的。

近年来，幸晓峰等对几批早期成组玉石璧的音乐性能作了大量实测和分析，他们发现：“陕西东龙山遗址位于丹江流域，相当于夏代二里头二

---

① 《二十五别史》之《帝王世纪》第三，齐鲁书社，2000年，第21页。
② 《世本》（茆泮林辑本），商务印书馆《世本八种》版，1957年，第4页。
③ 《尚书正义》卷三，中华书局影印阮元校刻《十三经注疏》本，第126—127页。
④ 《周礼·冬官考工记》，中华书局影印阮元校刻《十三经注疏》本，第916—917页。
⑤ 黄翔鹏：《舞阳贾湖骨笛的测音研究》，《文物》1989年第1期，第15—17页。

期的 6 座墓葬出土玉石璧，其中两座墓葬分别出土 16 件、8 件有序排列成组玉石璧，构成七声音阶和五声音阶，证明夏代我国已出现五声音阶和七声音阶。”①他们由此推测：“成组玉石璧不仅可以作为乐舞仪式中使用的旋律乐器，而且可以作为五声音阶标准律器，在我国五声音阶的发生、形成、规范化的过程中发挥重要作用。成组玉石璧同时还很有可能是我国‘同律度量衡’制的标准用器。”②另外，玉石璧的加工“可以通过调整直径大小和厚薄，确定不同音高；反过来看，也可以以‘黄钟之宫律’来调整直径的尺寸和重量(厚薄)，产生标准的单位长度(黄钟律长)以及量器和衡权器，成为‘同律度量衡’的标准器”。③ 这些关于同律度量衡起源的论点有点大胆假说的味道，作者们自己也说有待证明。

笔者以为，原始同律度量衡的起度标准器应是某种玉璧，而不是成组玉石璧。笔者曾用具有自由边界条件的正方形板的横振动来模拟石磬的频率特性，简化后，发声频率与厚度成正比，与面积成反比。④ 这种关系也大致适用于玉石璧基频的估算。据《中国玉石璧音乐性能研究》提供的实测资料，以外径接近一尺，厚度较均匀的青海省博物馆所藏 QB1403 号玉石璧为例，其直径 20.0、孔径 4.5—5.2、肉宽 8.0、厚 1.0—1.1 厘米，基音频率为 1 727.63 Hz。⑤ 如要调低到“黄钟之宫”(大约 410.1 Hz)，⑥厚度需减至 0.24—0.26 厘米。这璧就太薄了。

历史上早有人认为一些文献上的黄钟之宫乃指清黄钟之宫。《礼记·月令》曰：“中央土，其日戊己，其帝黄帝，其神后土，其虫倮，其音宫，律中黄钟之宫。”孔疏云：“蔡氏及熊氏以为黄钟之宫，谓黄钟少宫也。”⑦

---

① 幸晓峰、韩宝强、沈博：《中国玉石璧音乐性能研究》，中国戏剧出版社，2013 年，第 184 页。

② 幸晓峰等：《中国玉石璧音乐性能研究》，第 186 页。

③ 幸晓峰等：《中国玉石璧音乐性能研究》，第 245 页。

④ 闻人军：《〈考工记〉中声学知识的数理诠释》，杭州大学学报(自然科学版)1982 年第 4 期，第 429 页。

⑤ 幸晓峰等：《中国玉石璧音乐性能研究》，第 263 页。

⑥ 程贞一著，闻人军译：《从公元前 5 世纪青铜编钟看中国半音阶的生成》，载《曾侯乙编钟研究》，湖北人民出版社，1992 年，第 363 页。

⑦ 《礼记正义》卷一六，中华书局影印阮元校刻《十三经注疏》本，第 1371—1372 页。

《吕氏春秋·古乐篇》曰:"昔黄帝令伶伦作律,伶伦于大夏之西,乃之阮隃之阴,取竹于嶰溪之谷,以生空窍厚钧者,断两节间,其长三寸九分而吹之,以为黄钟之宫,吹曰舍少。次制十二筒,以之阮隃之下,听凤皇之鸣,以别十二律。其雄鸣为六,雌鸣为六,以比黄钟之宫适合,黄钟之宫,皆可以生之,故曰黄钟之宫,律吕之本。"[①]夏季曾论证:《吕氏春秋·古乐篇》的"舍少"是指清黄钟。[②]

如果加工一个径尺之璧,使它的基频合于清黄钟,在理论上是完全可行的。例如:定内孔为三寸,外径为一尺,然后调节厚度,就能得到声中清黄钟的璧。清黄钟的璧比黄钟的璧厚度加倍,制作相对容易一些,强度也好一些。《国语·周语下》曰:"王将铸无射,问律于伶州鸠。对曰:'律所以立均出度也。古之神瞽考中声而量之以制,度律均钟,百官轨仪。'"韦昭注:"神瞽,古乐正,知天道者也,死以为乐祖,祭于瞽宗,谓之神瞽。"[③]可以想象,"璧羡度尺"的形成也要经过以律出度这一关。但不会是靠听律在玉璧上求得一尺之长,而是借助玉璧来作为黄钟之宫与一尺之长的永久性载体。径尺之璧本来就已是世人歆羡之物,声中清黄钟的径尺之璧更是了不得,说不定"璧羡"就是声中清黄钟的径尺之璧的专有名称。而且,"好三寸"的设计也有深意,象征着标准器玉璧与律制的联系。

《管子·地员篇》曰:"凡将起五音,先主一而三之,四开以合九九,以是生黄钟小素之首,以成宫。"[④]窃疑圆璧外径一尺,内孔三寸,已寓"主一而三之……生黄钟小素之首,以成宫"之意。

为了进一步澄清"璧羡"之争,尚需纠正历来对汉代《尔雅·释器》的盲从。《尔雅·释器》原文曰:"肉倍好谓之璧,好倍肉谓之瑗,肉好若一谓之环。"夏鼐指出:"这是汉初经学家故弄玄虚,强加区分……发掘所得的

① 许维遹撰,梁运华整理:《吕氏春秋集释》上,中华书局,2009年,第120—122页。
② 夏季:《中国古代早期管乐器及黄钟律管研究》,中国科学技术大学博士学位论文,2006年,第49页。
③ 《国语》卷三(四库全书荟要本)。
④ 《管子》卷一九(四库全书荟要本)。

实物，肉好的比例，很不规则。它们既不限于这三种比例，并且绝大部分不符合这三种比例。"[①]笔者也以为，这种整数比例只是为了大致分类，并非严格规定。不妨解释为：肉是好的一倍左右谓之璧，好是肉的一倍左右谓之瑗，肉好大致相等谓之环。

对于"璧羡"之"羡"，郑众认为指璧径，璧羡度尺即璧径度尺。夏鼐指出："原文是说璧径长度一尺，作为长度制度的基数。这好像英国半便士的铜币径长一英寸一样。郑玄才曲解为'羡，不圜之貌'。"[②]从夏鼐之说者有拙著《考工记导读》、《考工记译注》，杨天宇《周礼译注》，刘道广等《图证〈考工记〉》等。

对于"璧羡"之"羡"，郑玄释为"延"，以为指"不圜之貌"。这种误解流传甚广。戴震《考工记图》采用了郑玄的观点。孙诒让《周礼正义》曰："陈祥道云：'璧羡袤十寸，广八寸，以十寸起度，则十尺为丈，十丈为引。以八寸起度，则八尺为寻，倍寻为常。度必为璧以起之，则围三径一之制，又寓乎其中矣。'程瑶田云：'《典瑞》曰'以起度'，《玉人》曰'以为度'，盖造此以度物，犹《周髀算经》所用之折矩也。'案陈、程说是也。"[③]此说影响甚大，钱玄等注译的《周礼》、吕友仁《周礼译注》等从之。徐正英、常佩雨译注的《周礼》中，徐正英说："璧羡，一种椭圆形的璧，长一尺，宽八寸。"[④]常佩雨则采郑司农之说，他认为："璧的直径长一尺，可用作一尺的标准。"[⑤]

清末吴大澂《权衡度量实验考》根据古玉实物考证，他用圆形的璧考证"璧羡度尺"，跳出了郑玄旧说的窠臼。吴大澂收藏的一些齐家文化玉璧，现收藏于上海博物馆。上海博物馆曾委派王正书等一行四人前往青海和甘肃考察，确认了上博所藏吴大澂著录过的玉器的文化归属。据王正书的《齐家文化玉器考察及上海博物馆藏吴大澂玉器的文化归属》一文

---

① 夏鼐：《商代玉器的分类、定名和用途》，《考古》1983年第5期，第456页。

② 夏鼐：《商代玉器的分类、定名和用途》，《考古》1983年第5期，第458页。

③ 孙诒让撰，王文锦、陈玉霞点校：《周礼正义》卷八十，中华书局，1987年，第3335—3336页。

④ 徐正英、常佩雨译注：《周礼》，中华书局，2014年，第454页。

⑤ 徐正英、常佩雨译注：《周礼》，第954页。

介绍，[①]文中“图二八”和“图三〇”的玉璧，其特征也与甘肃齐家文化的玉璧相同。“图二八”玉璧外径20.1、孔径5.8—6.1、厚0.6—0.8厘米（图三四），“图三〇”玉璧（图三五），上有吴大澂金粉题字“黄钟律琯尺八寸”。吴大澂认为：“《周礼·考工记》‘璧羡度尺，好三寸，以为度’，是璧好三寸，两肉各三寸，适合九寸，加一寸为一尺，故曰‘璧羡度尺’。”[②]吴承洛按《权衡度量实验考》中所绘之图测量外径合17.73厘米，[③]该玉璧“现测量直径17.5、孔径6.7—6.4厘米，厚0.6—0.2厘米”。[④]

图三四　吴大澂收藏过的齐家文化玉璧

图三五　吴大澂“黄钟律琯尺八寸”璧

吴承洛采吴大澂之说，曰：“故好三寸，则肉六寸，为璧共九寸。羡者，余也，溢也，言以璧起度，须羡余之，盖璧本九寸，数以十为盈，故益一寸，共十寸以为度，是名‘璧羡度尺’。可作图明之。”[⑤]幸晓峰等采用吴大澂的观点，也认为起度之璧是外径九寸的圆形玉璧，他们说：“周代标准律器用‘璧’，‘孔三寸’，则外径九寸，是为‘黄钟之宫’；同时又以标准律器之‘璧’，作为度制‘尺’的标准用器。”[⑥]

种种观点，仁者见仁，智者见智。求证于考古实物，迄今尚未发现一件像样的先秦椭圆形玉璧足以支持椭圆形说，“羡璧”并不存在。林巳奈

① 王正书：《齐家文化玉器考察及上海博物馆藏吴大澂玉器的文化归属》，《上海博物馆集刊》，2005年，第245页。
② 吴大澂：《权衡度量实验考》，上虞罗氏重刻本，1915年，第13页。
③ 吴承洛：《中国度量衡史》，上海书店影印本，1984年，第50页。
④ 转引自幸晓峰等：《中国玉石璧音乐性能研究》，第247页，图24。
⑤ 吴承洛：《中国度量衡史》，第48页。
⑥ 幸晓峰等：《中国玉石璧音乐性能研究》，第247页。

夫曾在其《中国古玉研究》中列出五块所谓“羡璧”(图三六)。他说：图中“(1) 所引用的遗物，为洛阳中州路 2717 墓出土的，可知郑玄的说明也是有所据的。此墓由同出的青铜器看，推测是前 5 世纪后半之物，尺寸若以图版所谓‘原寸’来测的话，约是 5.5×5.3 公分。将这样的璧作为尺寸的标准，此一传承的起源，至今仍是很难说明的”。①

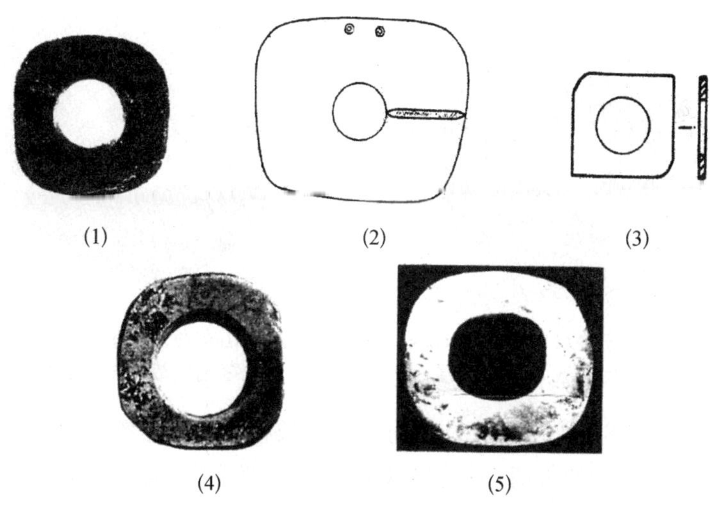

(1)　(2)　(3)

(4)　(5)

图三六　林巳奈夫《中国古玉研究》中列出的五块“羡璧”

(1) 洛阳中州路 2717 号墓，战国前期，玉，长径 5.4 厘米
(2) 凌源三官甸子城子山 2 号墓，红山文化，玉，长径 11.5 厘米
(3) 临沂湖台 2 号墓，大汶口文化，石，一边 11.5 厘米
(4) 甘肃省齐家文化(?)，玉，径 6.7 厘米
(5) 安阳妇好墓，长径 5.3 厘米

齐家文化距今约 4 200—3 800 年，与传说中虞舜的活动年代差不多。吴大澂金粉题字的“黄钟律琯尺八寸”璧制作粗糙，他限于当时条件，误以齐家文化的玉石璧来验证周代度制之长短，为了与从其他文物得出的尺长一致，遂将之看作周尺九寸之璧。如今，我们已有更多的考古发现可资研究。1977—1978 年山东省曲阜鲁国故城出土了一批战国早期精美玉璧，有一些径长一尺左右，孔径三寸余。其中 58 号墓所出的一璧(图三

① 林巳奈夫著，杨美莉译：《中国古玉研究》，艺术图书公司，1997 年，第 67 页，图 1-58。

七)，直径22.5、孔径6.8厘米，[①]如按楚制每尺22.5厘米，正合“璧羡度尺，好三寸”之制。[②] 乙组52号墓所出的一璧(图三八)，直径19.9、孔径6.9厘米，[③]其外径与齐尺(约19.7厘米)相近。鲁国保存周礼古制，又受齐、楚文化影响，这两个外径一尺之璧都比“黄钟律琯尺八寸”璧更适于验证《考工记·玉人》“璧羡度尺”。

图三七　山东曲阜鲁国故城58号墓出土战国早期玉璧

图三八　山东曲阜鲁国故城乙组52号墓出土战国早期玉璧

然而，上述吴大澂所藏外径与一尺之长相近的两个齐家文化玉璧，实有吴氏意想不到的价值，因其与虞舜“同律度量衡”的时代较近，正可用来考察“璧羡度尺，好三寸”的起源，说不定就是上文提到的“径尺之璧”之类。

---

① 采自山东省文物考古研究所等：《曲阜鲁国故城》，图版98-1。

② Jun Wenren: *Ancient Chinese Encyclopedia of Technology*, *Translation and annotation of the Kaogong ji* (*the Artificers' Record*), London and New York, Routledge, 2013, p.170.

③ 敦竹堂摄影，藏于山东省曲阜市文物管理委员会。图片采自杨伯达主编：《中国玉器全集》(上)，河北美术出版社，2005年，第265页，图一四一。

栗氏嘉量铭及其作者

《考工记》的主体成书于战国初期，是齐人的手笔，但“栗氏为量”中的嘉量铭文另当别论。

嘉量铭文曰：“时文思索，允臻其极。嘉量既成，以观四国。永启厥后，兹器维则。”对这六句二十四字铭文，郑玄注“时，是也。允，信也。臻，至也。极，中也。言是文德之君，思索可以为民立法者，而作此量，信至于道之中”，“以观示四方，使放象之”，“又长启道其子孙，使法则此器长用之”。[①] 郑注中较不易理解的是“极，中也”。孙诒让《周礼正义》曰：“云‘极，中也’者，《天官·叙官》注同。”[②]查《天官·叙官》，郑玄注“以为民极”云：“极，中也。令天下之人各得其中，不失其所。”《周礼正义》曰：“诒让案：极训中，犹言中正。《汉书·兒宽传》：‘天子建中和之极。’颜师古注云：‘极，正也。’引《周礼》此文。颜注与郑义亦相成也。”[③]愚意“极”、“中正”就是最高标准。由信誉最高的文德之君，制作、颁布律度量衡标准器嘉量，普天之下有此统一的最高标准，天下之人就各得其所。

《礼记·明堂位》曰：“武王崩，成王幼弱，周公践天子之位，以治天下。六年，朝诸侯于明堂，制礼作乐，颁度量，而天下大服。七年，致政于成王。”[④]《尚书大传·康诰》曰：“周公将作礼乐，优游之三年，不能作。君子

---

① 引自《十三经注疏·周礼注疏》，北京大学出版社，1999 年，下同。

② 孙诒让著，王文锦、陈玉霞点校：《周礼正义》卷七八，中华书局，1987 年，第 3282 页。

③ 孙诒让著：《周礼正义》卷一，第 15 页。

④ 《礼记注疏》卷三十一(武英殿十三经注疏本)，第 3b 页。

耻其言而不见从，耻其行而不见随。将大作，恐天下莫我知；将小作，恐不能扬父祖功业德泽。然后营洛，以观天下之心。于是四方诸侯，率其群党，各攻位于其庭。周公曰：'示之以力役且犹至，况导之以礼乐乎？'然后敢作礼乐。《书》曰'作新大邑于东国洛、四方民大和会'，此之谓也。"[①]明代朱载堉在其《嘉量算经·序》开篇设问："或问于余曰：'昔周公作嘉量，何为而作也？'"[②]在"凡例"中，朱载堉节引《尚书大传》云："《尚书大传》曰：'周公将制礼作乐，优游三年，而不能作。将大作恐天下莫我知也，将小作则为人子不能扬父之功烈德泽。然后营洛邑，以期天下之心，于是天下民人和会。周公曰：示之以力役且犹至，而况导之以礼乐乎？'其度量六年则颁，故郑注《尚书》云：'摄政六年，颁度量，制其礼乐。成王即位，乃始用之。'然则嘉量之始，盖自上古，迄于成周，而法象益精矣。所谓'时文思索，允臻其极'，信哉。"[③]这段话概括了周公创制嘉量的过程和功绩。

刘洪涛的《〈考工记〉不是齐国官书》一文，提出了不同于主流意见的看法。他指出嘉量铭文中有"嘉量既成，以观四国"之语，"铭文应是周天子口吻"。[④] 这个观点有点道理，但也不尽然。郑注："时，是也。"是，此也，这也。周天子怎么自称"这文德之君"呢？

嘉量为周公所创，如果铭文也由周公所作，则这文德之君是指周成王，有关疑虑就可迎刃而解。嘉量制成后，由中央政权颁布，以观示四方，作为仿制的标准器。子孙世代遵循，以此器为法则。栗氏量传承自"放象"的周公嘉量，原本的嘉量铭文一直保留下来，出现在《考工记》中，不但不足为奇，而且符合"永启厥后，兹器维则"所定的要求。

著名学者陈梦家曾以独特的视角研究嘉量铭文，他的遗著《尚书通论》(增订本)说："《考工记》的作者或者是战国时的齐人，或者是秦并六国后的齐地之人。我们倾向于后者，即《考工记》为齐人编定于秦始皇时。

---

① 《尚书大传》卷四(四部丛刊初编本)，第5b页。

② 朱载堉：《嘉量算经·序》(宛委别藏本)。

③ 朱载堉：《嘉量算经·凡例》(宛委别藏本)。

④ 刘洪涛：《〈考工记〉不是齐国官书》，《自然科学史研究》1984年第4期，第359—365页。

其证在《考工记》嘉量'铭曰：时文思索，允臻其极。嘉量既成，以观四国。永启厥后，兹器维则'。此铭六句二十四字，二句一韵，与秦始皇刻石文例相同，数皆以六纪。作者虽采用陈氏量名，而其量制实与秦制相合。"[①]这一观点貌似有理，其实不妥。

先看青铜器铭文用韵的例子。西周宣王十二年（前815），虢季氏子白为纪念其受周天子命，率军战胜玁狁立下奇功，受到周王的褒奖，作了虢季子白盘。其铭曰："惟十又二年正月初吉丁亥，虢季子白作宝盘。丕显子白，壮武于戎功。经维四方，搏伐玁狁。于洛之阳，折首五百，执讯五十，是以先行。桓桓子白，献馘于王。王孔嘉子白义。王格周庙，宣榭爰食。王曰伯父，孔显有光。王赐乘马，是用佐王。赐用弓，彤矢其央，赐用钺，用征蛮方。子子孙孙，万年无疆。"[②]虢季子白盘铭是以四字句为据点，通篇用韵的一个铭文实例。它的年代确切可考，比《考工记》成书年代和秦始皇刻石都早得多。

栗氏嘉量铭的文风，在《诗经》中屡见不鲜。如《诗经·大雅》的第三篇《緜》，全诗九章，每章六句，七章每句四言，二章每句五言。《诗经·大雅》的第二篇《大明》，全诗八章，四章每章六句，四章每章八句，每句四言，其中有不少每章"六句二十四字"之例。

《诗经·大雅》的首篇《文王》，更值得品味。全诗七章，每章八句，每句大多四言。诗曰：

> 文王在上，于昭于天。周虽旧邦，其命维新。有周不显，帝命不时。文王陟降，在帝左右。
>
> 亹亹文王，令闻不已。陈锡哉周，侯文王孙子。文王孙子，本支百世，凡周之士，不显亦世。
>
> 世之不显，厥犹翼翼。思皇多士，生此王国。王国克生，维周之桢。济济多士，文王以宁。

---

① 陈梦家：《尚书通论》（增订本），中华书局，1985年，第343页。

② 转引自丁进：《周礼考论——周礼与中国文学》，上海人民出版社，2008年，第406页。

穆穆文王，于缉熙敬止。假哉天命，有商孙子。商之孙子，其丽不亿。上帝既命，侯于周服。

侯服于周，天命靡常。殷士肤敏，祼将于京。厥作祼将，常服黼冔。王之荩臣，无念尔祖。

无念尔祖，聿修厥德。永言配命，自求多福。殷之未丧师，克配上帝。宜鉴于殷，骏命不易！

命之不易，无遏尔躬。宣昭义问，有虞殷自天。上天之载，无声无臭。仪刑文王，万邦作孚。①

嘉量铭文仅二十四字，在《大雅・文王》所用的227个字（不同的字约半数）中，就占了其中的十个：文、维、时、厥、思、国、以、其、既、永。不难联想，为何嘉量铭文和《文王》作者的遣字用语习惯如此相同？

朱熹《诗集传》卷十六"文王七章、章八句"解题曰："东莱吕氏曰：《吕氏春秋》引此诗，以为周公所作。味其词意，信非周公不能作也。"②朱熹又曰："周公追述文王之德，明周家所以受命而代商者，皆由于此，以戒成王。"③后世说《诗》，多从此说，认同此诗创作于西周初年，作者是周公。此诗每章换韵，韵律和谐，说明周公善于用韵，完全有能力创作嘉量铭文。这嘉量铭文的作者，既然不是天子本人，周公就最有资格。而且嘉量为周公所创，利用铭文说明嘉量的来源、意义、制作、颁布、用途、立法，周公必当仁不让。文王演周易，周公为人子"扬父祖功烈德泽"，嘉量铭文的布局说不定是有意取法《易》之每卦六画。"味其词意，信非周公不能作也"，这栗氏量铭文实际上就是周公的口吻。

作为对比，现将琅琊台秦石刻原文引述如下：

维二十八年，皇帝作始。端平法度，万物之纪。以明人事，合同父子。圣智仁义，显白道理。东抚东土，以省卒士。事已大毕，乃临于海。皇帝之功，勤劳本事。上农除末，黔首是富。普天之下，抟心

① 朱熹集注：《诗集传》，中华书局，1958年，第175—176页。
② 朱熹集注：《诗集传》，第177页。
③ 朱熹集注：《诗集传》，第175页。

揖志。器械一量，同书文字。日月所照，舟舆所载。皆终其命，莫不得意。应时动事，是维皇帝。匡饬异俗，陵水经地。忧恤黔首，朝夕不懈。除疑定法，咸知所辟。方伯分职，诸治经易。举错必当，莫不如画。皇帝之明，临察四方。尊卑贵贱，不逾次行。奸邪不容，皆务贞良。细大尽力，莫敢怠荒。远迩辟隐，专务肃庄。端直敦忠，事业有常。皇帝之德，存定四极。诛乱除害，兴利致福。节事以时，诸产繁殖。黔首安宁，不用兵革。六亲相保，终无寇贼。欢欣奉教，尽知法式。六合之内，皇帝之土。西涉流沙，南尽北户。东有东海，北过大夏。人迹所至，无不臣者。功盖五帝，泽及牛马。莫不受德，各安其宇。①

石刻书文七十二句，每句四言。作者是秦丞相李斯，他是荀子的学生，荀子曾任齐国稷下学宫的祭酒，与《考工记》关系匪浅。说李斯创作石刻文时可能受到嘉量铭文的影响，才符合逻辑。

陈梦家之所以在《考工记》嘉量铭文和秦始皇刻石文的前后次序上作出误判，一是因为他与大多数人一样，以为嘉量铭文是《考工记》作者所作。二是由于他以为栗氏嘉量是陈氏新量，合于秦制。

受陈梦家观点的影响，《中国科学技术史》(度量衡卷)认为"《考工记》很可能是在田齐之后编定的"。② 其实，栗氏量乃姜齐旧制，详见拙文《〈考工记〉"齐尺"考辨》。

陈梦家之后，有些学者专门讨论过《考工记》数尚六，如"国有六职"、"车有六等之数"、"金有六齐"等等。戴吾三、高宣指出："《考工记》中还表现出强烈的尚'六'意识……又据《史记·秦始皇本纪》，述及秦始皇'数以六为纪'……这说明尚'六'的影响，秦统一后'数以六为纪'应是对历史形成的制度的继承。"③彭林赞同《考工记》补作于西汉说，因而他说："春秋、

---

① 《史记》，中华书局，1963年，第245页。

② 丘光明、邱隆、杨平：《中国科学技术史》(度量衡卷)，科学出版社，2001年，第225页。

③ 戴吾三、高宣：《〈考工记〉的文化内涵》，《清华大学学报》(哲社版)1997年第2期，第8—14页。

战国以来，尚六的思想日渐流行，到秦始皇时达到顶峰，不仅观念尚六，而且一切制作度数也尚六。虽然秦二世而亡，但其在西汉的影响却是强烈地存在着，制约着学者的创作。《考工记》的作者也未能例外，故在叙述匠作工艺制度的同时，尽可能糅进尚六的思想，既可以将各种制作整齐化，也可以在哲学层面上提升工官的层次。”[①]这些学者立足于自己对《考工记》内涵和成书年代的认知，对《考工记》数尚六作出了相应的解释。

笔者觉得戴、高的解释比较合理。对于《考工记》数尚六，郑玄、贾公彦等早已注意到这一现象。郑玄注“车有六等之数”云：“车有天地之象，人在其中焉。六等之数，法《易》之三材六画。”贾公彦疏：“云‘六等之数，法《易》之三材六画’者，《易·说卦》云：‘立天之道，曰阴与阳。立地之道，曰柔与刚。立人之道，曰仁与义。’兼三材而两之，故《易》六画而成卦。兼三材者，天有阴阳，地有刚柔，人有仁义。三材六画，一材兼二画，故车之六等之法也。”孙诒让《周礼正义》：“案三材，材，《诗·鄘风·伯也》孔疏引作‘才’，与《易·说卦》合，当从之。”[②]彭文也引用上述郑、贾的注疏，指出“郑玄、贾公彦的解释完全符合《考工记》的原意”，[③]但立足点不同，故有上述见解。笔者以为，如果认同郑、贾、孙的解释，认识到《考工记》数尚六来自《易经》的传统，符合春秋、战国尚六的思想，在尚六的思想日渐流行的过程中，《考工记》起到的应是推波助澜的作用。

---

① 彭林：《〈考工记〉“数尚六”现象初探》，载华觉明编：《第三届中国科技典籍国际会议论文集》，大象出版社，2010年，第41—46页。

② 孙诒让著：《周礼正义》卷七四，第3129页。

③ 彭林：《〈考工记〉“数尚六”现象初探》。

“拨尔而怒”辨正

《考工记·梓人为筍虡》篇仅三百多字，然这篇传世之作综合了多种学科知识，历来为人称道。它能与陆续出土的文物资料相互印证，更显珍贵。近几十年来，美学界又致力于发掘其中的雕刻装饰艺术和审美风尚，给人以新的感受。但古词“拨尔而怒”往往被错误地重新解读，引起了一些读者不必要的困惑。所以，还“拨尔而怒”的本来面目很有必要。

一、原文出处和文物上的形象

“拨尔而怒”一词语出《考工记·梓人为筍虡》，其文曰：“凡攫閷援簭之类，必深其爪，出其目，作其鳞之而。深其爪，出其目，作其鳞之而，则于眡必拨尔而怒。苟拨尔而怒，则于任重宜，且其匪色必似鸣矣。爪不深，目不出，鳞之而不作，则必穨尔如委矣。苟穨尔如委，则加任焉，则必如将废措，其匪色必似不鸣矣。”郑玄注：“谓筍虡之兽也。深犹藏也，作犹起也。之而，颊颌也。……匪，采貌也。故书‘拨’作‘废’、‘匪’作‘飞’。郑司农云：‘废读为拨，飞读为匪。以似为发。’”①

郑玄认为“深”即“藏”，意虽相近而不够贴切，愚意不如在《考工记》本文中找更好的解释。《考工记·辀人为辀 》曰：“凡揉辀，欲其孙而无弧

① 《十三经注疏·周礼注疏》，北京大学出版社，1999 年。下文所引《周礼》及《考工记》原文、注疏均引自此书，非必要，不另出注。

深……是故辀欲颀典，辀深则折，浅则负。”据此，“深”有弧曲之意，“深其爪”即拳曲其爪，其爪长而曲。“出其目”，即突出其目。对于“作其鳞之而”，清代戴震《考工记图》云：“颊侧上出者曰之，下垂者曰而，须发属也。”①王引之《经义述闻·鳞之而》云：“而，颊毛也。之，犹与也。作其鳞之而，谓起其鳞与颊毛也。”②孙诒让《周礼正义》指出：“案王说于义为允，然郑意似当如戴说……窃疑颊颌当作颊须。”③

一些文物上的绘画、纹饰有助于理解上述钟虡设计。1978年湖北随县战国早期曾侯乙墓曾出土一件鸳鸯形漆木盒，漆盒的两侧各绘一幅漆画乐舞图，右侧所画为击鼓、舞蹈图像；左侧绘有撞钟、击磬图像（图三九），④图中编钟和编磬悬挂在同一架笱虡上。再看故宫博物院收藏的“采桑宴乐射猎攻战纹”铜壶（图四〇），⑤其宴乐图中有撞钟、击磬、击鼓图像，其编钟和编磬也悬挂在同一架笱虡上。刘敦愿推测这是为了“节约画面，并使奏乐场面更为集中，气氛更为熱烈”的变通之举，⑥武家璧“认

图三九　曾侯乙墓漆画上的撞钟、击磬图

① 戴震：《考工记图》卷下，商务印书馆，1955年，第88页。

② 王引之：《经义述闻》卷九“鳞之而”，世界书局，1975年，第227页。

③ 孙诒让：《周礼正义》卷八一（楚学社本），第32页。

④ 湖北省博物馆：《曾侯乙墓》上册，文物出版社，1989年，第258页。

⑤ 杨宗荣：《战国绘画资料》，中国古典文艺出版社，1957年，图20。

⑥ 刘敦愿：《〈考工记·梓人为笱虡〉篇今译及所见雕塑装饰艺术理论》，《美术研究》1985年第2期。第62页。

为这应是文献所载的‘杂悬’方式”。① 无论如何，两图形象生动地显示了钟虡的特点。漆画撞钟图上的神兽有长而曲的爪，突出的眼睛。铜壶宴乐图左边钟虡之兽与右侧的磬虡明显不同：左侧钟虡之兽前胸阔大，后身颀小，其爪弯曲，昂头瞪目怒视；其头顶与横筍的连接处比右侧的磬虡粗得多，翼端上翘，也许这正是“作其鳞之而”的夸张造型。

图四〇 “采桑宴乐射猎攻战纹”铜壶上的撞钟、击磬、击鼓图

二、“怒”的本义和历代“拨尔而怒”正解

刘道广认为：“汉代二郑对‘拨尔而怒’未加注释，是因为在他们看来此句词意明确，不会有歧义。”②许慎《说文·心部》曰：“怒，恚也，从心，怒声。”由此可见，生气、愤怒是“怒”的本义。下面试举几个先秦的例子：《诗·邶风·柏舟》曰：“薄言往愬，逢彼之怒。”孔颖达疏：“反逢彼君之恚怒。”《诗·大雅·桑柔》：“我生不辰，逢天僤怒。”注：“僤，厚也。”僤怒，即大怒。屈原《离骚》云：“荃不察余之中情兮，反信谗而齌怒。”齌，本指用猛火烧饭。齌怒，怒火中烧。③ 所以，如果汉代二郑对“拨尔而怒”未加注释是因为在他们看来此句词意明确，不会有歧义，首选应是《说文·心部》所说的怒之本义。

刘道广还进一步说：“‘拨尔而怒’一句自郑众、郑玄至戴震皆不注，是因为此词义在当时传统士大夫皆所知。”下面让我们看看当时传统士大

---

① 武家璧：《曾侯乙墓漆画“杂悬”图及其实验心理学解释》，《音乐研究》2012年第4期，第27页。

② 刘道广、许旸、卿尚东：《图证〈考工记〉——新注、新译及其设计学意义》，东南大学出版社，2012年，第17页。

③ 董楚平译注：《楚辞》，上海古籍出版社，2006年，第10页。

夫的看法。

唐贾公彦疏:"云'攫閷'者,攫着则杀之。援揽则噬之。如此之类,'必藏其爪,出其目,又作其鳞之而'。鳞之而,谓动颊颌,此皆可畏之貌。""郑云'匪,采貌'者,以其以色配匪,明匪是采貌也。先郑'以似为发'者,以似非真实,故为发。发,谓鸣声发谓者也。"贾公彦已指出:深其爪,出其目,作其鳞之而,"此皆可畏之貌";随后又释"发"为"鸣声发谓"。前后连起来看,如把鸣声发怒看作贾氏对"拨尔而怒"的理解,是顺理成章的。此后谅有不少传统注经者基于"怒"的本义,解释过"拨尔而怒",但未必流传下来。传世的例子有如下几种:

两宋之交的王昭禹《周礼详解》曰:"必深其爪,则其爪长而曲。必出其目,则其目露而瞪。必作其鳞之而,其势起而直。如此则其于视也若拨动其体而怒焉。虽任大钟其力之勇致足以胜之而不为重,且其匪然之文著于采色之间,击其钟而似由其兽之鸣矣。"[①]南宋林希逸《鬳斋考工记解》曰:"梓人之雕刻此类,其爪必深雕,其目必突出。鳞之而者,颊之有髭鬣处也。作,起也。刻之深突而起,则其视如怒。拨者,怒之状也。匪,采色也。"[②]明郝敬《周礼完解》曰:"怒,谓张其髻鬣。作,张也。眂,怒视。拨,拔起貌。任重谓负笋。"[③]这几例均在戴震之前,他们的看法可代表当时传统士大夫之所知。戴震之后,清末刘沅的《周官恒解》也曰:"深其爪,出其目,又作其鳞之而,之而,动颊颌也,此皆可畏之貌。拨,拔起貌。怒,谓张其髻鬣。匪色,不正之色。"[④]

在当代学术界,林尹的《周礼今注今译》(1985)将"拨尔而怒"句译作:"如果有人注视它,它们必定会十分震怒;能发怒的,宜于任重。"[⑤]许嘉璐注译的《周礼》(1995)译作:"深藏趾爪,突出眼睛,乍着鳞和须,如果有人看它,它一定十分震怒。如果它十分震怒,就适合于承受重担,而且涂上

---

① 王昭禹:《周礼详解》卷三八(四库本),第 16 页。"勇致",四库本王与之《周礼订义》引王昭禹曰作"勇鸷"。

② 林希逸:《鬳斋考工记解》卷下(四库本)。

③ 郝敬:《周礼完解》卷一二(千秋、千石校刻本,续修四库本),第 9 页 b。

④ 刘沅:《周官恒解》卷六(光绪三十一年刊本,续修四库本),第 33 页 b。

⑤ 林尹:《周礼今注今译》,书目文献出版社,1985 年,第 466 页。

颜色一定像是鸣叫了。"①钱玄等注译的《周礼》(2001)译作:"脚爪深藏,眼睛凸出,鳞片和胡须向上翘起,看起来就是霍然发怒的样子。如果霍然发怒,就适宜承担很重的压力,再涂抹上色彩,看起来就能发出宏亮声音。"②杨天宇《周礼译注》(2004)译作:"对于看它的人就一定像是勃然大怒。假如能够勃然大怒,[这类动物]就宜于负重。"③吕友仁《周礼译注》(2004)译作:"深藏其爪,使其眼睛突出,让它的鳞片和胡须都挺立起来,那么让人看起来就一定是勃然大怒的样子。如果是勃然大怒的样子,那就适合用于负重。"④张道一《考工记注译》(2004)译作:"凡是在捕捉这些动物时,它们一定是舞爪瞪眼,振起鳞片和羽毛,看上去像是发怒的样子。如果勃然发怒,则适宜于负重,并且像是在鸣叫。"⑤这些作者中,古汉语造诣高者大有人在。

在国外,法国汉学家毕瓯(Édouard Biot)的《法译周礼》(1851)译作:"它们深藏脚爪,突出眼睛,振起颊毛,面相可畏,必定发怒(s'irriter),攻击它们所视之物。"⑥日本本田二郎的《周礼通释》(1979)将"拨尔而怒"句通释为:"如果人类注视这些的话,它们必定暴怒(日文汉字'激怒')。"⑦

总之,不论古今中外,以"怒"的本义直译或解释"拨尔而怒"者数不胜数。

三、"拨尔而怒"别解的由来

毋庸讳言,"怒"字在先秦确已有别的含义,如《汉语大辞典》举出的义项有:生气;愤怒。气势很盛,不可遏止。奋发;奋起。强;健。威怒;威

① 许嘉璐注译:《周礼》,载《文白对照十三经》上册,广东教育出版社,1995年,第149页。

② 钱玄、钱兴奇、王华宝、谢秉洪注译:《周礼》,岳麓书社,2001年,第425页。

③ 杨天宇:《周礼译注》,上海古籍出版社,2004年,第658页。

④ 吕友仁:《周礼译注》,中州古籍出版社,2004年,第614页。

⑤ 张道一:《考工记注译》,陕西人民美术出版社,2004年,第155页。

⑥ Édouard Biot, *Le Tcheou-li ou Rites des Tcheou*, Paris, Imprimerie Nationale, 1851, tome II, p. 543.

⑦ 本田二郎:《周礼通释》下,秀英出版,1979年,第547页。

武貌。责怒。等等。颜师古《匡谬正俗》曾指出“怒字古读有二音”，①一为入声，一为去声。“拨尔而怒”真是传神之笔，为一些想象力丰富的读者留下了发挥的空间。

南宋时，长沙三才子之一的易祓在其《周官总义》中，对“拨尔而怒”提出了一种带有诗意的解读。易祓曰：“梓人之为筍虡，必饰以鸟兽之形者，取其形也，亦取其声焉。盖鸟兽之声出于天机之自然，而非人力之所能为。今击其所县而由其虡鸣，则虡之鸣与乐相应。此攫緅援簭之类古人必审其形而不苟于制作也。攫言其便捷而攫物，緅言其纤利而緅物，援言其力之攀而取，簭言其吻之啮而食。深其爪，则爪必长而曲。出其目，则目必露而瞪。作其鳞之而，则颊颔之间其势起而直。如是，则勇敢挚速之状与夫踊跃奋迅之势，盖已默寓于制作之间。及其用之，非特其力足以任重，且其匪然之色著见于文采，则击其所县而必似鸟兽之鸣。非果鸣也，制作侔乎造化，则物之无声者，亦疑于有声者矣。”②《梓人为筍虡》指出：“赢者、羽者、鳞者以为筍虡…… 厚唇弇口，出目短耳，大胸燿后，大体短脰，若是者谓之赢属。恒有力而不能走，其声大而宏。有力而不能走，则于任重宜。大声而宏，则于钟宜。若是者以为钟虡，是故击其所县而由其虡鸣。”易祓描绘的“勇敢挚速之状与夫踊跃奋迅之势”画面甚美，但与《考工记》“恒有力而不能走”的描述不合。故南宋王与之的《周礼订义》兼采诸家观点，他采王昭禹的“若拨动其体而怒焉”说，引述易祓的“制作侔乎造化”之评语，但未采易氏的“勇敢挚速之状”、“踊跃奋迅之势”说。

时至20世纪60年代初，刘敦愿作《〈考工记〉〈梓人为筍虡〉条所见雕刻装饰理论》，发表于《山东大学学报》(哲社版)1962年第2期。1985年增订为《〈考工记·梓人为筍虡〉篇今译及所见雕塑装饰艺术理论》，两文均对《梓人为筍虡》条作了全文今译。他将“拨尔而怒”句译作：“举凡处理猛禽、猛兽、蛟龙之类的凶猛野鸷的动物造型时，一定要把爪部雕刻得拳蜷深刻，使之含蓄有力，眼睛突出有神，毛、羽、鳞甲清晰而生动。‘爪部雕

---

①　颜师古：《匡谬正俗》卷七(四库本)，第10—11页。
②　易祓：《周官总义》卷二九(四库本)，第6—7页。

刻得拳蜷深刻，使之含蓄有力，眼睛突出有神，毛、羽、鳞甲清晰而生动’，然后才产生一种搏斗的印象，有了这种搏斗的印象才能使人产生抗举重量和奔走奋鸣的感觉。”①“奔走奋鸣的感觉”可与易祓“踊跃奋迅之势”的想象相媲美。刘道广最早发表的论述‘拨尔而怒’的论著，大概也在1985年。他说：“‘深’，旧注作‘藏’解，但参照出土实物，凡有爪的形象，基本上都作拳曲状。故此，‘深’作收缩解，是符合实物纹饰形象的。‘出其目’，即凸出其目，这在大量青铜器纹饰中十分明显。‘作其鳞之而’，戴震和王引之对‘之’字各有所释，但‘而’都一致肯定是颊部的毛。‘作’，是翘起的意思。动物的颈毛翘起，正是精神振奋的情状。这种情状给人的感受是‘则于眂必拨尔而怒’。‘拨尔而怒’历来无详解，‘拨’，即‘滗泼’之‘泼’，引申为刚健、气盛之状。‘怒’，如《逍遥游》(鹏)‘怒而飞，其翼若垂天之云’，也是指气势的奋发强盛。总的来说，‘拨尔而怒’就是气势盛大的刚健奋发之意。”②刘道广的观点对美学及其他领域产生了程度不等的影响。

如2001年杜道明说：“‘深’字旧注作‘藏’解，证之以出土实物可知，凡有‘爪’的形象，基本上都作拳曲状，故‘深’也可引申为收缩之意。收缩其爪，正是一副蓄势待发的形象。‘出其目’，即凸出双目，环眼圆睁，这在青铜器纹饰形象中比比皆是，正是一副虎视眈眈的形象。‘作’是‘翘起’之意，‘之而’指面颊和颈部的鳞毛，颈颊上的鳞毛翘起，正是一副搏斗前的极度亢奋之态。唯其如此，才可能给人以‘拨尔而怒’的深刻印象。‘拨尔而怒’，乃气势强盛，刚健奋发之意。”③

刘道广在《图证〈考工记〉——新注、新译及其设计学意义》(2012)一书中，将“拨尔而怒”释为“那么看起来必然有刚健振奋的样子”，④他说：“这一段的文字语意应该是：……利爪拳缩，双目突出，颈颊毛竖立了，这

---

① 刘敦愿：《〈考工记·梓人为笱虡〉篇今译及所见雕塑装饰艺术理论》，《美术研究》1985年第2期。第61页。

② 刘道广：《笱虡之饰与青铜器兽面纹的审美感》，《学术月刊》1985年第5期，第61页。

③ 杜道明：《论商代“拨尔而怒”的审美风尚》，《中国文化研究》2001年第4期，第95页 。

④ 刘道广、许旸、卿尚东：《图证〈考工记〉——新注、新译及其设计学意义》，第87页。

种形象给人一看就有强壮有力、精神振奋的艺术感受。如果在礼器附饰题材形象的塑造上,也能表现出这种强壮有力的形式特点,那么,这就是最适合在负重器物上的造型形式了。"①但行文中不无值得商榷之处,如他说:"'怒',在此处与后世'发火'、'发怒'的'怒'截然不同。"②查一查《说文》,或者想一想"怒发冲冠"的典故,便知"发火"、"发怒"不光是"怒"的后世之义。上述从王昭禹到刘沅的几位传统学者总不会误用后世之"怒"义来释先秦之文吧!常佩雨在译注《周礼·考工记》(2014)时,也曾告诉读者:"一说,怒貌。刘沅曰:'拨,拔起貌。怒,谓张其鬐鬣。'"③

四、从上下文看"拨尔而怒"

上文说明,辨析"拨尔而怒"时,明白"怒"的本义很有必要。下面再举几例,看看《梓人为筍虡》的"有力而不能走"、"藏其爪,出其目,又作其鳞之而"究竟是否描述了本义的"怒"。

《庄子·盗跖》曰:"盗跖大怒,两展其足,案剑瞋目,声如乳虎。"④达尔文的《人类和动物的表情》指出:"一只动物在准备去进攻另一只动物的时候,或者在想恐吓另一只动物的时候,时常竖直自己的毛发,因此也就是增加自己身体的外表体积,露出牙齿,或者摆动双角,或者发出凶恶的声音来,用这些方法来使自己显得是可怕的样子。"⑤《史记·廉颇蔺相如列传》曰:"王授璧,相如因持璧,倚柱,怒发上冲冠。"如用现代科学术语分析,可借用"百度"对"怒发冲冠"的解释:立毛肌控制着毛发的活动,但它并不受人的意志支配,而是听令于肾上腺素交感神经的支配。当发生愤怒、恐惧、惊吓等情绪变化,或寒冷等外界环境刺激时,交感神经兴奋,肾上腺素水平增高,立毛肌就会收缩,力图使毛发直立。由是观之,"藏其

① 刘道广、许旸、卿尚东:《图证〈考工记〉——新注、新译及其设计学意义》,第17页。
② 刘道广、许旸、卿尚东:《图证〈考工记〉——新注、新译及其设计学意义》,第16页。
③ 徐正英、常佩雨译注:《周礼》,中华书局,2014年,第976页。
④ 安继民、高秀昌注译:《庄子》,中州古籍出版社,2006年,第410页。
⑤ 达尔文著,周邦立译:《人类和动物的表情》,科学出版社,1958年,第55页。

爪,出其目,又作其鳞之而",确是筍虡之兽怒鸣的情状。

刘道广曾在书中设问:"试问:'勃然发怒'为什么就'适宜于荷重'呢?'发怒'和'能负重'之间并无直接关系。"①达尔文的话正可回答这个疑问。达尔文说:"所有各种动物,还有它们过去的祖先,在受到敌人攻击或者威胁的时候,都曾经在斗争方面和在防卫自身方面使用过自己的全身的极大力量。如果动物还没有采取这种行动,或者还没有这种企图,或者至少是还没有这种欲望,那么就决不能正当地说,它在大怒发作了。"②可见"发怒"与"能负重"之间确有关系。钟虡造型毕竟是"恒有力而不能走"的负重之驱,与《庄子·逍遥游》(鹏)"怒而飞,其翼若垂天之云"的意境高下不同。如果筍虡之兽没有动员自己全身的极大力量去负重的行动、企图和欲望,当然就不适宜担此重任了。

五、从语法结构看"拨尔而怒"

本人在拙著中曾将"拨尔而怒"译为"勃然发怒",未及多谈。现补述如次:

《论语·阳货》曰:"夫子莞尔而笑。"注:"莞尔,小笑貌也。"③《楚辞·渔父》曰:"渔父莞尔而笑,鼓枻而去。"④同此结构,"怒"是动词,"尔"是助词,"拨尔",即"发(bō)尔",是修饰动词"怒"的状语。《诗·小雅·四月》:"冬日烈烈,飘风发发。"郑玄笺:"发发,疾貌。"又《诗·卫风·硕人》:"施罛濊濊,鳣鲔发发。"郑玄笺:"发发,盛貌……鱼着网,尾发发。"这是形容大鱼落网后气急挣扎之状,落网之鱼与渔夫的立场是对立的。那么,沉重压迫之下激发极大力量的钟虡之兽又该如何?按前者,"拨尔而怒"即疾怒,"勃然发怒"。按后者,"拨尔而怒"即盛怒,"勃然大怒"。

愚意"拨尔而怒"句可译为:凡扑杀他物,援持啮噬的动物,必定拳曲

---

① 刘道广、许旸、卿尚东:《图证〈考工记〉——新注、新译及其设计学意义》,第17页。
② 达尔文著,周邦立译:《人类和动物的表情》,第63页。
③ 何晏:《论语集解义疏》卷九(四库本),第4页。
④ 董楚平译注:《楚辞》,第196页。

脚爪，突出眼睛，振起鳞片和颊毛，那么看上去必像勃然发怒的样子。如果勃然发怒，则适宜于荷重，并且它的采貌必像鸣的样子。

可惜刘道广没有看出“拨尔而怒”是偏正结构，这里的“怒”应是动词。他认为：“拨尔、髯发、发发都是形容一种强烈状态，引申为对一切强盛、雄壮、振奋之状的形容。‘怒’，在此处与后世‘发火’、‘发怒’的‘怒’截然不同。《庄子·外物》：‘春雨日时，草木怒生。’‘怒’，是形容春雨过后，草木生长旺盛的状态。《庄子·逍遥游》：‘（鹏）怒而飞，其翼若垂天之云。’‘怒’，又是形容大鹏飞起时的阔大振奋之状。”[1]实质上，这是把有例可证、结构严谨、意义明确的“拨尔而怒”改换成了“拨尔怒尔”，在此有点不伦不类。

六、结　　语

本文从“怒”的本义，上下文及语法结构等论证了历代绝大多数学者对“拨尔而怒”的理解是正确的。同时指出近年一种颇有影响的新解实为误解，但作为一家之言，只要遵循百家争鸣的学术传统和规范，正可繁荣学术园地。更期望今后发现更多的出土文物资料，进一步丰富人们对这一文化遗产的认识。

---

①　刘道广、许旸、卿尚东：《图证〈考工记〉——新注、新译及其设计学意义》，第16—17页。

《梦溪笔谈》“弓有六善”考

今冬披阅沈括名著《梦溪笔谈》，读到卷十八“技艺”中“弓有六善”条，不禁为之拍案叫绝。其文曰：

予伯兄善射，自能为弓。其弓有六善：一者性体少而劲，二者和而有力，三者久射力不屈，四者寒暑力一，五者弦声清实，六者一张便正。凡弓性体少则易张而寿，但患其不劲；欲其劲者，妙在治筋。凡筋生长一尺，干则减半，以胶汤濡而(极)[梳]之，复长一尺，然后用，则筋力已尽，无复伸弛。又揉其材令仰，然后(传)[傅]角与筋，此两法所以为筋也。凡弓节短则和而虚，虚谓挽过吻则无力。节长则健而柱，柱谓挽过吻则木强而不来。节谓把梢裨木，长则柱，短则虚。节[若]得中则和而有力，仍弦声清实。凡弓初射与天寒，则劲强而难挽；射久、天暑，则弱而不胜矢，此胶之为病也。凡胶欲薄而筋力[欲]尽，强弱任筋而不任胶，此所以射久力不屈，寒暑力一也。弓所以为正者，材也。相材之法视其理，其理不因矫揉而直，中绳则张而不跛。此弓人之所当知也。①

此条在我国古代科技史上的价值可以从《〈梦溪笔谈〉译注》(以下简称《译注》)对它的“简评”中知其大概，《译注》说：

沈括仔细总结了造弓的经验，并对弹性体的材料和结构力学性

---

① 沈括撰，胡道静校注：《新校正梦溪笔谈》，中华书局，1957年，第181页。

> 质有相当精辟的阐述。例如,他概括弓要‘少而劲’,即重量轻、强度高,事实上现代各种器械,都应该是根据这个原则而设计的。又如‘治筋’的第二个方法,是使筋预先受拉,使紧靠筋的材料外层预先受压,发挥筋的抗拉作用,提高弓的弹力,与现在复合梁中的预应力作用是一致的。再如,弓节的‘得中’,类似变截面梁的概念,现在汽车底盘的减震板簧就是变截面梁的一种形式。‘胶欲薄’就是减少由于胶在一定压力下受温度和时间的增长而产生的残余变形,使筋与材的间隙减小,从而避免弓力的迅速衰退。沈括还注意到材料的纹路与应力应变的关系所造成弓的偏扭现象。可惜这些科学技术在历代反动统治摧残下得不到发展。而在沈括六百年以后的17世纪英国人胡克(Robert Hooke, 1635—1703年)却对弹性体材料和结构的力学性质,进行了系统的观测和总结,发展为现在的材料力学。①

《译注》以现代科学技术的观点剖析了“弓有六善”的科学内容,见解颇有新意,基本上是正确的,但有个别地方尚可商榷。

如《笔谈》引文“一者性体少而劲”,《译注》的“译文”为“弓体轻巧而强度高”,“简评”说:“他概括弓要‘少而劲’,即重量轻,强度高。”②假如原文辗转刊载无误,那么这种解释是可行的。但追溯“弓有六善”条的源流,发现沈括的原意并非如此。《周礼·冬官考工记》“弓人”条说:“往体多,来体寡,谓之夹臾之属,利射侯与弋;往体寡,来体多,谓之王弓之属,利射革与质;往体来体若一,谓之唐弓之属,利射深。”③由此可见“往体”、“来体”是古代弓箭术中的专有名词;“往体”指弓体的外桡,“来体”指弓体的内向。④ 往体多少实指弓体外向揉曲部分长短,与曲率也有关系。《周礼·夏官·司弓矢》说:“王弓、弧弓,以授射甲革、椹质(即射靶)者;夹弓、庾

---

① 中国科学技术大学等《梦溪笔谈》译注组:《〈梦溪笔谈〉译注》,安徽科学技术出版社,1979年,第30—31页。

② 中国科学技术大学等《梦溪笔谈》译注组:《〈梦溪笔谈〉译注》,第29—30页。

③ 《周礼》卷一二(《四部备要》本)。

④ 林尹:《周礼今注今译》,台湾商务印书馆,1979年,第488页。

弓，以授射豻侯、鸟兽者；唐弓、大弓，以授学射者、使者、劳者。”[①]说明“往体寡(少)、来体多”的弓切合练弓习武和实战的要求。据沈括分析(校勘见下文)，它的特点是开弓容易，寿命长；缺点是若治筋不当，则不够刚劲。熙宁七年(1074)，沈括兼判军器监。翌年，他受旨讨论兵车制度，遂据《考工记》和《诗·小戎》考定了兵车法式。[②] 想来，沈括对《考工记》是比较熟悉的。例如：“弓有六善”条最后一句话中所谓“弓人”，即《考工记》“弓人”条目之名；又如“弓有六善”条内“治筋”的第一法，也即《考工记》“弓人”条内“引筋欲尽而无伤其力”的具体化；[③]等等。是年闰四月，沈括使辽行至雄州(今河北省雄县)，被对方拒纳不得出境，曾滞留雄州二十余日。其大哥沈披当时任雄州安抚副使，沈披“善射，自能为弓”，沈括称赞他制的“弓有六善”。[④] 制弓术是沈氏兄弟都感兴趣的问题，“北宋时以弓箭为长器，故备边注意在此”。[⑤] 两人相叙时谅必讨论过。这种讨论正是沈括日后撰写《梦溪笔谈》“弓有六善”条的基础。《梦溪笔谈》的初版本早已亡佚，现在所见的较早版本，如1916年玉海堂影刻宋乾道二年(1166)扬州州学刊本(实系明覆宋本)，1145年成书的《皇朝类苑》卷五十二引《梦溪笔谈》，[⑥]《元刊梦溪笔谈》，[⑦]以及明毛晋《津逮秘书》本等，均作“一者往体少而劲”。对照《考工记》的记载，不难发现这才是沈括当初撰写“弓有六善”的原文。今揣测古书中“往”字常刻作“徃”，极易误为“性”字，故《四部丛刊续编》本(上海涵芬楼影印明刊本)、明崇祯四年(1631)嘉定马元调刊本、清嘉庆六十年(1805)《学津讨原》本、光绪十一年(1885)詅痴簃刊本、光绪三十二年(1906)番禺陶氏爱庐刊本等均误刻为“一者性体少而劲”。沿误下来，使得近年的一些研究《梦溪笔谈》的著作也采用

---

① 《周礼》卷八。

② 《梦溪笔谈》“补笔谈”卷二。

③ 《周礼》卷一二。

④ 《梦溪笔谈》卷一八。

⑤ 许乃钊：《武备辑要续编》卷七“乡守器具目录”。

⑥ 《皇朝类苑》卷五二“造弓”，转引自《宋史资料萃编》第3辑，台湾文海出版社，1967年。

⑦ 《元刊梦溪笔谈》卷一八，文物出版社，1975年，第8页。

了这种说法。

据上文分析，宜将本文开首引文内“一者性体少而劲”及“凡弓性体少则易张而寿”这两句中的“性”字校改为“往”，才符合沈括的原意。此外，该引文倒数第二句的标点似乎不妥，《译注》也未改正。按：《荀子·劝学》曰“木直中绳”，《笔经》曰“濡墨而试，直中绳，勾中钩，方圆中规矩”。[①] 今据《丛书集成》本改正为：“其理不因矫揉而直中绳，则张而不跛。”[②]

由于“弓有六善”见识不凡，分析精辟，兵家多有引用。据笔者所知，在现存的古籍中，至少有五部著作载有它的内容。即：唐代王琚《射经》、[③]沈括《梦溪笔谈》、明朝李呈芬《射经》、[④]明唐顺之《武编》、[⑤]明茅元仪《武备志》。[⑥]《新唐书·艺文志》曾著录王琚《射经》一卷，[⑦]北宋初《太平御览·引书目》内也有《赵公王琚教射经》一书。[⑧] 据《新唐书·王琚传》记载：王琚于先天二年(713)因平太平公主乱，“进户部尚书，封赵国公”，[⑨]此王琚即《射经》的作者。宛委山堂本《说郛》内将《射经》的作者刊为“宋王琚”，显然有误，故《中国丛书综录》已更改为“(唐)王琚撰”。[⑩] 在上述四部著作中，以王琚《射经》的成书年代为最早。这样，就产生了“弓有六善”的优先权问题。为了弄清这个问题，兹将王琚《射经》目录和“弓有六善”部分的内容引述如下(王琚《射经》前十三节的内容从略)：

目录：

总诀　步射总法　步射病色　前后手法　马射总法　持弓审固

---

① 王羲之：《笔经》，《说郛》卷九八。
② 《梦溪笔谈》卷一八(《丛书集成》本)。
③ (唐) 王琚：《射经》，《说郛》卷一百一。
④ (明) 李呈芬：《射经》，《说郛》续卷三六。
⑤ (明) 唐顺之：《武编》前编卷五(明曼山堂刊本)。
⑥ (明) 茅元仪：《武备志》卷一〇二(天启元年明刻本)。
⑦ 《新唐书》卷五九，中华书局，1975 年，第 1561 页。
⑧ 《太平御览》第一册，中华书局，1960 年，第 13 页。
⑨ 《新唐书》卷一二一，第 4333 页。
⑩ 《中国丛书综录》第一册“总目”，中华书局，1959 年，第 19 页。

举靶按弦　抹羽取箭　当心入筈　铺髆牵弦　钦身开弓　极力遣箭　卷弦入弰　弓有六善

弓有六善：

一者性体少而劲，二者太和而有力，三者久射力不屈，四者寒暑力一，五者弦声清实，六者张便正。凡弓性体少则易张而寿，但患其不劲；欲其劲者，妙在治筋。凡筋生长一尺，乾则减半，以胶汤濡而极之，复长一尺，然后用，则筋力已尽，无复伸弛。又揉其材令仰，然后传角与筋，此两法所以为筋也。凡弓节短则和而虚，虚谓挽过吻则无力。节长则健而柱，柱谓挽过咳则木强而不来。节谓把稍裨木，长则柱，短则虚。节得中则和而有力，仍弦声清实。凡弓初射与天寒，则劲强而难挽；射久、天暑，则弱而不胜矢。则胶之为病也。凡胶欲薄而筋力尽，强弱任筋而不任胶，此所以射久力不屈，寒暑力一也。弓所以为正者，材也。相材之法视其理，其理不因矫揉而直中绳，则张而不跛。此弓人之所当知也。

鉴于下述理由：第一，“弓有六善”置于王琚《射经》卷末；而在《梦溪笔谈》中紧接在“予伯兄善射，自能为弓。其弓有六善”之后，整条浑然一体，无懈可击。第二，王琚《射经》前十三节内均无小字夹注，唯独“弓有六善”节内出现了二段夹注；而《梦溪笔谈》中常常出现这类夹注。第三，“弓有六善”的行文与王琚《射经》前十三节并不协调，却与沈括《梦溪笔谈》中的其他手笔风格一致。第四，王琚《射经》中将“往体少”误刊为“性体少”，与《梦溪笔谈》某些晚出刊本的误刊一样，却与《梦溪笔谈》的早期刊本不同。故可以推定：“弓有六善”是沈氏兄弟共同的研究成果，先有沈披的实践经验，后沈括作了书面总结，在科学技术史上留下了宝贵的记载。至于王琚《射经》中的“弓有六善”一节，因为它已见于元陶宗仪辑、明陶珽重校的《说郛》[清顺治三年(1646)刊行的宛委山堂本]，很可能是宋元时有人从《梦溪笔谈》中摘来补入的。

李呈芬《射经》曰“故以所尝试师友之法，分篇十三”，其第十三篇“考工”的主要内容是“弓有六善”。① 茅元仪说：“又闻诸志曰：‘弓有六善：一

---

① （明）李呈芬：《射经》，《说郛》续卷三六。

者往体少而劲……此弓人之所当知也。”①可见自“弓有六善”问世后，不胫而走，颇有影响。

原载《杭州大学学报》(哲社版)1984年第4期

① （明）茅元仪：《武备志》卷一〇二(天启元年明刻本)。

《梦溪笔谈》“弓有六善”续考

——兼答黎子耀先生

拙文(《〈梦溪笔谈〉“弓有六善”考》,以下省称《六善考》)在本刊 1984 年第 4 期发表后,有幸得到校内外科技史、体育史专家的关注和鼓励,实为始料所不及,更未想到拙作引出了易学家黎子耀先生的新作《〈梦溪笔谈〉弓有六善说渊源于〈周易〉》(见本刊本期,以下省称《渊源》),并让我先睹为快,此正谓“学而时习(即教习之意)之,不亦说乎!”拜读《渊源》,大开眼界,谨借《学报》一角,略抒读后之感,望不吝赐教。

1984 年 6 月,笔者曾向中国兵器史学术会议(北京)提出《我国最早的兵器学专著——〈考工记〉》一文,因此文部分内容与“弓有六善”说的渊源有关,照录如次。

在弓矢这个技术性要求很高的领域内,《考工记》的记载已有许多独到之处。

一如“弓人”条说:“凡析干,射远者用势,射深者用直。”又说:“(凡弓)往体多、来体寡,谓之夹臾之属,利射侯与弋。往体寡、来体多,谓之王弓之属,利射革与质。往体来体若一,谓之唐弓之属,利射深。”郑玄注:“革,谓干盾;质,木椹(即射靶)。”《考工记》实际上已经指出往体少、来体多(即弓体外桡的少,内向的多)的弓颇能切合试弓习武及实战的要求。

二如“弓人”条说:“材美工巧为之时,谓之叁均。角不胜干,干不胜筋,谓之叁均。量其力,有三均。均者三,谓之九和。”九和之弓适于发力且耐久。

三如“弓人”条说：“凡为弓，方其峻而高其柎，长其畏而薄其敝，宛之无已，应。”近人林尹译为：“凡制弓，弓末的箫要方，柎要高，限要长，敝要薄，这样，虽然多次引弓，弓势与弦缓急必定相应，不致罢软无力。”[①]也就是久射而力不屈之意。

四如“弓人”条为了使弓力不受寒暑燥湿变化的影响，提出了一系列严格的工艺要求。它说：“凡为弓，冬析干而春液角，夏治筋，秋合三材，寒奠体，冰析灂。……春被弦则一年之事。”据谭且冏的《成都弓箭制作调查报告》可知，近代在成都制弓要延续四年方能完成，[②]可见《考工记》中提出制弓周期要一年以上的要求是必要的，我国传统的弓箭制作法正是在《考工记》的基础上发展起来的。“弓人”条又说：“挢干欲孰于火而无赢，挢角欲孰于火而无燂，引筋欲尽而无伤其力，鬻胶欲孰而水火相得，然则居旱亦不动，居湿亦不动。”意即揉干要恰到好处，不要太熟；揉角也要恰到好处，不要太烂；拉伸治筋要使筋力尽，无复伸弛而不影响它的机械强度；煮胶加水要适当，火候也要恰到好处，这样制成的弓，无论在干燥还是潮湿的环境中，弓体永不变形。

五如“弓人”条说：“弓有六材焉，维干强之，张如流水。维体防之，引之中参。维角定之，欲宛而无负弦。引之如环，释之无失体，如环。”因为以优质材料做弓干，平时放在弓匣里防止变形，又用角撑距增加力量，所以引弓时一张便正。《梦溪笔谈》“弓有六善”条似可分为两部分内容：第一部分是“六善”的名目，即“一者往体少而劲，二者和而有力，三者久射力不屈，四者寒暑力一，五者弦声清实，六者一张便正”。倘与上面所引拙文作一对照，可以看出“弓有六善”说在《考工记》时代（该书成于战国初年）已经滥觞。第二部分是对“弓有六善”的技术性说明，值得注意的是第五善“弦声清实”，在《考工记》“弓人”条中只有“凡相干，欲赤黑而阳声（即清声）”与“弦声清实”多少有关，而在“弓有六善”的技术性说明中亦语焉不详，这或许就是“弓有六善”说产生于唐宋之前的暗记。

---

① 林尹：《周礼今注今译》，台湾商务印书馆，1979年，第487页。

② ［日］薮内清等著，章熊、吴杰译：《天工开物研究论文集》，商务印书馆，1959年，第197页。

《周易》是西周初年的宗教政治作品，实际上是一部筮书，它经常采用比喻手法来指告人事的吉凶。晋代虞喜（281—356）说"《易》以天道接人事，索隐之明显也"，[①]也是这层意思。余姚虞氏对《易》的研究，至虞喜已传承七八代，[②]虞氏家学渊源，在总体上尚能把握《易》的本义。今人高亨先生在《周易杂论》中指出，为了在算卦时有比较广泛的灵活性，《周易》经文多数没有特定的被比喻的主体事物，自己管见也是这部猜谜式的卜筮之书恐怕原来就不止一种谜底。西周人的解说早已失传；从《左传》、《国语》的引文来看，春秋时人对《周易》的理解已有牵强附会之弊；战国的经传往往借题发挥哲学思想。自汉以降，注释《周易》的人不下千家，易学著作逾三千部，见仁见智，争鸣不已。《周易》除具有史学、文学，乃至哲学的价值外，我国古代科学思想也深受易学的影响。18世纪初，德国数学家莱布尼兹认为中国寄来的伏羲六爻排列图可使他发表的二进制算术合法化，由此得到鼓舞。近年来，国内外一些学者试图在现代科学的基础上找到它的崭新解释和阐发，[③]总之，《周易》已使世界学术界对中国古代文明刮目相看。假使正如《渊源》所说，"弓有六善"说渊源于《周易》，我国先秦科技史更当重新认识。然而，笔者以为若要确认"弓有六善"说是根据坤卦写的，需要解决两个问题。第一，坤卦之文与弓德有关。第二，坤卦之文与"六善"一一对应。关于第一个问题，在研读《渊源》和别家的注释之后，我们至少可以说，坤卦中有些内容是与弓隐约有关的。至于第二个问题，黎先生研治《周易》多年，时有创获，足成一家之言。而笔者对《周易》没有专门研究，难以卒读坤卦经文，希望继续听取黎先生和学术界对这一问题的看法，尤望早日读到黎著《周易秘义》。

尽管如此，究竟谁首先将"弓有六善"说作了技术性的说明，这个问题大概是可以搞清的。

---

① 虞喜：《志林新书》（《四明丛书》本）。

② 闻人军、张锦波：《科学家虞喜，他的世族、成就和思想》，《自然辩证法通讯》1986年第2期。

③ 张武：《〈周易〉研究的新收获、新特点、新趋势》，《中国哲学史研究》1985年第1期。

据《新唐书》和《旧唐书》"王琚传"记载，王琚是怀州河内（今河南省沁阳县）人，少孤而聪敏，有才略。为唐玄宗所知遇，官至户部尚书，封赵国公。后谪降，历任刺史、太守等职，声色犬马纵情享乐几十年。至李林甫任右相时，惧祸廉毒，为人缢杀。在科技和军事体育方面，王琚"明天文象纬"，"善丹沙（即炼丹术）"，"从宾客女伎驰弋，凡四十年"。① 因其精通射术，故有《射经》之作。但王琚与易学及《考工记》的关系不详。

沈括是人们熟悉的宋代科学家。据《宋史·沈括传》记载，沈括知延州时曾大力提倡驰射。沈括熟悉《考工记》，这在《六善考》中已有说明。他对易学也有一定的研究，《梦溪笔谈》卷七"象数"和《补笔谈》卷二"象数"中的某些条文（如 137、138、142、550、551 等条）说明沈括做过这方面的探索，但未必揭开过《易经》之谜。不过，凭他对《考工记》和制弓术的了解，要对弓有六善说作技术性的说明是并不困难的。

笔者在《六善考》中曾举出四点理由，说明"弓有六善"条首见于《梦溪笔谈》，现补充二个理由。其一，查王琚《射经》（《说郛》本），除最后一节"弓有六善"外，前面十三节可归纳成三项内容：一为"总诀"，二为步射法（包括"步射总法"、"步射病色"和"前后手法"），三为马射法（包括"马射总法"、"持弓审固"……直至"卷弦入弰"）。这些全属射法，不是制弓术。今为便于说明问题计，摘引"总诀"如下：

总诀

凡射必中席而坐，一膝正当垛，一膝横顺席。执弓必中在把之中，且欲当其弦心也。……胡法力少利马上，汉法力多利步用，然其持妙在头指间，世人皆以其指末龊弦，则致箭曲又伤羽。但令指面随弦直竖，即脆而易中，其致远乃过常数十步，古人以为神而秘之。胡法不使大指过头，亦为妙尔。其执弓欲使把前入扼，把后当四指本节，平其大指承镞，却其头指使不得，则和美有声而俊快也，射之道备矣哉。〇井仪开弓形，所谓怀中吐月也。〇襄尺。襄，平也；尺，曲尺也；平其肘，所谓肘上可置杯水也。白矢，矢白镞。至，指也，所谓彀

① 《新唐书·王琚传》卷一二一。

率也。〇剡注。注，指也；以弓弰直指于前以送矢，俗所谓㔸搉也。剡，锐也，弓弰也，靡其弰。〇叁连，矢行急疾而连叁也。①

按：〇后之文，系大字注释，且刻在整段末尾。“白矢”、“叁连”之类，未见于“总诀”正文，疑“总诀”已有脱文。步射法及马射法中均无注释，惟“弓有六善”节中却出现《梦溪笔谈》中习见的小字夹注，与“总决”的体例不一致，不得不使人怀疑王琚《射经》“弓有六善”节是后人衍入的。

其二，《梦溪笔谈》是一部笔记，其中既有沈括的自著，也摘录了一些别人的记载，但总的来看，沈括的写作态度比较严肃。我们发现，凡是沈的得意之作，在行文中往往有所表示。例如，他说石油烟制墨“自予始为之”，②隙积术“予思而得之”，③等等。倘属别人的发明，往往亦有所反映。例如，关于磁偏角的发现，他说“方家以磁石磨针锋，则能指南，然常微偏东，不全南也”，④实际上指出这是方家的发现。当然，《梦溪笔谈》的有些条文则很难判断是自著还是转录，这方面还有待于今后的考证。但在“弓有六善”条中，他明言“予伯兄善射，自能为弓，其弓有六善……”。⑤从《梦溪笔谈》的文风来看，我们尚无理由怀疑沈氏掠王琚《射经》之美。

综上所述，我们依然认为《梦溪笔谈》“弓有六善”说的技术性说明出自沈括的手笔。

原载《杭州大学学报》(哲社版)1985 年第 3 期。黎子耀《周易秘义》1989 年由浙江古籍出版社出版

---

① 王琚：《射经》，《说郛》卷一〇一。
② 沈括撰，胡道静校注：《新校正梦溪笔谈》，中华书局，1957 年，第 233 页。
③ 沈括撰，胡道静校注：《新校正梦溪笔谈》，第 179 页。
④ 沈括撰，胡道静校注：《新校正梦溪笔谈》，第 240 页。
⑤ 沈括撰，胡道静校注：《新校正梦溪笔谈》，第 181 页。

夹辅的起源、形制和功用

木车在历史上有过车轮滚滚的辉煌年代,《周礼·考工记》曰:"殷人上梓,周人上舆。故一器而工聚焉者,车为多。"英国制车世家出身的轮匠兼作家斯特尔特(George Sturt, 1863—1927)写道:"造车知识的整体是一个谜,仅仅是一种民间的知识,存在于民间的集体之中,其全部知识从未为任何个人所掌握。"①可见不分中外皆有古车之谜,中国夹辅即其一例。近年刀尔登的《不读〈考工记〉》扼要介绍了"辅车相依,唇亡齿寒"的传奇,又说"《考工记》中没有讲到这种'辅',它少说了一句,大家就糊涂了一千年"。② 相信有不少读者亦对夹辅感兴趣。本文探索"夹辅"的源流,根据出土车舆资料和中外文献对其形制和功用作一梳理和分析。

一、夹辅的形制

几十年来出土的古代车舆为"夹辅"提供了不可多得的实物证据。20世纪50年代初,河南辉县琉璃阁发掘的131号车马坑中,出土了19辆随葬马车,其中有些车轮上装有"夹辅"。第16号车是一辆早已引起广泛关注的大型车,夏鼐在《辉县发掘报告》中说:"车轮除掉26根辐条之外,另

---

① George Sturt, *The Wheelwright's Shop*, New York, Cambridge University Press, 1923, p.74. 中译见史四维《木轮形式和作用的演变》,《中华文史论丛》增刊《中国科技史探索》,上海古籍出版社,1986年,第453页。

② 刀尔登:《不必读书目》,山西人民出版社,2012年,第114页。

有夹辅一对。这是两条笔直的木条,互相平行,夹住车毂。辐条宽1.5厘米;辅条较粗,为1.8—2.0厘米,他们的作用是增加辐的支持力量。王振铎同志说,两辅末端所夹的轮牙,可能便是两根半圆形牙木的相接处,辅的作用,可以保护轮牙上这两处的弱点,加以巩固。在插入轮牙的地方,夹辅是和辐条在同一平面上的,看起来颇像有30辐。辐条在插入车毂的地方,都在夹辅的后面凑聚一起。这些辐条每根都向毂斜放,全体成一中凹的碟盆状。这是合于力学原理的较为进步的安置辐条法,否则便要将轮牙加宽。"①军按:两辅末端所夹的轮牙,的确很可能便是两根半圆形牙木的相接处,这是合理的推测,有待今后出土实例的进一步验证。

郭宝钧对辅的来源作过一种解释:"辐是轮中原有之物,而辅则是轮外后加物。人们制作车轮,总估计原有的轮辐能够胜周转之任。用久而辐条敝,任重力减弱,为了增强原辐的支力,就另取一根辐形长棍,绑缚于轮旁,用以替辐增加助力,这是辅之所以用。《诗·正月》有'无弃尔辅,员于尔辐'之句,由此可知,辅是助辐的。本世纪30、40年代时,农村行车尚常有用此办法者。辉县琉璃阁第131号墓出土的实况……先民夹辅的实例已显示在我们的眼前。不过,此车夹辅似是制作车轮时就已作成,而不是在辐用敝后附加的,且全坑19辆车中,又不是每辆车皆有。这或者只是'备而不用'的模型,只表示一种夹辅的形象罢了。"②辉县琉璃阁第16号车代表了先秦车轮、轮绠(箄)成熟阶段的制轮技术,相关复原图如图四一所示。③ 为行文方便计,下文称其"辅"型为"琉璃阁式辅"。

1959年鲁桂珍等的《中国古代轮匠的技艺》一文把这两根长杆叫作"准直径撑"。④ 1965年出版的李约瑟《中国科学技术史》第四卷"机械工

---

① 中国科学院考古研究所:《辉县发掘报告》,科学出版社,1956年,第48页。

② 郭宝钧:《殷周车制研究》,文物出版社,1998年,第17—18页。

③ 采自中国科学院考古研究所《辉县发掘报告》第50页图六一:1、2,图中车辅与轮牙相对位置现据王振铎的分析校正。

④ Lu Gwei-Djen, Raphel A. Salaman and Joseph Needham, *The Wheelwright's Art in Ancient China*, *Physis*, 1959, 1, 2, p. 118. Joseph Needham, *Science and Civilisation in China*, vol. 4, part 2, Cambridge University Press, 1965, p. 79.

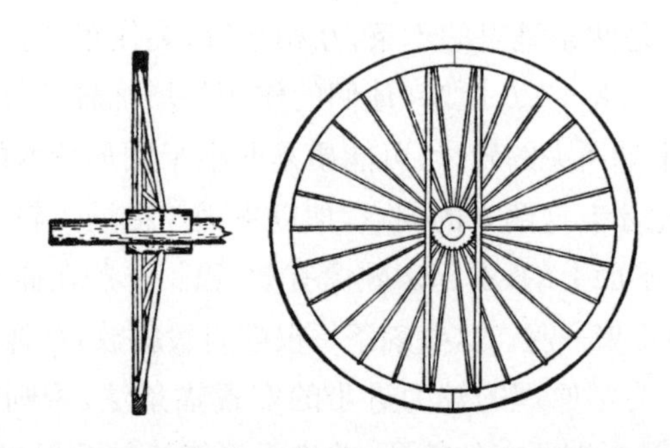

图四一　河南辉县琉璃阁131号车马坑16号车车轮

程”分册沿用这一叫法，书中说：“某些辉县车轮显得好像有些薄弱，因而装有《周礼》上没有提及的一种奇特的结构，这就是在毂的两侧，从轮牙的一边到另一边装有一对准直径撑（“夹辅”）（参看图 381b）。这两根撑条谅必是插入两边不同的轮牙内，因而大大增加了车轮的强度，使轮保持碟形，确实是一种很早的构架结构的例子。对于这种结构，在中国本土的文字记载中或画像石刻上都找不到更多的证据，但是在现代柬埔寨的乡村车辆中还可以找到稍原始的形式（图 387）。”[①]文中提及的上世纪50年代柬埔寨暹粒省农村大木车的照片由论文作者（鲁桂珍等）拍摄，参见图四二。[②] 照片显示车轮上两条辅助长杆如何与轮辋、轮辐相连接。鲁桂珍等还指出柬埔寨位于中华文化圈的西南边陲、中印两大文化的交汇地区，在暹粒地区许多车装有“夹辅”，但并非所有车轮都加辅，“看起来当一车轮变得老旧时才添加准直径撑，因为正如照片所示，可能只加在车子的一个轮子上。而且，它们可以加在一个轮子的两侧。它们是绑在车辐上，而不是插入轮辋上特制的孔内”。[③] 军按：暹粒地区加辅于旧轮的方法与中国古代车辅相似，很有可能传自中国古代，下文称为“暹粒式辅”。

---

① Joseph Needham, *Science and Civilisation in China*, vol. 4, part 2, p. 79. 引文中译由笔者译自原文。

② Joseph Needham, *Science and Civilisation in China*, vol. 4, part 2, Plate CXL, Fig. 387.

③ Lu Gwei-Djen, Raphel A. Salaman and Joseph Needham, *The Wheelwright's Art in Ancient China*, *Physis*, 1959, 1, 3, p. 210.

图四二　柬埔寨暹粒乡村大车(摄于1958年)

湖北宜城、山东淄博以及山西临猗等东周墓地车马坑中,也出土过类似附在轮上的两根直木。1989年湖北宜城战国中期晚段罗岗车马坑出土的四号车复原图如图四三所示,发掘报告说:“辐条外侧近毂处各加附两根长119、宽厚各3厘米的平行木条,以加固辐条。”①这是加于普通平面轮型上的一种夹辅 ,下文称此辅型为“宜城式辅”。

图四三　湖北宜城罗岗出土四号车

上世纪90年代渠川福说:“前不久笔者赴临淄参观一东周贵族墓中所出古车之时,见到彼处一车轮上亦有所谓夹辅,其木棍中部和两端用绳索与车辐绑结,木棍两端不是抵住轮牙内缘,而是伸出轮牙外缘约1厘米,更可证非支撑之说。当时曾与负责发掘的魏成敏先生交流了看法,并取得了一致意见……它应当是车轮各部件组装胶合后防止变形的固定拉

① 湖北省文物考古研究所等:《湖北宜城罗岗车马坑》,《文物》1993年第12期,第3、8、18页。

杆，车辆启用之时将被拆掉或任其自行脱落。”①上文渠川福所见一车轮大概即下述淄河店二号战国墓出土车轮之一。

1990年发掘的山东淄博市临淄区淄河店二号战国早期墓出土车22辆，车轮46个（包括残迹）。魏成敏执笔的发掘报告说：“这批车下葬时是将车轮拆下后和车的其他部位分开放置的……有些车舆、车轮相互叠压堆放在一起……这批车轮的轮径大小不同，最大的140厘米，最小的100厘米。轮牙的形状大体相近，断面呈腰鼓状，中部厚，两侧较薄。从石膏标本看，轮牙为分段制作，上下相错扣合，即先在上下交错的部位各留出二分之一。凿出榫孔，然后再用木楔从牙外侧插入两牙的榫孔中。将两段上下交错的牙固定扣合为一体……车辐形近船桨形，股为扁方形，骹为圆柱状……许多车轮上还发现有夹辅的痕迹。夹辅均为一对，左右对称，平行于车毂的两侧，用石膏灌注出的车轮夹辅几乎保持原状，其由两端略窄、中间宽的扁平木条构成，中间与车辐平行相交。两端略长于轮牙，并呈三角状，紧贴轮牙的内缘。夹辅用革带紧缚于车辐上，两端紧抵轮牙，非常坚固（图三〇）。过去一般认为夹辅是用来增加车辐支撑力或为轮上的重要部件，从发掘中的实物看，夹辐主要起保护车辐的作用，在新制作的车轮上夹辅可防止车轮变形。”②

汪少华不同意渠川辐的“防止变形的固定拉杆”说，并分析该发掘报告的观点受渠说的影响，1987年“山西临猗程村春秋中晚期墓地车马坑也出土过类似‘辅’的装置，发掘专家因此质疑‘防止变形的固定拉杆’说”。③《临猗程村墓地》指出“程村车则是使用过的”旧车，“田野工作中偶尔也会出现辐出牙缘的现象……因而‘拉杆’伸过轮牙外缘，也有可能并非原始状态”。④ 军按：原报告指出许多车轮上还发现有夹辅的痕迹，并提供了两种情况：一是原报告图三〇（本书图四四）1号车夹辅，它代表

---

① 渠川福：《太原晋国赵卿墓车马坑与东周车制散论》，山西省考古研究所、太原市文物管理委员会编：《太原晋国赵卿墓》，文物出版社，1996年，第362页。

② 山东省文物考古研究所：《山东淄博市临淄区淄河店二号战国墓》，《考古》2000年第10期，第57—58、62—63页。

③ 汪少华：《中国古车舆名物考辨》，商务印书馆，2005年，第210页。

④ 中国社会科学院考古研究所等：《临猗程村墓地》，中国大百科全书出版社，2003年，第272页。

有些夹辅如何“两端紧抵轮牙，非常坚固”，下文称此辅型为“淄河店式辅1”；另一种“两端略长于轮牙，并呈三角状，紧贴轮牙的内缘”的夹辅，原报告无图示，数量不明。下文称此辅型为“淄河店式辅2”。从上述“暹粒式辅”的车辅装法和位置，或许可想象“淄河店式辅2”的装法和原始状态。鲁桂珍等描述的“暹粒式辅”亦证明车辅为旧轮补强之法。据《考工记》“轮人为轮”、“舆人为车”和“辀人为辀”的分工记载，新轮是预先单独制好，经过严格检验的、已经干燥定型的成品部件，所以才能“规之，以眂其圜也；萬之，以眂其匡也；县之，以眂其辐之直也；水之，以眂其平沈之均也”，可见检验时轮上不会有“车轮各部件组装胶合后防止变形的固定拉杆”。经过检验合格的成品车轮在组装到新车上时，也不会带有“车轮各部件组装胶合后防止变形的固定拉杆”。

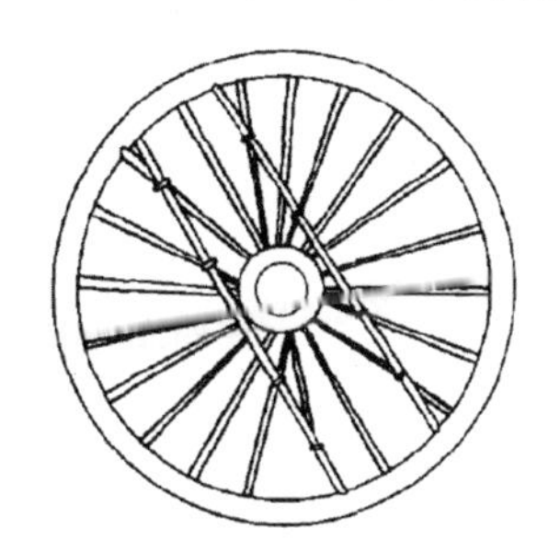

图四四　山东淄博临淄淄河店二号墓出土1号车车轮

临猗程村墓地车马坑出土的车辅仅有一例，发掘报告说：“程村墓地发掘的8座车马坑中，M1076是规模最小的一座，仅埋一车而无马…… 轮的外面各有2根平行的、断面为长方形的拼接组合木条，位置在毂的两侧，但并不与毂相接紧贴，而是保持有2厘米—3厘米的距离。组合木条两端抵达轮牙，末端顶住牙的内缘。经现场观察，这种长达轮径两端的拼接组合木条，都是由3根木条拼接组合而成的。两头2根在里面，亦即压在下面的2根，较窄小，由外露部分测知其宽度为2厘米—2.5厘米。中间1根在外面，亦即压在上面的1根，宽度较大，为3厘米，长56厘米……当然，在两轮4根拼接组合的木条中，也不能完全排除压在某1根组合木条下面的，并不是2根，而是直达轮径两端的1根木条……每根拼接组合木条，都有两个衔接固定的茬口，位置在外面1根木条的两端内侧，用皮条把上下2根木条和在它们下面对应的1根辐条缠扎在一起。”①军按：虽然发掘资料无法断定每根拼接组合木条是由3根还是2根木条拼接组合而成，但很可

① 中国社会科学院考古研究所等：《临猗程村墓地》，第197—198页。

能一长条在下直达轮径两端，一短条在上加固中间的拼接组合方式较为实用。下文将此辅式称为“程村式辅”，参见图四五。①

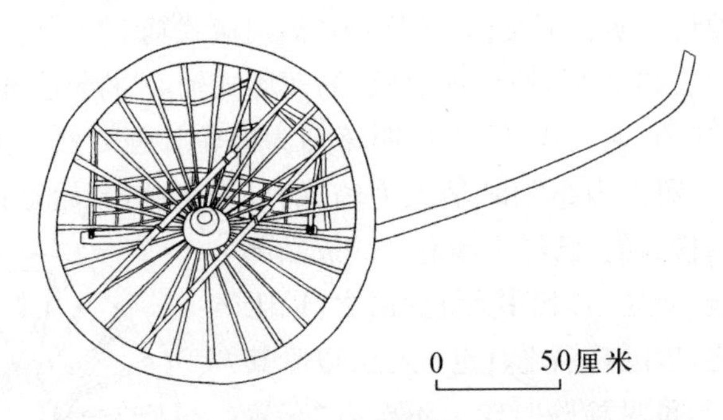

图四五　山西临猗程村 M1076 车坑出土车舆复原图

二、夹辅的功用

不少学者在讨论车辅与车轮的机械原理时引用了史四维（A. W. Sleeswyk）的观点。上世纪80年代初，上海古籍出版社为祝贺李约瑟博士八十寿辰出纪念论文集，荷兰格罗宁根大学的应用物理学教授史四维为此作《木轮形式和作用的演变》一文。在讨论中凹形有辐车轮时，史四维指出：“我们根据《周礼》中所说的那种十分合乎情理的区别判断，把车轮制成中凹形，对使用于坚硬土地上的车辆比对使用于松软泥泞的地面上的车辆，具有较大的重要性；在松软泥泞的地面上，轮辐、轮毂以及轮辋的牢度都是车轮首先必须具备的条件。下文将讲到，有迹象表明，这条通例适用于农村使用的车辆……如把车轮制成中凹形，轮缘的构造就必须具有极大的切向牢度，这种切向牢度通常是由铁侧板提供的，如用铁环箍，那就会更好一些。上述效应说明了辉县战车的几个中凹形车轮上发现的准直径撑的功用——见图18。这些准直径撑就是拉杆；在没有铁轮箍的情况下，拉杆是固定两段轮辋的主要部件。这些拉杆大概是用木钉

---

① 中国社会科学院考古研究所等：《临猗程村墓地》，图148，第195页。

固定在轮辋上的；不幸的是，这些古代遗物已经腐朽得无法辨认这一细节；不过，我们观察到这些拉杆比轮辐阔一些，这一事实与上述推论相符合。”史四维一开始称这两根辅助长杆为“准直径撑”，可能沿用了鲁桂珍等及《中国科学技术史》的说法，但在文中图 18“辉县战车车轮模拟图”中，他的说明文字则明确指出“车轮上有两根准直径拉杆”，他又说“虽然这些拉杆形状像 H 形轮辐车轮的准直径辅助轮辐，但他们的功用不同。辅助轮辐的作用是对付压力，因此必须紧紧地固定在主轮辐中；拉杆的作用是对付拉力，它们虽然在轮毂两旁极相近处经过，但并不与轮毂接触；它们只是把对置的两段轮辋互相连接在一起”。①

笔者认为上文提到的几种辅的实例其附杆都不与轮毂接触，有的附杆与轮辐绑固，其功用与 H 形轮辐相似；有的附杆不与轮辐绑固，其功用与 H 形轮辐不同；两者不宜混淆。“夹辅”的功能取决于安装部位和结合方法。如附杆紧缚于轮辐，末端紧抵轮牙内缘，可加固轮辐，对付压力，例见春秋中晚期的“程村式辅”和战国早期的“淄河店式辅 1”。如附杆不与轮辐绑固，只与轮辋用钉子或木楔连接，则是拉杆，可加固轮辋，对付拉力，例见战国“琉璃阁式辅”和战国中期的“宜城式辅”。演变脉络依稀可辨。如果装置方法巧妙，附杆紧缚于轮辐，末端紧贴轮牙侧面并与轮牙固定在一起，或许既可加固轮辐，对付压力；又可加固轮牙，对付拉力。这有待于更多出土实物资料的佐证。对“暹粒式辅”和“淄河店式辅 2”的进一步考察也许有助于此。因为夹辅被首次发现正好与轮绠的首次发现并出，史四维认为夹辅是轮绠装置的需要。其实，两者并存至今仅有辉县“琉璃阁式辅”一例，夹辅并非因轮绠的使用而添加。但“琉璃阁式辅”和轮绠装置的结合，代表了古代制轮技术的顶尖水平。

迄今我们所获出土先秦古车资料绝大部分是马拉的车，是贵族的陪葬品。《考工记》有“舆人为车”专讲制马车车箱之事，未涉及车箱板。上述带有夹辅的古车复原图也显示：其车舆不是用车箱板组成的，即车舆上没有可卸

① 史四维：《木轮形式和作用的演变》，《中华文史论丛》增刊《中国科技史探索》，第 476—477 页。

的车箱板。至于日常所用的载货的牛车，李学勤说："1981年，陕西扶风县下务子出土了一件师同鼎，铭文中说师同从征，与戎人交战，所俘有'车马五乘，大车廿'，就是5辆马车、20辆牛车。这证明西周时期实有牛车。这种牛车的构造一定和马车不同，以致铭文两个'车'字写法也不一样，'车马'的'车'像单辕车形，'大车'的'车'只表现轮子。牛车的主要用途是载重，所以不会像马车那样作为王公贵族的随葬品，这是这种车难于在考古发掘中出现的原因。"① 1972年甘肃武威新华乡磨嘴子汉墓出土的木牛车模型提供了一例汉代资料。该模型牛长29厘米，车长61厘米，参见图四六。② 由图可见，其车舆是由车箱板构成的；是否先秦遗制，有待今后更多考古发现的验证。它的轮牙厚实，轮辐相对薄弱，给"淄河店式辅1"或"程村式辅"留下了用武之地。

图四六　甘肃武威磨嘴子出土汉代牛车模型

三、夹辅的起源

在人类文明史上，车子最早出现在中东两河流域或欧洲。③ 在车轴

---

① 李学勤著，张耀南编：《李学勤讲中国文明》，东方出版社，2008年，第396页。

② Jun Wenren（闻人军），*Ancient Chinese Encyclopedia of Technology, Translation and Annotation of the Kaogong ji*（*The Artificers' Record*），London and New York，Routledge，2013，p. 108.

③ 龚缨晏：《车子的演进与传播——兼论中国古代马车的起源问题》，《浙江大学学报》（人文社会科学版）2003年第3期，第21页。

上转动的辐式车轮是从圆盘形实心车轮发展而来。辐式车轮大致分为两类：一类是如今常见的普通轮辐车轮，车辐的一端插在车毂上，另一端呈放射状与轮辋相连。另一类则可称为横辐(cross-bar)车轮，或称为“H形轮辐车轮”，H形轮辐车轮的特点是：车轮都装在转轴上，都有成对的辅助轮辐，对称安装于中枢木条两侧，中枢木条具有轮毂和两根主轮辐的作用。H形轮辐车轮与普通轮辐车轮是分别从圆盘形实心车轮发展而来，还是经历了圆盘形实心车轮——H形轮辐车轮——普通轮辐车轮的演变过程，学术界仍有分歧，但它们都曾由西向东扩散。100多年前在意大利北部的默库雷戈(Mercurago)，曾发现了一只大约公元前1800—前1100年的H形轮辐车轮，直径88厘米，参见图四七。[①] 有学者考证“古希腊的农用两轮车上用的几乎都是H形轮辐车轮”，“H形轮辐车轮是在公元前第三千纪后期被引进于伊朗北部的”。上世纪20年代的新疆还可以见到装有H形轮辐的两轮车，参见图四八，[②]此照片由美国自然史博

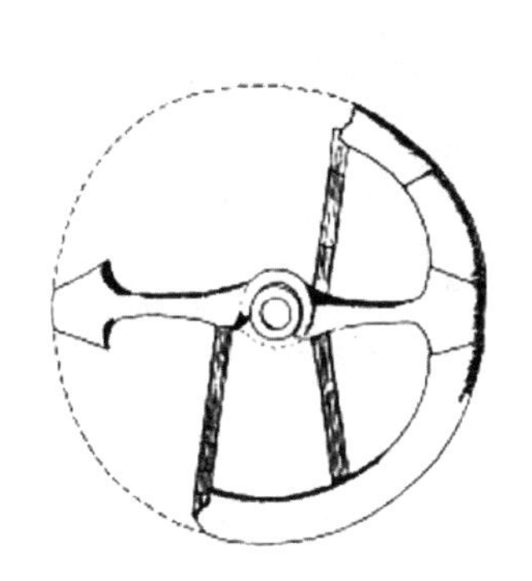

图四七 意大利默库雷戈发现的青铜时代H形轮辐车轮

图四八 装有H形轮辐车轮的新疆两轮车(摄于1926年)

① Roger B. Ulrich, *Roman Woodworking*, Yale University Press, 2008, p. 207, Fig. 10.5.

② 史四维：《木轮形式和作用的演变》，1982年英文版，第490—492页。1986年中文版，第473—474页。中文版误将“公元前第三千纪后期”译成“公元前30世纪后期”，现据英文版校正。图片采自J. R. Hildebrand, *The world's Greatest Overland Explorer*, *The National Geographic Magazine*, November, 1928, vol. 54, no. 5, p. 544.

物馆莫登-克拉克(Morden-Clark)亚洲远征队摄于1926年。迄今我国出土的先秦车舆中尚未发现H形轮辐车轮,但与其形似的车辅的出现似乎暗示,新疆不会是当年H形轮辐车轮东进的终点。

研究畜力驾车法的先驱——法国退休军官、技术史家诺蒂斯(Lefebvre des Noëttes, 1856—1936)于1924年发表《畜力驾车的历史》,图版照片中有一张是使用H形轮辐车轮的19世纪中国马车,参见图四九。还有一张是使用H形轮辐车轮的近代中国牛车,参见图五〇。[①] 1931年增补为两卷本《挽具: 鞍马的历史》,上卷为文字,有一些插图;下卷为图版,收图457幅,仍收有这两张照片。[②] 尽管不知拍摄的确切地点,但可以肯定H形轮辐车轮曾在中国几个不同的地区使用过。

图四九　装有H形轮辐车轮的中国近代马车(摄于19世纪)

笔者认为: 中国夹辅是原创还是受横辐车轮的辅助轮辐的启发而有所创造,现有资料尚不足以定论,但中国早期车子与中亚车子有不少相似性,国内又发现横辐车轮的踪迹,很可能夹辅起源于横辐车轮。反过来,

---

① Lefebvre des Noëttes, *La Force Motrice Animale à travers les âges*, Paris, Berger-Levrault, 1924. Fig. 210、214. *L'Attelage Le Cheval de Selle à travers les âges: Contribution à l'Histoire de l'Esclavage*, vol. 1, Paris, A. Picard, 1931. p. 297.

② Lefebvre des Noëttes, *L'Attelage Le Cheval de Selle à travers les âges: Contribution à l'Histoire de l'Esclavage*, vol. 2, Paris, A. Picard, 1931. Fig. 134、135.

图五〇 装有 H 形轮辐车轮的中国近代牛车

夹辅这种实用方法在中国不断发展，又流传至国外。

《左传·僖公四年》曰："昔召康公命我先君大公曰：'五侯九伯，女实征之，以夹辅周室。'"当年必有与之相应的制车技术背景才会在言谈中出现"夹辅"一词，可知夹辅的使用不会晚于周初。

车辐和轮牙是轮中原有的部件，而辅是轮外后加之物。人们制作车轮（包括普通平面形和中凹形车轮），总体估计原有的轮辐、轮牙、轮毂能够胜周转之任。用久而轮牙松，辐条敝，轮毂损，稳定性差、任重力减弱，为了加固，就另取两根准直径长杆，固定于轮子之旁。一般用车者，甚至有些制车者，可能知其然，而未必知其所以然，也许只是发现辅能增强轮子的承重能力。辉县琉璃阁第 131 号车马坑出土的实况说明，有的夹辅在制作车轮时就已作成，而不是在车轮用敝后附加的，且全坑 19 辆车中，又不是每辆车皆有。这或者只是"未雨绸缪"的设计，既非新轮定型工艺，也不是新车的标准配备，故在《考工记》中没有记载。

“辅车相依”在先秦文献中的表述

在众多与车有关的成语典故中,《左传》“辅车相依”悬疑两千年,至今争鸣不已。近年刀尔登的《不读〈考工记〉》扼要介绍了“辅车相依,唇亡齿寒”的传奇,又说“《考工记》中没有讲到这种‘辅’,它少说了一句,大家就糊涂了一千年”。[①] “辅车相依”引起了更多读者的兴趣和关注。笔者为此写了一篇《夹辅的起源、形制和功用》,本文是其姐妹篇,从《左传》、《诗经·小雅·正月》和祝由术之“辅”的同一性出发,进一步解释由夹辅引出的“辅车相依”。

一、《左传》“辅车相依”

“辅车相依”一语首见于《左传》,《左传·僖公五年》曰:“晋侯复假道于虞以伐虢。宫之奇谏曰:‘虢,虞之表也。虢亡,虞必从之。晋不可启,寇不可玩,一之谓甚,其可再乎?谚所谓‘辅车相依’,‘唇亡齿寒’者,其虞、虢之谓也。’”晋代杜预注:“辅,颊辅。车,牙车。”孔颖达疏引《易·咸卦》、《广雅》、《释名》等证明“牙车、颔车,牙下骨之名也;颊之与辅,口旁肌之名也。盖辅车一处分为二名耳。辅为外表,车是内骨,故云相依也”。[②]

---

① 刀尔登:《不必读书目》,山西人民出版社,2012 年,第 114 页。

② 《左传·僖公五年》,阮元校刻《十三经注疏》本,中华书局,1980 年,第 1795 页。

意指人的面部器官,累代相从,直至清代,清儒王引之说:"杜以辅为颊、车为牙车,殆不可通。服谓颔车与牙相依,亦与传不合。传云'辅车相依',不云'辅车与牙相依'也……余谓'唇亡齿寒'取诸身以为喻也,'辅车相依'则取诸车以为喻也。"他引《小雅·正月篇》、《吕氏春秋·权勋篇》和《说文·车部》辅字以为证,认为"车之有辅甚明","辅车相依"之车"为载物之车而非牙车",详见其《经义述闻》。[①] 段玉裁亦持同论,其《说文解字注》不依误删了"《春秋传》曰:'辅车相依。'"八字的大徐本,而从保存了此八字的小徐本,他认为"合《诗》与《左传》,则车之有辅信矣"。[②] 王筠说:"段氏依小徐,其说皆精确,特不悟其已经删削耳。辅之本义,仅见于《小雅》及《僖五年》左氏此传……《左传》'辅车相依,唇亡齿寒'乃连用譬喻,本非一义……筠以今事揣测之,吾乡以小车载大石者,两辐之间加一木,拄其毂与牙,绳缚于辐以为固。辐得其助,则轮强而不败,故曰'员于尔辐'也。"[③]王、段等驳斥杜说,将"辅"改释为车器。清代和民国学者大多同意释为车器,但因未见古车实物,对"辅"的具体部位和形制流于猜测。陈奂《诗毛氏传疏》说:"辅者,掩舆之版。《大东》传:'箱,大车之箱也。'《方言》:'箱谓之輫。'《尔雅》:'棐,辅也。''棐'与'輫'通,箱取辅相之义,则辅即箱矣。大车掩版置诸两旁,可以任载。今大车既重载矣,而又弃其两旁之版,则所载必堕,此其显喻也……《正义》谓辅是可解脱之物,以今人缚杖于辐为比况之词。若是则弃辅未即堕载,恐与经义无当也。"[④]其他如:曾钊、马瑞辰释为伏兔,[⑤]俞樾释为车下索,[⑥]黄山以人为辅释作俌,[⑦]马叙伦释为拄辕、拄舆的支

---

① 王引之:《经义述闻》卷一七《辅车相依》,江苏古籍出版社,1985年影印道光本,第405—406页。

② 段玉裁:《说文解字注》"辅",中州古籍出版社,2006年,第726页。

③ 王筠:《说文释例》,中国书店,1983年,第557—558页。

④ 陈奂:《诗毛氏传疏》卷一九(《续修四库全书》本),上海古籍出版社,2002年,第242页。

⑤ 马瑞辰著、陈金生点校:《毛诗传笺通释》卷二〇,中华书局,1989年,第608页。

⑥ 俞樾:《群经平议》卷一〇《毛诗三》(《续修四库全书》本),上海古籍出版社,2002年,第157—158页。

⑦ 王先谦著、吴格点校:《诗三家义集疏》,中华书局,1987年,第672页。

棍。[①] 上述几种说法中，车箱版说最具影响力，至今仍有很多从者。

在汉学界，日本竹添光鸿(1842—1917)的《左传会笺》说："杜以辅为颊，车为牙车，殆不可通。《说文》车部辅字下，引'《春秋传》曰：辅车相依'。又面部酺字下云'颊车也'，是'颊车'本不作辅。《周易》之'辅颊舌'，特假借字耳。"[②]理雅各(James Legge，1815—1897)的英译《左传》将"辅"恰当地译为 wheel-aids，[③]其英译《诗经》也将"辅"译为 wheel-aids，并注释："辅谅是间或可用防止车轮打滑之杆，它们或许装在车辐上，免得轮子陷于车辙。"[④]卫三畏(Samuel W. Williams，1812—1884)把辅叫作载物架或车箱板，[⑤]麦都思(Walter Henry Medhurst，1796—1857)说辅是附在车两旁可卸的杆子，[⑥]詹宁斯(William Jennings)的英译《诗经》将辅译为刹车。[⑦] 理雅各指出卫三畏、麦都思的观点不对，高本汉(Bernhard Karlgren，1889—1978)说理雅各的观点只是一种猜测，他的《诗经注释》(*Glosses on the Book of Odes*)将《诗・小雅》中的"辅"释为车箱两旁的板(side-boards)，[⑧]其《左传注释》(*Glosses on the Tso Chuan*)将"辅车相依"译为"车两旁的板子与车子是互相倚着的"。[⑨] 如今看来，还是理雅各译

---

① 马叙伦：《说文解字六书疏证》卷二七，科学出版社影印本，1957 年，第 126 页。

② 竹添光鸿：《左传会笺》第五，巴蜀书社，2008 年，第 416 页。

③ James Legge, *The Ch'un Ts'ew, with The Tso Chuen*, Southern Material Center Publishing Inc., 1983, p. 145. 原文是"They appear to have been poles that could be used, on occasion, to prevent the wheels from sliding, or applied to the spokes to heave the wheel out of a rut."

④ James Legge, *The Chinese Classics*, vol. IV, *The She King*, second edition, reprinted by Hong Kong University Press, 1960, p. 319.

⑤ 原文是"the rack or cheeks of a cart"，转引自 James Legge, *The Chinese Classics*, vol. IV, p. 319.

⑥ 原文是"the poles of a cart, attached to it on each side, and which may be taken off occasionally"。转引自 James Legge, *The Chinese Classics*, vol. IV, p. 319.

⑦ 原文是"brakes", William Jennings, *The Shi King: The Old "Poetry Classic" of the Chinese, A Close Metrical Translation, with Annotations*, London, George Routledge and Sons, 1891, pp. 214 - 215.

⑧ Bernhard Karlgren, *Glosses on the Book of Odes*, Museum of Far Eastern Antiquities, 1964, pp. 83 - 84.

⑨ 高本汉著、陈舜政译：《高本汉左传注释》(*Glosses on the Tso Chuan*)，台北中华丛书编审委员会，1972 年，第 73 页。

得好一些。他设想辅是帮助轮、辐的木杆;又根据"阴雨则泥泞而车易以陷也",[1]推测其用途。虽然未猜中,但在古车之辅尚未出土的历史条件下已属难能可贵。究其原因,理雅各英译《中国经典》时得到了"助译"王韬的大力帮助,[2]王韬为理雅各搜集编著了许多研究性的资料,其中包括与车辅有关的《毛诗集释》三十卷和《春秋左氏传集释》六十卷 。此两书未刊刻,现藏于美国纽约公共图书馆。

近现代学者或依从王、段新说,[3]或依从杜预旧注,[4]莫衷一是。上世纪50年代以来,随着一些古车实物的出土和复原研究,多数学者认同"辅"为车器说。《汉语大辞典》(1993年版)"辅"字的第一义项是:"绑在车轮外旁用以夹毂的两条直木,能增强轮辐的载重力。"此说代表了多数学者的观点,但依然受到质疑。许嘉璐将"辅"列为车的附件:"是车轮外边另加上夹毂的两根直木,为的是增强轮子的承重能力。"这一定义称辅"增强轮子"而非"增强轮辐",更为全面。近年来,随着新资料的问世和研究成果的累积,已有更好的条件对"辅车相依"作更深入的讨论。

"辅"释为"颊辅"义的本字是䩉,表示的是人的面部夹住下牙床的部分。《易·咸卦》:"上六,咸其辅、颊、舌。"《诗经·卫风·硕人》:"巧笑倩兮。"毛传:"倩,好口辅。"孔颖达疏:"服虔云:'辅,上颔车也,与牙相依。'则是牙外之皮肤,颊下之别名也。"段玉裁《说文解字注》注"辅":"面部曰:'䩉,颊车也。'面䩉自有本字,《周易》作辅,亦字之假借也,今

---

① 朱熹:《诗集传》卷一一,中华书局,1958年,第131页。

② 张海林:《王韬评传》,南京大学出版社,1993年,第101—102页。

③ 例如:杨伯峻《春秋左传注》认为"辅,车两旁之板"(中华书局,2009年,第307页);许嘉璐《中国古代衣食住行》指出"是车轮外边另加上夹毂的两根直木,为的是增强轮子的承重能力"(北京出版社,1988年,第131页);汪少华《从出土车舆看"辅车相依"》指出许说"表述最恰切"(《中国文字研究》第5辑,广西教育出版社,2004年。收入汪少华《中国古车舆名物考辨》,商务印书馆,2005年,第212页)。李梦生《左传今注》认为辅是"车箱两边的夹板。一说辅为面颊,而车为牙床"(凤凰出版社,2008年,第121页)。

④ 例如:王力主编:《古代汉语》第1册,中华书局,1999年,第17页;朱东润:《中国历代文学作品选》上编第1册,上海古籍出版社,1979年,第63页;陆宗达:《陆宗达语言学论文集》,北京师范大学出版社,1996年,第403—405页。胡志挥英译、陈克炯今译的《汉英对照左传》将"辅"英译为面颊(cheek),"车"英译为牙床(gums),湖南人民出版社,1996年,第185页。

亦本字废而借字行矣。"[1]故《易·咸卦》原文应为"上六，咸其酺、颊、舌"，该书证其实不能作为早已用辅为面部器官的论据。孔广居《说文疑疑》曰："《诗》：'无弃尔辅。'是辅字实从车取义。牙车义从后起。"[2]高本汉指出："'车'字当'牙床'讲，绝不见于任何汉以前的文献之中。"[3]由此可见，不能因为看到先秦文献中的"辅"有"颊辅"义，就将《左传》中的"辅车"释为"颊辅与牙床"。

许多学者已经注意到《韩非子·十过》、《吕氏春秋·权勋》和《淮南子·人间》关于"辅车相依"的另类或通俗表述，可明确"辅车相依"的"辅"是车辅而非颊辅，"辅车相依"的"车"是木车而非牙车。它们对于探讨"辅车相依"的源流也颇有价值，俱引于次。

《韩非子·十过》："宫之奇谏曰：'不可许。夫虞之有虢也，如车之有辅。辅依车，车亦依辅，虞、虢之势正是也。若假之道，则虢朝亡而虞夕从之矣。不可，愿勿许。'"[4]《吕氏春秋·权勋》："宫之奇谏曰：'不可许也。虞之与虢也，若车之有辅也，车依辅，辅亦依车，虞、虢之势是也。先人有言曰：'唇竭而齿寒。'夫虢之不亡也恃虞，虞之不亡也亦恃虢也。若假之道，则虢朝亡而虞夕从之矣。奈何其假之道也。'"[5]在上引两条文献中，"辅车相依"恢复成其较通俗的表述——"辅依车，车亦依辅"或"车依辅，辅亦依车"。

《淮南子·人间》："宫之奇谏曰：'不可！夫虞之与虢，若车之有轮，轮依于车，车亦依轮。虞之与虢，相恃而势也。若假之道，虢朝亡而虞夕从之矣。'"[6]马瑞辰说："合《左传》及《吕氏春秋》证之，《淮南》'轮'当为'辅'之讹。"[7]但由此可见，《淮南子·人间》说的也是"辅依于车，车亦依辅"，"辅"字误为"轮"，也因其作者认为"辅车相依"与木车有关。

---

① 段玉裁：《说文解字注》，第726页。
② 转引自马叙伦：《说文解字六书疏证》卷二七，第125页。
③ 高本汉著，陈舜政译：《高本汉左传注释》，第72页。
④ 《韩非子》卷三（《四库全书》本），第2—3页。
⑤ 《吕氏春秋》卷一五（《四部丛刊初编》本），第6页。
⑥ 《淮南鸿烈解》卷一八（《四部丛刊初编》本），第4页。
⑦ 马瑞辰著，陈金生点校：《毛诗传笺通释》卷二〇，第608页。

二、《诗经·小雅·正月》中“员于尔辐”之辅

前人早已注意到,除上述《左传》引文外,《诗经·小雅·正月》中留下了对辅的更多描述,其文曰:“终其永怀,又窘阴雨。其车既载,乃弃尔辅。载输尔载,将伯助予。无弃尔辅,员于尔辐,屡顾尔仆,不输尔载。终逾绝险,曾是不意。”毛传:“大车重载,又弃其辅……员,益也。”孔颖达正义:“《考工记·车人为车》有大车,郑以为平地载任之车,驾牛车也……又为车不言作辅,此云‘乃弃尔辅’,则辅是可解脱之物,盖如今人缚杖于辐以防辅车也。”①朱熹《诗集传》曰:“辅,如今人缚杖于辐,以防辅车也……员,益也。辅所以益辐也。”②孔颖达不认同《诗经》“无弃尔辅”与《左传》“辅车相依”的“辅”之间应当具有同一性,但段玉裁、王筠、汪少华等均曾指出两者是相同的。③《诗经·小雅·正月》的正确解读对寻求“辅车相依”的含义至关重要。

《诗》曰:“无弃尔辅,员于尔辐,屡顾尔仆,不输尔载。”毛传:“员,益也。”郑笺:“屡,数也。仆,将车者也。顾,犹视也,念也。”海内外注译《诗经》及有关著作不计其数,许多作者将前三句并列为第四句的条件,如:程俊英译为:“请勿丢掉车栏板,还要加粗车轮辐。经常照顾你车夫,莫使失落车上物。”④周振甫译为:“不要抛弃你的车箱板,加固你的车子辐。屡次看你的奴仆,不要使你的运载有失落。”⑤姚小鸥注上一章“辅”为“车轮外旁增缚夹毂的两条直木,用以增强轮辐载重的支撑力”,本章中则译为:“不要丢掉车辅板,绑紧你的车伏兔,经常扭头看车夫,不掉你的车上物”。⑥ 其实前两句是因果递进关系,但也有各种不同的理解。如《大中华文库·诗经》的英译,

① 孔颖达:《毛诗正义》卷一九(《武英殿十三经注疏》本),第18—19页。
② 朱熹:《诗集传》卷一一,第131页。
③ 汪少华:《中国古车舆名物考辨》,商务印书馆,2005年,第202页。
④ 程俊英译注:《诗经译注》,上海古籍出版社,1985年,第367页 。
⑤ 周振甫译注:《诗经译注》,中华书局,2002年,第297页。
⑥ 姚小鸥译注:《诗经译注》,当代世界出版社,2009年,第340、343页。

译回中文是:"如你不丢掉车栏板,辐条决不会挠折。"[①]理雅各的英文散译《诗经》将这四句诗译为:"如你不弃轮辅,它们帮助轮辐,并常看看车夫,荷载不会倒掉。"[②]高本汉的英译《诗经》将这四句诗译为:"不要丢掉车箱两旁的板,(货物)会掉落在车辐上的。经常看顾你的车夫,不要掉落你的货物。"[③]

除理雅各外,上述许多观点派生于清儒对辅的误解。汪少华指出"陈奂释'辅'为掩舆之版,则下句'员于尔辐'无从解释——掩舆之版对于车辐又有何益?俞樾释'辅'为'輔',同时将下句'员于尔辐'之'员'训作旋,于是'在车下与舆相连缚'的索竟然旋绕到车辐上去了;曾钊、马瑞辰释'辅'为'轐'、释'辐'为'輹',殊不知'轐'、'輹'皆是伏兔之名……依曾、马说,'无弃尔辅,员于尔辐'等于'无弃尔轐,员于尔輹',就无法理解了","上述三说辗转假借,都难以令人信服。'黄山之说'避陉陷坑,同样置'无弃尔轐,员于尔輹'于不顾。假如'辅'是人的话,只能'辅行而护持其车',对于车辐却是不能起到多少增益作用的"。[④]

马叙伦曾质疑俞樾对辅的解释,他以为:"疑即今北方驾牲之车,每至休息时,以木长与其辕距地之高度略等者拄其辕,使牲负得轻;解牲时亦用以拄辕,使车不前顿。轮或损坏,用以拄舆,使车不侧覆,其用甚大,所以为辅佐之义。"[⑤]左德成说:"这个说法更简单了。把辅说是一种长形的支棍。停车时,帮着支撑,不会前倾;轮子坏了,也可以帮着撑住,防止歪倒。因为不是什么固定之物,所以没列入《考工记》的

① 程俊英、蒋见元今译,汪榕榕英译:《诗经》(*The Book of Poetry*),湖南人民出版社,2008年,第377页。

② 原文为"If you do not throw away your wheel-aids, Which give assistance to the spokes; And if you constantly look after the driver, You will not overturn your load",引自 James Legge, *The Chinese Classics*, vol. IV, *The She King*, second edition, reprinted by Hong Kong University Press, 1960, p. 319.

③ 原文为"Do not throw away your side-boards, (the load) will fall down on your spokes, look often after your driver, do not let fall your load",引自 Bernhard Karlgren, *The Book of Odes*, Museum of Far Eastern Antiquities, 1950, p. 137.

④ 汪少华:《中国古车舆名物考辨》,第194—196页。

⑤ 马叙伦:《说文解字六书疏证》卷二七,第126页。

记载。"①军按：马叙伦推测的这种支棍并不与车相依，而且不能解释这种支棍对运转的轮子及车辐有什么益处。

吕珍玉批评高本汉对"员于尔辐"的解读，又说："本章'不输尔载'表结果，如何才能使车上载的货物不掉落呢？上三句是条件，不要丢弃你车箱两旁的板，增大你的车辐，而且要多看视你的御者。因此毛传训'员，益也'，不用改字就可以说得很好。如陈奂所说，毛公承受荀学，这里是根据《荀子·法行》所引的逸诗：'毂已破碎，乃大其辐，…… 其云益乎。'大概毛氏以为这里的'员于尔辐'和逸诗相像，意思是：'你加大(改良)你的辐。'"②军按：车箱是一辆完整的车必不可少的一部分，"辅"是另加于完整车的外加物，故能引申为起辅助作用。正如扬之水所说，"辅，是依附在车轮上的一个部件，《左传·僖公五年》所以有'辅车相依'之说。'无弃尔辅，员于尔辐'正表明辅是附加在辐上的。"③而且如汪少华所说，如将辅释为车箱两旁的板，它"对于车辐又有何益"？愚意本章前三句与上一章"乃弃尔辅"一正一反，这三句都是对辅而言。《荀子·法行》曰："《诗》曰：'涓涓源水，不雍不塞。毂已破碎，乃大其辐。事已败矣，乃重太息。'其云益乎？"王先谦《荀子集解》曰："先谦案：云益，有益也，说见《儒效篇》。"④《荀子·儒效篇》："凡事行，有益于治者，立之；无益于理者，废之。夫是之谓中事。凡知说，有益于理者，为之；无益于理者，舍之。夫是之谓中说。"此逸诗与《诗·小雅·正月》宜对照阅读。陈奂《诗毛氏传疏》、高本汉《诗经注释》、吕珍玉先后引用过此逸诗，可惜他们有辅为车箱板的先入之见，未能正确理解毛传所指。毛公承受荀学，毛氏以逸诗训"员于尔辐"，毛传"员，益也"之"益"当作"有益"、"帮助"解，而非作"加大"解。故"员于尔辐"应释为："有益于你的辐。"

至于"屡顾尔仆"，郑笺："仆，将车者也。"马瑞辰曰："仆，附也……上

---

① 左德成：《"辅"与"车"要如何相依？——"宫之奇谏假道"析疑》，《国文天地》卷15第8期，2000年，第98—103页。引自 http://www.ck.tp.edu.tw/~chinese/3-2.htm.

② 吕珍玉：《高本汉〈诗经注释〉研究》，台北花木兰文化工作坊，2005年，第111页。

③ 扬之水：《驷马车中的诗思》，《文史知识》1998年第8期。收入扬之水《诗经名物新证》，北京古籍出版社，2000年，第443页。

④ 王先谦撰，沈啸寰、王星贤点校：《荀子集解》，第534页。

言辅下言仆，一物二名者，错综以见义耳。”[①]军按：马说较佳。上引诸说和众多译注者信从郑笺将看车夫作为荷载不堕的条件有些牵强。《庄子·人间世》曰：“适有蚊虻仆缘，而拊之不时。”[②]王念孙《读书杂志》：“仆之言附也，言蚊虻附缘于马体也。仆与附声近而义同。”[③]《大雅·既醉篇》：“景命有仆。”毛传：“仆，附也。”郑笺：“天之大命又附着于女。”“屡顾尔仆”之“仆”当指车之附件，在此语境中，特指轮上所附之辅。“无弃尔辅，员于尔辐，屡顾尔仆，不输尔载”可译为：“请勿丢掉你的辅，它能助益你的辐，常常关心看看辅，不要失落车载物。”相反的：如果不加辅，旧车敝轮颠簸于阴雨泥泞的路上而损坏，重载之物在途中会跌出车外，所以才要临危急呼“伯”（老兄）来帮忙。

总之，在《诗经·小雅·正月》中，辅是依附于车轮的附件，轮与车的安危也依赖于辅。换言之，辅依车，车依辅。

三、秦简祝由术中的“辅车车辅”

可能有人质疑，夹辅的作用似有被夸大之嫌，究其历史原因或与巫术有关。近年来先秦文物不断出土，增添了研究先秦文化的新材料。1993年湖北省荆州市沙市区关沮乡的清河村周家台三〇号秦墓出土了389（拼接编联后为381）枚竹简，内容丰富。其中用祝由术治疗龋齿的一段简文为“辅车相依”的解读提供了又一个视角。

> 见车，禹步三步，曰：‘辅车车辅，某病齿龋，苟令某龋已，令若毋见风雨。’即取车辖，毋令人见之，及毋与人言。操归，匿屋中，令毋见，见，复发。[④]
>
> 《周家台三〇号秦墓简》332—334

---

① 马瑞辰著，陈金生点校：《毛诗传笺通释》卷二〇，第608页。

② 安继民、高秀昌注译：《庄子》，中州古籍出版社，2006年，第46页。

③ 王念孙：《读书杂志·余篇上》（光绪观古堂本），第18页。

④ 湖北省荆州市周梁玉桥遗址博物馆编：《关沮秦汉墓简牍》，中华书局，2001年，第130页。引文采用宽式释文。

陈斯鹏指出“病齲者祝于垣址、车辅之神……求之车辅，则承诺让他不受风雨之苦”，“祝辞说‘辅车车辅，某病齿齲，苟令某齲已，令若毋见风雨’，何以要向‘辅车车辅’祝求去除齿齲之病呢？原来颊骨与牙床的关系同车辅（车轮外旁起夹辅作用的直木）与车舆的关系相类似，……当牙齿出现问题时，便会想到与它相依的颊辅，而出于相似性联想又想到了车辅，认为就像颊辅同牙齿密切相关一样，车辅对于牙齿的坚固也具有相同的意义。这样的心理机制，正和弗雷泽所说的交感巫术中的相似律相契合”。①

军按：参照《韩非子·十过》“辅依车，车亦依辅”及《吕氏春秋·权勋》“车依辅，辅亦依车”的说法，简文中“辅车车辅”一语其实就是“辅依车，车依辅”。上述简文可译为：“治疗齲齿的方法是：面对车，以禹步走三步，说：‘辅（依）车，车（依）辅，我的牙齿齲了，假如能让我的齲齿痊愈，就让你不受风雨。’随即取下车辖，不要让别人看到，也不要与别人说话。把车辖拿回来，藏在屋中，不要让别人看到，如果被人看到，齲齿就会复发。”人牙之“牙”由上下相迎的金文象形字演化而来，②人牙之为用需成对的牙上下相迎，轮辋之为用需两段煣成半圆的牙材相迎合成。祝由词以为蛀牙痊愈好比轮牙安好，夹辅就无用武之地，就不必见风雨。祝由术又把夹辅与风雨扯在一起，或许源于前述《诗经·小雅·正月》“又窘阴雨”道路泥泞之时，尤需夹辅之助。此条简文使人联想到加“夹辅”于轮子的设计与“颊辅”对人牙的护卫作用不无关系，也为以杜预为代表的注解留下了想象的空间。

四、结　语

上述《左传》、《诗经·小雅·正月》和秦简三种先秦原始文献，以及有

---

① 陈斯鹏：《简帛文献与文学考论》，中山大学出版社，2007 年。第 116、122—123 页。

② “牙”的金文象形字参见高明、涂白奎编著：《古文字类编》增订本，上海古籍出版社，2008 年，第 508 页。

关文献的复述表明，先秦人们对辅依车、车依辅，即夹辅依木车、木车依夹辅的认知并无歧义。几十年来的出土车舆上屡见夹辅的身影（参见拙文《夹辅的起源、形制和功用》）。人们制作车轮，预先估计原有的轮辐、轮牙、轮毂能够胜周转之任。用久而轮牙松，辐条敝，轮毂损，稳定性差、任重力减弱，为了加固，就另取两根准直径长杆，固定于轮子之旁，形成夹辅。这就是《诗·小雅·正月》所说"无弃尔辅，员于尔辐"之"辅"，也就是《左传·僖公五年》"辅车相依"之"辅"，以及在祝由术中被神化之辅。

司南编

南宋堪舆旱罗盘的发明之发现(研究通讯)

学术界认为：旱罗盘是欧洲的发明；16世纪由日本传入我国。笔者发现，我国不但是水罗盘的发源地，而且早在12世纪首先发明了旱罗盘。

据《考古》1988年第4期报导，1985年在江西临川南宋墓(1198年入葬)出土了地理阴阳“张仙人”瓷俑一式二件。此俑“左手抱一罗盘”(军按：原文附图，今从略)。关于罗盘(地螺)的首次记载，见于江西临江曾三聘的《因话录》(约1200年)。临江罗盘是现已发现的世界上最古的罗盘，它的磁针中部增大呈菱形，菱形中央有一明显的圆孔，形象地表达出用轴支承之意，肯定是一种堪舆旱罗盘。《梦溪笔谈》、《事林广记》中已含旱针的支承原理，乾隆年间范宜宾的《罗经精一解》曾指出旱针系中国古制，“创自江西”。临川罗盘和《因话录》“地螺”进一步表明江西很可能是罗盘的故乡。

罗盘的分度有二十四与十六(或三十二)向两大体系。学术界认为前者系中国所固有，后者纯属欧式。今观临川罗盘上半部的方位刻划有八条，从上下对称推算，总数应是十六条。由此可知，十六分度制亦产生于我国。它来源于堪舆家视为罗经之本的八卦。宋王伋的《针法诗》称“坎离正位”，乃是早期堪舆家采用八卦分度之一证。用后天八卦命名的八方定位，加上其缝针，恰成十六向，再等分得三十二向。

在西方，约1190年英国的尼坎姆始作航海者用磁针定向之记载，磁化法与百年前沈括所记相同。尼坎姆曾推想“磁针装设在支轴上”。至

1205年法国普洛文描述了指北浮针，其浮法与中国的相似。13世纪初，阿拉伯用磁针定向。中叶，印度洋上的船长们以中空的铁鱼测定方向，当是北宋《武经总要》指南鱼之遗制。阿拉伯和红海的航海罗盘称针房，这原是我国放罗盘的船舱之专名。1269年法国皮里格里努斯的《论磁书简》中，除标记360°的改进过的水罗盘外，还首次描述了圆周上刻度的旱罗盘。后来，360°刻度圆盘被三十二向罗经卡所取代，荷兰还出现了临川式的旱罗盘。磁针、罗盘交流史中悬案尚多，临川罗盘暗示我们，下一步研究应把重点放在陆路。

原载《杭州大学学报》1988年第4期

南宋堪舆旱罗盘的发明之发现

众所周知，指南针、罗盘的发明和传播，在航海史、文化史上皆极重要，对人类文明发展史的进程有巨大的影响。罗盘是指南磁针与分度相配合、装置而成的一种具体辨正方向的仪器。按磁针的支承方式，罗盘分为水罗盘和旱罗盘两大体系。迄今为止学术界认为：指南浮针和水罗盘为我国两宋时所创制，旱罗盘则是欧洲的发明；我国宋元时期没有旱罗盘，直至16世纪初期或中期才由日本船传入这种西洋发明。本文发现，早在12世纪，我国已发明了堪舆旱罗盘。南宋堪舆旱罗盘的发现和研究，为探索磁针、罗盘的西传提供了新的线索。

一、旱罗盘发明于中国

据《考古》1988年第4期报导，1985年5月，江西省临川县窑背山南宋邵武知军朱济南(1440—1197)墓(1198年入葬)出土了七十件瓷俑，“瓷土作胎。胎土细匀，素烧，火候偏低。均为单体侍立状圆雕，由模印贴塑而成，多中空”，系江西烧造。其中有张仙人俑一式二件。此俑“眼观前方，炯炯有神，束发绾髻，身穿右衽长衫，左手抱一罗盘，置于右胸前，右手紧执左袖口。座底墨书‘张仙人’，高22.2厘米”(图五一)。该俑“捧一大罗盘，俨然一位地理阴阳堪舆术家，即《大汉原陵秘葬经》(《永乐大典》卷八一九九——笔者注)所记的地理阴阳人张景文

图五一　江西临川宋墓瓷俑

一类人物”。①张仙人俑现存临川县文物陈列室，这一考古实物资料对于罗盘史研究极为重要，为研究方便计，现将“张仙人”的罗盘称为“临川罗盘”。

从图五一可见，临川罗盘确是磁针与刻度圆盘相配合的指向器，这是现已发现的世界上最古的罗盘之模型。有关我国堪舆罗盘的首次可靠记载，见于南宋曾三聘的《因话录》（写于1200年稍后）。②曾三聘是江西临江府峡江（今属江西省清江县）人，峡江离临川不远，《因话录》写作年代与朱济南入葬之年相近，书中称堪舆罗盘为“地螺”。“地”得名于栻占地盘，“螺”表示这种罗盘形圆似螺。或许临川罗盘原来也叫作“地螺”，螺、罗音近，“地螺”与罗盘的另一早期名称“地罗”之间应有渊源。

值得注意的是临川罗盘的磁针装置方法。它的磁针与水面浮针根本不同，其中部增大呈菱形，菱形中央有一明显的圆孔，形象地表达出用轴支承的结构，由此我们可以断定：临川罗盘是一种旱罗盘。

旱罗盘磁针的支承原理，南宋人已经掌握，并可上溯到北宋沈括（1032—1096）的磁针支挂实验，③即《梦溪笔谈》卷二十四所记的指甲旋定法和碗唇旋定法。陈元靓《事林广记》中所收的“造指南龟”法，也采用旱式支承原理。指南龟出现的时代尚难推定，至迟在14世纪初已有指南龟。实用的堪舆旱罗盘自然比作为明器的临川罗盘要早，它与指南龟之

① 陈定荣、徐建昌：《江西临川宋墓》，《考古》1988年第4期，第329—330、334页。本书图五一采自该期图版叁：3。
② 闻人军：《宋〈因话录〉作者与成书年代》，《文献》1989年第3期。
③ 沈括的生卒年据徐规、闻人军：《沈括的前半生考略》，《中国科技史料》1989年第3期。

间或许存在借鉴关系。

清乾隆时堪舆家范宜宾的《罗经精一解・针说》云："指南旱针，造自圣王，今反弃古不用，转用后人伪造之水针，乖谬已极，失去根本矣。……今余之经盘，遵用旱针，不用水针，亦去伪遵古之意也夫。"又说："缘此针，创自江西，盛于前明，以此定南北之枢。"①范氏认为旱针是古制，其称明代以前"创自江西"者，也指旱针，而不是他心目中的"伪造之水针"。我国的水针（水罗盘）至迟创自宋代，绝非后世才有，范氏的看法是片面的。但他指出明代以前江西已发明旱罗盘，当时或许有所根据，现在更从临川罗盘得到证实。范氏所遵用的"旱针"，恐与临川罗盘有传承关系。

综上所述，12 世纪（下限 1198 年），我国堪舆家已发明了旱式圆形堪舆罗盘，发明地点很可能在江西。

二、十六分度及其来历

根据现已掌握的古籍（如朱彧《萍洲可谈》、徐兢《宣和奉使高丽图经》）的记载，②我国在 11、12 世纪之交已将指南浮针用于航海；但到 13 世纪 20 年代，始见使用航海罗盘的文字记录。③ 在罗盘发明前后，用以盛指南浮针的，还有一种专用的针碗。

我国古籍中成书年代可靠、最早明确提到罗盘分度的是《因话录》。其《子午针》条说："地螺，或有子午正针，或用子壬丙午间缝针。天地南北之正，当用子午。或谓今江南地偏，难用子午之正，故以丙壬参之。古者测日景于洛阳，以其天地之中也；然有于其外县阳城之地，地少偏，则难正

---

① 范宜宾：《罗经精一解・针说》，上海坊间石印本，转引自王振铎：《司南指南针与罗经盘》（下篇），《中国考古学报》第五册，1951 年，第 134 页。

② 朱彧《萍洲可谈》曰："舟师识地理，夜则观星，昼则观日，阴晦观指南针。"徐兢《宣和奉使高丽图经》卷三四曰："若晦冥则用指南浮针，以揆南北。"

③ 赵汝适《诸蕃志》（1225）载："舟舶来往，惟以指南针为则，昼夜守视惟谨，毫厘之差，生死系矣。"文中的"指南针"如果不带刻度，不可能做到毫厘无差，所以它应是罗盘，但更可靠的使用罗盘的记载始见于宋咸淳年间（1265—1274）吴自牧的《梦粱录》，书中提到："风雨冥晦，惟凭针盘而行，乃火长掌之，毫厘不敢差误，盖一舟人命所系也。"

用,亦自有理。"①在此地螺因袭了栻占地盘的二十四向,加上两位之间的缝针,共有四十八向。

在图五一中,临川罗盘的水平(X)轴方向没有方位刻划,磁针正好置于垂直(Y)轴方向。第二象限的方位刻划是四条,第四象限的方位刻划也是四条(最下面一条被手指遮住一部分)。第一象限中,除上面的三条外,下面一条多一点,似是原先刻得不好重刻的,以上下左右对称推之,实际上也是四条。第三象限下部被手指遮住,以理推之,也是四条。故整个罗盘的方位刻划总数应是十六条。虽因明器之故,分度欠匀,依然体现出一种十六分度制,加上两正针夹缝间之缝针,共三十二向。

世上罗盘的分度,分为二十四(含十二、四十八)与十六(含八、三十二)两大体系。学术界认为二十四向在汉代即早有记载,系中国所固有,十六分度(三十二向)则是不同于中国传统的西方盘式。但西方星占术中也用二十四向;②临川十六分度罗盘的发现,又表明十六分度制亦诞生于中国,看来情况并不那么简单。

十六分度制的产生,与堪舆家视为罗经之本的八卦有关。八卦图像,有先天八卦与后天八卦之分。先天八卦以乾为正南,坤为正北。后天八卦以离为正南,坎为正北。《周易·说卦》中已记载后天八卦。旧题汉徐岳撰、北周甄鸾注(可能是甄鸾依托伪造再加注)的《数术记遗》讲得更为明确,正文云:"八卦算,针刺八方,位阙从天。"甄注:"算为之法,位用一针锋所指,以定算位。数一从离起,指正南离为一,西南坤为二,正西兑为三,西北乾为四,正北坎为五,东北艮为六,正东震为七,东南巽为八,至九位阙,即在中央,竖而指天,故曰位阙从天也。"③"八卦算"是《数术记遗》中列举的十四种记数方法之一,所用的"针"并非磁针,但这套后天八卦正

---

① 曾三聘《因话录》,载陶宗仪《说郛》卷一九第 18 页反面,涵芬楼本。陶氏将《因话录》作者误题为曾三异(参见闻人军:《宋〈因话录〉作者与成书年代》,《文献》1989 年第 3 期)。"子壬丙午间缝针"误刊为"子正丙午间纵针",宛委山堂本作"子正丙午间缝针",今据宛委山堂本和文意乙正。"然有于"原作"然又于",今据宛委山堂本改。

② *Treatise on the Astrolabe*, ed. Skeat, Early English Text Soc., London, 1872。转引自《大英百科全书》卷 6(*The Encyclopaedia Britannica*),1910 年,第 809 页。

③ 题徐岳撰、甄鸾注:《数术记遗》,《景印文渊阁四库全书》第 797 册,第 168 页。

是堪舆家所用的记向八卦。北宋王伋(赵卿)的《针法诗》曰:“虚危之间针路明,南方张度上三乘。坎离正位人难识,差却毫厘断不灵。”①前二句是以天星表示磁针偏角,“虚危之间”即丙午偏角。后二句说明宋代堪舆家曾采用后天八卦分度。用后天八卦命名的八方定位,加上其缝针,即成十六分度。

正如《因话录》所说的正针和缝针并行,宋时十六向罗盘与二十四向罗盘亦并存,且以后者的应用较为广泛。朱济南墓中与“张仙人”俑等并出的还有一方“宋故知郡朝请朱公地券”,券面的楷铭中有“壬亥山丙向安厝”之句,采用了二十四向表示法。这是一个用罗盘为墓穴选向的范例,为我们继续从古代墓志铭、地券(特别是后者)中探索罗盘之踪提供了重要的启示。

三、欧洲、阿拉伯早期罗盘与中西交流的初步探索

一个多世纪以来,指南针、罗盘史的研究不时有所进展,惜离人们的期望尚远,临川罗盘的问世给了我们重温中西指南针和罗盘交流史的机会。一般认为:欧洲首次提到磁针的是英国学者亚历山大·尼坎姆(Alexande Neckam, 1157—1217)的两部著作:《论物质的本性》(*De Naturis Rerum*)和《论仪器》(*De Utensilibus*)。尼坎姆于1186年前曾在当时的文化中心巴黎工作过好几年,见闻甚广。约1190年他在《论物质的本性》中说:“航行于海上的水手们在晴天可以靠阳光导航,但是在阴沉的日子或漆黑的夜晚,就无法辨别此时船正驶向指南针的哪个方位。于是,他们就用一根针触磨磁石,让针在圆盘里转动,到停下来时,针锋指向北方。”②这里所说的钢针磁化法,与沈括所记的中国方法(“以磁石磨针

---

① (明)吴望冈《罗经解》(武林大成斋藏板)下卷引王赵卿《针法诗》,转引自王振铎:《司南指南针与罗经盘》(中篇),《中国考古学报》第四册,1949年。

② 转引自 Joseph Needham, *Science and Civilisation in China*, vol. 4, part 1, Cambridge University Press, 1962, p. 246。

锋")大同小异,惜未明述磁针的支承方式。不过,在《论仪器》(12世纪末)一书中,他作了"磁针装设在支轴上"的推想。①

1205年法国德·普洛文(Guyot de Provins)在他的《经书》(*La Bible*)中讲到,航海者有不致迷航的技巧:针用磁石触磨过后,借助于麦秆浮在水上,针锋就转向北极星,能在黑夜里知道正确的航向。② 普洛文提到的指北浮针与中国的指南浮针在原理上毫无二致。沈括《梦溪笔谈》卷二十四也说过:"方家以磁石磨针锋,……其中有磨而指北者。"针锋的指南和指北之间的差别,仅在于磁化所得的极性相反。中国因早有"司南"之故,习惯上采用指南浮针。欧洲航海家将磁针与北极星相联系,自然改用指北浮针。

阿拉伯海员确切使用磁针已是13世纪初的事了。巴勒斯坦的德·维特利(Jacques de Vitry)在1218年说,磁针"对于航海之类是最必需的东西"。③ 1282年阿拉伯矿物学家贝伊拉克·卡巴扎吉(Bailak al-Qabajaqi)著《商人辨识珍宝手鉴》(*Merchant's Treasure*),记1242年(一说1232年)左右在叙利亚海上从的黎波里(黎巴嫩)至亚历山大的航海使用了磁针,磁针借助于木片或芦管浮在水上辨别方向,并称:"海员们说,航行于印度洋上的船长们不用这种木片托浮的指南针,而用一种中空的铁鱼,投于水中,浮在水面,鱼之头尾指向南北。"④这种磁鱼正是我国北宋《武经总要》所记的"指南鱼"之遗制。据说在阿拉伯和红海地区,海员们使用的罗盘叫作针圜(da'ira al-ibrah)或针房(Bayt al-ibrah),⑤"针房"正是我国古代放罗盘的船舱的专名。中西同名与其说是巧合,还不如说它与罗盘的西传有关。

意大利人引进旱针之前也曾使用浮针,称为Calamita(原意为小蛙或

---

① 《大英百科全书》卷19,1910年,第336页。

② 转引自 Joseph Needham, *Science and Civilisation in China*, vol. 4, part 1, pp. 246 - 247.

③ 《大英百科全书》卷6,第808页。

④ 《大英百科全书》卷6,第807页。

⑤ 张广达:《海舶来天方,丝路通大食——中国与阿拉伯世界的历史联系的回顾》,《中外文化交流史》,河南人民出版社,1987年,第771页。

蝌蚪)。这一称谓使人联想到我国晋崔豹的《古今注》卷中或许与此有关的一段话:"虾蟆子曰蝌蚪,一曰玄针,一曰玄鱼,形圆而尾大。尾脱即脚生。"由磁针—黑针—玄针蝌蚪的线索入手,可能有助于寻找磁针西传的痕迹。

关于西方罗盘的最早的明确描述载于法国军事工程师皮里格里努斯(Petrus Peregrinus de Maricourt)的《论磁书简》(*Epistola de Magnete*),此信作于1269年,当时他正在意大利南部服役。在书简的第二部分里,皮里格里努斯首先描述了一种经过改进的、带有准线的水罗盘,外周以360°划分,并装上了可动的取向瞄准器。接着他描述了一种在圆周上刻度的、磁针装在支轴上转动的新罗盘。① 这两种罗盘与中国罗盘的关系待考。

后来,360°刻度圆盘被三十二向罗经卡所取代,起始地点和时间不甚清楚,今疑它与中国罗盘的西传有尚未为人所知的联系。确认欧洲航海罗盘采用三十二分度的记载,现仅上溯到英国诗人乔叟(G·Chaucer)于1391年所作的《论星盘》。②

至于十六分度,欧洲用得较少,来历亦不明,但确为一些地区所沿用。如清乾隆时漳州人王大海的《海岛逸志》卷五记荷兰罗盘说:"和(荷)兰行船指南车不用针,以铁一片,两头尖而中阔,形如梭,当心一小凹,下立一锐以承之。或如雨伞而旋转,面书和兰字,用十六方向,曰:东、西、南、北,曰:东南、东北、西南、西北,曰:东南之左、东南之右、东北之左、东北之右、西南之左、西南之右、西北之左、西北之右,是亦一道也。唐帆欲往何方,乃旋指南车之字向以绳船。洋帆欲往何方,则旋船以依指南车之字向。揆其理,一也,但制度异耳。"③这是欧洲罗盘采用十六分度的典型例子。王大海所记的荷兰罗盘的两种形制,一种是临川式的十六分度旱罗

---

① 转引自 Joseph Needham, *Science and Civilisation in China*, vol. 4, part 1, pp. 246–247.

② *Treatise on the Astrolabe*, ed. Skeat, Early English Text Soc., London, 1872. 转引自《大英百科全书》卷6(*The Encyclopaedia Britannica*),1910年,第809页。

③ 王大海:《海岛逸志》卷五"闻见录"漳园藏板,嘉庆十一年刊,第2页反面至第3页正面。

盘，另一种是刻度圆盘式的。后者曾在明代通过日本船传入我国，[①]而前者很可能是从中国传入欧洲的。

尽管东西文化传播的中间地带尚未发现磁针或罗盘传播的明显痕迹和线索，不少人相信是阿拉伯人从海路把中国的指南浮针传给了欧洲。恩格斯也在《自然辩证法》中写道："磁针从阿拉伯人传到欧洲人，1180年左右。"[②]1961年英国科学史家李约瑟(Joseph Needham)考虑到"晚至17世纪西方测量员和天文学家罗盘用的磁针全都指南"，与指北的海船罗盘正好相反，却与中国的传统习惯一致，对罗盘传播的可能途径作了一个大胆的推想。他认为："磁罗盘从中国向外传播可能根本不是经过海路，而是经由陆路，是通过主要对确定子午线感兴趣的测量员和天文学家的手传播的。"他还设想可能是"从中国经过西伯利亚及东南欧无森林大平原民族和俄国人传到欧洲(可能是通过在今新疆的西辽政权)"的。[③] 李约瑟的观点很有启发性，但海路和陆路传播的可能性都不能排除。磁针、罗盘交流史中悬案尚多，临川罗盘的发现暗示我们，下一步研究应把重点放在陆路。

原载《考古》1990年第12期

---

① 明隆庆间松江李豫亨的《推蓬寤语》卷七说："近年吴、越、闽、广屡遭倭变。倭船尾率用旱针盘，以辨海道。获之仿其制，吴下人始多旱针盘。"其《青乌绪言》又记："以针浮水定子午，俗称水罗经。至嘉靖间，遭倭夷之乱，始传倭中法，以针入盘中，贴纸方位其上，不拘何方，子午必向南北，谓之旱罗经。"

② 恩格斯：《自然辩证法》，人民出版社，1984年，第42页。关于尼坎姆《论物质的本性》的成书年代，曾有作于1180年之说，恩格斯可能采用了这一观点。

③ 潘吉星主编：《李约瑟文集》，辽宁科学技术出版社，1986年，第511—512页。

从司南到临川旱罗盘的发明

中国指南针的发明史由三部曲组成，曲曲余音绕梁。近年的考古发现，古代文献的再探索和科技史研究，使我们加深了对这一伟大发明的认识，它在中国和世界文化史上的地位，比以往所公认的高得多。

一、什么是司南？

指南针的雏形称为“司南”。《宋书·礼志》引《鬼谷子》说战国时“郑人取玉，必载司南，为其不惑也”。不惑，就是不迷失方向。司南是一种用天然磁石琢成的勺形指向器。《鬼谷子》中保存的此一传说，通过郑国取玉者携带“司南”之事，透露了磁石勺与玉工之间的关系：甚难加工的磁勺应是玉工高手的杰作。它还暗示：善于经商的郑人在磁勺的传布（或许还有发明）过程中，扮演了重要的角色。

东汉初期王充的《论衡》描述了这类磁勺的性能和用法。传本《论衡·是应篇》说：“司南之勺，投之于地，其柢指南。”吾师王锦光和我的《〈论衡〉司南新考与复原方案》（《文史》第31辑，中华书局，1988年）指出，上句中的“投之于地”系“投之于池”之误，“池”指汞池。这段极重要的科技史料应解释为：叫作司南的勺形磁性指向器，投入盛有适量水银的容器中，它的勺柄必然自动指向南方（军按：笔者关于司南的新近见解，请参阅本书《原始水浮指南针的发明——“瓢针司南酌”之发

图五二　清《钦定书经图说》夏至致日图，描绘古人立表测影的情形

现》一文）。

在勺形磁性指向器问世之前，已有“司南”之谓。不过，它与磁性无涉，乃是直立于地面用来测日影的表杆。如《韩非子·有度篇》说：“故先王立司南，以端朝夕。”“端朝夕”即正东西，引申为确定东西南北方向。“立司南”来源于殷商甲骨文中的“立中”和战国时的“立朝夕”，它们的意思都是立表以测影。当勺形磁性指向器被发明的时候，其状取法北斗，名称沿用“司南”。今人不知其来龙去脉，往往将这两种不同的司南混为一谈。然而，对于司南古义的演变，这才拉开了序幕（图五二）。

在古代中国，司南古义不断引申，涉及中华文化的许多领域。因此“司南”有幸与一系列古代科技发明结下了不解之缘。

二、唐以后改称为指南

除了上述的表示勺形磁性指向器之外，司南又是指南车、指南舟和报时刻漏的代称。晋人葛洪所作的《西京杂记》中提到的“司南车”即半自动机械装置指南车。《宋书·礼志》记载：“晋代又有指南舟。”南朝任昉的《任彦升集·奉和登景阳山》诗吟道：“奔鲸吐华浪，司南动轻枻。”诗中的司南即指皇家园池中的指南舟。可是，指南舟究竟怎样导航？至今依然是一个谜。唐代大诗人杜甫的咏《鸡》诗云：“气交亭育际，巫峡漏司南。”杜诗中的司南实际上是报时刻漏的又一名称。这句诗的意思是，夜半零时整，诗人恰闻司南的报时之声。

中国古代科技术语被社会科学所吸收而历久弥新者，司南、火候等都是著名的例子。众所周知，“指南”有指导或准则之意，而“指南”来自“司南”，“指”、“司”两字仅一音之转。在汉至唐的文献中，我们常可读到诸如“事之司南”、“文之司南”以及“人之司南”等语词。如《鬼谷子·谋篇》说：“夫度材、量能、揣情者，亦事之司南也。”梁刘勰的《文心雕龙·体性》说：“故宜摹体以定习，因性以练才，文之司南，用此道也。”唐代以后，“司南”一词完全为“指南”所取代。南宋末年，民族英雄文天祥活用磁石和磁针指向性的知识，道出了“臣心一片磁针石，不指南方不肯休”的爱国主义心声，直用指南（司南）本义，立意却不同凡响。

总之，从某种意义上说，司南作为中国传统科技文化的一个光荣代表，是当之无愧的。

三、首揭磁偏角之秘的中国磁针

发现磁石、磁针的吸铁性较易，但发现指向性较难，而要发现磁偏角则更难。因为地球磁场的磁轴线与穿过地理南北极的地轴不一致，故磁子午线与地理子午线不尽相合，微有交角，这交角就是磁偏角。北宋科学家沈括（1032—1096）在其名著《梦溪笔谈》中，将方家发明的用磁石磨钢针的尖端，使之具有永久磁性的方法公之于世，标志着原始指南针已到实用的新阶段。磁针配合分度地盘指向的精度，与司南以及11世纪初的用薄铁片做成的“指南鱼”不可同日而语；故磁针罗盘的发明，很快导致了磁偏角的发现。

北宋庆历元年（1041）司天监杨惟德在《茔原总录》卷一中指出，定南北方向时，[当取丙午（方向的）针]，等到磁针的摆动停止时，在子午方向仔细校正，才能得到准确的南北方向。这项记载表明，磁针罗盘问世后，最先应用它的是堪舆家，最早发现磁偏角的也是堪舆家。《茔原总录》不仅是年代明确可考的世界上关于磁偏角的首次记载，而且记载了当时当地磁偏角的大致数值。以前，人们一度将磁偏角的发现归功于沈括，因为他在《梦溪笔谈》中提到“方家以磁石磨针锋，则能指南，然常微偏东，不全南也”。此条记载已比哥伦布(Christopher Columbus)在1492年横渡大西洋时发现磁偏角要早四百余年。自严敦杰先生在《中国史稿》第五册“宋代科技史部分”引入《茔原总录》的史料,才将这一世界纪录又向前推进了约半个世纪(图五三、五四)。

图五三　明宋应星《天工开物》抽线琢针图,由此图可见制作钢针的程序

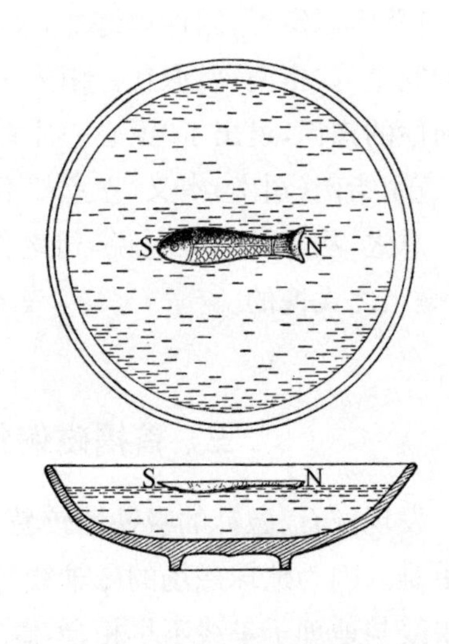

图五四　早期的一种指向器——指南鱼,今人王振铎依文献摹绘,取自李约瑟《中国之科学与文明》

四、罗盘的发明权属谁?

方家发明的罗盘是磁针与分度相配合的新一代的指南针,使用方便、读数容易,先后用于堪舆和航海。

中国的磁针和罗盘先后经由陆水两路西传,曾给人类文明的进程带来重大的影响。但在罗盘的发明权上,长期存在一种错误的观点——中西应当分享罗盘的发明优先权。即:磁针浮在水中的水罗盘与指南浮针一脉相承,是中国的发明,但是磁针用支轴支承的旱罗盘是欧洲所发明,后者经由日本船传入中国,中国开始有旱罗盘已是16世纪的事了。根据不久前公布的考古发掘资料，参照历史文献记载，笔者发现，我国不仅是水罗盘的发源地（图五五），而且早在 12 世纪就率先发明了旱罗盘。

图五五　明朝航海用的青铜制水罗盘，中有水室可盛水浮针，圆周内层刻八卦，外围则为二十四方位。取自李约瑟《中国之科学与文明》

五、南宋古墓——张仙人俑手持罗盘

1985 年 5 月，江西省临川县温泉乡莫源李村农民在窑背山发现一座古墓。该墓出土文物丰富，除金质饰件、水晶佩挂、文房用具、陶瓷、铜器等之外，还出了七十余件各式瓷俑。其中有座底墨书“张仙人”的张仙人俑一式两件，瓷土作胎，胎土细匀，素烧，火候偏低，系侍立状圆雕，由模印贴塑而成，高 22.2 厘米。风水先生“张仙人”俑，“眼观前方，炯炯有神，束发绾髻，身穿右衽长衫，左手抱一罗盘”（图五六）。从该墓伴出的墓碑和纪年地券可知，墓主为南宋邵武知军朱济南（1140—1197），葬于庆元四年（1198）九月二十五日。考虑到 12 世纪末是罗盘发明史上极为关键的时期，一见到这一考古资料，立刻引起了我的注意。

图五六　江西省临川县宋墓出土张仙人俑

世界上关于罗盘的首次记载，见于南宋笔记

小说《因话录》(书中称为"地螺"),曾一再为史界所称引,但其作者却误为曾三异,成书年代也不确。笔者根据几种地方志的记载,考证出真正的作者应是曾三异之兄曾三聘,《因话录》写成于公元1200年前后。曾三聘是江西临江府峡江(今江西清江)人,峡江离临川不远,《因话录》与朱济南墓年代相近,《因话录》"地螺"不正可与临川罗盘相互印证吗?

六、世界最古老的堪舆旱罗盘

尤其值得注意的是,临川罗盘不但是现已发现的世界上最古的罗盘的模型,而且,它的磁针与水罗盘的磁针根本不同,其中部增大呈菱形,菱形中央有一明显的圆孔,明确、形象地表达出用轴支承之意,无疑是一种堪舆用的旱罗盘(参见图五六)。清代乾隆年间堪舆家范宜宾的《罗经精一解・针说》曾说"指南旱针(即旱罗盘),造自圣王","创自江西,盛于前明"。他认为旱罗盘系中国古制,创自江西,确有见地,或许当时有所根据,可惜不能起古人于地下而问之。但有了临川罗盘,加上《因话录》"地螺",说江西是罗盘的故乡该有八九分的把握了。

然而,假如对临川罗盘的认识到旱针为止,那就既对不起罗盘的发明者,也辜负了张仙人俑作者的一片匠心。

七、罗盘十六分度制源于中国

罗盘的分度主要有二十四(或四十八)向和十六(或三十二)向两大体系。学术界曾认为前者系中国所固有,后者则纯属欧式。查西方罗盘采用三十二分度的最早记载,见于英国诗人乔叟(Geoffrey Chaucer)1391年所作的《论星盘》(*Treatise on the Astrolabe*)。关于西方罗盘(三百六十分度)的最早记载,仅可上溯到1269年法国军事工程师皮里格里努斯(Petrus Peregrinus de Maricourt)的《论磁书简》(*Epistola de Magnete*)。反观12世纪的临川罗盘的分度,第二和第四象限各有四条刻度,根据上下左右对称的原则,校正第一象限,补足第四象限,可以确定整个罗盘采用十六分度。由此可知，十六分度制亦产生于我国。

中国十六分度制来源于堪舆家视为罗经之本的八卦。八卦图像，有先天和后天之分。前者以乾坤为南北，后者以离坎为南北。宋代堪舆家王伋《针法诗》说："坎离正位人难识，差却毫厘断不灵。"表明他的堪舆罗盘用的正是后天八卦。用后天八卦命名的八方定位，加上两位之间的缝针，恰成十六向，再等分就得三十二向。另一方面，从八卦出发，一卦管三山，则得二十四向，加其缝针，共四十八向。

现在还不能确定中西十六及三十二分度之间在历史上是否有过交流。唯知荷兰 18 世纪有一种十六分度的旱罗盘，根据王大海《海岛逸志》的描述，恰似临川罗盘的翻版，这或许是我们进一步探索的一条重要线索。

张仙人俑手持的临川罗盘，现存江西省临川县文物陈列室，吸引着愈来愈多的观众和研究者。更为古老的中国罗盘，或许正躺在地下，等待着炎黄子孙去发现和研究。

原载(台北)《历史月刊》第 25 期，1990 年

《论衡》司南新考与复原方案

军按：此文作于20世纪80年代，是先师和我的合作，已认识到《论衡》司南浮于液面。但与当时主流看法一样，以为司南是由磁石琢成之勺，萌生了司南勺浮于水银及“投之于池”的推想。于今看来，这两个推想已经过时。然而全文仍有一定的参考价值，不少著作也曾引述，故将原文照录于此。至于本人现在的观点，请参见本书《原始水浮指南针的发明——“瓢针司南酌”之发现》一文。

指南针的发明是中华民族对人类文明的重大贡献。狭义的指南针在宋代已有记载，在此之前，我国有没有广义的指南针(磁性指向器)？答案是肯定的。这就是以东汉王充《论衡・是应篇》“司南之杓”为代表的“司南”。“司南”究为何物？这个问题似乎早已解决，实际上不然。随着中国科技史研究的深入发展，解决这一问题的时机日趋成熟。本文在现有研究成果的基础上，试就“司南”提出新的解释和复原方案。

一、确认磁勺说，否定地盘说

20世纪20年代，中国科技史研究尚属草创时期。张荫麟先生(1905—1942)在《中国历史上之“奇器”及其作者》一文中，批驳了日本山野博士所谓中国“宋朝以前决不知磁石有指极性”的观点，率先指出“在事实上论及磁之指极性者，实不始于宋时；至迟在后汉初叶，关于磁之指极性已在极明确之记录。王充《论衡・是应篇》有云：‘司南之杓，投之地，其抵南指。'《说文》:'杓,枓柄也。'《段注》:'枓柄,勺柄也。'观其构造及作用,恰如今之指南针。盖其器如勺,投之于地,杓(柄)不着地,故能旋转自如,指其所趋之方向也。"①

此后,王振铎先生做了大量的工作,弘扬了张先生的观点。1948 年 5 月,王先生发表题为《司南指南针与罗经盘(上)》的长篇论文,对"司南"作了诸多考证。他根据《论衡·是应篇》的记载,参考汉代漆勺、式占地盘等文物和有关文献,先后以人造磁铁和天然磁石复原出一式两种司南模型(图五七),产生了广泛的影响,贡献甚巨。

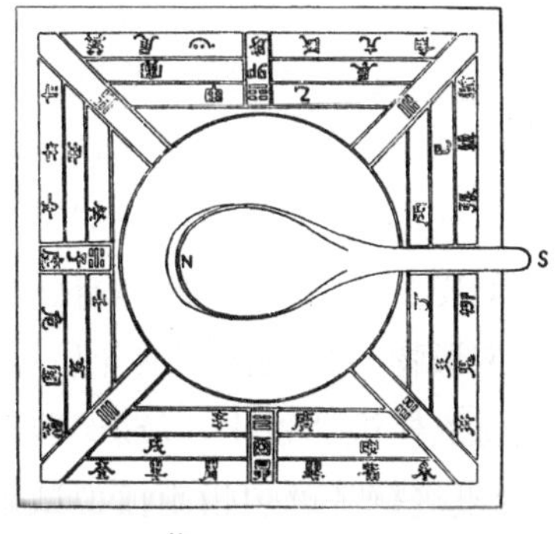

图五七　王振铎先生"汉司南与地盘复原图"

王先生的"人造磁体之司南初步模型",模仿朝鲜乐浪彩箧冢出土的汉漆木勺的外形,以钨钢制成勺体,经通电线圈磁化,放在青铜铸成的地盘上。1945 年 10 月,王先生对人造磁铁司南在地盘上的指极性作了四十次试验,结果"差数徘徊零度左右五度之间"。② 这一试验基本上是成功的,但并不足以说明天然磁石司南在地盘上也有同样的指极性。

后来,王先生利用河北省磁县所产之天然磁石,请玉工依中国旧法琢玉洗机,顺其南北极向琢成司南,与铜质地盘合为天然磁石司南模型,据称仍"有指极性之表现",但未提供进一步的情况。这里实际上潜伏着磁石勺—地盘模型的致命弱点,即天然磁石司南的磁力矩不足以克服司南与地盘间的摩擦力矩,指极性不能令人满意。③《是应篇》中,记司南仅十二字:"司南之杓,投之于地,其柢指南。"王先生释"地"为"地盘";训"投"为"搔",即"投转";改"柢"为"抵"。他将原文理解为"司南之柄,投转于地

① 张荫麟:《中国历史上之"奇器"及其作者》,《燕京学报》第 3 期,1928 年。
② 王振铎:《司南指南针与罗经盘(上)》,《中国考古学报》第 3 期,1948 年。
③ 参见刘秉正:《司南新释》,《东北师大学报》(自然科学版)1986 年第 1 期。

盘之上，停止时则指南”。上述磁石勺—地盘模型正是这种思想指导下的必然产物。

长期以来，有的同志对王先生的复原模型有保留意见。刘秉正先生于1956年发表《我国古代关于磁现象的发现》，①初步提出怀疑。后于1986年发表《司南新释》一文，对司南为磁勺说提出了七点质疑。其中有些质疑的根据不足，但是他的第七点质疑值得重视。

刘先生认为：“用电流磁化的钨钢磁勺的指极性不能说明天然磁石制成的勺形物的指极性。”他先后以好的和上好的磁石做成条形磁棒，用电磁铁将磁棒饱和磁化，以玻璃器皿作支承物，借用玻璃和抛光的铜板为地盘，反复进行了磁勺指南模拟试验，得出下列结论：“未经现代电流磁场饱和磁化的天然磁石做成的磁勺极难恒指南北，或指南北的误差可以小于二三十度。”它们虽都有一定的趋极性，但都不能自动准确地指南（有时误差可达三四十度）。刘先生还认为：“王振铎同志的实验也不足以证明天然磁石做的勺形物真正能够大体上（例如，准确度在±10°或±20°以内）指南。”②

刘文贵在揭示磁勺—地盘模型之缺陷，但矫枉过正，否定司南之勺为磁勺，释为天上的北斗。同年罗福颐先生的遗著《汉栻盘小考》发表，也说“‘司南之勺’当指北斗”。③

林文照先生于1986年发表《关于司南的形制与发明年代》一文，支持王振铎先生的观点，对《司南新释》的司南为北斗说提出异议，论证了“司南不是北斗”。④

研究《论衡》原文和司南源流，兼采诸家观点的精华，剔除其不合理的

---

① 刘秉正：《我国古代关于磁现象的发现》，《物理通报》1956年第8期。

② 刘秉正先生后来又“进一步实验，所用磁石是含铁分别为67.4%和68.6%的两块磁铁矿（澳大利亚进口，国内似乎还没有这样好的矿石）。还是加工成1×1×10厘米^{3}的磁棒，实验方法仍为《司南新释》中图所示，结果与过去用含铁64%的磁棒大体相同：磁棒虽有一定的趋极性，但停止转动可偏南北向三四十度，有时甚至停留在任意方向，仅当敲击玻璃板时才转向南北，但误差也可大到十度”（摘自1986年7月23日刘秉正给王锦光的信）。

③ 罗福颐：《汉栻盘小考》，《古文字研究》第十一辑，中华书局，1985年。

④ 林文照：《关于司南的形制与发明年代》，《自然科学史研究》1986年第4期。

部分,我们得出的结论是:《论衡》司南确指一种勺形磁性指向器,不过不是放在“地盘”上旋转,而是浮在水银上指向的。

二、北宋水浮指南鱼和磁针的启示

战国时代,已有“司南”之谓。① 自汉至唐,“司南”(或“指南”)一词史不绝书,它有多种含义,如磁勺、指南车、指导或准则等等。但在唐代,磁勺型的司南仍为时人所知晓。如8世纪时韦肇所作《瓢赋》说:“挹酒浆,则仰惟北而有别;充玩好,则校司南以为可。”②此处的司南显然是一种与《论衡》司南一脉相承的瓢(勺)型磁性指向器。

司南之后,接着出现在文献记载上的磁性指向器有两种:一是北宋《武经总要》中的“指南鱼”;二是北宋《茔原总录》和《梦溪笔谈》中的“指南针”。

《武经总要·前集》卷十五曰:“若遇天景曀霾,夜色暝黑,又不能辨方向,则当纵老马前行,令识道路;或出指南车及指南鱼,以辨所向。指南车世法不传,鱼法以薄铁叶剪裁,长二寸阔五分,首尾锐如鱼形,置炭火中烧之,候通赤,以铁钤钤鱼首出火,以尾正对子位,蘸水盆中,没尾数分则止,以密器收之。用时置水碗于无风处,平放鱼在水面令浮,其首常南向午也。”

宋晁公武《郡斋读书后志》称:“康定(1040)中,朝廷恐群帅昧古今之学,命公亮等采古兵法,及本朝计谋方略,凡五年奏御。”故《武经总要》的编撰时间,应为康定元年至庆历四年(1040—1044)。

仁宗天圣五年(1027),工部郎中燕肃尝上指南车法,仁宗命有司制造,其事详载《宋史·舆服志》及岳珂《愧郯录》。《武经总要》的成书上距燕肃上指南车法才十七年,其指南鱼条却说“指南车世法不传”,可见这部分内容源自早于1027年之方家旧说。

指南鱼是利用天然地磁场磁化的人造磁铁指向器,它的发明年代不

---

① 参见《韩非子·有度篇》:“先王立司南,以端朝夕。”《宋书·礼志》引《鬼谷子》:“郑人取玉,必载司南,为其不惑也。”

② 《全唐文》卷四三九。“惟北”用《诗经·小雅·大东》的典故,指北斗。

会晚于11世纪初。指南鱼使用时,“平放鱼在水面令浮”,这就是一种水浮法。

北宋相墓书《茔原总录》卷一曰:“客主的取,宜匡四正以无差。当取丙午针,于其正处,中而格之,取方直之正也。”《茔原总录》由司天监杨惟德于庆历元年(1041)撰进。从中可见当时已有人造磁针,常用于测定坟地的方向,方家在这类活动中已经发现了磁偏角现象,并提出了校正磁针定向误差的方法。关于磁针的制法和用法,文中不见交代。几十年后,由沈括在《梦溪笔谈》中作了说明,正可视为《茔原总录》的补充。

《梦溪笔谈》卷二四云:“方家以磁石磨针锋,则能指南,然常微偏东,不全南也。水浮多荡摇。指爪及碗唇上皆可为之,运转尤速,但坚滑易坠,不若缕悬为最善。其法取新纩中独茧缕,以芥子许蜡,缀于针腰,无风处悬之,则针常指南。”沈括的记载表明,磁针系方家以磁石磨针锋所得。水浮法是原来常用的方法,但有“多荡摇”的缺点,沈括尝试改进,发现几种方法中以“缕悬为最善”。

《武经总要》指南鱼与《茔原总录》、《梦溪笔谈》中的水浮磁针,暗示这类磁性指向器的前身,乃是浮在某种液体上的较为原始的磁性指向器。对于天然磁石琢成的磁勺而言,勺体不可能做得很薄,水的浮力显然不够,最合适的莫过于浮在水银上。水银的比重高达13.546克/厘米^3(20℃时),大大超过了磁石的比重,浮起磁勺更不成问题。

三、磁石、水银和方家的实验

我国古代人民早就开始了认识和利用磁石的历史。采矿冶铁事业虽然未能在世界上先声夺人,却在春秋战国时代后来居上,发明了生铁和生铁柔化技术。大规模的找矿和采矿活动给人们提供了接触磁铁矿的良好机会。战国时成书的《山海经·北山经》:“灌题之山,其上多樗柘,其下多流沙多砥,……匠韩之水出焉,而西流注于泑泽,其中多磁石。”《管子·地数篇》总结出:“上有慈石者,下有铜金。”地处今河北省武安县的磁山是历史上著名的磁石产地,汉代武安已有铁冶,后来磁山磁石驰誉国中。

《吕氏春秋·精通篇》记载了对磁石吸铁性的认识:“慈石召铁,或引之也。”《鬼谷子·反应篇》亦提到:“若磁石之取针。”上述记载说明至迟在战国时代已有磁石吸铁、吸针的实验。西汉初期,磁石吸铁的实验屡见不鲜。方士栾大曾在汉武帝面前表演利用磁性的“斗棋”幻术。① 磁石之入药剂,也在汉代有了明确的记载。《神农本草经·中经》曰:“慈石,味辛寒,主周痹风湿,肢节中痛,不可持物,洗洗酸消,除大热烦满及耳聋。一名元石,生山谷。”②《神农本草经》虽然成书于汉代,乃是战国秦汉以来药物知识的总结。慈石进入药剂,迟则不晚于西汉初期。战国成书的《周礼·天官·疡医》曰:“凡疗疡以五毒攻之。”东汉郑玄注:“五毒:五药之有毒者。今医方有五毒之药作之,合黄堥,置石胆、丹砂、雄黄、礜石、慈石其中。烧之三日三夜,其烟上著,以鸡羽扫取之。以注创,恶肉破骨则尽出。”慈石等五石是丹家所注重的物质。晋葛洪《抱朴子内篇》中记载了不少有磁石参与的炼丹实验。

我国古代认识和利用水银(汞)的历史较磁石为早。春秋时代,人们已能把辰砂提炼成水银,并逐步注意到它的灭菌、防腐作用。王侯贵族继开水银随葬之风。据唐代李泰等的《括地志》卷三记载:“齐桓公墓在临淄县南二十一里牛山上,一名鼎足山,一名牛首岗,一所二坟。晋永嘉末,人发之,初得版,次得水银池。”③《史记·吴太伯世家》刘宋裴骃《集解》引《越绝书》云:“阖庐冢在吴县昌门外,名曰虎丘。下池广六十步,水深一丈五尺,桐棺三重,澒池六尺,玉凫之流、扁诸之剑三千,方员之口三千,槃郢、鱼肠之剑在焉。卒十余万人治之,取土临湖。葬之三日,白虎居其上,故号曰虎丘。”唐司马贞《索隐》曰:“澒音胡贡反,以水银为池。”《越绝书》原是战国人的著作,东汉初年袁康、吴平加以辑录、增删成书。今本《越绝书》中,“澒池”已误为“坟池”,1985 年上海古籍出版社的校点本未作改正。

---

① 《史记·封禅书》《索隐》云:“顾氏案:《万毕术》云:‘取鸡血杂磨针铁杵,和磁石棊头,置局上,即自相抵击也。’”

② (清)黄奭辑:《神农本草经》,中医古籍出版社,1982 年,第 158 页。

③ (唐)李泰等著,贺次君辑校:《括地志辑校》,中华书局,1980 年,第 140—141 页。

《史记·秦始皇本纪》载始皇墓中“以水银为百川江河大海，机相灌输，上具天文，下具地理”。近年，我国科学工作者运用地球化探方法，通过测定目标区土壤中汞元素的含量，证实了秦始皇陵中确有大量的水银。①

我国考古工作者已发现过不少战国至汉的鎏金实物，鎏金术这种镀金工艺需要以水银为媒介（溶剂）。当时水银的另一种用途是作为药物，1973年长沙马王堆汉墓出土的帛书《五十二病方》中，有四个医方应用了水银。《五十二病方》的抄写年代在秦汉之际，其内容可能产生于战国时代。《神农本草经》把水银和磁石一起列为中品之药，其文曰：“水银，味辛寒，主疹瘘痂疡白秃，杀皮肤中虱，堕胎，除热，杀金银铜锡毒。镕化，还复为丹，久服神仙不死。”

从炼丹术开始的时候起，水银便是极为重要的原料。《淮南万毕术》曰“丹砂为澒”，即《抱朴子内篇·金丹》所谓“丹砂烧之成水银”。西汉刘向《列仙传》说方士赤斧：“巴戎人，为碧鸡祠主簿，能作水澒（水银），炼丹，与硝石服之，三十年反如童子。”②随着炼丹术的发展，方士们用水银作过许多实验，现存最早的炼丹术著作《周易参同契》以及随后的《抱朴子内篇》中，均有记述。古代盛汞、醋或其他药物的器皿称作池，一云华池，③是一种重要的炼丹设备。明李文烛的《黄白镜》“二十一照池鼎”中云：“丹房器皿有阴池、阳池、土池、灰池、华池、流珠池、飞仙池。”“流珠池”即汞池。

虽然我们尚未发现方家以磁石置汞池中的明文记载，但是为了炼丹，或者为了研究诸药制使的问题，方家谅必要作这类实验。李时珍《本草纲目》卷九“水银”条引徐之才《雷公药对》曰：水银“畏磁石、砒霜”。《吴普本草》曰：“丹砂：神农甘，黄帝、岐伯苦，有毒，扁鹊苦，李氏大寒。或生武陵，采无时，能化朱成水银，畏磁石，恶咸水。”④水银畏磁石的知识或许早

---

① 陆也：《地球化探法用于考古学》，《中国科技报》1986年11月24日。

② （宋）张君房辑，（明）张萱订：《云笈七签》卷一〇八（《四部丛刊》本）。

③ 王奎克：《中国炼丹术中的“金液”和华池》，《科学史集刊》第七期，1964年。

④ 《太平御览》卷九八五引《吴氏本草》。

已有之。因此，我们完全可以推测汉代方家进行过磁石置水银中的实验。

1986 年 11 月，我们做了一个模拟实验：将块状天然磁铁投入水银，磁石浮在水银上，自动旋转到一定的方向。重复试验，磁石旋转后的指向始终不变。古人完全有可能通过类似的实验或偶然的机会发现天然磁石的指极性。

虽然迄今为止尚未发现宋代以前关于磁石指极性的记载，但《梦溪笔谈》卷二四云："磁石之指南，犹柏之指西，莫可原其理。"《证类本草》卷四"磁石"条引沈括《笔谈》只写"磁石指南"四个字，意思更为明确。南宋末年，文天祥的《指南前录・扬子江》诗有"臣心一片磁针石，不指南方不肯休"之句，表明磁石指南在宋代已是一种科学常识。此外，陈元靓《事林广记》所收神仙幻术中的"造指南鱼"和"造指南龟"法，关键是藏磁石于鱼、龟腹中，均暗示磁石的指南作用，早已为世人所知。

四、《论衡》司南句校释

今本《论衡・是应篇》曰："故夫屈轶之草，或时无有而空言生，或时实有而虚言能指。假令能指，或时草性见人而动。古者质朴，见草之动，则言能指。能指，则言指佞人。司南之杓，投之于地，其柢指南。"

关于"屈轶之草"，王充在《是应篇》中引儒者曰："太平之时，屈轶生于庭之末，若草之状，主指佞人。"对此王充表示疑问："屈轶，草也，安能知佞？"可知"屈轶"是一种草状植物。我们不难理解，"司南之杓"当是一种杓状的器物。

"杓"有两解，一释为勺柄，一释为勺。《说文解字・木部》云"杓，枓柄也，从木从勺"，"枓，勺也，从木从斗"。故"杓"可释为勺柄。《史记・项羽本纪》云："沛公已去，间至军中。张良入谢曰：'沛公不胜桮杓，不能辞！'"桮杓即杯勺。《南齐书・卞彬传》云："彬性(好)饮酒，以瓠壶瓢勺，杬皮为肴。"《南史・陈庆之传》附《陈暄与陈秀书》则云："何水曹(逊)眼不识盃铛，吾口不离瓢杓，汝宁与何同日而醒，与吾同日而醉乎？"可见"杓"与"勺"通。

"柢"为勺柄。《说文解字·木部》云:"柢,木根也,从木氐声。"《周礼·春宫·鬯人》曰:"禜门用瓢赍。"郑玄注:"赍读为齐,取甘瓠割去柢,以齐为尊。"段玉裁《周礼汉读考》云:"齐即赍字,……瓠以柄为柢,以腹为赍,去其柄而用腹为尊也。"瓠即葫芦,柢训为瓠柄。据韦肇《瓢赋》,司南如瓢之形。瓢为剖瓠之勺,瓢勺互训。故"柢"为瓢柄或勺柄。既释"柢"为勺柄,则"杓"作勺解似较勺柄为佳。

《太平御览》卷九四四引"《论衡》曰:司南之杓,投于地,其柄南指",又卷七六二引《论衡》曰:"司南之勺,投之于地,其柄指南"。这些引文为《论衡》"杓"、"柢"之义作了极好的注解。

投训为投入或投掷。如《庄子·让王》云北人无择曰:"吾羞见之,因自投清冷之渊。"《论衡·状留篇》云:"且圆物投之于地,东西南北,无之不可,策杖叩动,才微辄停。方物集地,壹投而止,及其移徒,顺人动举。"

把磁勺投到哪里去,其柢才能自动指南呢?只有投入水银中,才是最好的解释。《论衡·是应篇》"投之于地"乃"投之于池"之误。这里的"池",指"流珠池"或"澒池",即水银或汞池。

池与地只有偏旁之差,且"氵"与"土"字形相近(行书或草书更接近)。古代转写时,误"池"为"地"是很可能发生的。一个明显而且直接有关的例子是,《太平御览》卷八一二引《吴越春秋》曰:"阖庐葬墓中,澒地广六丈。"此处"澒地"显系"澒池"之误。《是应篇》池、地之误的发生,可能是誊录者受到了《状留篇》"圆物投之于地"的影响。

《论衡》原书八十五篇,后来《招致篇》有目无文,实存八十四篇。宋仁宗庆历五年(1045)杨文昌刻本序说:"先得俗本七,率二十七卷;又得史馆本二,各三十卷。然后互质疑伪。又为改正涂注,凡一万一千二百五十九字。"[①]现在的传本,大概都源于杨刻本,转写既久,舛错滋甚。近世虽有整理,诸本(包括宋刊本)均误"池"为"地",尚未校正。《太平御览》成书于太平兴国八年十二月(984),也刊作"投之于地"或"投于地",可见这个错误至迟在北宋初年已经存在,一直沿袭至今。

---

① 蒋祖怡:《王充卷》,中州书画社,1983年,第205页。

五、司南复原方案

司南之形如勺，源出有因。晋虞喜(281—356)《志林新书》云："黄帝与蚩尤战于涿鹿之野。蚩尤作大雾，弥三月，军人皆惑。黄帝乃令风后法斗机，作指南车，以别四方，遂擒蚩尤。"①王振铎先生认为："虞喜之谓指南车恐为指南或司南之误。"不管《志林新书》所录的神话背后指的是指南车，还是司南，取法北斗代表了汉人制指向器的一种指导思想，强调天上与人间事物的统一，是天人感应说影响的反映。这种指导思想盛行于汉代，对后世仍有相当大的影响。此外，制成勺形，还可以增加浮力，减少阻力，改善司南的指向性能。

在勺类古器中选择司南的体形，入选之勺的年代应当接近王充生活的时代。考虑到古代的加工条件，勺柄不一定很长。王振铎先生《司南指南针与罗经盘(上)》图十六的汉"陶匏"，勺体椭圆，板柄短劲，勺底为球面体，亦宜借为司南之勺的造型。

选取极性时，可以让磁石块浮在水银上，等其静止后，在南北两端各加标识。其指南的一头琢为勺柄，指北的一头琢为勺首。我国古代琢玉工匠技艺高超，将硬度介于软玉和硬玉之间的天然磁石琢成磁勺，在技术上没有不可克服的困难。北宋太平兴国(976—983)中撰的《圣惠方》云："治小儿误吞针。用磁石如枣核大，磨令光，钻作窍，丝穿令含，针自出。"②说明古人在加工磁石方面确有相当的水平和经验。事实上，王先生已经请玉工依旧法琢成勺柄相当长的天然磁勺[见《司南指南针与罗经盘(上)》之补记附图四]，加工"陶匏"式的磁勺比它容易，当不成问题。何况磁勺模型不一定做得与陶匏一模一样，说不定汉代司南仅是大致呈勺形之物。使用时，只要将它投入盛有足够数量水银的容器中，勺柄必然自动指南。

---

① 虞喜：《志林新书》(玉函山房本)。
② 《重修政和经史证类备用本草》卷四引《圣惠方》。

至于盛汞的容器,《抱朴子内篇·金丹》曰“岷山丹法,……其法鼓冶黄铜,以作方诸,以承取月中水,以水银覆之,致日精火其中,长服之不死”,“务成子丹法,用巴法汞置八寸铜盘中……”,“又墨子丹法,用汞及五石液于铜器中……”这类铜器或即所谓“流珠池”。今借用铜盘盛汞,使之与磁勺相配合,构成一种《论衡》司南之勺复原模型(至于铜盘四周有没有八干、十二支、四维组成的二十四位供定向之用,待考)。它与《武经总要》指南鱼、北宋水浮磁针一脉相承,成为后世水罗经的先声(图五八)。

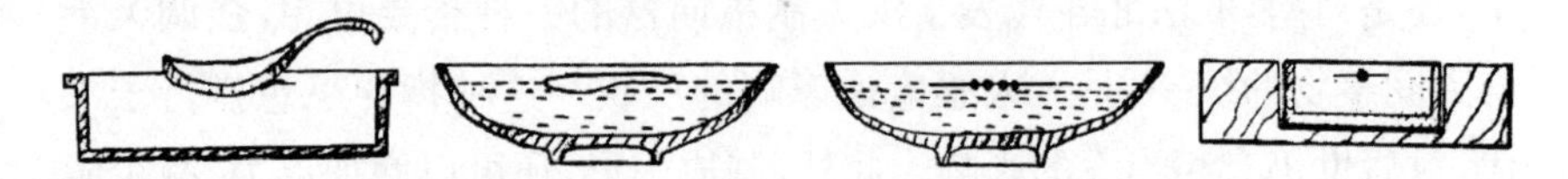

图五八 从司南到水罗经示意图

原载《文史》第31辑(作者:王锦光、闻人军),中华书局,1988年

原始水浮指南针的发明

——“瓢针司南酌”之发现

1928年，青年史学奇才张荫麟发表《中国历史上之“奇器”及其作者》一文，首次论证《论衡》司南，“观其构造及作用，恰如今之指南针。盖其器如勺，投之于地，杓（柄）不着地，故能旋转自如，指其所趋之方向也”。①揭开了八十多年来对这一重要发明探索研究的序幕。

王振铎在20世纪40、50年代作了大量的研究工作，其《司南、指南针与罗经盘》一文引《论衡·是应篇》“司南之杓，投之于地，其柢指南”，指出：“其大意为：司南之柄，投转于地盘之上，停止时则指南。如训杓为梧杓之勺，训柢为瓠柢之柢，其意则为：如勺之司南，投转于地盘之上，勺柄指南。审此二种解释，前者较长也。”②他的重要贡献应该充分肯定，但可惜走了弯路，引来质疑之声不绝于耳。

有些学者认为《论衡》司南不是磁性指向器，代表性的意见是：刘秉正从1956年起不断撰文，论证《论衡》司南是天上的北斗。③ 罗福颐的遗作《汉栻盘小考》发表于1985年，他认为司南或为北斗的别名。④ 2005年

---

① 张荫麟：《中国历史上之“奇器”及其作者》，《燕京学报》第3期，1928年，第359—381页。

② 王振铎：《司南、指南针与罗经盘（上）》，《中国考古学报》第3期，1948年，第119—260页。

③ 刘秉正：《司南新释》，《东北师范大学学报》（自然科学版）1986年第1期，第38—47页。

④ 罗福颐：《汉栻盘小考》，《古文字研究》第十一辑，中华书局，1985年，第252—264页。

孙机发表《简论“司南”兼及“司南佩”》一文（下文省作《简论》），指出了：“王先生的引文所据之《论衡》的通行本，应是自明嘉靖通津草堂本递传下来的。但此外还有更古的本子，前北平历史博物馆旧藏残宋本，存卷十四至卷十七，为1921年清理清内阁档案时拣出的，后归南京博物院。《是应篇》恰在其内。可注意者，通行本中的‘司南之杓’，此本作‘司南之酌’，朱宗莱校元至元本同。……通行本中作为王先生立论之基础的‘杓’，其实是一个误字。”可惜《简论》误以为“‘酌’训行、用”，“柢”训“碓衡”，进而否定《论衡》司南是磁性指向仪，轻言“可以肯定地说，宋以前文献中所称之司南，作为实体，皆指指南车而言，并无例外”。[①] 2010年刘亦丰、刘亦未、刘秉正发表《司南指南文献新考》一文（下文省作《文献新考》），[②]搜集资料，继续阐述他们以前坚持的观点。去年戴念祖著文《再谈磁性指向仪“司南”——兼与孙机先生商榷》，捍卫“司南”为磁性指向仪之说。[③]

2014年10月，整合十一家高校及科研院所的“出土文献与中国古代文明研究协同创新中心”正式获得国家认定，纳入“2011计划”，投入运行。复旦大学汪少华邀我参加其中的“基于出土资料的上古文献名物研究”团队，我才重新关注司南、指南针，幸而发现古代司南为何物，谨作此文，提出不同于流行观点的最新发现和实验结果，以期揭示原始司南的真面目，并就正于方家。

一、《论衡》中的组合司南

《论衡·是应篇》曰：“故夫屈轶之草，或时无有而空言生，或时实有而虚言能指。假令能指，或时草性见人而动。古者质朴，见草之动，则言能指；能指，则言指佞人。司南之酌，投之于地，其柢指南。鱼肉之虫，集地

---

① 孙机：《简论“司南”兼及“司南佩”》，《中国历史文物》2005年第4期，第4—11页。

② 刘亦丰、刘亦未、刘秉正：《司南指南文献新考》，《自然辩证法通讯》2010年第5期，第54—59页。

③ 戴念祖：《再谈磁性指向仪“司南”——兼与孙机先生商榷》，《自然科学史研究》2014年第33卷第4期，第385—393页。

北行，夫虫之性然也。今草能指，亦天性也。”①

黄晖的《论衡校释(附刘盼遂集解)》(1935)作“司南之杓，投之于地，其柢指南”，②他指出现在所知各种《论衡》版本都根源于宋仁宗庆历五年杨文昌刻本。③ 所有《论衡》的版本分属两种系统：一种是宋乾道三年(1167)洪适刻本，南京博物院藏卷十四至卷十七(黄晖称为宋残卷)，朱宗莱校元至元本，元刊明正德补修本属于这个系统。另一种是宋光宗(1190—1194)时刻本，日本宫内厅书陵部藏有残本25卷。明嘉靖时通津草堂刻本属于这个系统。④ 现在的通行本往往以通津草堂刻本为底本。杨文昌刻本已失传。黄晖作《论衡校释》时，以明通津草堂本为底本，宋残卷等为校本，参考《太平御览》引《论衡》之文，但没有看到日本宫内厅书陵部所藏宋光宗残宋本，故作过如下校释：

> 宋残卷“杓”作“酌”，朱校元本同。非也。《御览》七六二引作“勺”。又七六二及九四四引“柢”作“柄”。按：《说文》：“杓，枓柄也。”是“杓”即“柄”。又云：“勺，所以挹取也。枓，勺也。”是“勺”即“斗”，“杓”为“斗柄”。若依《御览》引作“其柄指南”，则与上“杓”字义复。“司南之杓”，字当作“杓”，不当从《御览》作“勺”(《御览》九四四引同今本)。知者，“司南”谓司南车也。《鬼谷子》曰：“郑人取玉，必载司南。”(《宋书·礼志》)《韩非子·有度篇》：“立司南以端朝夕。”旧注：“司南，即指南车。”《后汉书·舆服志》：“圣人观于天，视斗周旋，魁方杓曲，以携龙角为帝车。”注引《孝经援神契》曰：“斗曲杓桡，象成车。”是“司南之杓”，象天文之杓也。疑今本“杓”字、“柢”字不误。鱼肉之虫，集地北行，夫虫之性然也。《御览》九四四引作“自然之性也”。⑤

---

① 《日本宫内厅书陵部藏宋元版汉籍选刊》编委会编：《日本宫内厅书陵部藏宋元版汉籍选刊》第71册，上海古籍出版社，2012年，第131页。

② 黄晖：《论衡校释(附刘盼遂集解)》，中华书局，1990年，第759页。

③ 黄晖：《论衡校释(附刘盼遂集解)》，第7页。

④ 李玉玉：《〈论衡〉校读记》，黑龙江大学古籍整理研究所，2007年，第2—4页。

⑤ 黄晖：《论衡校释(附刘盼遂集解)》，第759—760页。

黄晖的这个校勘，为后人进一步研究打下了基础；他因资料所限所作的误判，以及就司南与指南车关系所引用的旧注，我们不必盲从。下面补充一项重要版本资料，以便进一步研究。

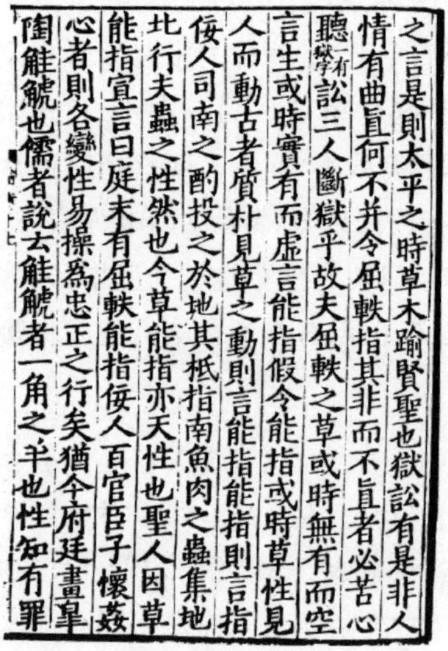

之言是則太平之時草木踰賢聖也獄訟有是非人
情有曲直何不并令屈軼指其非而不直者必苦心
聽（一有獄字）訟三人斷獄乎故夫屈軼之草或時無有而空
言生或時實有而虛言能指假令能指或時草性見
人而動古者質朴見草之動則言能指能指則言指
佞人司南之酌投之於地其柢指南魚肉之蟲集地
北行夫蟲之性然也今草能指亦天性也聖人因草
能指宜言曰庭末有屈軼能指佞人百官臣子懷姦
心者則各變性易操爲忠正之行矣猶今府廷畫皐
陶觟䚦也儒者說云觟䚦者一角之羊也性知有罪

图五九　日本宫内厅书陵部藏宋光宗（1190—1194）刻本《论衡》书影（采自《日本宫内厅书陵部藏宋元版汉籍选刊》第71册，第131页）

2012年上海古籍出版社影印出版的《日本宫内厅书陵部藏宋元版汉籍选刊》中，第70册收入日本宫内厅书陵部藏《论衡》宋光宗刻本残本25卷之卷1—13，第71册收入卷14—25。在加州大学洛杉矶分校图书馆乔恩·埃德蒙森（Jon Edmondson）的帮助下，笔者查得该宋光宗刻本作“司南之酌”（图五九）。

讨论至此，“杓”、“酌”、“勺”的主要版本异同可以概括如下：

南京博物院藏宋残卷（卷14至卷17）、日本宫内厅书陵部藏宋光宗刻本残卷（卷1至卷25）的卷17均作“司南之酌”。明嘉靖时通津草堂刻本、今本、《太平御览》卷九四四引文均作“司南之杓”。《太平御览》卷七六二引“《论衡》曰：‘司南之勺，投之于地，其柄指南。’”。[①]

通津草堂刻本传自宋光宗刻本，它将“司南之酌”改作了“司南之杓”。迄今所知唯一有利于这一改变的材料是《太平御览》卷九四四引文，该卷虫豸部一引“《论衡·适虫篇》曰：…… 又曰：司南之杓，投于地，其柄南指；鱼肉之虫，集地北行，自然之性也”。[②] 黄晖曾指出：“取证于类书的方法，是不可过信。因为类书漏引节引，与原书时有出入。”[③]笔者以为类书

① 李昉等：《太平御览》卷七六二，中华书局影印本，1960年，第3382页；又卷九四四，第4192页。

② 同上注。

③ 黄晖：《论衡校释（附刘盼遂集解）》，第14页。

《太平御览》所引之文毕竟比不上宋刻本的校勘价值,故本文据“司南之酌”立论。王充的《是应篇》是为批驳古代的瑞应说而作,他在此连举“屈轶之草”、“司南之酌”和“鱼肉之虫”,即植物、有天然特性的人造物和动物三个代表性的例子来说明他的观点。鉴于“草”和“虫”都是实体名词,“酌”也应是实体名词,故不能将“酌”训为动词性的“行”或“用”。“酌”作名词解,有两义:一指酒,不合本句之义;二指酒器,爵或勺。《康熙字典》:“《礼·内则》:十三舞勺。注:勺与酌同。”《太平御览》卷七六二引作“勺”,即取此义。鉴于“屈轶之草”即“屈轶草”,“之”是语助词,故“司南之酌”即“司南酌”。

王充认为“集地北行,夫虫之性然也。今草能指,亦天性也”,所以他夹在中间说的“其柢指南”,不言而喻,亦当指自然之性。《说文·木部》曰:“柢,木根也。从木,氐声。”柢的本义是根柢。王振铎先生尝“训柢为瓠柢之柢”,故“其柢指南”就是“其柄端(因自然之性而)指南”。

《简论》说:“‘柢’字在《集韵·支部》引《字林》、《玉篇·木部》、《广韵·支部》都说它是‘碓衡也’。碓衡是一段横木,正与司南车上木人指方向的臂部相当。”需注意的是:柢,音 dǐ,“氏”下有一点。还有一个字,柢,音 shí,“氏”下没有一点。此两字容易相混。今查《集韵·支部》引《字林》释柢为碓衡,但《玉篇·木部》云:“柢,丁计切,根也。……柢,上支切,碓衡也。”[①]《广韵·支部》云:“柢,碓衡。”[②]《论衡》说的是“其柢指南”,不是“其柢指南”,《简论》作者误将《玉篇·木部》和《广韵·支部》也援为例证谅是将“柢”和“柢”相混了。又《说文·石部》云:“碓,舂也。”《说文·角部》云:“衡,牛触横大木。其角从角,从大,行声。”故“碓衡”是一段横大木。即使将“碓衡”作为柢的第二义项,横大木碓衡也不能与司南车上木人指方向的臂部相当。《简论》认为:“宋本中这十二个字的意思很清楚,‘司南之酌,投之于地,其柢指南’,即言如使用指南车,把它放置在地上,

---

① 顾野王:《玉篇》卷一二,《景印摛藻堂四库全书荟要》第 80 册,台北世界书局,1988 年,第 4b、8b 页。

② 陈彭年等:《广韵》卷一,《四部丛刊初编》第 81 册,上海商务印书馆,1919 年,第 15a 页。

其横杆就指向南方之意。"实际上,把指南车放置在地上,其横杆不会就自动地指向南方,要人为调整方向,调到举手指南。而且,这仅是完成了设置这一步。指南车最重要的特性,即使用时"车虽回转,所指不移",[1]在原文中却没有提及。所以,不能把这12个字说成使用指南车,《论衡》这12个字应与指南车无关。

但《论衡》这句话,在司南发展史上却十分重要,需进一步剖析。以往许多人(包括笔者)理解司南是琢成一体的磁勺。《论衡·乱龙篇》说:"顿牟掇芥,磁石引针……"其实,被磁石吸引过的钢针才是"司南"的核心,而不是磁石。历史上恐怕从未有过磁石勺指向器。磁化钢针、承载它的小小勺状物、连同水碗之类组成的整个装置,才是完整意义上的水浮司南,即"司南酌"。

《文献新考》作者举出南北朝(梁)吴均的一首诗,[2]作为他们释司南为北斗的新证。这首诗是吴均的《酬萧新浦王洗马二首》之二,诗云:"思君出江湄,慷慨临长薄。独对东风酒,谁举指南酌。崇兰白带飞,青鸡紫缨络。一年流泪同,万里相思各。胡为舍旃去,故人在宛洛。"[3]笔者以为,"指南酌"即"司南酌"。此处"指南酌"的出典就是《论衡》的"司南之酌"。吴均拿来与"东风酒"相对,也是《论衡》原作"司南之酌"又一证。

"投之于地"四字,学术界颇有争议。王振铎放在铜质地盘上的磁勺模型几乎家喻户晓。因为其人造磁铁勺模型需用现代技术人工磁化才能指南,而天然磁石勺模型语焉不详,难以服人,科学史界以王振铎模型为基础,提出了诸多改进建议。[4] 恩师王锦光先生和我合著的《论衡司南新

---

① 沈约:《宋书》卷一八,《景印摛藻堂四库全书荟要》第101册,台北世界书局,1986年,第5a页。

② 刘亦丰、刘亦未、刘秉正:《司南指南文献新考》,《自然辩证法通讯》2010年第5期,第54—59页。

③ 冯惟讷:《古诗纪》卷九一(《景印文渊阁四库全书》本),台湾商务印书馆,1983年,第12a、12b页。

④ 潘吉星:《指南针源流考》,《黄河文化论坛》第11辑,山西人民出版社,2004年,第36—37页。戴念祖:《亦谈司南、指南针和罗盘》,《黄河文化论坛》第11辑,山西人民出版社,2004年,第89—92页。

考与复原方案》一文，设想司南勺浮于液面，认为"投之于地"乃"投之于池"之误，并提出了一种复原方案(下文有补正)。[①] 李志超的《再议司南》一文提出：王充"那个司南是有柄的勺，且柄能拆下来。前贤为'投之于地'大费周折，其实投地的是柄，而柄的根端指南只是假定"。他回忆："1986 年黄石物理学史会，杭州大学王锦光先生讲演指出：唐人韦肇《瓢赋》有骈联之句……推断'投之于地'的地字为池之误，池应盛水银，否则磁石浮不起来。会后归途细想，此说虽未得真，但《瓢赋》信息弥足珍贵。这确实说的是一个漂浮装置，不是把磁石雕琢成瓢，是用瓢来'校司南'。选一块吸力强的磁石放在瓢里，再把瓢放在水上，指向性没问题……我教研究生傅健做的实验完全成功。"文中附有基于实验推测的"汉唐司南之图"。[②]

"投之于地"的解释，张荫麟和李志超都认为是投于地面，前者认为杓能旋转自如而指南，后者认为柄的根端指南只是假定。大多数学者持地盘说。笔者以为：诚如《简论》所论证的，"投之于地"与《孙子兵法・九地篇》"投之亡地然后存"之前一部分的用法相类，[③]即"置之于地"。故"投"可释为"置放"，"地"乃"平地"。《论衡》中"投之于地"的乃是整个"司南酌"浮针装置。用现代科学知识理解，犹如后世组合而成的水罗盘的用法，将整个水浮司南平稳地放置在平地上，置身于地磁场中，其针端自然指南。

有人以为"宋以前文献中所称之司南，作为实体，皆指指南车而言，并无例外"。笔者 1992 年发表过一篇《"司南"六义之演变》，[④]文中指出司南的六义是：(1)"立司南"即"立表"；(2)"司南之勺"——勺形磁性指向器；(3)"司南"为"司南车"的简称；(4)司南为指南舟的省称；(5)司南用作刻漏的别称；(6)司南引申为指导、准则之意。虽不敢说已考证详备，

---

① 王锦光、闻人军：《论衡司南新考与复原方案》，《文史》第 31 辑，中华书局，1988 年，第 25—32 页。

② 李志超：《再议司南》，《黄河文化论坛》第 11 辑，第 71—72、74 页。

③ 《宋本十一家注孙子》下卷，中华书局上海编辑所影印本，1961 年，第 30a 页。

④ 闻人军：《"司南"六义之演变》，《文史》第 34 辑，中华书局，1992 年，第 97—102 页。

但前五项都是宋以前文献中所称之实体司南，其中四项不是指指南车。其中第一项，说的是《韩非子·有度篇》“故先王立司南，以端朝夕”，论证了《韩非子·有度篇》的司南是测日影之表。为避免重复，在此从略，有兴趣的读者可查看1992年拙文。

二、《鬼谷子》中的水载司南

近几十年来大量战国秦汉简牍帛书出土，学术界经过研究，为不少以前误判为伪书的先秦古籍正名，确认它们是先秦古籍，《鬼谷子》是其中之一。杨善群的《近三十年来古籍辨伪研究工作的新进展》作过如下综述：

> 此书是战国中期纵横家鬼谷先生的著作，据《史记》记载他是张仪、苏秦的老师。然而该书在《汉书·艺文志》中不见著录，因此历来被认为是“伪书”。改革开放以来，随着许多“伪书”被辨正，学术界对《鬼谷子》的真伪也开始进行审查，召开了多次讨论《鬼谷子》的学术会议，出版了不少有关著作和论文集。学者们经过潜心研究，排除成见，都认为《鬼谷子》也是先秦古籍。其论据主要有：(1)《汉志》未载的先秦古籍在近年出土的银雀山汉简、马王堆帛书中屡有发现，不胜枚举。因此，《鬼谷子》很可能为《汉志》失载的真书。(2)汉代著作《淮南子》《法言》《说苑》都有明引或暗引《鬼谷子》的文字，说明其书汉代一直在流传。(3)书中多古音古义。清代著名学者阮元在《〈鬼谷子〉跋》中早有引证，称“非后人所能依托”。李学勤《〈鬼谷子·符言篇〉研究》又证明该篇某些标题“来自竹简，决非依托”，某些文字来自马王堆帛书，“确有所本”，为《鬼谷子》是先秦古籍找到新的证据。①

许富宏认为：“《鬼谷子》乃鬼谷先生及其弟子或后学所作，其主要内

---

① 杨善群：《近三十年来古籍辨伪研究工作的新进展》，《中华文化论坛》2011年第1期，第118—123页。李学勤：《〈鬼谷子·符言篇〉研究》，《中国史研究》1994年第4期，第98—101页。

容为鬼谷先生所亲著。”具体地说，传本前面的《捭阖》、《反应》等 6 篇为鬼谷先生作，中间的《揣篇》、《谋篇》等 5 篇的作者“是一位战国时期深谙纵横术的人。此人或即鬼谷先生的弟子”。①

由于以往认为《鬼谷子》是魏晋时的托名之作，学界对书中关于“司南”的记载就难以作出恰如其分的评价。现在很有必要及时吸取史学界的研究成果，从战国文献的角度重新审视《鬼谷子》，肯定其在科技史上的重要价值。

鬼谷先生活动于公元前 4 世纪，他所作的《鬼谷子·反应》曰：“其见形也，若光之与影。其察言也不失，若磁石之取针，舌之取燔骨。”②这个记载比《吕氏春秋·精通篇》的“慈石召铁，或引之也”要早，而且观察取针比看到召铁离发现磁指向性更近，被磁石吸过的钢针的指向性大有被发现之机会。也说明鬼谷先生对光和磁的物理现象已有所观察和初步了解。记载了“司南”的《谋篇》是其弟子所述作，但许多内容可能来自鬼谷先生。

流传下来的《鬼谷子》版本，主要有两个系统：一是道藏本系统，流传最广的是明正统道藏本。另一个是清代钱遵王述古堂本系统。“从现有资料来看，《鬼谷子》传本最早的文本为唐初欧阳询《艺文类聚》录《鬼谷子》文六条”，③本文所要考察的关于司南的记载，正巧在这“六条”中。

传本《鬼谷子·谋篇》曰：“故郑人之取玉也，载司南之车，为其不惑也。夫度才量能揣情者，亦事之司南也。”④《宋书·礼志》引《鬼谷子》云：“郑人取玉，必载司南，为其不惑也。”欧阳询《艺文类聚·宝玉部上》：“鬼谷子曰：郑人之取玉也，必载司南之车，为其不惑也。”许富宏《鬼谷子集校集注》校记：“‘载’字前，《艺文类聚》有‘必’字，《宋书·礼志》同。”⑤《文

---

① 许富宏：《鬼谷子集校集注·前言》，中华书局，2008 年，第 4—5 页。
② 许富宏：《鬼谷子集校集注》，第 39 页。
③ 许富宏：《鬼谷子集校集注·前言》，第 16 页。
④ 许富宏：《鬼谷子集校集注》，第 148 页。
⑤ 许富宏：《鬼谷子集校集注》，第 149 页。

献新考》收集的资料中，[①]还有《昭明文选》卷五左思《吴都赋》唐代李善注："指南，指南车也。《鬼谷子》曰：郑人取玉，必载司南之车，为其不惑也。"《太平御览》卷七七五"车部四"引《鬼谷子》也作"必载司南之车"。综合上面两家资料，笔者也认为《鬼谷子·谋篇》"载司南之车"前当有"必"字。《宋书·礼志》成书比《艺文类聚》早，引作"必载司南"，传本《鬼谷子》中的"必载司南之车"，是颇有疑问的。关于指南车的记载，从未见诸汉代及汉以前的文献，战国时代的《鬼谷子》中怎么会出现"司南车"？"之车"两字，谅是衍文，其源来自指南车传说的影响。

历史上不少人将传本《鬼谷子》"司南之车"与后世的指南车混为一谈，原因是这些注家不明指南车的工作原理和性能局限，没有把《鬼谷子》的记载与当时的技术背景作比较，望文生义，产生误解，甚至附会到黄帝、周公身上。在科学知识大为普及的今天，我们应有能力，取其精华，弃其糟粕。

关于指南车的发明，《宋书·礼志》说"秦、(前)汉，其制无闻。后汉张衡始复创造……魏明帝青龙中，令博士马钧更造之而车成。"鉴于张衡有发明水运浑象和候风地动仪之能，他创造指南车很有可能，但最可靠的是"马钧更造之而车成"。晋代傅玄曾作《马先生传》。《三国志·魏书·杜夔传》裴松之注："时有扶风马钧，巧思绝世。傅玄序之曰：'马先生，天下之名巧也……先生为给事中，与常侍高堂隆、骁骑将军秦朗争论于朝，言及指南车。二子谓古无指南车，记言之虚也……于是二子遂以白明帝，诏先生作之，而指南车成。'"[②]这是年代最早的制成指南车的确切史料。从马钧与高堂隆、秦朗争论于朝可知，那时已有指南车的传说。传至晋代，各种传闻添油加酱。崔豹的《古今注》卷上说"大驾指南车，起于黄帝。帝与蚩尤战于涿鹿之野，蚩尤作大雾，士皆迷四方。于是作指南车，以示四方，遂擒蚩尤，而即帝位。故后常建焉。大驾指南车，旧说周公所作也。周公治致太平，越裳氏重译来献白雉一、黑雉一、象牙一。使者迷其归路，

① 刘亦丰、刘亦未、刘秉正：《司南指南文献新考》，《自然辩证法通讯》2010 年第 5 期，第 54—59 页。

② 陈寿：《三国志·魏书》，中华书局，1964 年，第 807、808 页。

周公锡以文锦二匹，軿车五乘，皆为司南之制，越裳氏载之以南……汉末丧乱，其法中绝，马先生绍而作焉。今指南车是其遗法也。”①虞喜的《志林新书》亦称“黄帝乃令风后法斗机作指南车，以别四方，遂擒蚩尤”。②后来，又开始把与指南车无关的《鬼谷子》和《韩非子》也扯了进去。严肃认真的学者不会将这种传说信以为真。从现有的出土文物和文献资料来看，战国時期还没有发明自动离合齿轮系指南车的相关技术，郑国取玉之人必用的指南车从何而来？指南车在平地上，在特定的条件下，作简单的两维运动可以表演“车虽回转，所指不移”，但是“其行动功效，但属卤簿法驾之一种弄器，绝无实用价值”，③“各代指南车都是皇帝大驾出行时的一种仪仗车……数量极少，规格极高，并不用于实测方向，更不用于引导实战”，④也根本不适用于采玉的崎岖山路。中国历史上从未有过三维运动指南车，更难想象取玉的郑人都有这种超级装备。故可以确定《鬼谷子》中的“司南之车”不是机械齿轮系指南车，后世有些人把它与指南车相混，我们要恢复它的本来面目。

《鬼谷子》司南到底是什么装置？“必载”之“载”藏有玄机。《荀子·王制》曰：“水则载舟，水则覆舟。”所谓“必载司南”，其实是指用水载司南。这种取玉的郑人必用的水浮司南，非某种磁性指向器莫属。不妨推想，他们在采玉活动和生活实践中，也会找到磁石，发现磁石取针。他们发现了被吸过的钢针有指向性，用它制成了某种水浮式司南。

据我所知，古籍传本中同时提到磁石取针和司南的只有《鬼谷子》和《论衡》，这未必不是巧合。《论衡·答佞篇》曰“术则从横，师则鬼谷也”，还提到苏秦、张仪习纵横之术于鬼谷先生，王充很可能见过《鬼谷子》这本书。

---

① 崔豹：《古今注》(《四部丛刊三编》第224册)，上海商务印书馆，1936年，卷上第1a、1b页。

② 虞喜：《志林新书》，马国翰辑《玉函山房辑佚书》卷六八(娜嬛馆刊本)，光绪九年(1883)，第40b页。

③ 王振铎：《指南车·记里鼓车之考证及模制》，《史学集刊》第3期，1937年，第1—46页。

④ 陆敬严：《指南车再研究》，江晓原主编：《多元文化中的科学史：第十届国际东亚科学史会议论文集》，上海交通大学出版社，2005年，第231页。

三、《瓢赋》中的小葫芦司南

唐代韦肇的《瓢赋》中说："器为用兮则多，体自然兮能几？……挹酒浆，则仰惟北而有别；充玩好，则校司南以为可。有以小为贵，有以约为珍；瓠之生莫先于晋壤，杓之类奚取于梓人？"①韦肇是8世纪人。围绕《瓢赋》的研究和争议已有多年。赋中透露如下信息：用于指向的司南是酒文化的玩好之一。《说文》曰："校，木囚也。"以瓢勺"校司南"说明它可作司南的外壳，进一步说明司南应是一种漂浮装置。

《说文》曰："瓢，瓠勺也。"瓢是用葫芦干壳做成的勺。王世襄的奇书《中国葫芦》说："葫芦之特大特小者亦难得。本书图版一即为罕见之大约腰葫芦。特小者唐韦肇《瓢赋》已有'有以小为贵'之句……陆放翁诗则曰'色似栗黄形似茧，恨渠不识小葫芦'，言贵人佩金玉，何如野人之佩小葫芦。"②南宋陆游平生也喜欢小葫芦，曾作《刘道士赠小葫芦》诗四首，其中就有这两句。王世襄把《瓢赋》和陆游小葫芦诗放在一起，真是神来之笔。陆游一句"恨渠不识小葫芦"，使笔者茅塞顿开，一通百通，充玩好的司南是用小葫芦瓢制成的！被上好的磁石吸过的（甚至磨过的）钢针，本身就是现成的磁性指向体，从鬼谷子到唐代，世上一直有它。长期以来，为磁石琢勺之事大费周章，竟是舍近求远。宋代唐慎微《证类本草》卷四磁石引"陶隐居（弘景）云：'今南方亦有好者，能悬吸针，虚连三、四为佳。'"③仅方家测试磁石的好坏，做有关实验，史上就产生过不少磁化钢针。将小葫芦沿轴向一剖为二，以半个小葫芦干壳为载体，沿轴向放一根磁化过的钢针，浮载在水上，就是磁针小葫芦瓢司南。韦肇《瓢赋》的司南，正是此物。上文吴均酬诗中与东风酒对举的"指南酌"，正可作为上承《论衡》司南，下接《瓢赋》司南的中间一环。

在《论衡》司南之酌与吴均"指南酌"之间，晋崔豹的《古今注》也有妙喻。《古今注》卷中曰："虾蟆子，一名玄针，一名科斗，一曰玄鱼。形圆而

---

① 董诰等：《全唐文》第五册卷四三九，中华书局影印本，1983年，第4476页。

② 王世襄：《中国葫芦》，上海文化出版社，1998年，第14页。

③ 唐慎微：《证类本草》卷四《石部》，《景印文渊阁四库全书》第740册，台湾商务印书馆，1983年，第45b页。

尾大，尾脱而脚生。”[1]当时之所以把水中游的蝌蚪称为玄针，正因为它的形状颇像带磁针的水浮式司南。回首再看《鬼谷子》司南和《论衡》司南，众里寻他千百度。它们的真容竟是磁针小葫芦瓢。换言之，中国至迟在公元前3世纪已经发明瓢针司南酌，即水浮指南针。

这种司南，取玉的郑人用它指示方向，不至于迷路，很好理解。《韩非子》虽与《鬼谷子》年代相近，但文中“先王”所处的年代早于韩非子。先王所立之司南，与《周髀算经》之周髀一脉相承，其“端朝夕”的法度权威性毋庸置疑。所用“立”字，既贴切，又符合史实。假如先王用一个原始水浮“司南”来“端朝夕”，似乎不够庄重。

四、方家将司南改进成水浮磁针

北宋沈括（1032—1096）[2]的《梦溪笔谈》曰：“方家以磁石摩针锋，则能指南，然常微偏东，不全南也。水浮多荡摇……”[3]明确记载了方家制备指南针的方法和水浮磁针的使用。磁偏角的发现早在晚唐至北宋的不少堪舆书中已有迹可寻，沈括将其公之于世。以前不知古有勺形指南针，学界往往从早期堪舆书中的针法来证明磁偏角的发现，间接推断指南针的发明。早期堪舆书的作者和年代需辨别真伪，学术界尚在深入研究之中。笔者认为，唐代堪舆家的活动相当活跃，并开始强调方向的选择，改进瓢针司南酌、使之易于观测、精确定向成了当务之急。瓢针司南酌脱下小葫芦瓢外壳之时，也就是从司南升格为方家的堪舆水罗盘之日。

堪舆罗盘的明确记载，首见于南宋曾三聘的《因话录・子午针》，叫作“地螺”。[4]《因话录》（或作《同话录》）的作者因陶宗仪误题为曾三异，长期被张冠李戴。笔者1989年曾为文指出：《因话录》真正作者是曾三异

---

① 崔豹：《古今注》，《四部丛刊三编》第224册，上海商务印书馆，1936年，卷中第9a页。

② 徐规、闻人军：《沈括前半生考略》，《中国科技史料》1989年第3期，第30—38页。

③ 沈括：《梦溪笔谈》卷二四《杂志一》，文物出版社影印元刊本，1975年，第15页。

④ （原题）曾三异：《同话录》，（明）陶宗仪：《说郛》卷二三上（《景印文渊阁四库全书》本），台湾商务印书馆，1983年，第14a、14b页。

之兄曾三聘，成书于1200年前后。①

顺便提及，《文献新考》作者提到了一首《赠徐山人》诗，②这首七律的前四句云："乱余山水半凋残，江上逢君春正阑。针自指南天窅窅，星犹拱北夜漫漫。"③他们误以为这是唐代戴叔伦（732—789）写的，认为："'针自指南天窅窅'似乎是说天色幽暗时，针指向南方，而且其是与北极星的'拱北'相对。这有可能是最早的针有指南作用的记载。"经过查证，此诗虽搜辑在《全唐诗》卷二七三中，却是讹入的明初刘崧的诗，已有学者作过考证。④ 然古诗文确藏指（司）南史料，葛洪《抱朴子》、萧绎《玄览赋》亦属佳证，详情另考。

五、模拟实验和复原模型

图六〇　西汉缝衣针和针衣[采自李卫《汉代的缝衣钢针》，《人民日报(海外版)》2003年10月29日第7版]

这种瓢针司南酌结构简单，容易制作和操作。1975年，湖北省江陵凤凰山167号汉墓曾出土一枚包在针衣内的缝衣钢针，属西汉文景时期。针长5.9厘米，最大径约0.05厘米，针尖稍残，针体粗细均匀，针孔细小（图六〇），⑤推测原长稍大于6厘米。此针代表了西汉时期制针工艺水平，其大小可作复原汉代司南的参考。

《中国葫芦》说："'葫芦'一称，唐

① 闻人军：《宋〈因话录〉作者与成书年代》，《文献》1989年第3期，第284—286页。

② 刘亦丰、刘亦未、刘秉正：《司南指南文献新考》，《自然辩证法通讯》2010年第5期，第54—59页。

③ 彭定求等：《全唐诗》卷二七三，《传世藏书・集库・总集・全唐诗(一)》，海南国际新闻出版中心、诚成文化出版有限公司，1995年，第1039页。

④ 蒋寅：《戴叔伦诗集校注》，上海古籍出版社，2010年，第250页。

⑤ 凤凰山167号汉墓发掘整理小组：《江陵凤凰山一六七号汉墓发掘简报》，《文物》1976年第10期，第31—37、50页。

代始流行，古则称之壶、曰瓠、曰匏，均见《诗》三百首。……葫芦也用作匏、瓠等各种葫芦之总称。"[①]葫芦制器，源远流长。《中国葫芦》又说"裁切天然葫芦制成多种居家器用，代有其人"，"商承祚《长沙古物见闻记》有《楚匏》一则：'二十六年，季襄得匏一，出楚墓，通高二十八公分，下器高约十公分，截用葫芦之下半，前有斜曲孔六，吹管径约二公分，亦为匏质……'"，"倘其推测不误，则至迟战国时已施范于葫芦矣"。[②] 当年制作简单实用的司南更不在话下。现在还有一批文玩葫芦爱好者。据百度经验《文玩葫芦的收藏种类和把玩技巧》，8 厘米以下的文玩葫芦称为手捻葫芦，一般手捻葫芦高度在 4—6 厘米之间，精品手捻葫芦小至 3—5 厘米。[③] 用手捻葫芦制成瓢，与相当长度的磁化钢针组合，配上水碗，就可制成瓢针司南酌模型。

笔者根据手头现有材料，作了若干模拟试验。先用长约 4.5 厘米的半个花生壳代替特小葫芦瓢，配上一根长 5 厘米、径 1.28 毫米的被磁铁吸过的普通手工钢针，浮在水面能旋转自如而指南，实验结果符合预期。接着再剖开长约 7.3 厘米的小葫芦干壳，清理瓢内，两头开细槽，制成小葫芦瓢载体；取一根长 7.4 厘米、径 2 毫米(或长 7.6 厘米、径 1 毫米)的被磁铁吸过的手工钢针，将磁化钢针两头嵌入小葫芦瓢，浮在水面能旋转自如而指南，制成司南复原模型一(图六一)。

再取一根长 5.9 厘米、径 1 毫米的被磁铁吸过的手工钢针，将磁化钢针两头嵌入长 5.6 厘米的小葫芦瓢，浮在水面也能旋转自如而指南，制成司南复原模型二(图六二)，实验完全成功。

此外，笔者也用较长、壳较厚的小葫芦和较短、瓢较浅的小葫芦作了一些测试。上述试验表明：干透的薄小葫芦瓢很轻，用 1—2 毫米粗细的磁针驱动没有问题。较粗的磁针效果较好。小葫芦瓢的两头以大小均衡、能平躺于水面为佳。薄壳手捻葫芦(用半个或略小于半个)适合复制水浮瓢针司南酌。

---

① 王世襄：《中国葫芦》，上海文化出版社，1998 年，第 8 页。

② 王世襄：《中国葫芦》，第 23—24 页。

③ NDQ520：《文玩葫芦的收藏种类和把玩技巧[OL]》，(2014-03-26)[2015-07-19]. http://jingyan.baidu.com/article/4b52d7027149d4fc5c774bd3.html.

图六一 “司南”复原模型一(磁针长 7.4 厘米、径 2 毫米。闻人军摄)

图六二 “司南”复原模型二(磁针长 5.9 厘米、径 1 毫米。闻人军摄)

有关部门如能以小葫芦玩家的工艺制作小葫芦瓢,采用按传统工艺制作的钢针,配上仿古水碗,则复原模型将兼顾复制基本原则和观赏性,满足多方面的要求。

瓢针司南酌,制作简易,也易解体。磁针很小,容易锈蚀,小葫芦瓢外壳又难历久,故考古发现中还没有见过它。

原载《自然科学史研究》2015 年第 4 期

“司南”六义之演变

“司南”是中国科技史上的一个重要概念。司南古义不下六种，它的演变与一系列科技发明结下了不解之缘，弄清其来龙去脉对于正确认识中国早期科技发展史无疑是有益的。

一、“立司南”即“立表”[①]

“司南”之称，始于战国，首见于《韩非子·有度篇》。旧注将《韩非子》司南与指南车混为一谈，今人往往把它等同于《论衡》“司南之勺”，均失之未审。

商代甲骨卜辞中，常见“立中”一词。据萧良琼的研究，卜辞里的“立中”，就是商人树立测量日景的“中”，进行占卜祭祀活动。[②] 温少峰、袁庭栋的《殷墟卜辞研究——科学技术篇》也认为“立中”即“立表以测影”。[③] 周代圭表测景之法与商代的“立中”一脉相承，圭表的“表”就是立中之“中”。周代圭表测景之法犹保存在《考工记·匠人》之中，其文曰：“匠人建国，水地以县(悬)，置槷以县，眡以景。为规，识日出之景与日入之景。

---

① 此节的补充请参见本书《再论〈有度篇〉“立司南”即立表》。

② 萧良琼：《卜辞中的“立中”与商代的圭表测景》，《科技史文集》第10辑，上海科学技术出版社，1983年，第27—44页。

③ 温少峰、袁庭栋：《殷墟卜辞研究——科学技术篇》，四川省社会科学院出版社，1983年，第14—16页。

昼参诸日中之景，夜考之极星，以正朝夕。”此“朝夕”之义为“东西”，“正朝夕”即“正东西”，引申为确定东西南北方向。故东周时“立中”又叫“立朝夕”。如《管子・七法》说：“不明于则，而欲错仪画制，犹立朝夕于运均之上，摇竿而欲定其末。”[①]《墨子・非命上》说：“言而毋仪，譬犹运钧之上而立朝夕者也。”“均”即“钧”，是制陶工具。毕沅注曰：“言运钧转动无定，必不可立表以测景。”[②]显而易见，毕沅的解释是正确的，“立朝夕”就是“立表”。

《韩非子・有度篇》说：“夫人臣之侵其主也，如地形焉，即渐以往，使人主失端，东西易面而不自知。故先王立司南以端朝夕。”[③]文中的“端朝夕”即《考工记》所谓“正朝夕”，“立司南”与测量地域、避免“东西易面而不自知”有关，正是圭表测影的主要目的之一，实即“立朝夕”、“立中”或“立表”。

《考工记・玉人》载：“土圭尺有五寸，以致日，以土地。”郑玄注：“致日，度景致不。夏日至之景，尺有五寸；冬日至之景，丈有三尺。土，犹度也。建邦国以度其地，而制其域。”土圭是与八尺之表配合作用、测量地面表影的标准玉板。《周礼・地官・大司徒》谓：“日至之景，尺有五寸，谓之地中。”意即夏至正午日影长一尺五寸的地方是大地的中心。又谓：“以土圭之法测土深，正日景，以求地中。日南则景短，多暑。日北则景长，多寒。日东则景夕，多风。日西则景朝，多阴。”周人根据这一规律可从日影的短长、太阳出没当空的早迟推测某地相对于地中的方位远近。影的短长在此起了一种反映地理纬度的作用，早迟则起了一种反映地理经度的作用。故《周礼・地官・大司徒》称：“凡建邦国，以土圭土(度)其地而制其域。”圭表测影有上述特点，可定方位远近，不给侵主的人臣以可乘之机，与《韩非子・有度篇》的描述相一致。因此，《韩非子》中的“司南”确应释为表杆。这一词汇比“立中”之“中”、“立朝夕”之“朝夕”更能体现定向

---

① 郭沫若、闻一多、许维遹：《管子集校・七法篇第六》，科学出版社，1956年，第83页。

② 《墨子》卷九“非命上第三十五”(《百子全书》扫叶山房本)，第1a页。

③ 陈奇猷：《韩非子集释》，上海人民出版社，1974年，第88页。

的内涵。

顺便指出,刘洪涛的《指南针是汉代发明》一文,曾把《韩非子》中的"司南"释为一种在车上立表的指南车,[①]此说欠妥,然其表杆说部分仍属可取。不过刘文对这方面的论证也不能令人满意,故未能得到学术界的认可。

二、"司南之勺"——勺形磁性指向器[②]

用表杆和北斗定向,受天气因素的牵制太大。至迟汉代,形状或功能取法北斗,名称沿用"司南"的勺形磁性指向器和指南车都已问世。

关于磁石吸铁的知识,至迟在战国时代已有明文记载。如《吕氏春秋·精通篇》说:"慈石召铁,或引之也。"西汉时有人利用磁石的吸铁性表演斗棋幻术。磁石之入药剂,也在《神农本草经》中有了极明确的记载。

《汉书·王莽传》曰:"是岁八月,莽亲之南郊,铸作威斗。威斗者以五石铜为之,若北斗,长二尺五寸,欲以厌胜众兵。既成,令司命负之,莽出在前,入在御旁。"众所周知,磁石为古代五石之一,方家一旦发现磁石的指极性,就不难将仿"北斗"的"威斗"变成能自动指南的"司南之勺"。

今本王充《论衡·是应篇》说:"故夫屈轶之草,或时无有而空言生,或时实有而虚言能指。假令能指,或时草性见人而动。古者质朴,见草之动,则言能指。能指,则言指佞人。司南之勺,投之于地,其柢指南。"[③]在此,王充明确指出"司南"是一种勺形物,工作时有柄指南,东汉司南显然是一种勺形指向器。

随着科技史研究向纵深发展,近年来学术界对《论衡》"司南"究系何物展开了讨论。各种见解实际上分作两大派,一派持磁勺说,另一派持北

---

① 刘洪涛:《指南针是汉代发明》,《南开学报》1985年第2期,第66—70页。

② 此节的补正请参见本书《原始水浮指南针的发明——"瓢针司南酌"之发现》。

③ 北京大学历史系《论衡》注释小组:《论衡注释》第三册,中华书局,1979年,第1002页。

斗说。磁勺说中，王振铎将“投之于地”之“地”释为式占“地盘”，[①]他在40年代末制成的司南复原模型曾产生过广泛的影响。王锦光、闻人军认为“投之于地”系“投之于池”之误，“池”即方家盛汞或其他液体的器皿。方家在磁石、水银的实验中，或由于偶然的机会，终于发现了磁石的指极性，从而发明了磁性指向器。“司南之勺，投之于地，其柢指南”意即：勺状的司南，投入汞池之中，它的勺柄指向南方。[②] 不过，这几家的分歧主要在于磁勺的支承方式或材料工艺有所不同，对《论衡》“司南”是勺形磁性指向器这一点则无怀疑。1985年刘秉正、罗福颐分别提出了北斗说，以为《论衡》司南指的是天上的北斗。[③] 看来，在获得过硬的考古证据以前，这场争论不会轻易结束。

“司南之勺”和指南车发明之后，关于先秦“司南”的传说随之出现。很可能是魏晋时人所作的《鬼谷子·谋篇》说：“故郑人之取玉也，载司南之车，为其不惑也。夫度材、量能、揣情者，亦事之司南也。”[④]《宋书·礼志》引《鬼谷子》云：“郑人取玉，必载司南，为其不惑也。”两者的“司南”句稍有不同，一般认为前者的“之车”两字系衍文。无论如何，《鬼谷子》称“载司南”，这种“司南”决非北斗，很可能与《论衡》“司南之勺”一样，也是勺形磁性指向器。

唐韦肇的《瓢赋》云：“挹酒浆，则仰惟北（北斗）而有别；充玩好，则校司南以为可。”[⑤]他指出瓢勺既可以挹酒浆，也可以充玩好。它与北斗之“勺”有别，而与实体的司南相似。南宋初年庄季裕的《鸡肋编》中有一则记载表明，这种与司南相似、用瓢勺作的玩好亦浮于液面且有磁性，其文曰：“以二瓢为试，置之相去一二尺，而跳跃相就，上下宛转不止。……乃

---

① 王振铎：《司南指南针与罗经盘（上）》，《中国考古学报》第3期，1948年，第119—260页。

② 王锦光、闻人军：《〈论衡〉司南新考与复原方案》，《文史》第31辑，1988年，第25—32页。

③ 刘秉正：《司南新释》，《东北师大学报》（自然科学版）1986年第1期，第35—44页。罗福颐：《汉栻盘小考》，《古文字研究》第十一辑，1985年，第252—264页。

④ 《鬼谷子·谋篇第十》（《四部丛刊》本）卷中，第19页。

⑤ 韦肇：《瓢赋》，《全唐文》卷四三九，中华书局，1983年，第4477页。

捣磁石错铁末,以胶涂瓢中各半边,铁为石气所吸,遂致如此。"①

由此可知,《论衡·是应篇》、《鬼谷子·谋篇》、《瓢赋》中的"司南"均指勺形磁性指向器。此外,晋葛洪《抱朴子外篇·疾谬》说:"疾美而无直亮之针艾,群惑而无指南以自反。"②这里的"指南"即"司南"之音转,大概也是指勺形磁性指向器。

三、"司南"为"司南车"的简称

关于指南车的发明年代,学术界还有争论。葛洪所作的《西京杂记》"大驾骑乘数"云:"司南车,驾四,中道。"③这种"司南车"不久就失传了,《后汉书·舆服志》中就没有提到它。

据《三国志·杜夔传》裴松之注引傅玄序,及《三国志·明帝纪》裴注引鱼豢《魏略》载,青龙三年(235)马钧制成了指南车。西晋是指南车的黄金时代,同时出现了许多关于指南车发明的传说。《晋书·舆服志》明确记载:"司南车,一名指南车。驾四马。其下制如楼,三级;四角金龙衔羽葆。刻木为仙人,衣羽衣,立车上。车虽回运而手常南指。大驾出行,为先启之乘。"唐柳宗元《记里鼓赋》曰:"配和鸾以入用,并司南而为急。"④"记里鼓"即记里鼓车的简称,常与指南车并用。赋中的"司南"系司南车的简称。唐张彦振的《指南车赋》曰:"北斗在天,察四时而行度。司南在地,表万乘之光融。尔其法制奇诡,神妙无穷。见其指而皆知其向,睹其外而莫测其中。输须借乎奚子,妙乃发于周公。观其作也,扃关脉凑,衡枢是设。"⑤从赋名、"司南在地"有轮,及制作情况来看,赋中的"司南"必指司南车。

司南车有时也称"司方"。如旧题汉徐岳所撰的《数术记遗》曰:"数不

---

① 庄绰编、萧鲁阳点校:《鸡肋编》卷中,中华书局,1983年,第72页。
② 葛洪:《抱朴子外篇·疾谬》卷二五,《诸子集成》,世界书局,1935年,第147页。
③ 《西京杂记》卷下庚卷(抱经堂丛书本),第11a页。
④ 柳宗元:《记里鼓赋》,《全唐文》卷五六九,第5760页。
⑤ 张彦振:《指南车赋》,《全唐文》卷九五一,第9881页。

识三，妄谈知十，犹川人事迷其指归，乃恨司方之手爽。”①“司方之手爽”的意思是：司南车上的木仙人之手指向偏差。又如晋左思《吴都赋》曰：“俞骑骋路，指南司方。”②

我国古代的指南车在国内外都有复制，虽已成功，尚有改进的余地。

四、“司南”为“指南舟”的省称

由于指南车的启迪，秦汉以来造船技术的进步，水排、车船和舵的发明，促成了指南舟的创制。

西晋时期，洛阳灵芝池中出现了指南舟。唐徐坚《初学记》卷二五引《晋宫阁记》、北宋《太平御览》卷六七引《晋宫阁名》等文献均载灵芝池“有鸣鹤舟、指南舟”。《太平御览》引《晋宫阁名》曰：“灵芝池广长百五十步，深二丈，上有连楼飞观，四出阁道钓台，中有鸣鹤舟、指南舟。”③《宋书·礼志》在介绍祖冲之指南车之后接着说：“晋代又有指南舟。”李约瑟《中国科学技术史》认为指南舟有三种可能：1. 只是一种传说。2. 用磁性指南器导航。3. 类似车船式的装置。④ 这三种假设面面俱到。但笔者认为指南舟很可能是一种机械定向装置，晋乱覆亡，后来重现于南朝建康皇家园池之中。

公元446年，刘宋兴建景阳山于华林园，任昉的《奉和登景阳山》诗云：“物色感神游，升高怅有阅。南望铜驼街，北走长楸埒。别涧宛沧溟，疏山驾瀛碣。奔鲸吐华浪，司南动轻枻。日下重门照，云阁九华澈。观阁隆旧恩，奉图愧前哲。”⑤诗中的关键词是“枻”。《史记·司马相如列传》

---

① 徐岳：《数术记遗》，《景印文渊阁四库全书》第797册，台北商务印书馆，1986年，第164页。

② 左思：《吴都赋》，《全上古三代秦汉三国六朝文·全晋文》卷七四，中华书局，1958年，第1885页。

③ 《太平御览》卷六七，中华书局，1960年，第318页。

④ Joseph Needham, *Science and Civilisation in China*, vol. 4, part 1, Cambridge University Press, 1962, p. 292.

⑤ 《任彦昇集》卷一（《汉魏六朝诸家文集》本），第17页。“奔鲸吐华浪”，《文苑英华》卷一五九作“神鲤（原注：一作鲸）吐华浪”。

曰：“扬桂枻。”裴骃集解引韦昭曰：“枻，楫也。”楫即短桨。“奔鲸吐华浪”，池中之景。“司南”而有“枻”，非指南舟莫属。任昉为与“奔鲸”对举，遂借“司南”入诗，实即司南舟(指南舟)。

指南舟细节不详，从机械原理和有关史料分析，指南舟只有在特定的工作条件下才能保证其指向性能。西晋指南舟是围绕灵芝池中央的建筑群环行的，①或许连回转半径也是固定的。愚意以为，大约其制如舟，旁有楫和明轮，尾有舵，舟内设机械装置。刻木为仙人，立舟上，举手指南。舟虽回转，木人所指不移。

由于指南舟比指南车更为复杂，它的复制尚是一个难题。

五、司南用作刻漏的别称

“司南”不仅是定向器的通称，而且还是计时器的别名。下文关于司南的三项记载，都与时间有关，其中的“司南”，均可释为刻漏。

其一，唐李商隐《太尉衡公会昌一品集序》曰：“乃诏曰：淮海伯父，汝来辅予，霞披雾销，六合快望。四月某日入觐，是月某日登庸。渊角奇姿，山庭异表。为九流之华盖，作百度之司南。”文中的关键词是“百度”。宋王应麟《小学绀珠》卷一释“百度”为“百刻”，今疑“百度之司南”即“百刻之司南”。元代陈元靓《事林广记》前集卷二记“刻漏制度”曰：“唐，昼夜百刻，一遵古制。”《会昌一品集序》“百度之司南”正与唐制相合，实乃百刻之漏刻。②

其二，梁元帝萧绎(公元552—555年在位)《漏刻铭》曰：“玉衡称物，金壶博施，司南司火，未符兹义。……碧海有干，绛川犹竭，飞流五色，涓涓靡绝。龙首傍注，仙衣府裂，箭不停晷，声无暂辍。用天之贞，分地之平，如弦斯直，如渭斯清。”他在文中称“金壶(贮水壶)博施”，“玉衡(权)称物”，“龙(银龙)首傍注”，“箭(水箭)不停晷”等，当指某种小秤漏。古人认

---

① Robert K. G. Temple, *China: Land of Discovery and Invention*, Patrick Stephens, Welling-borough, 1986, p. 64.

② 军按：《会昌一品集序》中用其引申义。

为南方属火，“司南”与“司火”同义，它们之所以并列在《漏刻铭》中，是因为时人将其作为漏刻的别称，不过梁元帝觉得不够贴切罢了。以司南、司火作漏刻别称的个中原委，恐与报晓的鸡有关。

其三，杜甫大历初在夔州作咏《鸡》诗云：“纪德名标五，初鸣度必三。殊方听有异，失次晓无惭。问俗人情似，充庖尔辈堪。气交亭育际，巫峡漏司南。”这首诗的解释纷如聚讼。清仇兆鳌的《杜诗详注》卷十七曰：“当子半亭育之时，而巫峡漏声，早有司南之报，鸡鸣果安在哉?”释文中已暗含司南是刻漏之意。鸡为火德之精，我们可以用刻漏——报时——鸡——司火——司南表示这一系列概念之间的联系。“气交亭育际”，也就是夜半零时整，杜甫恰闻“司南”(刻漏)的报时之声。

世谓杜甫作诗用事谨严，可知唐代确已有报时仪器。如一行、梁令瓒所创的“浑天铜仪”，“以木柜地平，……立木人二于地平上：其一前置鼓以候刻，至一刻则自击之。其一前置钟以候辰，至一辰亦自撞之。”利用同样的机械原理可以制作报时刻漏。虽然唐代报时刻漏的制度未详，北宋末年曾民瞻所造的“豫章晷漏”多少可以说明一点问题。其制“范金为壶，刻木为箭。壶后置四盆一斛，壶之水资于盆，盆之水资于斛，其注水则为铜虯张口而吐之。箭之旁为二木偶，左者昼司刻，夜司点，其前设铁板，每一刻一点则击板以告。右者昼司辰，夜司更，其前设铜钲，每一辰一更则鸣钲以告”。

六、司南引申为指导、准则之意

科技概念向社会科学领域的渗透，是中国语言发展中一个常见的现象。司南(指南)的含义不断引申，用之于义理，就是一个突出的例子。

本文第二节所引《鬼谷子·谋篇》曰：“故郑人之取玉也，载司南之车，为其不惑也。夫度材、量能、揣情者，亦事之司南也。”文中十分明白地表示，“事之司南”是由定向的司南引申而来的。除“事之司南”外，古代还有“文之司南”、“人之司南”(或指南)等，均有指导、准则或标准之意。如梁刘勰《文心雕龙·体性》谓：“故宜摹体以定习，因性以练才。文之司南，用此道也。"东汉张衡《东京赋》曰:"幸见指南于吾子。"唐杨齐宣《晋书音义序》云:"撰成音义,亦足以畅先皇旨趣,为学者司南。"崔损《冰壶赋》曰:"伊至人之比德,同贞士之司南。"

唐以后,"司南"为"指南"所取代,司南古义及其演变也成了科学史上的一个谜。

原载《文史》第34辑,中华书局,1992年

再论《有度篇》“立司南”即立表

“司南”之称，始见于战国文献《鬼谷子·谋篇》和《韩非子·有度篇》。《鬼谷子·谋篇》曰：“故郑人之取玉也，必载司南，为其不惑也。夫度材、量能、揣情者，亦事之司南也。”①郑人取玉必载的司南是一种磁性指向器，据笔者考证，此乃原始的水浮磁针。②《鬼谷子·谋篇》的作者还引申出“事之司南”，不但为后世引申到“人之司南”、“文之司南”开了先例，而且说明战国时代司南已不止一种含义。《鬼谷子·谋篇》至迟是公元前3世纪的纵横家，或许就是鬼谷子的弟子所作。韩非子（约公元前280—前233年）作《韩非子·有度篇》的年代，似与《鬼谷子·谋篇》的年代相近。文中说：“故先王立司南以端朝夕。”对《韩非子》所谓先王立的“司南”自然要作具体分析，不能因为两书时代相近，就简单地推定它与《鬼谷子》“司南”同义。旧注将《韩非子》司南与指南车混为一谈，今人著作往往误以为它就是《论衡》中的磁性“司南”。主流意见之外，或视为官职、纲维或法纪，③或看作在车上立表的指南车，④或以为是司南车，⑤均失之未审。

清华大学藏战国竹书《保训》是周文王对太子发的临终嘱咐，其中提

① 许富宏：《鬼谷子集校集注》，中华书局，2008年，第148页，据《宋书·礼志》校改。

② 参见本书《原始水浮指南针的发明——“瓢针司南酌”之发现》。

③ 刘亦丰、刘亦未、刘秉正：《司南指南文献新考》，《自然辩证法通讯》2010年第5期，第54—59页。

④ 刘洪涛：《指南针是汉代发明》，《南开学报》1985年第2期，第66—70页。

⑤ 孙机：《简论“司南”兼及“司南佩”》，《中国历史文物》2005年第4期，第4—11页。

到舜“求中”和商祖先上甲微“追中”的两则故事。战国竹书《保训》篇的真伪尚有争议，舜“求中”和上甲微“追中”是否实有其事，又是另一回事。正如有些学者已指出的那样，这是指树立表杆，测量日影，确定“地中”，①即地域的中央。

商代甲骨卜辞中，常见“立中”一词。据萧良琼的研究，卜辞里的“立中”，就是商人树立测量日影的“中”，进行占卜祭祀活动。② 温少峰、袁庭栋也认为“立中”即“立表以测影”。③ 周代圭表测影之法与商代的“立中”一脉相承，圭表的“表”就是立中之“中”。《周髀算经》曰：“周髀长八尺，夏至之日晷一尺六寸。”周代圭表测影之法犹保存在《考工记・匠人》和《周髀算经》之中。《考工记・匠人》曰：“匠人建国，水地以县(悬)，置槷以县，眡以景。为规，识日出之景与日入之景。昼参诸日中之景，夜考之极星，以正朝夕。”《周髀算经》曰：“其两端相去正东西，中折之以指表，正南北。”④故所谓“正朝夕”是以“规”作圆，标识“日出之景”和“日入之景”与该圆周交点，两交点连线就是东西方向，再作其垂直平分线就得南北方向，与日中之影重合。故“正朝夕”即“正东西”，引申为确定东西南北方向。

东周时“立中”又叫“立朝夕”。如《管子・七法》说：“不明于则而欲错仪画制，犹立朝夕于运均之上，摇竿而欲定其末。”⑤《墨子・非命上》说：“言而毋仪，譬犹运钧之上而立朝夕者也。”“均”即“钧”，是制陶工具。毕沅注曰：“言运钧转动无定，必不可立表以测景。”⑥显而易见，毕沅的解释是正确的，“立朝夕”就是“立表”。

《韩非子・有度篇》说：“夫人臣之侵其主也，如地形焉，即渐以往，使

① 冯时：《〈保训〉故事与地中之变迁》，《考古学报》2015 年第 2 期，第 129—156 页。

② 萧良琼：《卜辞中的“立中”与商代的圭表测景》，《科技史文集》第 10 辑，上海科学技术出版社，1983 年，第 27—44 页。

③ 温少峰、袁庭栋：《殷墟卜辞研究——科学技术篇》，四川省社会科学院出版社，1983 年，第 14—16 页。

④ 程贞一、闻人军：《周髀算经译注》，上海古籍出版社，2012 年，第 37 页。

⑤ 郭沫若、闻一多、许维遹：《管子集校・七法篇》，科学出版社，1956 年，第83 页。

⑥ 《墨子》卷九“非命上第三十五”(《百子全书》扫叶山房本)，第 1a 页。

人主失端，东西易面而不自知。故先王立司南以端朝夕。故明主使其群臣不游意于法之外，不为惠于法之内，动无非法。”[①]引文是两层结构，外层的“夫人臣之侵其主也……故明主使其群臣不游意于法之外，不为惠于法之内，动无非法”指的是隐患和解决办法，与《韩非子·有度篇》阐述法度的主旨相合。引文中内层的“如地形焉，即渐以往，使人主失端，东西易面而不自知。故先王立司南以端朝夕”是举例说明。该例子用“地形”、“东西易面”、“立司南”和“端（正）朝夕”等词语，毫无疑义是在讲测定方向。而且从《考工记》的正朝夕法可知，此法测定东西方向在前，定南北方向在后，与磁性指向器直接测知南北方向不同。“立司南”（立表）与测量地域、求地中的政治传统有关。如果“即渐以往，使人主失端（正）”，地中易位，就有“东西易面而不自知”的情形发生。为避免这种情况正需要圭表测影。

《考工记·玉人》载：“土圭尺有五寸，以致日，以土地。”郑玄注：“致日，度景致不。夏日至之景，尺有五寸；冬日至之景，丈有三尺。土，犹度也。建邦国以度其地，而制其域。”土圭是与八尺之表配合作用、测量地面表影的标准玉板。《周礼·地官·大司徒》谓：“日至之景，尺有五寸，谓之地中。”意即夏至正午日影长一尺五寸的地方是大地的中心。又谓：“以土圭之法测土深，正日景，以求地中。日南则景短，多暑。日北则景长，多寒。日东则景夕，多风。日西则景朝，多阴。”周人根据这一规律可从日影的短长、太阳出没当空的早迟推测某地相对于地中的方位远近。影的短长在此起了一种反映地理纬度的作用，早迟则起了一种反映地理经度的作用。故《周礼·地官·大司徒》称：“凡建邦国，以土圭土（度）其地而制其域。”

圭表测影有上述特点，可定地中和方位远近，不给侵主的人臣以可乘之机，与《韩非子·有度篇》的描述完全一致。因此，《韩非子》中的“司南”乃是测影之司南，确应释为槷表。韩非子称它为先王所立，则其命名应早于《韩非子·有度篇》的写作时间。

---

① 陈奇猷：《韩非子集释》，上海人民出版社，1974 年，第 88 页。

《周礼》原称《周官》，天地春夏秋官的开头都有相同的小序，冬官已佚，推测六官前都有同样的小序，即："惟王建国，辨方正位，体国经野，设官分职，以为民极。"丁进的《〈周礼〉考论——〈周礼〉与中国文学》指出："结合《职方氏》、《大行人》看，这个王就是周成王。"①

愚意韩非子所称的这个"先王"，早则上溯西周，晚则东周，直至韩非子立论之前，都有可能，难以认定。但是，先王不可能郑重其事地立一个水浮司南来确定东西方向，"先王立司南"只能解释为继承"周髀"的传统，立表测影。

如果把"故先王立司南以端朝夕"代换为"故先王立中以端朝夕"，在《有度篇》的上下文中所表达的意思是完全一样的。

《考工记·匠人》曰："昼参诸日中之景，夜考之极星，以正朝夕。"槷表的"日中之景"是正南北方向，与用北极星测向昼夜交互为用，以正朝夕，《韩非子·有度篇》"司南"的得名盖以此欤？

① 丁进：《〈周礼〉考论——〈周礼〉与中国文学》，上海人民出版社，2008年，第70页。

六朝诗文中的指南酌和指南舟

六朝诗文中一些带有指南、司南的骈联之句，以短小精悍的文学形式，承载着双重甚至更多的信息，既是丰富的文学遗产，更是珍贵的科技史料。本文讨论的葛洪(283—363)、任昉(460—508)、吴均(469—520)、梁元帝(508—555)作品中的“指南”、“司南”或“指南酌”，多数在以前的拙作中有所涉及。笔者在对司南酌的探索中，①借鉴学术界不断涌现的研究成果，又有了进一步的认识。葛洪《抱朴子》、吴均《酬萧新浦王洗马》诗、梁元帝《玄览赋》中的“指南”、“指南酌”和“司南”，指的都是司南酌。任昉《奉和登景阳山》诗中的“司南”是装有司南酌的指南舟。在指南针的发展史上，六朝起着承前启后的作用。本文讨论六朝的几个例子，唐代、宋代的情形，拟另文考析。

一、《抱朴子》“指南”即指南酌

东晋著名道家和医家葛洪一生著述宏富，虽然许多篇章已经散佚，但其流传下来的著作中，仍有不少宝贵的史料。葛洪的“治疟病方”，曾经启发了诺贝尔生理医学奖得主屠呦呦发现抗疟药青蒿素的灵感，功在千秋。在原始指南针这个历史舞台上，葛洪也没有缺席，为后人留下了那个时代

---

① 闻人军：《原始水浮指南针的发明——“瓢针司南酌”之发现》，《自然科学史研究》2015年第4期，第450—460页。已收入本书。

的记录。

其《抱朴子外篇·疾谬》曰："且夫慢人者，不爱其亲者也；轻斗者，不重遗体者也。皆陷不孝，可不详乎！然而迷谬者无自见之明，触情者讳逆耳之规。(疾)[疢]美而无直亮之针艾，群惑而无指南以自反。"①

杨明照《抱朴子外篇校笺》说："'疾'，《群书治要》作'恢'，眉端有校语云：'"恢"作"疾"。按："疾"当作"疢"。'照按：'疢'字是。'恢'即由'疢'致误。《左传》襄公二十三年：'臧孙曰："……美疢不如恶石……疢之美，其毒滋多。"'即疢美二字所出。"②原文经杨明照校勘后，已不难释读。"疢美"，指因为热病发烧而引起的面色红润的假象。"直亮"，本义是正直信实，这里似指正直的医家敢于直言病症，对症治疗。"针艾"，在此作名词解，用来针刺艾灸之物。"疢美而无直亮之针艾"句是说：得了热病而面红，却没有对症治疗的针艾。

与"群惑而无指南以自反"句类似的，在《抱朴子》中还有一句。《抱朴子外篇·嘉遁》曰："夫群迷乎云梦者，必须指南以知道；并[失]乎沧海者，必仰辰极以得反。"③今本《抱朴子》脱"失"字，据徐济忠、杨明照的先后校勘，依"并失"与"群迷"相对为文，宜补入"失"字。④ 我们可以把这两句与上文"疢美而无直亮之针艾，群惑而无指南以自反"联系起来分析。

"群惑"义同"群迷"，是众人都迷路。"自反"之"反"与"得反"之"反"意思相同，即返回之返。"群惑而无指南以自反"句是说：在众人都迷路时，却没有指南来找到自迷途知返的道路。

"知道"与"得反"对应，即得知道路。"辰极"，指北极星。《考工记·匠人》："昼参诸日中之景，夜考之极星，以正朝夕。"《尔雅·释天》："北极谓之北辰。"《宋书·历志》："(祖)冲之曰：臣以为辰极居中，而列曜贞观。""指南"与"辰极"相对，作为事物名词，无疑是指示南方之仪器。"夫群迷乎云梦者，必须指南以知道；并[失]乎沧海者，必仰辰极以得反"句是

---

① 杨明照：《抱朴子外篇校笺》上册，中华书局，1991年，第605页。
② 杨明照：《抱朴子外篇校笺》上册，第606页。
③ 杨明照：《抱朴子外篇校笺》上册，第61页。
④ 杨明照：《抱朴子外篇校笺》上册，第62—63页。

说：在云梦泽中众人都迷路时，必须有指南，才能知道路途。一起在沧海中迷失了方向，必须仰观北极星，才得以返回。

《嘉遁》篇与《疾谬》篇中的两个"指南"，一个与北极相对，另一个与针并论，意味深长。前者举出两种常用的观测方向的方法，后者由治病之针联想到指南之针。鉴于前有《鬼谷子》和《论衡》的司南酌，后有吴均诗的"指南酌"，应可确认《嘉遁》和《疾谬》篇的"指南"当为"指南酌"之省称。令人感兴趣的是，内擅丹道，外习医术，研精道儒，学贯百家的葛洪引"指南酌"为例，仅是社会风气所致，还是自身也有亲身经验？下文试作分析。

指南酌的核心是磁针。考古发掘中已出土长约6厘米的汉代缝衣钢针。[①]《抱朴子外篇·备阙》曰："弹鸟，则千金不及丸泥之用；缝缉，则长剑不及数分之针。"[②]葛洪作为名医，熟知汤药针艾，著有《金匮药方》百卷、《肘后备急方》四卷等。他引"疢美而无直亮之针艾"为例，应当来自实践经验。《抱朴子内篇·金丹》说"五石者，丹砂、雄黄、白礜、曾青、慈石也"，[③]。又曰"或以荆酒、磁石消之"。[④]"慈石"即"磁石"，乃葛洪熟知之物。南朝梁道家"陶隐居(弘景)云：'今南方亦有好者，能悬吸针，虚连三、四为佳。'"[⑤]方家以铁针试磁石，葛洪谅不会例外。磁石引过(或磨过)的针就变成了磁针，但中国古代不这样叫。有的古籍中提到的"针"，其实就是后世所谓的磁针。

王振铎曾指出："至如以《春秋繁露》'慈石取铁，颈金取火'，《抱朴子》'慈石引针'等语为证，知秦、汉、魏、晋以还，古人以慈石喻解事理，暗示磁石吸铁为当时人普通常识。"[⑥]换句话说，"慈石引针"是当时人，至少对方家而言，是普通常识。《鬼谷子》和《论衡》中，同时出现过磁石取针和司

---

① 凤凰山167号汉墓发掘整理小组：《江陵凤凰山一六七号汉墓发掘简报》，《文物》1976年第10期，第31—37、50页。

② 杨明照：《抱朴子外篇校笺》上册，第453页。

③ 王明：《抱朴子内篇校释》增订本，中华书局，1985年，第78页。

④ 王明：《抱朴子内篇校释》增订本，第84页。

⑤ 唐慎微：《证类本草》卷四石部，《景印文渊阁四库全书》第740册，台北商务印书馆，1983年，第45b页。

⑥ 王振铎：《科技考古论集》，文物出版社，1989年，第69页。

南,《抱朴子》中“慈石引针”和指南酌的关系,有同样的意义。料想司南酌代有人出,才能世代相传。

查今本《抱朴子内篇》和《抱朴子外篇》,未见“慈石引针”之语。但1960年中华书局影印本《太平御览》卷五一曰:“《抱朴子》曰:‘白石似玉,奸佞似贤。’又曰:‘磁石引针。’又曰:‘浮磬息音,未别于众石。’”[①]四库本《太平御览》卷五一也作“磁石引针”。[②]“白石似玉,奸佞似贤”语出《抱朴子内篇·袪惑》。[③]《抱朴子外篇·重言》曰:“浮磬息音,则未别乎(聚)[众]石也。”杨明照校笺:“‘聚’,《初学记》五、《太平御览》五一引作‘众’。照按:‘众’字是。”杨校当从。[④]这“磁石引针”四字夹在《抱朴子》内外篇引文之间,必出《抱朴子》无疑。不过,王明《抱朴子内篇校释》所附内篇佚文和杨明照《抱朴子外篇校笺》所附外篇佚文中均未辑录。“磁石引针”原来的上下文恐已佚失,使它变成了孤零零的佚文,令人遗憾。

综上所述,《嘉遁》和《疾谬》篇的指南足为指南酌(司南酌)的流传和使用添一新证。《抱朴子》中还有一处提到“指南”,《抱朴子外篇·弹祢》曰:“嵇生曰:‘吾所惑者,(祢)衡之虚名也;子所论者,(祢)衡之实病也。敢不寤寐于指南,投杖于折中乎!’”[⑤]这个“指南”用指南酌的引申义,意即人之指南、指导者。

二、《奉和登景阳山》“司南”即指南舟

将人之“指南”用作指南酌的引申义,在古籍中屡见不鲜,南朝梁任昉是一个突出的例子。

《梁书·任昉传》曰:“昉好交结,奖进士友,得其延誉者,率多升擢,故衣冠贵游,莫不争与交好,坐上宾客,恒有数十。时人慕之,号曰任君,言

① 李昉:《太平御览》,中华书局影印本,1960年,第250页。
② 《太平御览》卷五一(《景印文渊阁四库全书》本),台北商务印书馆,1983年,第8b页。
③ 王明:《抱朴子内篇校释》增订本,中华书局,1985年,第346页。
④ 杨明照:《抱朴子外篇校笺》下册,中华书局,1997年,第636页。
⑤ 杨明照:《抱朴子外篇校笺》下册,第491页。

如汉之三君也。陈郡殷芸与建安太守到溉书曰:'哲人云亡,仪表长谢。元龟何寄?指南谁托?'其为士友所推如此。"[1]1948年,王振铎说:"《任昉传》之'指南'与元龟对举。按:元龟,大龟也,古人宝之,以卜吉凶。《书》云:'昆命于元龟。'《诗》云:'元龟象齿,大赂南金。'指南亦当属于具体之物,殷芸借有形之元龟、指南、仪表,以喻任昉之学行也。"[2]

任昉幼而聪颖,从叔任晷夸他"吾家千里驹也"。[3] 他才思敏捷,与驰誉文坛的沈约(441—513)并称"任笔沈诗"。他身长七尺五寸,为官清廉,奖进士友,时人仰慕。惜英年早逝,士友痛失哲人、仪表,称他为人之元龟,人之指南。从史书记载的事迹来看,他是当之无愧的。杨赛《任昉与南朝士风》说:"南朝,是一个诗的时代。……诗是南朝士族宴会的就餐券。南朝的诗,是案头的诗,文士的诗。南朝人品人、品棋、品书、品画,也品诗,也斗诗。"[4]从科学史的角度,我们也可从诗中感觉到,司南、指南在六朝士人中相当流行。

梁天监元年(502),梁武帝"御华光殿,诏洽及沆、萧琛、任昉侍宴,赋二十韵诗,以洽辞为工,赐绢二十匹",[5]任昉《奉和登景阳山》诗即其中之一。[6] 其诗云:"物色感神游,升高怅有阅。南望铜驰街,北走长楸埒。别涧宛沧溟,疏山驾瀛碣。奔鲸吐华浪,司南动轻枻。日下重门照,云开九华澈。观阁隆旧恩,奉图愧前哲。"[7]诗中司南乃指南舟的省称。

景阳山在建康(今南京)华林园内,华林园是六朝著名的皇家园林。东晋南渡后,在三国吴宫苑旧址建园,仍沿用洛阳皇家园名"华林园"。刘宋元嘉二十三年(446)和大明年间(457—464),经将作大匠张永之手,对华林园作了二次大规模改扩建,筑景阳山,凿天渊池,等等,景阳山、天渊

---

① 姚思廉:《梁书》卷一四,中华书局,1973年,第254页。
② 王振铎:《科技考古论集》,第89页。
③ 李延寿:《南史》卷五九,中华书局,1975年,第1452页。
④ 杨赛:《任昉与南朝士风》前言,上海古籍出版社,2011年,第4页。
⑤ 姚思廉:《梁书》卷二七,第404页。
⑥ 杨赛:《任昉年谱》,《安庆师范学院学报》(社会科学版)2008年第5期。
⑦ 《任彦昇集》卷一(《汉魏六朝诸家文集》本),第17页。

池也承袭洛阳华林园内旧名，成为建康华林园的标志性建筑。①

萧齐、萧梁时期，华林园继续增修，变得更加富丽堂皇，盛极一时。《景定建康志》卷二一曰："朝日、夕月二楼在华林园内。考证：梁武帝所起，阶道绕楼九转。《宫苑记》云：'景阳山次东岭起，通天观，观前又起重楼，上重曰重云殿，下重曰光严殿，殿前当墡起二楼，左曰朝日楼，右曰夕月楼，巧丽无匹。'"②又据《南史·到溉传》："（到）溉第居近淮水，斋前山池有奇礓石，长一丈六尺，帝戏与赌之，并《礼记》一部，溉并输焉……石即迎置华林园宴殿前。"③可知梁武帝时添置了一些新的建筑和装设。华林园中还有相风乌，《梁书·萧孝俨传》曰：孝俨"从幸华林园，于坐献《相风乌》《华光殿》《景阳山》等颂，其文甚美，高祖深赏异之"，④可以为证。本文第四节讨论梁武帝之子萧绎"见灵乌"，"观司南"，作《玄览赋》，他的最初体验很可能始自包罗万象的华林园。

指南舟本是西晋洛阳的景观，唐徐坚《初学记》卷二五引《晋宫阁记》载灵芝池"有鸣鹤舟、指南舟"。⑤《太平御览》卷六七引《晋宫阁名》曰："灵芝池广长百五十步，深二丈，上有连楼飞观，四出阁道钓台，中有鸣鹤舟、指南舟。"⑥

北魏郦道元注、杨守敬纂疏、熊会贞参疏的《水经注疏》卷十六"谷水"条"《晋宫阁名》"下考证："守敬按：无撰人名，卷亡，《隋志》不著录。《类聚》、《初学记》、《文选注》诸书多引之。"⑦"伏流注灵芝、九龙池"下考证："《魏志·文帝纪》黄初三年，穿灵芝池。《御览》六十七引《晋宫阁名》，灵

---

① 胡运宏：《六朝第一皇家园林——华林园历史沿革考》，《中国园林》2013年第4期，第118—120页。

② 周应合：《景定建康志》卷二一《城阙志二》（《景印文渊阁四库全书》本），台北商务印书馆，1983年，第15b—16a页。

③ 李延寿：《南史》卷二五，第679页。

④ 姚思廉：《梁书》卷二三，第361页。

⑤ 徐坚：《初学记》卷二五（《景印文渊阁四库全书》本），台北商务印书馆，1983年，第20b页。

⑥ 《太平御览》卷六七，中华书局，1960年，第318页。

⑦ 郦道元著，杨守敬、熊会贞疏，段熙仲点校，陈桥驿复校：《水经注疏》卷一六，上海古籍出版社，2002年，第1387页。

芝池广长百五十步，深二丈，上有连楼飞观，四出阁道钓台，中有鸣鹤舟、指南舟。又《魏志·明帝纪·注》引《魏略》，通引谷水过九龙殿前，为玉井绮栏，蟾蜍含受，神龙吐出。使博士马均作司南车，水转百戏。九龙谓九龙殿，叙引谷水过前则为九龙池。证以《洛阳伽蓝记》云，凌云台下有碧海曲池，台东有灵芝钓台，累木为之，出于海中。此海即灵芝池也。"①

有趣的是，虽然沈约在《宋书·礼志》中误将《鬼谷子》司南与指南车之类混为一谈，但他毕竟保存了《鬼谷子》司南古本的原貌。他将"晋代又有指南舟"载入史书，任昉则将萧梁天渊池中之司南入诗，"任笔沈诗"双双大笔一挥，在司南史上留下了难解之谜。

诗中的关键词是"枻"。《史记·司马相如列传》曰："扬桂枻。"裴骃集解引韦昭曰："枻，楫也。"楫即短桨。"奔鲸吐华浪"，池中之景。"司南"而有可动之"枻"，非指南舟莫属。"奔鲸吐华浪"，四库本《文苑英华》卷一五九作"神鲤(原注：一作鲸)吐华浪"。诗言"奔鲸"或"神鲤"，并不是说池中有这种仙鱼，而是描述了"司南"的某种外形特征。至于指南舟的内部结构，诗中未涉及，别的文献中也尚未找到。

当代郦学界两部重要的《水经注疏》点校本，即段熙仲点校、陈桥驿复校本和谢承仁、侯英贤整理本，都将《晋宫阁名》指南舟句标点为："上有连楼飞观，四出阁道，钓台中有鸣鹤舟，指南舟。"②这种标点，好像是说有一个钓台，鸣鹤舟、指南舟放在钓台之内。其实下文说："《洛阳伽蓝记》云，凌云台下有碧海曲池，台东有灵芝钓台，累木为之，出于海中。此海即灵芝池也。"再联系到任昉描述的"奔鲸吐华浪，司南动轻枻"，应标点为"四出阁道钓台，中有鸣鹤舟、指南舟"。鸣鹤舟、指南舟当在池中活动，而不是放在钓台之内的摆设。

顾名思义，"鸣鹤舟"，舟上装鸣鹤；"指南舟"，舟上载司南。《宋书·张永传》曰："永涉猎书史，能为文章，善隶书，晓音律，骑射杂艺，触类兼

---

① 郦道元著，杨守敬、熊会贞疏，段熙仲点校，陈桥驿复校：《水经注疏》卷一六，第1408页。标点据文意改。

② 杨守敬著、谢承仁主编：《杨守敬集》第三册(《水经注疏》上)，湖北人民出版社，1988年，第1043页。

善，又有巧思，益为太祖所知。纸及墨皆自营造，上每得永表启，辄执玩咨嗟，自叹供御者了不及也。二十三年，造华林园、玄武湖，并使永监统。凡诸制置，皆受则于永。”①推测天渊池指南舟，早则元嘉二十三年(446)张永所布置，但沈约《宋书·礼志》没有说宋代也有指南舟。至迟为梁武帝时新增之奇器，以仿洛阳灵芝池之指南舟。这一醒目景观映入任昉的眼帘，赋入了他的传世名篇。

假如指南舟为纯机械装置，其难度比指南车有过之而无不及，指南车的创制者青史留名，而指南舟则一笔带过，不合情理。愚意指南舟内必有人作动力，故能吐浪花，动轻楫。舟上载司南酌，用以定方向。舟内之人可以据此操纵舟上的指向木鱼或指向木人，则皇家园池中出现指南舟也就不足为奇了。

三、吴均诗“指南酌”

天监七年(508)，新安太守任昉卒于任所，“哲人云亡，仪表长谢。元龟何寄？指南谁托？”在士友中激起了一片惋惜之声，也突显“指南”一词在南朝士风中如何风行。天监十年(511)，吴均作《酬萧新浦王洗马二首》，诗中明言指南酌，在指南针史上起到了画龙点睛的作用。

吴均，字叔庠，吴兴故鄣(今浙江湖州安吉)人。他是齐梁时期著名的文学家和史学家，“文体清拔有古气”，被时人称为“吴均体”。② 他的诗歌的另一特色是善于用典。但出身寒微，文武仕途均不得意。

天监元年至二年间(265)，吴均作《赠任黄门二首》，希望得到时任黄门侍郎的任昉的提携。诗中云“欲言终未敢，徒然独依依”，“岁暮竟无成，忧来坐默默”。③ 不知何故，如此有才的吴均没有得到爱才的任昉的奖进，更使他感到怀才不遇。

天监二年(503)，吴均任吴兴太守柳恽的主簿。天监四年(505)，柳恽

---

① 沈约：《宋书》卷五三，中华书局，1974年，第1511页。

② 姚思廉：《梁书》卷四九，第698页。

③ 林家骊：《吴均集校注》，浙江古籍出版社，2005年，第98、100页。

将吴均推荐给临川王萧宏,“王称之于武帝,即日召入赋诗,(帝)悦焉”。不过,只是让他“待诏著作”。① 天监六年(507),被建安王扬州刺史萧伟引为记室。天监九年(510),吴均补建安王萧伟侍郎,兼府城局,这是梁朝百官九品十八班官制中最低的一班。是年,萧伟出任江州刺史,吴均随任。一年后,吴均在江州写下了《酬萧新浦王洗马二首》。从科学史的角度来看,这是他留给后人最有意义的诗作,再也不必遗憾。

明代冯惟讷《古诗纪》卷九一题注:“萧子云封新浦侯,王筠为太子洗马。”②吴诗中的萧新浦,即萧子云,系南齐高帝萧道成之孙,豫章文献王萧嶷第九子,齐建武四年(497),年十二,封新浦县侯。王洗马,即王筠(482—550),天监十年(511)迁太子洗马。两人比吴均年轻,与吴均为友,互有酬答。

《酬萧新浦王洗马二首》的第一首写饯行惜别心情。第二首云:“思君出江湄,慷慨临长薄。独对东风酒,谁举指南酌。崇兰白带飞,青鸡紫缨络。一年流泪同,万里相思各。胡为舍旃去,故人在宛洛。”③林家骊的《吴均集校注》校语云:“风,《文苑英华》卷二百四十作‘方’,注云:宋本‘风’。”④明代冯惟讷《古诗纪》卷九一则作“独对东风酒”,不误。

《吴均集校注》注释“指南酌”曰“指南:即北斗,星名。《诗·小雅·大东》:‘虽北有斗,不可以挹酒浆。’”,“酌:斟酒,饮酒”。⑤

黄大宏的《王筠年谱》考证了《酬萧新浦王洗马二首》的写作年份。黄大宏说:“‘独对’二句谓把酒独对东风之际,谁会向着南方与我遥酌?按此,吴诗当作于江州。按前引,知建安王伟于天监九年任江州刺史,时吴均随任,而江州治浔阳,在建康西南,方向正合。再从‘一年’二句,知吴诗系至州一年后,为遥忆故人而作;又东风起、白带草飞及兰草丛生等皆为

---

① 李延寿:《南史》卷七二,第1781页。

② 冯惟讷:《古诗纪》卷九一(《景印文渊阁四库全书》本),台北商务印书馆,1983年,第12a页。

③ 冯惟讷:《古诗纪》卷九一,第12a、12b页。

④ 林家骊:《吴均集校注》,浙江古籍出版社,2005年,第98、103页。

⑤ 林家骊:《吴均集校注》,第103—104页。

春景，知作于本年春，而王筠当于本年复起，迁太子洗马。”①

林家骊和黄大宏都将“指南酌”之“酌”释为动词性的酌，与诗意不合。曹操（155—220）名篇《短歌行》二首开头云：“对酒当歌，人生几何！譬如朝露，去日苦多。慨当以慷，忧思难忘。何以解忧？唯有杜康。”②吴诗中“对……酒”对应“举……酌”，酒和酌都是名词。“指南酌”与“东风酒”对举，也都是名词。东风是长江上的自然现象，在赤壁之战中起过重要作用。吴均在“思君出江湄，慷慨临长薄”之后，触景生情，吟出“独对东风酒”之句。退一步说，假如后一句中的“指南”即北斗，且“酌”作动词解，为何吴均不用更对仗的“独对东风酒，谁举北斗酌”？据《梁书》本传，“均注范晔《后汉书》九十卷”，《后汉书·王充传》曰王充“著《论衡》八十五篇，二十余万言，释物类同异，正时俗嫌疑”。吴均应对王充《论衡》十分熟悉。显然，“指南酌”的出典就是《论衡》的“司南之酌”。

在梁朝，指南酌不仅用作诗文中的典故，而且还有人使用，梁元帝萧绎的《玄览赋》就是一个佳证。

四、《玄览赋》“观司南”即观司南酌

天监七年（508），人之“指南”任昉卒，梁武帝第七子萧绎生。天监十三年（514），萧绎封湘东王。《梁书·元帝本记》说他：“既长好学，博综群书，下笔成章，出言为论，才辩敏速，冠绝一时。”太清元年至三年（547—549）间，③他尚是荆州刺史、湘东王时，作了一首洋洋四千言、气势不凡的《玄览赋》，追往事而述游踪。赋中提到：“予是时也，……乍俯马足，时仰月支。见灵鸟之占巽，观司南之候离，习执鞭而珥笔，虽日夕而忘疲。”④这段追忆事关司南发展史，值得剖析。

---

① 黄大宏：《王筠年谱》，《中华文学史料》第三辑，西北大学出版社，2012年，第68—81页。

② 《曹操集》上册，中华书局，1974年，第8—9页。

③ 袁丁：《意气贯注 齐梁逸格——读梁元帝萧绎〈玄览赋〉》，《文史知识》2015年第6期，第19—23页。

④ 《全梁文》卷一五，商务印书馆，1999年，第165页。

先看“乍俯马足，时仰月支”。萧绎自诩为胸怀大志的人，他与南朝史学家、文学家裴子野(469—530)问答时曾说：“吾于天下亦不贱也，所以一沐三握发，一食再吐哺，何者？正以名节未树也。吾尝欲稜威瀚海，绝幕居延，出万死而不顾，必令威振诸夏，然后度聊城而长望，向阳关而凯入。尽忠尽力，以报国家，此吾之上愿焉。”①这段话为“乍俯马足，时仰月支”提供了很好的注解。“马足”意即“马足龙沙”。龙沙，塞北沙漠地方。马足龙沙，指驰骋北疆，扬威域外。月支即月氏，泛指西北边疆割据势力。“乍俯马足，时仰月支”表示萧绎时刻不忘边事，志在扫平宇内，建功立业之心。

“见灵乌之占巽，观司南之候离”是以占候术为例，记其实际行动。占候术有广义与狭义之分，广义的占候术包括候风望气、堪舆测向等等。

天文观象台古称灵台。《三辅黄图·台榭》引南朝宋郭延生《述征记》曰：“长安宫南有灵台，高十五仞，上有浑仪，张衡所制。又有相风铜乌，遇风乃动。”②魏晋南北朝关于相风木乌的记载甚多。巽为风，乃先天八卦之一。显然，《玄览赋》“灵乌”是指灵台上的相风乌(或相风鸟)。“见灵乌之占巽”就是看相风乌(或相风鸟)占候风向。

离为南，乃后天八卦之一。当时堪舆术尚未从占候术中独立出来，“观司南之候离”就是观看司南指向南方。笔者从前以为《玄览赋》司南与《鬼谷子》、《论衡》、《瓢赋》司南一样，都是磁勺。③ 现知它们都是司南酌。吴均以“东风酒”与“指南酌”对举，萧绎则以“灵乌”(相风乌)与“司南”(司南酌)对举，四者都与方向有关，两人的思路是一致的；但吴均的诗意较浓，而萧绎则是写实亲眼所见。

后两句“习执鞭而珥笔，虽日夕而忘疲”的用意也很明显。三国时曹植《求通亲亲表》云：“安宅京室，执鞭珥笔。出从华盖，入侍辇毂。”④古代

① 萧绎撰，许逸民校笺：《金楼子校笺》卷四“立言”，中华书局，2011年，第810—811页。

② 何清谷：《三辅黄图校释》卷五，中华书局，2005年，第279页。

③ 汪建平、闻人军：《中国科学技术史纲》，高雄复文图书出版社，1999年，第287页。

④ 曹植著，赵幼文校注：《曹植集校注》卷三，人民文学出版社，1998年，第437页。

史官、谏官上朝，常插笔冠侧，以便记录，谓之“珥笔”。萧绎说“习执鞭而珥笔”，是审时度势，借曹植的话表白自己做忠臣、勤劳王事的心迹，但全赋壮志溢于言表，瞒不过明眼人。据《北史·蔡大宝传》，岳阳王萧詧派其谋臣蔡大宝到萧绎处刺探虚实，萧绎素闻蔡大宝博学，出示所撰《玄览赋》，令蔡大宝注解，蔡大宝“三日而毕”，萧绎“大嗟赏之”。蔡大宝“博览群书，学无不综”，他注解“司南”，谅很有趣。遗憾的是他的《玄览赋注》没有流传下来，当代对《玄览赋》全文的注解尚付阙如。蔡大宝归告萧詧，说“湘东(王)必有异图”。[①] 果然，自侯景之乱起，萧绎的心机和弱点便逐渐暴露出来。虽于552年即帝位于江陵，败亡接踵而至。

王夫之《论梁元帝读书》曰：“江陵陷，元帝焚古今图书十四万卷。或问之，答曰：‘读书万卷，犹有今日，故焚之。’”[②]造成了中国文化史上的重大损失。这十四万卷古今图书中含有的司南史料，也一起付之一炬，造成了难以弥补的损失。

---

① 李延寿：《北史》卷九三，中华书局，1974年，第3095—3096页。

② 王夫之：《船山全书》第十册，《读通鉴论》卷一七“梁元帝读书万卷犹有今日”，岳麓书社，1988年，第664页。

司南酌和指南鱼、针碗浮针传承关系考

北宋《武经总要》指南鱼言之凿凿，考古发现的宋元针碗证实了史有针碗浮针，它们的前身是谁？甚难想象青铜地盘上的磁石勺与它们有什么传承关系。本文分析针碗浮针及指南鱼与瓢针“司南酌”的传承关系，揭示司南酌是指南鱼和宋元针碗浮针的正宗前身。

一、宋元针碗浮针

宋元针碗浮针是一种白釉瓷碗，口径约 14—20 厘米，碗内底部有毛笔画的三个褐釉大点，当中贯一细道，总长相当于口径的三分之一左右。因为所画像个“王”字，有时称作“王字碗”。值得注意的是有些碗底外面还写着一个“针”字(图六三 a)，明确表明这是浮针所用的针碗，也是水浮指南针已批量生产的标志。这种形象生动的考古实物，与“司南酌”原理一致，大小相若，正可补司南酌实物资料不足之憾。

王振铎对元代针碗作过开创性的研究，他引用辽宁大连甘井子元代墓葬、江苏丹徒照临村元代窖藏，以及河北磁县漳河故道发现的元代沉船等资料，证实“王”字代表穿在三枚浮漂上的磁针，这种碗就是航海时指方向的“指南浮针”所用的针碗。[①] 后来，考古发掘获得了年代更早的一个

---

① 王振铎：《试论出土元代磁州窑器中所绘磁针》，《中国历史博物馆馆刊》1979 年第 1 期，第 73—79 页。

实例，即吉林双辽电厂贮灰场辽金遗址中出土的针碗，[①]烧制年代为北方辽金时期。[②] 从浮漂的写意手法来看（图六三 b），双辽针碗因为年代较早，确比元代甘井子针碗粗劣。

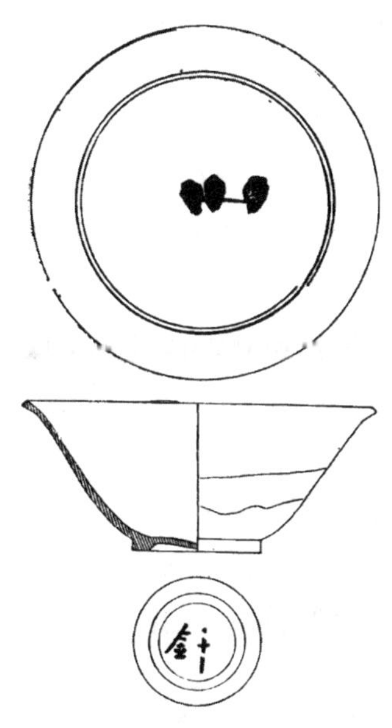

a. 辽宁大连甘井子元代墓葬出土针碗之一

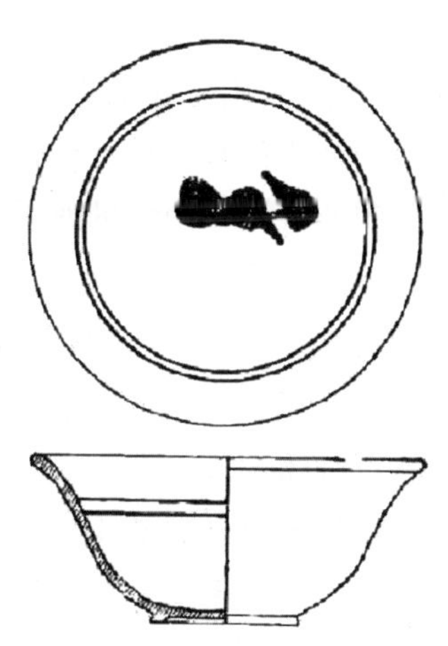

b. 吉林双辽电厂贮灰场辽金遗址出土针碗

图六三　出土针碗

1119 年，朱彧《萍洲可谈》卷二云："舟师识地理，夜则观星，昼则观日，阴晦观指南针。"[③]1124 年，徐兢《宣和奉使高丽图经》卷三四云："是夜洋中不可住，维视星斗前迈，若晦冥则用指南浮针，以揆南北。"[④]

① 戴念祖：《亦谈司南、指南针和罗盘》，《黄河文化论坛》第 11 辑，山西人民出版社，2004 年，第 89—92 页。

② 吉林省文物考古研究所等：《吉林双辽电厂贮灰场辽金遗址发掘简报》，《考古》1995 年第 4 期，第 325—337 页。

③ 朱彧撰，李伟国点校：《萍洲可谈》卷二，中华书局，2007 年，第 133 页。

④ 徐兢：《宣和奉使高丽图经》卷三四"半洋焦"（《景印文渊阁四库全书》本），台湾商务印书馆，1983 年，第 11a 页。

双辽针碗是宋代指南浮针的实物见证，朱彧和徐兢的记载是宋代针碗的历史实录。朱彧和徐兢所称的指南针和指南浮针应该是航海水罗盘的前期名称。1274 年，吴自牧《梦粱录》卷一二“江海船舰”曰：“自入海门，便是海洋，茫无畔岸，其势诚险。盖神龙怪蜃之所宅，风雨晦冥时，惟凭针盘而行，乃火长掌之，毫厘不敢差误，盖一舟人命所系也。愚屡见大商贾人，言此甚详悉。……但海洋近山礁则水浅，撞礁必坏船。全凭南针，或有少差，即葬鱼腹。”①《梦粱录》中针盘和南针之称并用，指的都是航海水罗盘，且由专职的火长掌之。《萍洲可谈》和《宣和奉使高丽图经》中的指南针应该有某种方位盘相配合，以便观测。

针碗浮针对司南酌的改进，主要在于磁针浮载物的改变。王振铎对承载磁针的浮漂作过一系列的探索，他说：“关于浮漂的形制和做法，笔者认为这种尖头圆底大点的画法，如果不是出自陶人笔下的任意挥毫，那就必然是摹仿某种实物的写意。笔者曾用瓜、豆等类的种籽进行试验，由于这些种籽吸水力强，因而多不能浮起。曾剪取高粱秆内穰和葫芦壳做浮漂，其效果是良好的，然不能解释‘大点’画意的特征。又据宋孟元老《东京梦华录》‘京师七夕，以黄蜡为凫、雁、鸳鸯……龟、鱼之类，綵画金缕，谓之水上浮’的记载，也曾收取蜡烛的泪滴穿贯磁针做试验，虽在浮力上和形式上都符合了要求，然仍不能引做本文的确证。”②

王振铎以葫芦壳做浮漂的实验，无意中证实了司南酌和针碗浮针的传承关系。他用蜡烛的泪滴穿贯磁针做试验，浮力上和形式上的确都符合了要求。而且，文献记载也有迹可寻。沈括《梦溪笔谈》卷二四曰：“方家以磁石磨针锋，则能指南，然常微偏东，不全南也。水浮多荡摇，指爪及碗唇上皆可为之，运转尤速，但坚滑易坠，不若缕悬为最善。其法取新纩中独茧缕，以芥子许蜡缀于针腰，无风处悬之，则针常指南。其中有磨而指北者。予家指南、北者皆有之。磁石之指南，犹柏之指西，莫可原其理。”③

---

① 吴自牧：《梦粱录》卷一二“江海船舰”，载孟元老等：《东京梦华录(外四种)》，古典文学出版社，1956 年，第 235—236 页。

② 王振铎：《科学考古论丛》，文物出版社，1989 年，第 234—235 页。

③ 沈括：《元刊梦溪笔谈》卷二四，文物出版社，1975 年，第 15 页。

沈括没有提到水浮磁针的浮漂。1116年，寇宗奭搜求访缉十多年编成的《本草衍义》卷五“磁石条”说：“磨针锋则能指南，然常偏东，不全南也。其法取新纩中独缕，以半芥子许蜡，缀于针腰，无风处垂之，则针常指南。以针横贯灯心，浮水上，亦指南，然常偏丙位。盖丙为大火，庚辛金受其制，故如是，物理相感尔。”[①]寇宗奭指明了“以针横贯灯心”，但灯芯草只是古代几种浮漂之一，针碗浮漂的形象说明它不是灯芯草。既然古人可以将芥子许蜡缀于针腰，就可能将瓜子般蜡缀于针腰，使磁针浮于水面。将瓜子般蜡缀于针腰及头尾，形成王字形，也有助于增加浮力和提高稳定性。笔者认为针碗磁针的浮漂可能经过种种试验和演变，三颗蜡点只是其中之一。预期此类针碗考古资料的积累，将进一步揭示司南酌进化成针碗浮针的轨迹。

二、《武经总要》指南鱼

北宋庆历三年(1043)曾公亮、丁度、杨惟德等受命编撰《武经总要》，于1047年完成。《武经总要》所载的指南鱼是水浮指南针的变种，早已进入人们的视野。通过与司南酌的比较，我们可以获得进一步的认识。

《武经总要》前集卷一五”乡导”收录了行军打仗中识别方向的三种方法。其一曰：“如在旷野，四隅莫辨，又值夜晦，当视北辰及候中星为正。”北辰是北极星，中星是初昏、初旦时于正南方天空出现的星。其二曰：“若遇天景霾，夜色暝黑，又不能辨方向，则当纵老马前行，令识道路。”此即俗话所谓老马识途。其三曰：“或出指南车及指南鱼以辨所向。指南车法，世不传。鱼法，用薄铁叶剪裁，长二寸，阔五分，首尾锐，如鱼形，置炭中，火烧之，候通赤，以铁钤钤鱼首出火，以尾正对子位，醮水盆中，没尾数分则止。以密器收之。用时置水碗于无风处，平放鱼在水面令浮，其首当南向午也。”[②]这段史料，屡见引用，各有阐发，尚欠全面，今补释如下。

“鱼法”，即指南鱼法。军事装备讲究坚固耐用，“鱼法”的发明者将司

---

① 寇宗奭：《本草衍义》卷五“磁石”，人民卫生出版社，1990年。

② 曾公亮、丁度等：《武经总要》前集卷一五，载郑振铎编：《中国古代版画丛刊》第1册，上海古籍出版社，1988年，第685页。

南酌的瓢和针合二为一，做成铁磁鱼，平放浮在水面指南，可谓巧思。“薄铁叶”是锻造得极薄小的铁片，中部当微凹，以便剪裁成条状“鱼形”。指南鱼“长二寸”，按北宋营造尺和三司布帛尺长约 30.9—31.6 厘米计，[①]指南鱼约 6 厘米长，与司南酌及针碗的浮针长度相当。“阔五分”，意指指南鱼腹部约 1.5—1.6 厘米宽，以便产生足够的排水量，形成必要的浮力。“首尾锐”，于此形成磁极，便于观察。由指南鱼的大小可知其水碗也与宋元针碗差不多。

方家以引针试磁石，以磁石磨针锋，获得磁针。指南鱼的发明者特别介绍了一种子向淬火法，铁鱼条淬火后“以密器收之”。王振铎曾指出：“据笔者三十六年春，先后考察苏州及安徽省休宁罗盘作房时，两地对磁石之‘养针法’，皆就木质或铜质之有盖盒一，内置天然磁石一块，散布磁针于磁石上，用时则启盖取针，平时则合盖收之，针在盒内，与磁石集受磁，岂即所谓‘密器收之’欤?”[②]信然。古有磁石养针之法。晚唐段成式(约 803—863)《酉阳杂俎》中有僧人“遇钵更投针”[③]和“勇帶磁针石”的诗句，[④]自 1994 年起，不少学者先后引用和考证过这两则史料。[⑤] 明代严从简《殊域周知录》卷八曰：“大抵航海固必用针以为向，尤必用磁石以养针。”[⑥]宋元针碗之针需用磁石保养，军用指南鱼也用上好磁石保养，增强磁性。由此看来，指南鱼的发明者并非不知道由磁石获得磁针的方法，其采用子向淬火法必另有考量。

笔者推测容易剪裁的“薄铁叶”硬度不高，介于铁和钢之间，直接用磁石传磁，效果不佳。“置炭中，火烧之”，可能有渗碳处理的效果，以利于向钢转化。“候通赤”，温度升至居里点以上，铁的磁畴瓦解而成了顺磁体。

---

① 闻人军：《中国古代里亩制度概述》，《杭州大学学报》(哲学社会科学版)1989 年第 3 期，第 127—137 页。

② 王振铎：《科学考古论丛》，文物出版社，1989 年，第 143 页。

③ 段成式撰，方南生点校：《酉阳杂俎》，中华书局，1981 年，第 246 页。

④ 段成式撰，方南生点校：《酉阳杂俎》，第 253、255 页。

⑤ 吕作昕、吕黎阳：《古代磁性指南器源流及有关年代新探》，《历史研究》1994 年第 4 期，第 34—46 页。

⑥ 严从简著，余思黎点校：《殊域周知录》卷八“真腊、正南”，中华书局，2000 年，第 271 页。

“以铁钤钤鱼首出火，以尾正对子位，醮水盆中”，以尾正对北方，沿着地磁场磁力线方向淬火，温度骤降至居里点以下，形成有规律排列的磁畴，所得指南钢鱼就有了一定的磁性。“没尾数分则止”，说明淬火时以一定的角度入水，今人可以用地倾角的知识来进一步说明这种方法的合理性，当年很可能是物类相感理论指导下的经验总结。

薄铁磁鱼取代司南酌的瓢和针，司南酌就进化为军用指南鱼。

总而言之，从指向原理、形制结构、文献根据等各方面分析，司南酌无疑是指南鱼和宋元针碗水针的前身。

宋《因话录》作者与成书年代

《因话录》有同名异书古籍两种，均是笔记小说。唐《因话录》为赵璘所撰，不是本文的讨论对象。南宋《因话录》中有关于我国罗盘（地螺）的最早的文字记载，一再为史界（特别是科技史界）所称引，但其作者“张冠李戴”，成书年代亦有点问题，[①]有必要改正与澄清。

宋《因话录》十卷，未见传本，仅见于陶宗仪所辑的《说郛》之中，存四十五（或作四十六）条。昌彼得《说郛考》说：“因，明钞本作‘司’，重编《说郛》本作‘同’，培林堂书目作《罔南因语录》，不详孰是。”[②]今查宛委山堂本《说郛》卷二十三记作《同话录》，宋曾三异撰。1927 年上海商务印书馆据明钞本排印的涵芬楼本《说郛》卷十九记作：“《因话录》十卷，宋曾三异，字无疑，号云巢，新涂（涂为淦之误——笔者注）人。”自陶宗仪《说郛》将《因话录》误题为曾三异所作，《中国丛书综录》等书因之，昌彼得的专著《说郛考》也未发现这一错误。其实，《因话录》的作者是曾三异之兄曾三聘。

同治《临江府志》卷二十九隐逸传曰：“曾三异，字无疑，新淦人。兄三复、三聘别有传。三异少有诗名，淳熙（1174—1180）贡于乡，端平甲午（1234）朝臣

---

① 李约瑟认为大约成书于 1189 年（见《中国科学技术史》英文版第四卷第一分册，剑桥大学出版社，1962 年，第 306 页）。沈福伟认为成书于淳熙年间（1174—1189）（见沈福伟：《中西文化交流史》，上海人民出版社，1985 年，第 346 页）。王振铎曾指出：“其书撰年不详，要当代表 13 世纪之作无疑也。”（见王振铎：《司南指南针与罗经盘》下篇，《中国考古学报》第五册，1951 年）后又认为属 12 世纪（见王振铎：《中国古代磁针的发明和航海罗经的创造》，《文物》1978 年第 3 期）。

② 昌彼得著：《说郛考》，（台湾）文史哲出版社，1979 年，第 190 页。

以遗逸荐，召为秘书校勘。辞，再召奏事，除大社令，力求去，号云巢先生，作《墨戏》为世所称。尝著《新旧官制通考》、《(通鉴)通释》等书。”将曾三异的生平与《因话录》的内容作对照，看不出他是《因话录》作者的证据，然而《因话录》的内容却与曾三聘的生平相合，可以证明他是《因话录》的真正作者。

据隆庆《临江府志》卷二十六载：“曾三聘，字无逸，峡江人。幼有异质，日记千言，尝受学于谢谔。乾道二年(1166)进士，累官秘书郎。时光宗不朝重华宫，凡三上疏，亟请朝谒，止幸玉津园，孝宗疾革，上疏剀切，又乞早正嘉王位号，宁宗践祚。坐汝愚党，遂罹重劾。日惟闭门读书，赋诗自娱。厥后屡召不起，卒赠直龙图阁，谥忠节。”又同治《临江府志・艺文志》卷十四说，曾三聘的著作有《拟志林》十卷、《药问》五卷、《因话录》十卷、《存存斋集》三十卷、《存存斋记》三卷，《闭户集》三卷。清代方志实已指明《因话录》为曾三聘所作，不过未作进一步的说明或考证。现略作考证如下。

《说郛》卷二十三《因话录》“玺、宝、印”条说：“庆元六年(1200)重阳后五日，在涂(涂当为淦——笔者注)与兄弟论及，既归，因考订始末，寄宏正侄。”据隆庆和同治《临江府志》所记里籍分析，曾氏四兄弟分居毗邻的峡江和新淦，三复、三聘居峡江，三异、三英居新淦。三聘坐赵汝愚党被劾后，居峡江，“日惟闭门读书”，但有时也到新淦与兄弟相叙。重阳后五日，他在新淦与兄弟谈到玺、宝、印的问题，归峡江后，考订始末成文。上述推想当无大错。然而，曾三聘作《因话录》的最重要的证据是：《说郛》卷十九《因话录》“莫愁”条说：“予尝守郢郡，治西偏临汉江。”郢州的治所在长寿(今湖北钟祥)。同治《钟祥县志》卷七“职官”记宋知州，明确记载曾三聘在庆元元年(1195)以后曾任郢州知州。卷十“宦迹”曰：“曾三聘知郢州，有治行，会韩侂胄为相，指三聘为故相赵汝愚之党，坐追其官。”从曾三聘的行止看，“莫愁”条的写作必在“庆元党禁”被罢官后，约与“玺、宝、印”的写作时间相近。

《因话录》中还有不少条目追记作者宦游见闻，大概都是“庆元党禁”后家居时所作。根据“玺，宝、印”条的写作时间，可以判定这部笔记小说写于 1200 年前后，或 12、13 世纪之交。

原载《文献》1989 年第 3 期

杨惟德《茔原总录》伪书考

《鬼谷子》被正名为先秦古籍后，成为司南发明于战国时期之证。历代堪舆书是颇有价值的文化遗产，弄清其源流有助于揭开从原始指南针到指南针和罗盘的发展史。

唐宋时代堪舆界名家辈出，不少堪舆著作挂在他们的名下，其编集、传抄和增益过程十分复杂，真伪难辨。元刊《茔原总录》卷五"伪书篇第十四"在罗列了五十多部伪书后，接着说："右前伪书并系私本印行，亦不经台官集定。纵有妄托司天监名目又不言何朝代，乱生穿凿，增益拘忌，并与正书交杂。……阴阳书近世以来渐加讹伪，立邪为正，以短蔽长，朱紫相凌，黑白杂糅。"①当初谁能料到这部高喊反伪的阴阳书，也就是以前被视为首次记载了磁偏角的《茔原总录》，本身也是一部托名司天监杨惟德的元刊伪书。何以言之，且看下文。

一、从 1983 年的发现到近年的质疑

沈括的《梦溪笔谈》卷二四曰："方家以磁石磨针锋，则能指南，然常微偏东，不全南也。"长时期内，学术界普遍认为上述沈括所言是历史上关于磁偏角的首次明确记载。

在北京图书馆收藏的古籍善本中，有一部元刻本《茔原总录》，原为

① 《茔原总录》卷五"伪书篇第十四"，台北"国家图书馆"本。

11卷，只残存5卷。

1983年，中国史稿编写组的《中国史稿》第五册出版，科技史部分是由自然科学史研究所科技史家严敦杰（1917—1988）执笔的。严敦杰首次引用了《茔原总录》的材料，他指出“宋仁宗庆历元年（1041）杨惟德说，要定四方的方向，必须取丙午方向的针，等到针摆动停止时，中而格之，才能得到正确的方向”，“杨惟德所说的以丙午针定南北方向及沈括所说的针常稍偏东，说明当时已知道磁偏角的存在”。严敦杰立论的根据是《茔原总录》卷一说：“客主的取，宜匡四正以无差，当取丙午针。于其（正）[止]处，中而格之，取方直之正也。”①他的发现产生了广泛的影响。此后数十年来，《茔原总录》是发现了地球的磁偏角的最早明确记录几乎成了学术界的定论。

同在1983年，王重民（1903—1975）的遗著《中国善本书提要》出版，其中著录了《茔原总录》，王重民说：

> 《茔原总录》残 存五卷　一册　（北图）
>
> 元刻本[十七行二十八字(18.8×12.8)]
>
> 按是书不见著录，惟《文渊阁书目》卷十五载之，注云：“一部，一册，阙。”疑即据此本。卷端有司天监杨惟德《上表》，知为宋杨惟德撰进者。惟德撰进之书颇多，景祐间有《乾象新书》、康定间有《崇文万年历》，是书则上于庆历元年。全书凡十一卷，今仅存卷一至五。《进书表》后有校定雕印衔名。第一行‘秘阁承阙写御书楷书臣陈□□’，第二行‘御书祗候臣成□□’，第三行‘御书祗候臣马□□’，第四行‘御书祗候臣费□□’，第五行‘儒林郎守司天灵台郎充翰林天文院臣周□□’，第六行‘管勾雕印朝奉郎守内侍省内府局承臣韩□□’，第七行‘都管勾朝奉郎守内侍省内府局知大口博士住国臣裴□□’，以后似有阙叶。
>
> 由吾公裕序

① 中国史稿编写组：《中国史稿》第五册，人民出版社，1983年，第620—621页。

杨惟德进书表①

根据《中国善本书提要》“出版说明”，“本书旧稿写于1939年到1949年之间”。王重民见到的残卷信息不全，百密一疏，把这册《茔原总录》定为杨惟德于庆历元年(1041)撰进的著作。由此名家背书，许多人(包括笔者)长期以来对杨惟德《茔原总录》深信不疑，其影响超出了科技史界。例如，何晓昕、罗隽的《中国风水史》一书说：“风水书籍多托名他人，既有著者又能确定年代的《茔原总录》对我们今天研究风水具有非常大的帮助。特别其中有关指南针及磁偏角的记述，可说是继前述《管氏地理指蒙》，以及《九天玄女青囊海角经》之后又一本论及罗盘的堪舆书。书中如是云：‘客主(取的)[的取]，宜匡四正以无差，当取丙午针于其正处中而格之，取方直之正也。盖阳生于子，自子至丙为之顺；阴生于午，自午到壬为之逆，故取丙午壬子之间是天地中，得南北之正也。丙午针约而取于大概，若究详密，宜曲表垂绳，(卜)[下]以重物坠之，照重物之心，□而□□一如□□之晕，绳以占号，二晷渐移，逢晕致□，自辰巳至□未，申□□□□，其东西也，半(拆)[折]之，望坠物之下，则□南北之中正也。’可知罗盘在宋时已广泛运用。王其亨先生据此认为指南针的发明应归功于风水术士。后世人广为引用的沈括《梦溪笔谈》中所提到的运用指南针的‘方家’，正是堪舆风水家。”②

可能是相关领域而非科技史工作者首先发现了《茔原总录》的疑点。1995年，美国学者韩森(Valerie Hansen)说《茔原总录》“可以看作是《地理新书》的简易缩写本”。③ 日本学者宫崎顺子考察了《茔原总录》与《地理新书》的关系，2004年11月发表长文《元刻本〈塋原總錄〉の書誌的考察》(《东方宗教》第104号，第43—63页)。④ 该文著录称时代为“南宋—

① 王重民：《中国善本书提要》，上海古籍出版社，1983年，第290页。

② 何晓昕、罗隽：《中国风水史》(增补版)，九州出版社，2008年，第117—118页。

③ [美]韩森著，鲁西奇译：《传统中国日常生活中的协商：中古契约研究》，江苏人民出版社，2008年，第170页。

④ 采自 http://www.chise.org/est/view/article@ruimoku/rep.id：A2004-00713-00003，[2016-12-15]。

元初”，因未见原文，不知是指成书年代还是版本刊刻年代。但据宫崎顺子本人所作的《风水文献所在目录》所载：“《茔原总录》五卷，□由五公裕奉敕撰。昭和五十五年本，所用台北‘国立中央图书馆’藏明刊本景照。”①这“南宋—元初”十有八九是指成书年代。2010 和 2014 年，鲁西奇认为它“颇为可疑”。② 刘未指出“《茔原总录》系元人裒集宋代南北方地理书及礼书，并适当加以修订”，其卷一的大部分内容“实际上袭自安徽绩溪人胡舜申于南宋绍兴乾道间所撰《地理新法》一书”。③ 2016 年底，余格格发表《〈茔原总录〉与“磁偏角”略考》，她“据《茔原总录》的著录情况、篇章内容以及与北宋《地理新书》的比较，认为此书乃后人托名所作，其成书时间当在宋末元初”。④ 笔者认为《茔原总录》一书，确实疑点多多，著者和年代都属伪托。现借鉴学术界认可的辨伪之法，指出此书具有的一系列伪书特征。

二、《茔原总录》辨伪

1. “核之撰者，以观其托”，由吾公裕不可能作序、撰文。

王重民提到此书有“由吾公裕序”，图六四为元刻本《茔原总录》“由吾公裕序”书影。⑤

据图中所示，卷首题有“中散大夫……赐紫金鱼袋臣由吾公裕奉敕撰”，接下来是公裕之序。台北“国家图书馆”的著录认为“首载‘……臣由吾公裕奉勅撰’之自序及司天监杨惟德上表，此帙皆佚去”，把“由吾公裕”定为作者，与王重民的判断有所不同。

---

① 宫崎顺子：《风水文献所在目录》，《东洋史访》2004 年第 10 号，第 100 页。

② 鲁西奇：《中国历代买地券研究》，厦门大学出版社，2014 年，第 261 页。

③ 刘未：《宋元时期的五音地理书——〈地理新书〉与〈茔原总录〉》，《青年考古学家》总第 22 期，2010 年。增订重刊于《北方民族考古》第 1 辑，科学出版社，2014 年，第 259—272 页。

④ 余格格：《〈茔原总录〉与“磁偏角”略考》，《自然科学史研究》2016 年第 4 期，第 427—438 页。下文所引余格格之文均出自此文。

⑤ 采自 http：//catalog. digitalarchives. tw/Catalog/List. jsp? ShowPage = 603&CID=14752&CShowPage=1，[2016 - 03 - 08].

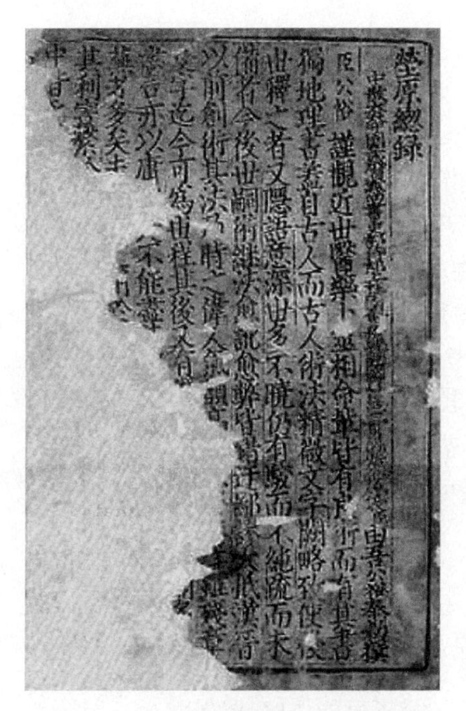
塋原總録

图六四　元刻本《茔原总录》“由吾公裕序”书影，台北故宫博物院藏

由吾是复姓，公裕是名。1997年中国嘉德拍卖的编号653，题公裕撰，《茔原总录》元末明初刻本二册，以33 000元成交。拍卖者把拍卖品定为元末明初刻本，并把“公裕”定为作者（参见图六五），①不知现藏何处。

但是，无论这个所谓由吾公裕是作序还是作序并撰均大有问题。

据《新唐书·艺文志》，历史上的由吾公裕著有《葬经》三卷。又《宋会要辑稿》礼37云：

> ［乾兴元年（1022）六月］十六日，王曾等上言：得司天监主簿侯道宁状，按由吾《葬经》，天子皇堂深九十尺，下通三泉；又一行《葬经》，皇堂下深八十一尺，合九九之数，今请用一行之说。旧开上方二百尺，今请止百四十尺。并从之。②

由吾公裕《葬经》已佚，它的不少内容收入了王洙等编的《地理新书》（1056），如卷十一“加临吉凶”条，卷十二“天覆地载法”条，卷十五“师禁忌”条、“殃杀出方”条等，流传至今。

黄永年《唐史史料学》指出，《新唐书》的十个志在内容上和《旧唐书》出入最大的是《艺文志》，《旧唐书·经籍志》只记到开元时，《新唐书·艺文志》则记到唐末。③ 由是观之，由吾公裕《葬经》三卷当作于唐朝灭亡

---

① 采自 http://auction.artxun.com/paimai-75-370044.shtml,［2016-03-08］.

② 徐松辑，四川大学古籍整理研究所校点：《宋会要辑稿·礼三七》，上海古籍出版社，2014年，第2253页。

③ 黄永年：《唐史史料学》，上海书店，2002年，第24页。

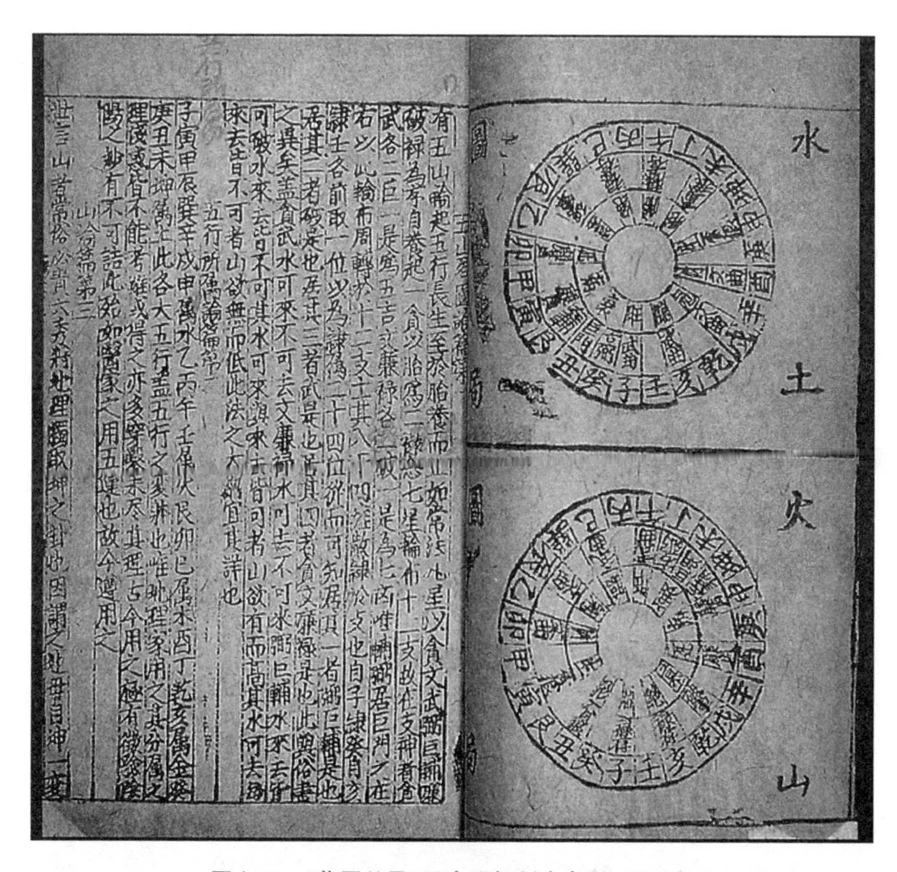

图六五　《茔原总录》元末明初刻本书影，1997 年中国嘉德编号 653 拍卖品

(906)之前。推想 906 年著者由吾公裕至少应 20 岁上下，到庆历元年(1041)早超过了 150 岁，他已不在人世，怎能为《茔原总录》作序？

再看序文内容，《茔原总录》由吾公裕序曰：

> 谨观近世言医药、卜筮、相命辈，皆有良术而有其书，独地理书盖自古人，而古人术法精微，文字阙略。致使后世释之者，又隐语意深，世多不晓，仍有驳而不纯，疏而未备者。令后世嗣术继法，愈讹愈弊，皆错迂陋谬。(参见图六四)

试与南宋初胡舜申(1191—?)《地理新法叙》作一比较。胡舜申曰：

予观近世言医药、卜筮、相命者，皆有良术，独地理家未有。曷世所传用地理虽自于古人，而古人法术精微，文字阙略。后世绎之者，乃语隐意深，每多不晓，仍有驳而不纯，疏而未备。故又后之人，嗣术继法，愈讹愈弊，类皆纷错而迂陋矣。①（参见图六六）

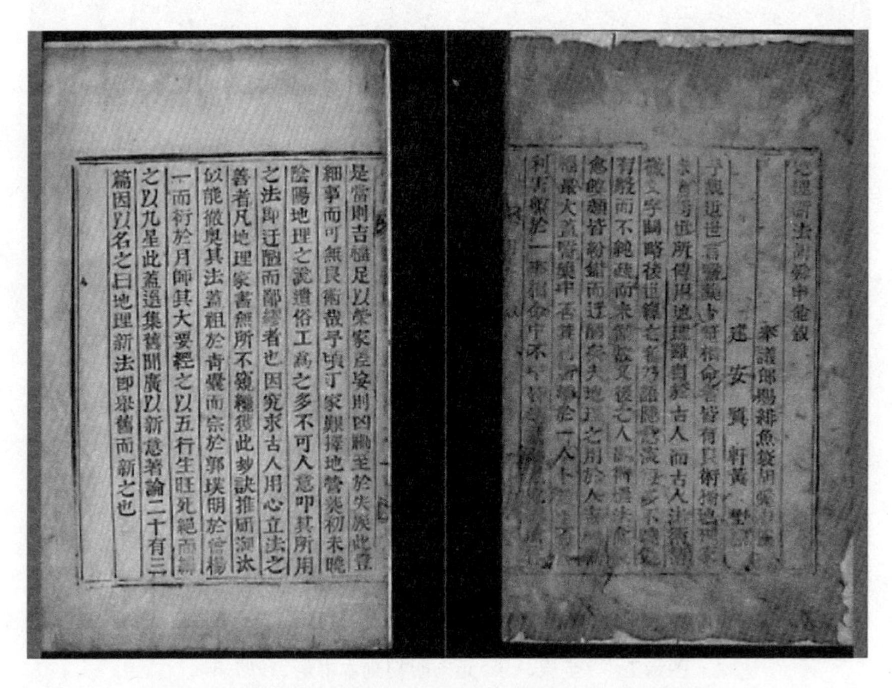
是當則吉福足以榮家[illegible]則凶禍至於失族此豈
細事而可無良術哉予頃丁家艱擇地營葬初未曉
陰陽地理之說遭俗工爲之多不可人意叩其所用
之法即迂闊而鄙繆者也因究求古人用心立法之
善者凡地理家書無所不窺繼獲此玅訣推研洞[illegible]
似能徹奧其法蓋祖於青囊而宗於郭璞明於曾楊
一而衍於月師其大要經之以五行生旺死絕而緯
之以九星此蓋選集舊聞廣以新意著論二十有三
篇因以名之曰地理新法即舉舊而新之也

图六六　胡舜申《地理新法叙》书影（韩国1866年重刊本）

余格格认为“由吾公裕序乃后人托名而作”，又说《茔原总录》正文内掺有由吾公裕之文，但略加改动，“并且隐去由吾公裕之名”。我们将这两者联系起来，作伪者的心机昭然若揭。

2. “核之并世之言，以观其称”，上表年号尚未命名。

王重民提到此书有“杨惟德进书表”。北图藏本卷端残存的司天监杨惟德《上表》上，剩有“庆历元年三月”字样（参见图六七），台北故宫博物院

① 胡舜申：《地理新法》卷首“地理新法胡舜申并叙”，韩国丙寅（高宗3年，1866年）重刊本。

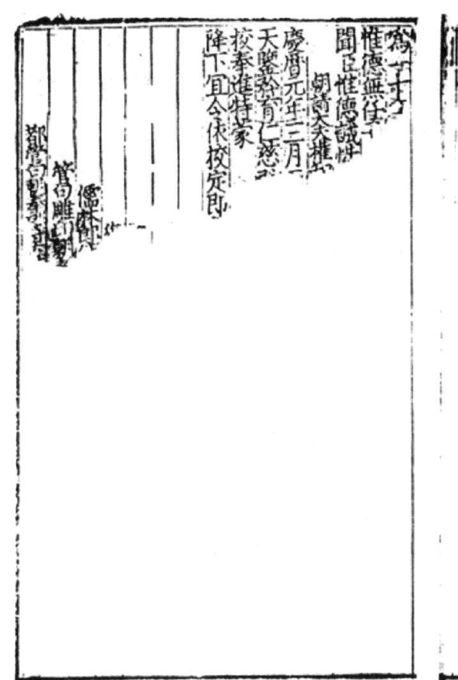
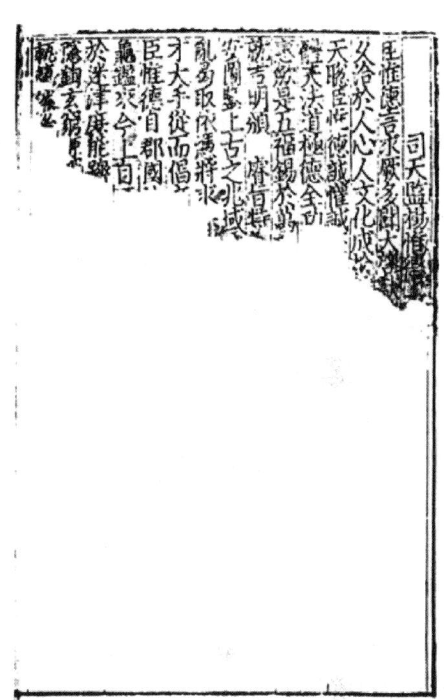

图六七　元刻本《茔原总录》司天监杨惟德《上表》书影，北京国家图书馆藏元刊本（胶卷）①

藏元刊本上有“庆历元年三月五日《茔原总录》一十一卷合成”字样。

这个日期曾被当作《茔原总录》资料价值的重要考量，实际上是作伪者露出的破绽。《续资治通鉴长编》卷一三一曰：

> [庆历元年(1041)]己亥，诏：“秦州管界诸县令佐并镇寨主、都监、监押、巡检等，委陕西都转运司体量，年老昏昧懦弱不得力者，于辖下选公干得力使臣对换讫奏；如别无可差，即具以闻，当议选人对替。”《会要》康定二年四月二十一日事。二十一日，己亥也。是年十一月郊祀，乃改元庆历，故《会要》以为康定二年。②

① 采自王其亨：《 **풍수 : 중국 전통건축에 있어서의 환경관** 》，《 민속학연구 》，17：135—153，2005。

② 李焘：《续资治通鉴长编》卷一三一，中华书局，1995年，第3116页。

故知从康定二年改为庆历元年是当年十一月(指农历,下同)的事,《宋志》与《长编》为了体例统一,均于改元之年即称新年号,但杨惟德《上表》就不该写"庆历元年三月"。正如余格格说:"庆历改元是辛巳年(1041)十一月事,尤不应于三月预知改元为庆历,此表之真实性存疑。"这显然是又一个作伪的证据。

3. "核之群志,以观其绪",宋代绝无记载,元代突然出现。

宋仁宗时王洙等奉敕撰《地理新书》三十卷。王洙在《地理新书序》中提到了杨惟德如何参与其事:

> 唐贞观中,太常博士吕才奉诏撰《阴阳书》五十篇,其八篇地理也。至先朝更命,司天监史序等分门总辑为《乾坤宝典》四百五十篇,其三十篇地理也。书既成,高丽国王上表请于有司,诏给以写本。然序之书丛杂猥近,无所归诣。学者抉其讹谬凡三千五百。景祐初,司天监王承用又指摘阙误一千九百。始诏太子中允集贤校理嵇颖、冬官正张逊、太卜署令秦弁与承用覆校同异,五年而毕。诏付太常,命司天少监杨惟德与二宅官三十七人详其可否。惟德洎逊斟酌新历,修正舛盭,别成三十篇,赐名曰《地理新书》。复诏钩核重复。至皇祐三年,集贤校理曾公定领其事,奏以浅滤疏略,无益于世。有诏臣洙、臣禹锡、羲叟洎公定置局删修。……勒成三十二篇。①

又据王应麟《玉海》卷一五"地理"皇祐"地理新书"条:

> 初,真宗朝史序等撰《乾坤宝典》四百五十篇,其三十篇地理也。其书丛谬。景祐三年六月己酉,命嵇颖、胡宿重校阴阳地理书,五年而毕。司天少监杨惟德等别修成三十篇,赐今名。皇祐五年正月癸亥,复命知制诰王洙提举修纂地理图书。直集贤院掌禹锡、著作刘羲叟删修。嘉祐元年十一月,书成三十卷上之,赐名《地理新书》,赐洙等器币。②

---

① 王洙编,毕履道、张谦补:《重校正地理新书》序,《续修四库全书》第1054册,影印北京大学图书馆藏金元刻本。

② 王应麟:《玉海》卷一五"地理"(《景印文渊阁四库全书》本),台北商务印书馆,1983年,第41a页。

关于《地理新书》的成书时间，大多以为书成于神宗熙宁四年(1071)。刘未《宋元时期的五音地理书》考证后指出："因知嘉祐二年王洙已病卒。序文中所谓'有诏校正'当指景祐三年，至嘉祐元年，累计二十一年。是以《玉海》所记成书年月为确。"①即《地理新书》成书于嘉祐元年(1056)。

据上述《玉海》所记，余格格将《地理新书序》和《玉海》中的"五年而毕"释读为"[景祐]五年而毕"，认为杨惟德修订《地理新书》的时间始于景祐五年(1038)。笔者则认为，自景祐三年(1036)起五年而毕，是嵇颢等完成于康定年间(1040—1041)。接着司天少监杨惟德率领二宅官37人别修成《地理新书》三十篇。又据《宋会要辑稿》职官三一曰："(定康)[康定]二年十二月二日，权知司天少监、判监事杨惟德以灾异有中，及修定《万年历》成，诏除司天少监。"②相当于编进《茔原总录》这段时间，杨惟德实际上忙于撰进官方的《地理新书》和《万年历》。他不可能同时又搞一本与《地理新书》相似的《茔原总录》进呈，"伏望开板施行，止一为定"。③ 流传下来的宋人著述从未提到他的《茔原总录》,《宋史・艺文志》等书志目录也未著录。

至元代，《大元圣政国朝典章》(简称《元典章》)卷九吏部三"试选阴阳教授"曰：

> 元贞元年(1295)二月，……阴阳教授，令各路公选老成重厚、术艺精明、为众推服一名，于三元经书内出题，行移廉访司体覆相同举用，从集贤院定夺。取到阴阳人所指科目。……婚元：(占)[吕]才《大义书》；宅元：《周书秘奥》、《八宅通真论》；茔元：《地理新书》、《茔元总论》、《地理明真论》。④

---

① 刘未：《宋元时期的五音地理书——〈地理新书〉与〈茔原总录〉》。

② 徐松辑，四川大学古籍整理研究所校点：《宋会要辑稿・职官三一》，上海古籍出版社，2014年，第11655页。

③ 《茔原总录》卷五"伪书篇第十四"。

④ 陈高华等点校：《元典章》卷九《吏部三・官制三・阴阳官》，天津古籍出版社、中华书局，2011年，第316—317页。

刘未认为《茔元总论》应即《茔原总录》。余格格“疑《茔元总论》为《茔原总录》之别称”，又将《茔原总录》的著录情况依次列为《元典章》(1314—1320)、元《通制条格》(1323)、明《永乐大典》(1408年)等。笔者认为情况还要复杂。

元《通制条格》卷二八“杂令”之“铭旌忌避”条曰：

> 至大四年(1311)正月，尚书省刑部呈：二宅陆妙真出殡刘万一时信笔差悮，于铭旌上书写“千秋百岁”字样。阴阳教授于《地理新书》并《茔原总录》券式内照得，虽有该载上项字样，理合回避。以此参详陆妙真所犯，然非情故，终是不应。今后合行禁治。都省准呈。①

券式指买地券式。“照得”是元代的一个蒙汉混合语，“照”有察知之义。② 今查传本《地理新书》卷一四的券式，作“千秋万岁”字样；元刊本《茔原总录》(台北“国家图书馆”本)卷三的券式，作“千秋百岁”字样。这则记载说明，《茔原总录》的编集时间不晚于1311年。刘未疑《茔原总录》一书与杨惟德参与修订《地理新书》一事相关，③笔者有同感。今疑作伪者既有心机将杨惟德进呈地理书三十篇的年代作为“上表”之时，岂不知由吾公裕和杨惟德差一个世纪？也许伪书原称《茔元总论》，只有杨惟德“上表”，后又加了新的内容和不协调的由吾公裕序，变成了《茔原总录》。

4. “核之异世之言，以观其述”，《茔原总录》卷一大多来自南宋《地理新法》。

明朝隆庆年间，徐善继与徐善述兄弟刊行的风水著作《地理人子须知》曰：“又考宋中散大夫(田)[由]吾公裕同司天监杨维德奏编《茔原总录》，首编五行，云：‘洪范者，此名大五行，盖五行之变体也，古今用之，极

① 黄时鉴点校：《通制条格》卷二八《杂令》，浙江古籍出版社，1986年，第320页。

② 阮剑豪：《〈元典章〉词语研究》，浙江大学人文学院博士学位论文，2009年，第32页。

③ 刘未：《宋元时期的五音地理书——〈地理新书〉与〈茔原总录〉》。

有征验。阴阳之妙，有不可诘。此殆如医家之用五运也，故今遵用之。'此与《百川学海》等书之说同。"①今查《茔原总录》卷一有十二篇，其中多数与《地理新法》篇目相似，内容雷同。"大五行"的这一段是从《地理新法》卷上"五行论第二"既抄又改而来的。

《茔原总录》最令当代学术界感兴趣的内容，并非风水理论，而是卷一"主山论篇第八"中的一段话：

客主的取，宜匡四正以无差，当取丙午针。于其止处，中而格之，取方直之正也。盖阳生于子，自子至丙为之顺；阴生于午，自午到壬为之逆，故取丙午壬子之间，是天地中得南北之正也。此丙午针约而取于大概，若究详密，宜曲表垂绳，下以重物坠之，照重物之心，圆而为图，一如日月之晕，绳以占号，二晷渐移，逢晕致槷，自辰巳至于未申，视□(笔者注：疑为"线")两旁，真东西也。半折之，望坠物之下，则知南北之中正也。其论正中之说，凡京都州县廨宇以公治厅为正中。神佛之祠，以大殿为正中。塚宅以心为正中。其中心之也。②(图六八)

这段话的头尾均出自胡舜申《地理新法》。《地理新法》卷下"主山论第十五"曰：

然则何为而可以辨主山无失乎？曰："当用丙午针，于其处，正中而格之。"必用丙午针者，以天地四方中分之。阳生于子，自子至丙为左；阴生于午，自午至壬为右。故特取丙午壬子之间，乃天地之中，南北之正也。格于其处之正中者，公舍，则以厅事为正。神佛之祠，则以大殿为正。宅，则以堂为正。塚，则以圹为正。又皆于其心而定之也。③(图六九)

虽然作伪者将文字稍加变动，中间插入了立表测影的一段话，《茔原总录》与胡舜申《地理新法》丙午针之文显然同出一源。余格格说："相较

① 徐善继、徐善述：《绘图地理人子须知》卷七，敦煌文艺出版社，2012年，第443页。今校正引文并重新标点。

② 《茔原总录》卷一"主山论篇第八"。

③ 胡舜申撰：《地理新法》卷下"主山论第十五"，第2b页。

图六八 《茔原总录》卷一“主山论篇第八”书影(台北国家图书馆本)

而言,《地理新法》仅描述了天地南北之正在二十四方位之丙午壬子之间,即明白直指磁偏角现象的存在,并无再多论述。而《茔原总录》则继而探讨如何通过磁偏角测量南北之正。”这恐怕是一种误解。

《地理新法叙》曰:“凡地理家书无所不窥,才获此妙诀。……此盖选集鼓闻,广以新意,……即举旧而新之也。”(参见图六六)细察胡舜申的用语:“然则何为而可以辨主山无失乎?曰:‘当用丙午针,于其处,正中而格之。’必用丙午针者,以天地四方中分之。……故特取丙午壬子之间,乃天

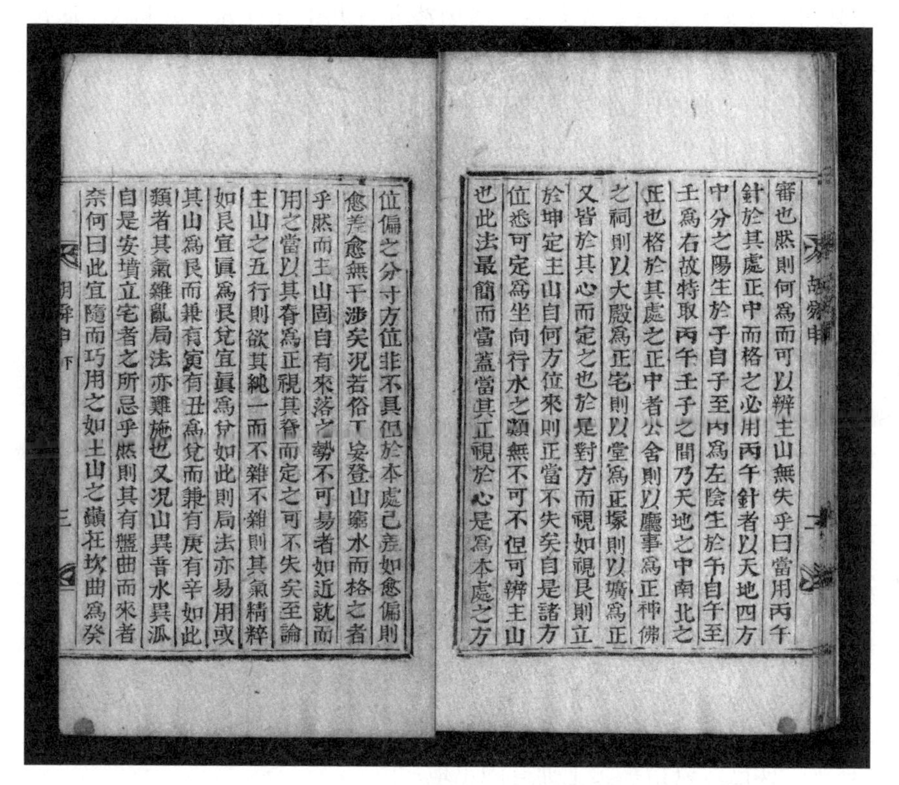
審也然則何爲而可以辨主山無失乎曰當用丙午
針於其處正中而格之必用丙午針者以天地四方
中分之陽生於子自子至丙爲左陰生於午自午至
壬爲右故特取丙午壬子之間乃天地之中南北之
正也格於其處之正中者公舍則以廳事爲正神佛
之祠則以大殿爲正宅則以堂爲正塚則以壙爲正
又皆於其心而定之也於是對方而視如視艮則立
於坤定主山自何方位來則正當不失矣自是諸方
位悉可定爲坐向行水之類無不可不但可辨主山
也此法最簡而當蓋當其正視於心是爲本處之方

位偏之分寸方位非不具但於本處已差如愈偏則
愈差愈無干涉矣況若俗下妄登山巔水而格之者
乎然而主山固自有來落之勢不可易者如近就而
用之當以其脊爲正視其脊而定之可不失矣至論
主山之五行則欲其純一而不雜不雜則其氣精粹
如艮宜眞爲艮兌宜眞爲兌如此則局法亦易用或
其山爲艮而兼有寅有丑爲兌而兼有庚有辛如此
類者其氣雜亂局法亦難施也又況山異音水異派
自是安墳立宅者之所忌乎然則其有盤曲而來者
奈何曰此宜隨而巧用之如土山之巔在坎曲爲癸

图六九　《地理新法》卷下“主山论第十五”书影(韩国 1866 年重刊本)

地之中，南北之正也。”文中“曰：‘当用丙午针，于其处，正中而格之。’”应是引用别的地理家书之言(今疑传本《地理新法》此处有误，“当用丙午针，于其处，正中而格之”之句应校改为“当用丙午针，于其止处，正中而格之”)。从“必用丙午针者，以天地四方中分之”起，是胡舜申谈自己的观点。《茔原总录》与《地理新法》相比，除了与《元史·天文志》所述类似的立表测影的一段话，只是作了文句改动，以掩饰作伪，并无新意。

5. “核之文，以观其体”，《茔原总录》买地“券式”异于《地理新书》。

古代丧葬习俗中，买地券被看作死者在阴间有地可居的凭证。

杨惟德本人参与过《地理新书》的编撰。《地理新书》卷一四的券式曰：“某年月日，具官封、姓名，以某年月日殁。故龟筮协从，相地袭吉，宜于某州某县某乡某原安厝宅兆。谨用钱九万九千九百九十九贯文,兼五綵信币,买地一段,东西若干步,南北若干步。……"①

托名杨惟德的《茔原总录》卷三中的买地"券式"曰:"维年月朔日,某州某县某坊住人某里。伏缘父母奄逝,未卜茔坟,夙夜忧思,不遑所厝。遂令日者择此高原,来去朝迎,地占袭吉,地属本州本县某村之原,堪为宅兆。梯己出备钱綵,买到墓地一方。南北长若干步,东西阔若干步。……致使千秋百岁,永无殃咎。……令工匠修营安告,已后永保休吉。……"②

在出土的一些元代买地券实物上,也能看到《茔原总录》式买地券,文字与"伏缘父母奄逝,未卜茔坟,夙夜忧思,不遑所厝。遂令日者择此高原,来去朝迎,地占袭吉,……梯己出备钱綵,买到墓地一方"这种券式大同小异。③

1995年,韩森在《传统中国日常生活中的协商:中古契约研究》(*Negotiating Daily Life in Traditional China: How Ordinary People Used Contracts, 600 - 1400*)一书中说:"《茔原总录》,它可以看作是《地理新书》的简易缩写本。北京图书馆藏有严重破损的元本《茔原总录》。……《茔原总录》所描述的葬礼与《地理新书》非常相像,……其所载买地券文本也与《地理新书》所载相同,只是它用了一个元代的通用语——'梯己',以指称卖主拥有的土地。"④

2014年,鲁西奇的《中国历代买地券研究》说:"《茔原总录》也是一部专述葬法风水的著作,国家图书馆善本室藏有元刻残本(胶卷,SB2375),五卷。卷首有司天监杨惟德的上表,所署日期为庆历元年(1041),则其成书似在《地理新书》之前。但此一上表之真实性实颇为可疑,即便此书果出于杨惟德之手,今见元刻本也可能经过多方改动,已非杨著之旧貌。"⑤鲁西奇引述的《茔原总录》曰:"地属本州本县某村之原,堪为宅兆。梯己

① 王洙编,毕履道、张谦补:《重校正地理新书》卷一四,第13a页。

② 《茔原总录》卷三"卜立宅兆破土祭仪篇第十一"。

③ 鲁西奇:《中国历代买地券研究》,厦门大学出版社,2014年,第296页。

④ [美]韩森著,鲁西奇译:《传统中国日常生活中的协商:中古契约研究》,江苏人民出版社,2008年,第170页。

⑤ 鲁西奇:《中国历代买地券研究》,第261页。

妯将钱綵买到墓地一方。"①笔者以为，据台北"国家图书馆"本及一些元代买地券实物，"梯己妯将"当为"梯己出备"。韩森所据版本，与鲁西奇相同，即今北京国家图书馆善本室藏元刻残本胶卷。她虽误将"梯已"释为"卖主拥有的土地"，"梯已"确是一条重要的线索。

"梯已"来自宋代的"体已"，何时始用"梯已"待考。《元典章》中常出现"梯已"字样，说明当时已很通用。如《元典章》卷四二《刑部四》"笃疾伤人杖罪断决"曰："既杜思礼无目笃疾之人，依准本路拟决：杖一百七下，仍于本人梯已钱内征烧埋银五十两给主。"②清代翟灏《通俗编》卷二三引《心史》说："元人谓自已物，则曰梯已物。"③笔者以为《茔原总录》买地券样本中的"梯已"，是指梯已钱，即私房钱。在《地理新书》的券式中，作"谨用钱九万九千九百九十九贯文，兼五綵信币，买地一段"；在《茔原总录》买地券样本中，对应位置变成了"梯已出备钱綵，买到墓地一方"字样。

就目前所知，从《中国历代买地券研究》收集的宋元买地券实物和其他报道看，除了"谢锦为亡室张氏买坟地合同"，其他带有"梯已"字样的买地券都属元代，"谢锦为亡室张氏买坟地合同"曰："大宋宣和扬州府江都县东水关运河东面南居住，祭主谢锦等，伏缘故室人张氏之灵奄逝，未卜茔坟，夙夜忧思，未遑□厝。遂令日者择此高原，来去潮迎，地占□吉，………堰违宅兆。梯已出价钱采买到墓地壹方，……新坟迁作乙山辛向，……永保人口子孙永远清吉……"④这个资料来自端方(1861—1911)《陶斋藏石记》卷四〇著录的"谢锦买坟地券"。从"当时乡里小民"模仿的券文看，只知张氏亡于大宋宣和(1119—1125)年间，不知具体何年。迁葬新坟，也不知何年。退一步说，宣和年间已使用"梯已"，也已是杨惟德身后之事。

6. "核之传者，以观其人"，首先传播书的是元代阴阳教授或阴阳

---

① 鲁西奇：《中国历代买地券研究》，第 262 页。
② 陈高华等点校：《元典章》卷四二《刑部四》，第 1473 页。
③ 翟灏撰：《通俗编》卷二三，商务印书馆，1958 年，第 523 页。
④ 鲁西奇：《中国历代买地券研究》，第 333 页。

先生。

查《元史》卷八一志第三一《选举一》曰：

> 世祖至元二十八年(1291)夏六月，始置诸路阴阳学。其在腹里、江南，若有通晓阴阳之人，各路官司详加取勘，依儒学、医学之例，每路设教授以训诲之。其有术数精通者，每岁录呈省府，赴都试验，果有异能，则于司天台内许令近侍。延祐(1314—1320)初，令阴阳人依儒、医例，于路府州设教授一员，凡阴阳人皆管辖之，而上属于太史焉。①

从前文引述的《元典章》"试选阴阳教授"，《通制条格》"阴阳教授于《地理新书》并《茔原总录》券式内照得"来看，阴阳教授、阴阳先生之流，既有作伪的动机，又有作伪的条件，可以说嫌疑最大。

如果详加考核，"核之事，以观其时"，还可发现《茔原总录》作伪的更多疑点。然而仅仅综合以上数点，《茔原总录》是伪书已成铁案。

三、胡舜申和《地理新法》

《茔原总录》虽是伪书，但其中汇集了堪舆风水史上元代及以前的一些资料，视为元代编撰汇集的作品，还是有相当的学术价值，买地券研究即其一例。至于定量记载了磁偏角现象的《地理新法》及其作者胡舜申，应在科技史上获得恰如其分的评价。

胡舜申正史无传。《苏州府志》记载："胡舜申，绍兴间(1131—1162)自绩溪(今安徽绩溪)迁于吴，通风水阴阳之术，世所传江西地理新法出于舜申。尝行郡四郭而相之，以为蛇门不当塞。作《吴门忠告》一篇。"②

蛇门即苏州吴门，《吴门忠告》是胡舜申针对苏州城风水问题提出的一篇看法。

《全宋文》卷三九九九今人所撰小传曰："胡舜申(1091—?)，字汝嘉，

---

① 宋濂、王祎等：《元史》卷八一志第三一《选举一》，中华书局，1976年，第2034页。

② 《苏州府志》卷一〇六《人物》"艺术下"，清刊本，第23b页。

徽州绩溪人,寓居苏州。舜陟弟。官至朝(散)[议]大夫、舒州(今安徽安庆)府判。通风(土)[水]阴阳之术,江南传其地理之法。见所撰《乾道重修家谱序》,《吴中人物志》卷一三,乾隆《江南通志》卷一七〇。"[①]《全宋文》收录了胡舜申的《乾道重修家谱序》、《乙巳泗州录》、《己酉避难录》和《吴门忠告》四文。

韩国首尔大学奎章阁藏有《地理新法》晚明朝鲜活字本、清重刊本和清钞本,题《地理新法胡舜申》,"奉议郎赐绯鱼袋胡舜申撰"(参见图六六)。从胡舜申《地理新法叙》和《乾道重修家谱序》可以大致推算《地理新法》的写作年代。

《地理新法叙》曰:"予顷丁家艰,择地营葬。初未晓阴阳地理之说,遗俗工为之,多不可人意。叩其所用之法,即迂陋而鄙缪者也。因究求古人用心立法之善者,凡地理家书无所不窥,才获此妙诀。推研淘汰,似能彻奥。其法盖祖于青囊,而宗于郭璞。明于曾杨一,而衍于月师。其大要,经之以五行生旺死绝,而纬之以九星。此盖选集鼓闻,广以新意,著论二十有三篇。因以名之曰《地理新法》,即举旧而新之也。"[②]

乾道元年(1165),胡舜申 75 岁,作为胡氏族长,撰《乾道重修家譜序》。其文曰:"辛酉岁(1141),舜申营坟黄岩。次年春,克襄大事。……阴阳符合之事,如际上叶祈,佳气固在。黄岩管城,并为佳城。议地理者,皆予之郁葱所发。恐他日秀杰者嗣有其人,凡此皆所谓庆幸者也。……裔孙朝议大夫、舒州府判胡舜申汝嘉敬书。"[③]

由此可知,《地理新法》作于 1141 年之后若干年,当时胡舜申的身份是奉议郎赐绯鱼袋。至 1165 年,胡舜申的身份是朝议大夫,而《地理新法》传布已久,故推测成书于 12 世纪中叶,即 1150 年前后几年间。

《地理新法》,一名《类集阴阳诸家地理必用选择大成》,分作上、下两卷,卷上十三篇,卷下十篇,凡一万六千余字,福建建安雕印过。它在国内

① 《全宋文》卷三九九九,上海辞书出版社、安徽教育出版社,第 182 册,2006 年,第 291 页。

② 胡舜申撰:《地理新法·叙》。

③ 《全宋文》卷三九九九,第 182 册,第 291—294 页。

的知名度远不如国外。王玉德的《寻龙点穴——中国古代堪舆术》之《堪舆人物·相地名人》节说:“胡舜申,据《苏州府志》,他在绍兴年间由安徽的绩溪移居江苏。他把江西的地理新法传播到苏州一带,撰有《吴门忠告》一书。此书流传有限,胡舜申的事迹不详。鉴于胡是江苏的风水术肇始者之一,故志于此。”[①]胡舜申的影响由此可见一斑。值得庆幸的是《地理新法》传入朝鲜半岛后,被视为堪舆要籍,至今流传。2004 年,首尔的比峰出版社出版了胡舜申《地理新法》韩文译注本,译注者是韩国文化遗产和周易文化研究所研究员金料圭,书末所附《原文》系影印钞本。

胡舜申的风水著作流传下来的还有《阴阳备用》。陈振孙《直斋书录解题》卷一二曰:“《阴阳备用》十二卷,通判舒州新安胡舜申汝嘉撰。此书本为地理形法,而诸家选时日法要皆在焉,故附于此。”《宋史·艺文志》则作“胡舜申《阴阳备用》十三卷”。

王重民在《中国善本书提要》中著录了一部《胡先生阴阳备用》:“胡先生不详何人,亦不知全书凡若干卷,盖节汇诸阴阳书而成,故卷八后题又作‘类集诸家阴阳选择奇书’。卷十以后为别集,又题作‘阴阳日用地理选择大全’,则因所选之书,随在立名,而全书固应称为《阴阳备用》也。”[②]

“胡先生”即胡舜申,他不是传说中的江湖术士,而是南宋初年精研过风水术的地方文官。胡舜申《地理新法》是确切可靠的文献资料。

沈括的《梦溪笔谈》卷二四曰:“方家以磁石磨针锋,则能指南,然常微偏东,不全南也。……其中有磨而指北者。予家指南、北者皆有之。磁石之指南,犹柏之指西,莫可原其理。”[③]

《地理新法》卷下“坐向论第十八”曰:“夫有山乃有向. 如乾亥山坐壬,则前必向丙。犹谓针为指南,不知铁北方物,又砺以磁石之母,其实性必指北,指北所以前指南也。”[④]胡舜申认为指北、指南只是前后端之分,称指北更确切。他还推测因为磁针与北方的渊源,磁性来自砺以磁石之

① 王玉德:《寻龙点穴——中国古代堪舆术》,中国电影出版社,2008 年,第 159 页。
② 王重民:《中国善本书提要》,第 287 页。
③ 沈括著,杨渭生新编:《沈括全集》中册,浙江大学出版社,2011 年,第 514 页。
④ 胡舜申撰:《地理新法》卷下“坐向论第十八”,第 10a—10b 页。

母,磁母召子,故性必指北。在这个问题上,沈括以"莫可原其理"存疑,胡舜申则有所发挥。然他的解释受时代的局限,尚看不到磁偏角的真正来由。

附 录

1. 胡舜申《地理新法》目录

卷上:五山图式第一,五行论第二,山论第三,水论第四,贪狼论第五,文曲论等六,武曲论第七,右弼巨门左辅论第八,廉贞论第九,破军论第十,禄存论第十一,形势论第十二,择地论第十三。

卷下:定三十六龙统说论十四,主山论第十五 ,龙虎论第十六,基穴论第十七 ,坐向论第十八,放水论第十九 ,年月论第二十,造作论第二十一,相地论第二十二,辨俗论第二十三。

2. 元(佚名)《茔原总录》目录(有些字迹漫漶,难以确认,本目录仅供参考)

卷一:五山局图论篇第一,五行所属论篇第二,山论篇第三,水论篇第四,九星论吉凶篇第五,论形势篇第六,择地论篇第七,主山论篇第八,放水论篇第九,揔括吉凶论篇第十,辨俗姓顺合山水篇第十一,造作论篇第十二。

卷二:卜地吉凶篇第一,筮地吉凶篇第二,初终篇第三,庭丧论篇第四,送丧避忌篇第五,野外权厝篇第六,神杀地上合禁步数篇第七,三镜六道篇第八,上下利方篇第九,交射论篇第十。

卷三:择葬年月避忌篇第一,推魁刚法篇第二,择凶葬篇第三。择本命行年立成篇第四,择日吉凶法篇第五,诸土禁吉凶篇第六,择时吉凶篇第七,择葬取八法篇第八,立明堂法篇第九,祭神祇立坛法篇第十,卜立宅兆破土祭仪篇第十一。

卷四:地合四兽法篇第一,丧庭冢穴篇第二,六甲冢开三闭九法诀第三,八卦冢开四闭十法篇第四,天覆地载法篇第五,门陌冲阡法篇第六,龙虎行法篇第七,阴阳门陌法篇第八,三会四福篇第九,禽交尺步法篇第十，座穴次序篇第十一，封树高下法篇第十二，幽穴浅深法篇第十三，取土培坟及修山门角阁篇第十四，丧类之制篇第十五，棺椁之制篇第十六。

卷五：四折曲路法篇第一，埏道命祇法篇第二，葬杂忌篇第三，镇墓法篇第四，改葬开旧墓篇第五，葬后谢墓法篇第六，接灵除灵篇第七，雌雄杀法篇第八，传符之篇第九，殃杀出去日时方位篇第十，岁杀历篇第十一，禳除仪物篇第十二，择师篇第十三，伪书篇第十四，三礼丧服图篇第十五斩衰，三礼丧服图篇第十六齐衰。

杂学编

“大斗出，小斗进”之我见

——关于“田氏取齐”一则史事的再剖析

《杭州大学学报》1980年第1期上刊登了《“大斗出，小斗进”辨》的读史札记（以下简称《辨》文），提出了与众不同的见解，涉及中国古代史上一则重要史事的理解问题。我认为其中论据尚多可议，故不揣浅陋，特为此文以求教！关于这则史事，各家所据的原始资料都是《左传·昭公三年》齐相晏婴私下里对晋大夫叔向讲的一段话（划线系引者所加）：

> 此季世也。吾弗知，齐其为陈氏矣。公弃其民，而归于陈氏。齐旧四量：豆、区、釜、钟。四升为豆，各自其四，以登于釜，釜十则钟。陈氏三量，皆登一焉，钟乃大矣。<u>以家量贷，而以公量收之</u>。山木如市，弗加于山；鱼盐蜃蛤，弗加于海。民参其力，二入于公，而衣食其一。公聚朽蠹，而三老冻馁。国之诸市，屦贱踊贵，民人痛疾，而或燠休之。其爱之如父母，而归之如流水。欲无获民，将焉避之？

对于“以家量贷，而以公量收之”的解释，本来不存在异议，但也缺乏论证。《辨》文独立一家之言，认为“以家量贷，而以公量收之”应译为：“用大斗借出粮食（似作为垦荒、耕种的口粮和种子之用），而用小斗征收赋税。”《辨》文的论据主要有两条。其一曰：“问题在于这个‘收’字。”《辨》文经过一番考证，认为“收”字只能指“征收”；还说：“各家把它同今天‘收回’、‘收进’的‘收’字等同起来显然是不恰当的。”

《辨》文的理解是否全面，只需将《战国策·齐策》摘录一段，便一目了然：

> 后孟尝君出记，问门下诸客："谁习计会，能为文收责(债)于薛者乎？"(冯谖愿往，临走前)辞曰："责毕收，以何市而反？"孟尝君曰："视吾家所寡有者。"驱而之薛，使吏召诸民当偿者，悉来合券。券遍合，起矫命以责赐诸民，因烧其券，民称万岁。长驱到齐，晨而求见。孟尝君怪其疾也，衣冠而见之，曰："责毕收乎？来何疾也？"曰："收毕矣。"

上文中冯谖"以责赐诸民，因烧其券"一句曾由《辨》文引用过，但作者对其上下文的好几个"收债"之"收"字，竟然没有注意！此外，《史记·孟尝君传》也记载："客食恐不足，故请先生收责之。"孟尝君与晏婴都系齐人，"收"字的用法可以相同，故"以家量贷，而以公量收之"中的"收"，也可作同样解释。且"收之"中的"之"字，系代词，根据上下文意，理应解作贷而应还之物。故"以家量贷，而以公量收之"应译为：以家量(大斗)放贷，而以公量(小斗)收债。若将"之"字释为风马牛不相及的"赋税"，似乎不合逻辑。

《辨》文还引了《史记》中的一句话作为第二个论据，即："田釐子乞事齐景公为大夫，其收赋税于民以小斗受之，其禀予民以大斗。"

然而，我认为，光看《辨》文所摘取的这二十九个字，是难以了解司马迁对这一史实的全部理解和转述的。兹抄录《史记·田敬仲完世家》有关此事记载的全文如次：

> 田釐子乞事齐景公为大夫，其收赋税于民以小斗受之，其禀予民以大斗，行阴德于民，而景公弗禁。由此田氏得齐众心，宗族益强，民思田氏。晏子数谏景公，景公弗听。已而使于晋，与叔向私语曰："齐国之政，其卒归于田氏矣。"……田常成子与监止俱为左右相，相简公。田常心害监止，监止幸于简公，权弗能去。于是田常复修釐子之政，以大斗出贷，以小斗收。齐人歌之曰："妪乎采芑，归乎田成子！"

关于这则史实的旁证材料虽然不多，但类似记载尚可找到，对于分析此事可能有所帮助，故一并引述如下：

《韩非子·外储说右上篇》说：“夫田成氏甚得齐民。其于民也，上之请爵禄行诸夫臣，下之私大斗斛区釜以出贷，小斗斛区釜以收之。”

《左传·昭公二十六年》记载晏婴对齐侯说：“陈氏虽无大德，而有施于民。豆、区、釜、钟之数，其取之公也薄，其施之民也厚。公厚敛焉，陈氏厚施焉，民归之矣。”杜预注：“（薄）谓以公量收。（厚）谓以私量贷。”

《左传·昭公二十六年》先讲薄取，后提厚施，《史记》的行文很可能受其影响。但这里并没有明确指出薄取包括哪些内容。按照逻辑常识，“贷”者，“以物与人更还主也”（《玉篇》）。田氏出贷到期时，如果用私量收债，对民众并无特殊的诱惑力，双方完全可以用原有的公量进行交易。田氏没有多大必要搞一套私量，《左传》作者也何必如此强调田氏用大斗出贷之举。反之，用大斗出贷，用小斗收债，才显出田氏厚施于民。田氏私量的出现，正是为“用大斗出贷，用小斗收债”这条策略服务的。

据我看来，司马迁所称的“釐子之政”是“其取之公也薄，其施之民也厚”之政。“其取之公也薄”包括两个方面：一方面是用收赋税代替“民参其力，二入于公，而衣食其一”的残酷剥削方式；另一方面，辅之以“以大斗出贷，以小斗收（债）”的权宜之计。这种策略的主动权完全掌握在田氏手里，想行就行，欲止则止，要复修即复修，人家难以抓住他的把柄，而受惠的民众，也是感激涕零的。

例如，据《辨》文考证，与田乞同时的齐相晏婴也采用收赋税的剥削方式。晏婴的地位不在田乞之下，但民众不奔晏婴，却向着田氏“归之如流水”，除了收赋税之外，总该别有缘故吧！而且，晏婴“数谏景公”，还在晋国与叔向私语，他指责田乞的当然是某种阴私，与其说是指堂而皇之地收赋税，还不如说是指田氏独出心裁的“大斗出，小斗进”这套伎俩。

我以为这样来理解这段史实，可能比较全面。《辨》文之作，盖起因于读史中的两点疑问。其疑问（一）说：“借出、收进的差额这样大，……田氏私家一釜等于 5^3 升即 125 升，而公室一釜则只有 4^3 升即 64 升，如此则田氏出借一釜就得倒赔一釜；施得的民众又是这样多（归之如流水），田氏至少二代（田乞、田常）实行着这一制度的（详见《史记·田敬仲完世家》）。

这样，田氏破产犹恐不殆，哪来这么大的经济力量去夺取政权呢？"《辨》文认为家量与公量的差额"迄无定论"，但实际上根据差额最大的一种说法立论，因而产生了所谓"倒赔一釜"之疑。其实，家量与公量的换算关系，现在已经很明确了。

孙诒让《左传齐新旧量义》①说："今考陈氏新量之釜，盖十斗，非八斗也。依《传》文当以四升为豆不加，而加五豆为区，则二斗，五区为釜，则一斛，积至钟则十斛。所谓'三量皆登一'者，谓四量唯豆不加，故登者止三量，而钟亦即在三量之中也。区字亦作鏂。《管子·轻重丁篇》云：'今齐西之粟，釜百泉则鏂二十也。齐东之粟，釜十泉则鏂二泉也。'又《海王篇》云：'盐百升而成釜。''釜'、'釜'字同。……盖《管子》书多春秋后人增修，故正用陈氏新量，足为《左传》增一佐证。"

按此则田氏新量一釜应等于 4×5^2 升即 100 升。1959 年，上海博物馆所作的《齐量》一书，根据馆藏的田齐三量实物（即："左关铆"、"陈纯釜"和"子禾子釜"），对田齐家量的进位制作了新的验证，证明孙诒让的观点是正确的。② 杨宽的新版《战国史》也已采用这种说法，③是有道理的。

此外，《周礼·地官·泉府》曰："凡民之贷者，与其有司辨而授之，以国服为之息。"可知借贷是要还本付息的。今据马非百的"齐国四方高利贷情况调查表"，④当时四方的利率分别如下：

西方，"钟也一钟"（利率百分之百）。
南方，"中伯伍也"（元材案：伯伍即百分之五十）。
东方，"中钟五釜"（利率百分之五十）。
北方，"中伯二十"（元材案：利率相当于百分之二十）。

可见都是高利贷。若借出一私釜（100 升），收回一公釜（64 升）和利息；低息的略有亏损，高息的尚有盈余，所以差额不算大。

---

① 孙诒让：《籀庼述林》卷二，1916 年，第 31 页。
② 《齐量》，上海博物馆，1959 年。
③ 杨宽：《战国史》，上海人民出版社，1980 年。
④ 马非百：《管子轻重篇新铨》，中华书局，1979 年。

而且，既称“田常复修釐子之政”，说明“大斗出，小斗进”是间断使用的手法。到底田乞父子各自实施多久，史书记载不明，不敢妄加推测。但《辨》文所称的“田氏至少二代实行着这一制度的”说法，显然不妥。由是观之，田氏是不必担心破产的，实际上也没有破产。何况他们还有赋税等大笔收入，为了收买人心，时而施以“大斗出，小斗进”的小恩小惠是完全可能的。

《辨》文的疑问（二）说：“厚施薄取的手段，任何统治阶级在一定的时期内都是可以采取的，凭什么理由说田氏便是新兴的地主阶级，姜氏便是奴隶主呢？……”这个问题涉及当时社会变革的重大问题，已经超出了本文的范围，不拟在此赘述。

原载《杭州大学学报》(哲社版)1982 年第 3 期

宋、辽、金代的里制与亩制

中国古代度量衡制度的复杂性是众所周知的。迄今所知历代官方统一或改革度量衡的种种尝试,充其量构成一幅模糊的图景。度量衡各种各样,政府颁布之值时常变动,有时反复无常,加上一些别的因素,非官方(或者说民间)的度量衡就会流行。时过境迁,民间度量衡比官方的甚至更难梳理。有如明代(1368—1644)著名音乐家、数学家朱载堉(1536—1611)所指出的那样,纵使"惟此尺(钞尺)天下同,虽然处处皆同,微细较量,不无小异"。① 现存的传世古尺和历代出土的实物一致证明情况确实如此复杂。②

可以说,与尺紧密相关的里亩制度也一样。虽说我们对里制、亩制及其历年应用所知已经有限,对宋代(960—1279)的了解尤其如此。对于它们在辽(907—1125)和金(1115—1234)的使用情形,知道的就更少了。本文力图检验宋代里亩制度,提供尽可能精确的计算结果,亦对辽和金的里亩制度作一初步研究。我们希望下文提供的资料不仅有助于了解宋、辽、金的里制与亩制,而且为其前后使用的度制提供更为清晰的来龙去脉。本文之作,除了多方查阅传统文献外,同时特别注意从当前的考古资料中寻找和利用相关的资料。

---

① 朱载堉:《嘉量算经·凡例》(宛委别藏本),第10a页。

② 尺长变动的例子为数众多,参见福开森(John C. Ferguson),*Chinese Foot Measure*, *Monumenta Serica*, 6(1941),特别是360—363页。

一、宋代里和尺之间的关系

三百步为里，六尺为步之制至迟在秦朝（前221—前206）已经设立。这个比率一直沿袭下来，直到隋（581—618）唐（618—907）为之一变。有唐一代，法定度量衡等律令不断修订，载诸史书的有：①

唐初武德七年令(624)
贞观十一年令(637)
永徽二年令(651)
麟德令(664—666)
乾封令(666—668)
仪凤令(676—679)
垂拱令(685—689)
太极令(712.3.1—712.6.21)
开元三年令(715)，有些资料笼统地称之为开元初令
开元七年令(719)，或曰开元四年令(716)
开元二十五年令(737)

该时期的里制也有变化，唐大里和唐小里的形成即其中之一。

《旧唐书·食货志》曰："武德七年始定律令，以度田之制：五尺为步，步二百四十为亩，亩百为顷。"②因此，隋唐的五大尺取代了以前的六小尺，但实际上两者相等，故步长不变。

上引《旧唐书》未提每里等于多少步，或许已有刊漏。宋初著名学者钱易《南部新书》卷九引唐《杂令》为这个问题提供了答案，其文曰："令云：'诸度以北方秬黍中者一黍之广（为）分，十分为寸，十寸为尺（原注：一尺二寸为大尺一尺），十尺为丈。…… 诸积秬黍为度量权者，调钟律、测晷

① 引自仁井田陞：《唐令拾遗》，东京大学出版会1964年重印本，附校注。

② 《旧唐书》卷四八，中华书局，1975年，第2088页，本文所引《二十四史》均用中华书局版。

景、合汤药及冕服制度[①]则用之。此外官私悉用大者，…… 在京诸司及诸州各给秤尺度斗升合[②]等样，皆以铜为之。诸度地五尺为步，三百步为一里。"[③]

日本法律史家仁井田陞已复原、重组了武德（618—627）和开元七年（719）《杂令》的条文，两者都说"凡度地五尺为步，三百六十步为里"。[④]仁井这些杂令来源于韩延（约8世纪）的《夏侯阳算经》中的一段话："杂令：诸度地以五尺为一步，三百六十步为一里。"[⑤]不过，实际上此《杂令》不同于武德令。641—656年间所编的《隋书·地理志》记隋唐都城周长里步，已用1里为360步之制。因此，"五尺为步，三百六十步为里"之制如果不是始于贞观十一年（637），就是颁于永徽二年（651）。所谓大里也在此时发端，与隋唐以前的里制相比，形式上没有改变，依然是1 800尺为一里。然而，伴随着一尺之长的增加，一里之长也相应地增大。

五尺为步，三百六十步为里的比率继续沿用至晚宋，而"五尺为步，三百步为里"之制仍应用于某些场合，比如计算与晷影长有关的距离。其影响甚至到达中国北方的非汉族聚居地，事实上，这就是后来辽所采用的里制。

《宋史·舆服志》中有北宋（960—1127）所用里制的明确记载："仁宗天圣五年（1027）内侍卢道隆上记里鼓车之制。……以古法六尺为步，三

---

① 在周代，冕服指的是天子的各种冠冕和礼服，每种适用于不同的祭祀场合，参见《周礼》卷五（四部丛刊本），第100页。然而，在此冕服泛指官员们的衣帽。

② 这是普通的量制。在宋代，十合为一升，十升为一斗。

③ 钱易：《南部新书》，中华书局，1958年，第106页。日本大宝年间（701—704）颁布的杂令提供了额外的证据，支持《南部新书》之说，参见陈梦家《亩制与里制》（《考古》1966年第1期，第43页）所引《大宝杂令》。也许我们可以说钱易所引实际上包含了唐代颁布的几个杂令。仁井田陞的《唐令拾遗》引述了同样的杂令，文字略有差异（第841、845、846页）。根据《四库全书总目提要》，《南部新书》作于大中祥符年间（1008—1017），钱易任开封知县时。《总目提要》还指出"皆记唐时故实，间及五代，多录轶闻琐事。而朝章国典因革损益之故亦杂载其中"。见纪昀等编撰：《合印四库全书总目提要及四库未收书目禁毁书目》III，台北商务印书馆，1978年，第2900页。因为后来唐代步与里的比率与此不同（详下），我们可以合理地推测《南部新书》所保存的是唐初的杂令。

④ 仁井田陞：《唐令拾遗》，第846页。

⑤ 旧题夏侯阳作：《夏侯阳算经》卷一（武英殿聚珍版），第9b页。

百步为里，用较今法五尺为步，三百六十步为里。”[1]因袭北宋的南宋(1127—1279)里亩制度，在秦九韶(13世纪)的《数书九章》(1247年成书)中有集中的反映。秦氏所设之题，大多采自南宋的社会经济活动，因此保存了有关里亩及其他度量的许多历史资料。跟本文讨论直接有关的是书中提到“里法三百六十步”的不下十题，[2]“步法五尺”也屡见不鲜。[3] 因此我们可以确认，宋代一里等于360×5尺，即1 800尺。

值得指出的是，秦九韶除了引述大量南宋普遍使用的里亩计量的内容之外，还常提到不同于官制的“特例”。下面的例子足以说明，史书中描述的里亩制度以及南宋王朝部分地区独特的里亩制度之复杂性。在《数书九章》卷五中，我们可见“里法三百步”，[4]此乃古法，说不定当时某些地区还在沿用。再如同书卷一说“里法三百六十步，步法五尺八寸”。[5] 又如同书卷十三用“里法三百六十步，步法六尺”之制。[6] 很可能后两种情形指的是南宋江南不同地区使用的度制。

二、宋大里和营造里

宋代使用过多种尺度，大多有特别的名称和专门的用途。用来计算距离和土地面积的主要是：(1) 三司布帛尺，(2) 营造尺，(3) 浙尺，(4) 影表尺(也叫量天尺)。在此我们只讨论与宋代里制有关的前二种尺度。浙尺和量天尺以及它们与里制的关系，留待下节讨论。

---

① 《宋史》卷一四九，第3493页。记里鼓车是一种双轮单辕车，上面装有一鼓，每行一里击鼓一次。这种车在中国的历史超过二千年，用于皇帝出行的仪仗队。关于记里鼓车的更多信息，参见 *The "Taxicab" in China*，载翟理斯(Herbert A. Giles)的英文刊物 *Adversaria Sinica*(上海：Kelly & Walsh，1914)，第223—227页。

② 秦九韶：《数书九章》卷一(丛书集成本)，第19页等。如今已有一部研究秦氏的大部头英语著作，即 Ulrich Libbrecht 的 *Chinese Mathematics in the Thirteenth Century: The Shushu chiu-chang of Ch'in Chiu-shao*，Cambridge：The MIT Press，1973.

③ 《数书九章》卷七，第161页等。

④ 《数书九章》卷五，第127页。

⑤ 《数书九章》卷一，第19页。

⑥ 《数书九章》卷一三，第342页。

北宋最常用的尺度是三司布帛尺。它最初是由官府制定用来征收以布帛计的赋税。在宋初,这种赋税由三司使征收,尺名由此而来。因为三司布帛尺也由太府寺(管理中央政府非谷物类收支的机构)监管,所以也称太府布帛尺。三司亦叫计省,故有时它也叫作省尺,或称官尺。

根据文献和出土资料我们应可确定三司布帛尺之长。宋蔡元定(1135—1198)《律吕新书》云:“太府布帛尺比晋前尺一尺三寸五分。”①宋代学者程迥在其专论度量衡的《三器图义》中先后指出“近年司马备刻周尺”,“司马备刻三司布帛尺比周尺一尺三寸五分”。② 王应麟(1223—1296)在其类书《玉海》中也说:太府布帛尺“比周尺一尺三寸五分”。③ 据《晋书·律历志》记载,泰始九年(273)中书监荀勖命著作郎刘恭依《周礼》作“古尺”,④这种“古尺”(或“周尺”)也叫“晋前尺”或“荀勖尺”。

由《隋书·律历志》十五等尺可知,“晋前尺”等于王莽(前43—公元23)时施用的刘歆铜斛尺。⑤ 当代学者伊世同从现存明量天尺的刻度出发,已推算出1新莽尺=23.05厘米。⑥ 由此可知,1三司布帛尺等于1.35×23.05厘米=31.12厘米。

1965年,湖北武汉十里铺出土了一支北宋初年的刻度木尺,长31、宽2.3、厚0.5厘米。⑦ 此尺长度与上文三司布帛尺之值几乎完全相等,对我们的论点(三司布帛尺约为31.12厘米)提供了支持。

陈梦家推测三司布帛尺在宋代用于营造和计算距离,然后他说等于31.57厘米。⑧ 陈梦家没有引证其推测的出处。张春澍虑及陈梦家的数据,以31.1厘米作为三司尺之长,计算宋代 一里等于1 800×31.1厘

---

① 蔡元定:《律吕新书》卷二(四库全书珍本版),第45b页。

② 程迥:《三器图义》,载《说郛》卷一六,商务印书馆,1927年,第2a—3b页。

③ 《玉海》卷八(四库全书本),第12a页。

④ 《晋书》卷一六,第490页。

⑤ 《隋书》卷一六,第402页。

⑥ 伊世同:《量天尺考》,《文物》1978年第2期,第12—19页。

⑦ 湖北省文化局文物工作队:《武汉市十里铺北宋墓出土漆器等文物》,《文物》1966年第5期,第56—62页。

⑧ 陈梦家:《亩制与里制》,第36—45页。

米＝559.8米。① 他进一步指出："宋代前后的度量衡往往不同，即使在宋代也有变动。"②信然。不过，对此议题可作补充。极重要的是，若以三司布帛尺测地，所得结果实际上是宋大里。为方便起见，下文将它称作宋里[a]，其值为1 800×31.12厘米＝560.16米。

由于时期和地区的差异，考古中发现的北宋三司布帛尺实际尺长小有异同，这种异同也反映在这一时期的历史资料中。例如沈括(1032—1096)③著名的笔记《梦溪笔谈》卷三曰："予考乐律，及受诏改铸浑仪，求秦汉以前度量斗升：……古尺二寸五分十分分之三，今(11世纪)尺一寸八分百分分之四十五强。"④换言之，根据沈括的计算，1北宋三司尺约等于2.53×1.845×23.05厘米＝31.61厘米。《中国古代度量衡图集》著录的第五六号木尺(长31.4厘米)、第六〇号浮雕刻度木尺(长31.7厘米)、第六二号鎏金铜尺(长31.74厘米)，很可能都是北宋三司布帛尺的实物遗存。⑤ 如果确是这样，那么在十和11世纪三司布帛尺呈加长的趋势。两项最近的考古发现支持这种观点：一为江苏无锡市郊北宋中期女性墓发现的漆木尺(长32厘米)，另一为河南巩县石家庄北宋晚期墓发现的铁尺(长32厘米)。⑥ 考虑到上述变化不定的情形，今暂以沈括考证的数值作为北宋中期(或中后期)三司布帛尺的各种"变种"的代表。由此推出的1宋大里[a1]＝1 800×31.61厘米＝568.98米。南渡以后，尺长一度收缩，可以说此时布帛尺的法定长度又趋向北宋前期的数值。上引《律吕新书》和《玉海》也反映了这种变化。

---

① 张春澍、Joan Smythe译：*South China in the Twelfth Century: A Translation of Lu Yu's Travel Diaries July 3-December 6, 1170*, Hong Kong: The Chinese University Press, 1981, p. 25.

② 张春澍、Joan Smythe译：*South China in the Twelfth Century: A Translation of Lu Yu's Travel Diaries July 3-December 6, 1170*, p. 26.

③ 沈括的生卒年存在争议，此据徐规、闻人军：《沈括前半生考略》，《中国科技史料》1989年第3期。

④ 胡道静编：《新校正梦溪笔谈》卷三，香港中华书局，1975年，第46页。

⑤ 国家计量总局编：《中国古代度量衡图集》，文物出版社，1981年，第7—8页。

⑥ 无锡市博物馆：《无锡市郊北宋墓》，《考古》1982年第4期，第389—391页。河南省文化局文物工作队：《河南巩县石家庄古墓葬发掘简报》，《考古》1963年第2期，第71—79、86页。

宋营造尺与三司布帛尺的长度相当接近，有例为证：1921年河北省巨鹿县北宋故城出土木矩尺一支，长30.91、宽1.91、厚1.35厘米，现藏于中国历史博物馆。同一遗址出土了1104年的木桌和椅子，以及庆历(1041—1049)和政和(1111—1118)年间的石碑。① 著名学者王国维(1877—1927)研究了这把矩尺，宣示“此乃宋尺也”，②他还把它看作宋代最常用之尺。③ 我们认为河北出土的矩尺是晚宋营造尺，此尺长度与三司尺(长31.12厘米)稍有差别。李诫(？—1108，一说1110)修订的《营造法式》于1103年刊行后，为官府负责的营造项目建立了标准，营造尺的地位得以提升，其影响也更为深远。如以营造尺计程，就得到营造里。1宋营造里＝1 800×30.91厘米＝556.38米，现记作宋里[b]。

现在让我们看一个历史上宋大里和营造里的具体例子。隋炀帝(605—618)时开通的沟通黄河和淮河的运河——汴河，在北宋的经济发展中，少说也是主角。沈括曾经测量过汴河的长度，《梦溪笔谈》卷二十五曰：

> 熙宁(1068—1077)中，议改疏洛水入汴。予尝因出使，按行汴渠。自京师上善门，量至泗州淮口，凡八百四十里一百三十步。④

如以宋里[a1]换算，从开封上善门到泗州淮岸汴渠总长840.43×568.98米＝478.20千米，以宋里[b]换算，汴渠长840.43× 556.38米＝467.598千米。现据谭其骧《中国历史地图集》(第六册)提供的北宋地图沿沈括的路线量算，由比例尺1∶2 800 000，从开封到泗州汴渠总长

① 《中国古代度量衡图集》，第7页。

② 王国维：《观堂集林》卷一九《记历代现存尺度》，中华书局，1959年，第942页。

③ 王国维《记历代现存尺度》由Arthur W. Humel译为英文*Chinese Foot-Measures of the Past Nineteen Centuries*，刊于*Journal of the North China Branch of the Royal Asiatic Society*, 59(1928), p. 122, note C.

④ 《新校正梦溪笔谈》卷二五，第250页。沈括没有提到如何获得这个精确数据。上善门是开封外城东侧通往汴河的水门。宋代泗州位于汴河和淮河的交汇处，正好在宋金边界城市盱眙的东北。自清初以降，这个地区被洪泽湖淹没。

约 460 千米，①尽管这个计算方法不够精确，它依然有力地表明沈括计算距离时使用了宋里[a1]或宋里[b]。

又据《宋史・地理志》载，开封“新城周回五十里百六十五步”，②按宋里[a]折算相当于 560.16×50.46 米=28.27 千米。按宋里[a1]折算相当于 568.98×50.46 米=28.71 千米。自 1981 年以来，开封宋城考古队经过钻探和试掘，陆续发现了宋东京外郭城的大致范围，其中西城墙长约 7 590米，东城墙长约 7 660 米，南城墙长约 6 990 米，北城墙长约 6 940 米，城垣周长约 29 120 米。③ 需注意者，上文根据《宋史》记载计算所得的两个数值(28.27 和 28.71 千米)与基于近年考古资料的数值(29.12 千米)基本上相符。

三、宋浙里和量天里

宋代有许多地方性用尺，最有名的是浙尺。南宋文人赵与时(1175—1231)的《宾退录》云：“周尺当布帛尺七寸五分弱，于今浙尺为八寸四分。”④宋代遵循《隋书》所建立的十五等尺，此所谓“周尺”，即晋前尺，长 23.05 厘米，11 世纪高若讷(997—1055)曾仿制过。⑤ 故 1 浙尺[a] = $\frac{100}{84}$×23.05 厘米=27.44 厘米。又据宋人所著的《家礼》记载：三司布帛尺当浙尺一尺一寸三分，⑥则 1 浙尺[b] = $\frac{100}{113}$×31.12 厘米=27.54 厘

---

① 谭其骧：《中国历史地图集》第六册，地图出版社，1982 年，第 22—23 页。也许值得指出，该地图汴河流程依据上海复旦大学著名历史地理学家邹逸麟的研究。详见邹逸麟早先发表的两篇文章：《隋唐汴河考》(《光明日报》1962 年 7 月 4 日)及《唐宋汴河淤塞的原因及其过程》(《复旦大学学报》1962 年第 1 期，第 51—64 页)。

② 《宋史》卷八五，第 2102 页。“新城”是开封外城的别称。

③ 丘刚：《北宋东京外城的城墙和城门》，《中原文物》1986 年第 4 期，第 33、44—47 页。

④ 赵与时：《宾退录》卷八，上海古籍出版社，1983 年，第 102 页。

⑤ 《宋史》卷七一，第 1610 页。

⑥ 转引自杨宽：《中国历代尺度考》，商务印书馆，1955 年，第 84 页。

米。由浙尺[a]和浙尺[b]平均得1浙尺＝27.49厘米。

虽然中国尚未发现古代的浙尺，福建已经发掘出当地使用的“小尺”，即1974年福建泉州湾发现的一艘南宋沉船中的竹尺，残存20.7厘米长、2.4厘米宽、0.4厘米厚。现藏泉州海外交通史博物馆。根据此尺刻度推算，一尺总长27厘米。① 1975年，福建福州市浮仓山南宋墓出土的一支黑漆木尺，长28.3厘米、宽2.6厘米、厚1.25厘米。②

上述两尺和稍前讨论的浙尺都属于宋小尺系统，虽然其起源和发展尚未被考古发现和研究所定义，浙尺之存在是毫无疑义的。如以浙尺平均值计算一里之长，称为宋里[c]，则1宋里[c]＝1 800×27.49厘米＝494.82米。

李吉甫(758—814)《元和郡县图志》卷二十五曰：杭州(今浙江杭州)州境“东西五百五十四里，南北八十九里”。③ 乐史(930—1007)《太平寰宇记》对同一区域所记数值有所不同，其卷九十三曰：“东西六百一十七里，南北九十九里。”④分析这两组数据，可得如下结果：

$$617/554=1.11=99/89 \qquad (式1)$$

从式1显而易见，由唐至宋东西和南北距离的变化率几乎完全相同，由此表明由唐至宋杭州里制经历了某种调整。具体地说，李吉甫在《元和郡县图志》中计算杭州大小用的是唐大里，而乐史《太平寰宇记》用的是宋浙里。

唐大尺实际上是隋开皇年间(581—601)使用的官尺。据《隋书》，开皇官尺即北周(557—581)市尺及北魏(386—534)后尺，“实比晋前尺一尺二寸八分一厘”。⑤ 因此，唐大尺＝1.281×23.05厘米＝29.527厘米。故1唐大里＝1 800 ×29.527厘米＝531.49米。唐大里与宋浙里之比为：

---

① 《中国古代度量衡图集》，第8页。
② 《福州市北郊南宋墓清理简报》，《文物》1977年第7期，第1—17页。
③ 李吉甫：《元和郡县图志》卷二五，中华书局，1983年，第602页。
④ 乐史：《太平寰宇记》卷九三，台北文海出版社，1963年，第700页。
⑤ 《隋书》卷一六，第405页。

$$531.49/494.82 = 1.074 \quad (式2)$$

式2与式1的数值应该相符，但有一点差别，解释如次：发掘或传世的唐尺之长在30至31厘米之间变动。如以北京故宫博物院展示的镶银铁尺作为代表性的例子，尺长以30.6厘米计，①则得

$$唐里/浙里 = (1\,800 \times 30.6)/(1\,800 \times 27.49) = 1.11 \quad (式3)$$

式3与式1完全相符。

宋人陈随应的《南渡行宫记》云：南宋临安"皇城九里"。② 若以宋里[a]或宋里[b]推算，皇城周长应超过5 000米；若以宋里[c]推算，周长九里约4 453米。根据浙江省文物考古所所长王士伦考证，南宋临安皇城东西长约1 400米，南北长约700余米，周长约4 200余米。③ 显然，陈随应的"皇城九里"是以浙里计量的。

程大昌(1123—1195)《演繁露》曰："官尺者与浙尺同，仅比淮尺十八，而京尺者又多淮尺十二。公私随事致用，元无定则。……官府通用省尺而缯帛特用淮尺也。"④

许多学者以为程大昌称"官尺者与浙尺同"是错误的。⑤ 我们认为与其说程大昌不能区别官尺与浙尺(他毕竟是一位12世纪的一流学者)，倒不如更精确地说，在宋室南渡之后，原来在杭州附近使用的浙尺上升到官尺的地位。

宋代以亩计赋，就同一块土地而言，算得的亩数越多，国家征收的赋税就越多。使用浙尺计亩比用三司尺明显有利于宋朝官府。而且，北宋末叶开始出售官田。⑥ 南宋初年，出售官田变得愈发盛行，在大肆出卖官

---

① 《中国古代度量衡图集》，第7页。

② 陶宗仪：《南村辍耕录》卷一八，中华书局，1958年，第223页。

③ 王士伦：《南宋故宫遗址考察》，载《南宋京城杭州》，政协杭州市委员会，1985年，第24页。

④ 程大昌：《演繁露》卷一六(学津讨原本)，第8b页。

⑤ 例如：王国维《观堂集林》卷十九第938页之评论；杨宽《中国历代尺度考》，第83页；吴泽《论王国维的唐尺研究》，载《王国维学术研究论集》(一)，华东师范大学出版社，1983年，第179页。

⑥ 官田泛指官府拥有的田地。

田的时候官府用浙尺计亩显然可增加收入。

根据上面勾勒的发展,很可能浙尺上升到了官尺的地位。此外须知,三司尺本用于征收以布帛计的赋税。然而,正如我们上面所见,南宋淮尺曾被特意用于度量丝织品。淮尺可能等于 10/8 ×27.49 厘米=34.36 厘米。① 它比三司尺长,有利于帝国的统治者。值得一提的是宋代造船业通常使用淮尺计算尺寸。② 至于淮尺曾否用于计量土地面积,待考。

宋代计算晷影之尺谅必沿袭唐代的圭表尺,其前身是北周铁尺,长 24.525 厘米。③ 如用于天文大地测量,所得之里是宋天文里,现记作宋里[d],它等于 1 800×24.525 厘米=441.45 米。唐开元年间(713—742)由著名天文学家僧一行(682—727)发起的大规模天文大地测量,是历史上有名的天文里用于计算大地距离的实例。④ 宋代虽然没有如此大规模的天文大地测量,仍大有机会使用天文里。

12 世纪杰出的文人楼钥(1137—1213)曾出使金国,就像宋代所有去北方的使节一样,他的行程沿汴河按规定的路线北上。按照他的旅行日记《北行日录》,从泗州到开封相距 1 045 里。⑤ 这个数据远远超过沈括所记的汴河之长(840 里 130 步),但若使用宋代的天文里折算楼钥的1 045 里,其结果为1 045×441.45 米=461.32 千米。这个数值与我们讨论过的沈括提供的汴河之长几乎完全吻合。

四、宋 代 亩 制

宋代五尺为步。《宋史·食货志》"方田"载:"神宗(赵顼,1067—1085

---

① 此据前述省尺和浙尺相当于 0.8 淮尺。

② 陈高华、吴泰:《关于泉州湾出土海船的几个问题》,《文物》1978 年第 4 期,第 81—85 页。

③ 伊世同:《量天尺考》。

④ 一行对中国天文学之贡献的梗概参见 Joseph Needham, *Science and Civilisation in China*, Vol. 3: *Mathematics and the Sciences of the Heavens and the Earth*, Cambridge: Cambridge University Press, 1959, p. 202.

⑤ 楼钥的《北行日录》收入知不足斋丛书。1 045 里之数引自邹逸麟《唐宋汴河淤塞的原因及其过程》,第 52 页。经我们用楼钥的《北行日录》复核,邹逸麟的计算无误。

在位)患田赋不均,熙宁五年(1072)重修定方田法,诏司农以《方田均税条约并式》颁之天下。以东西、南北各千步,当四十一顷六十六亩一百六十步,为一方。"①

以算式表示,$1\,000^2=240\times(41\times100+66)+160$。即宋代1亩等于240方步。秦九韶《数书九章》中有大量题目明确叙述"亩法二百四十步",②证实这个亩制。下面根据每亩240平方步,每步5尺之制计算宋代一亩的面积:

(1) 以三司布帛尺计,$宋亩^a=240\times(5\times0.311\,2)^2米^2=581.07米^2$;

$宋亩^{a1}=240\times(5\times0.316\,1)^2米^2=599.52米^2$;

(2) 以营造尺计,$宋亩^b=240\times(5\times0.309\,1)^2米^2=573.26米^2$;

(3) 以浙尺计,$宋亩^c=240\times(5\times0.274\,9)^2米^2=453.42米^2$。

$亩^a$、$亩^{a1}$、$亩^b$主要用于北宋。$亩^c$也曾用于北宋,特别是杭州及其邻近地区;在南宋,它的通行范围有所扩大。

五、辽国的里制

关于辽的度量衡制度资料仍然很少,所以本节的探索只能看作试验性的结果。尽管我们的"结论"基于考古材料和可靠的文字记载,但任何关于辽的里制的定论,仍有待呈现更多的证据。

辽上京遗址位于内蒙古巴林左旗林东镇,城墙由层次分明的夯土筑成,遗存高度6～10米。③ 经测量土墙遗存,揭示上京城墙周长约14 000米。④ 据《辽史》记载,辽上京筑于918年,"城高二丈,不设敌楼,幅员二十七里……其北谓之皇城,高三丈,有楼橹……中有大内……南城谓之汉城"。⑤ 因为城墙高度等于或大于10米,故1辽尺等于或大于1 000/30

① 《宋史》卷一七四,第4199页。
② 《数书九章》卷五,第128、129、130—131、132、134页。
③ 王晴:《辽上京遗址》,《文物》1979年第5期,第79—81页。
④ 《文物考古工作三十年》,文物出版社,1979年,第78页。
⑤ 《辽史》卷三七,第441页。

厘米＝33.33 厘米（式 4）。辽里之值也可估算，1 辽里[a]等于 14 000/27 米＝518.52 米。

大定府辽中京初筑于 1007 年，其遗址在内蒙古昭乌达盟宁城县大明城。1959—1960 年间辽中京发掘委员会测得东西长 4 200 米，南北长 3 500米。① 故周长大约 15 400 米。路振（957—1014）于 1008 年出使辽国，所作《乘轺录》云："契丹国外城高丈余……幅员三十里。"②按此约数计算，1 辽里[b]＝15 400/30 米＝513.33 米。辽里[a]和辽里[b]的平均值是 515.93 米，在此暂以"515.9 米"作为近似的辽里之长。

假定辽国采里法三百六十步，步法五尺之制，则 1 辽尺＝51 590/1 800厘米＝28.66 厘米（式 5）。由于式 4 和式 5 之数差别甚大，难以决定何者（如果有的话）表示辽尺之值。今疑辽的里制受到初唐里制的影响（当然，这意味着由唐至辽渤海地区③可能使用同样的制度）。初唐里制每里 300 步，每步 5 尺。如我们以此试验性的数据计算，则 1 辽尺＝51 590/1 500 厘米＝34.39 厘米（四舍五入等于 34.4 厘米）。虽然我们算得的辽里和辽尺不能算是精确的数值，它们仍可供辽史学者和学生一般参考之用。

曾武秀在其《中国历代尺度概述》一文中指出："辽行小里，一里 1 500 尺。"④虽然文中没有提供论据，他这个观点是正确的。顺便提及，曾武秀计算辽尺是根据考古测量金中京城墙遗存的周长，金中京是在原本辽南京析津府的城址上扩建的都市，依我们之见，此非解决这个问题的最佳途径（详见下文）。

由于辽刚从游牧生活方式转入以农耕为基础的生活方式，故而没有在此讨论其亩制的必要。

---

① 李逸友：《辽中京城址发掘的重要收获》，《文物》1961 年第 9 期，第 34—40 页。

② 路振的描述被江少虞（12 世纪）《宋朝事实类苑》卷七七引用，上海古籍出版社，1981 年，第 1012 页。

③ 在唐代，渤海地区的中心位于今黑龙江省东部和黑龙江下游地区，这是叫作靺鞨的通古斯族人的家园，后来这一地区由契丹人控制，契丹人建立了辽国。

④ 曾武秀：《中国历代尺度概述》，《历史研究》1964 年第 3 期，第 165—184 页。

六、金国的里制和亩制

相当多的资料证实，金国一控制中原，就对被取代的辽国所用的里亩制度作了修订。尽管金制深受辽制的影响，并不能排除接受唐宋里亩制度影响的可能性。《金史》描述田制曰："田制：量田以营造尺，五尺为步，阔一步，长二百四十步为亩，百亩为顷。"①

《续通典》中也有同样的内容。② 不过，《金史》和《续通典》没有涉及金的里制。换句话说，这两部著作都没有讲1里多少步。此外，金国尺长尚有待确定。

至于金尺，许多学者认为它沿袭唐、宋的尺。陈梦家甚至于说金营造尺可能等于宋三司布帛尺。③ 但是这种看法已被证明是不对的（详见下文）。

近来高青山、王晓斌通过调研金代官印确定了金尺的近似值。据《金史·百官志》记载，金代官印是根据品位之大小规定印面尺寸的。通用的规则是品位越高，印面尺寸就越大。1156年，金国颁布了下述官印制度：

> 三师、三公、亲王、尚书令并金印，方二寸；…… 一品印，方一寸六分半；……五品印，方一寸四分；……九品印，一寸一分。④

高青山、王晓斌检验了89颗刻有确切年号的金代官印，总结为：

> 可推证金代一尺之长在今40～45厘米之间的有七十八方，高于或低于40～45厘米之间的有十方。说明金代一尺的长度，应在40～45厘米之间。在这七十八方官印中，可推证金尺等于或近于今43厘米的有四十三方。据此，我们认为，金代的一尺长约合现在的43厘米。⑤

---

① 《金史》卷四七，第1043页。

② 《续通典》卷二，浙江书局，1886年，第16a页。

③ 陈梦家：《亩制与里制》。

④ 《金史》卷五八，第1337页。

⑤ 高青山、王晓斌：《从金代的官印考察金代的尺度》，《辽宁大学学报》1986年第4期，第74—76页。Hok-Lam Chan教授惠告此文，作者谨致谢意。

二十多年前，金代来宾县里堠碑在辽宁省绥中县沙河西村出土，此碑可能立于1143—1195年间。金代来宾县属瑞州管辖。据碑文"西至州西单堠三十五里"，①里堠碑出土地点西向15 000米处为今之前卫村，实际上，此即金代瑞州故址。

堠是以里标示距离的标记，单堠以五里为间隔，双堠以十里为间隔。"西至州西单堠三十五里"即瑞州在堠西约三十里，由此可得金代1里约500米。

顾祖禹(1631—1692)《读史方舆纪要》曰："旧志：辽太宗耶律德光升幽州为南京，亦曰燕京，改筑都城，其地在今城西南。内为皇城，周七里一百三步。有门五……外为都城，周三十六里。有门八……金废主完颜亮改燕京为中都，命增广都城(其内城周九里三步……)。有门十三。"②这段话有三点值得讨论。第一，《大金国志》卷四十所辑许亢宗1124年(《金史》作1115年左右)出使金国的行程，燕京城"周围二十七里，楼壁高四十尺。楼计九百一十座，地堑三重，城门八开"。③ 在此所描述的金燕京，实际上是原辽南京析津府，周长只有二十七里，而非三十六里。"三十六里"一定是指1151年完颜亮命张浩等增广都城后的外城周长。《金史·地理志》没有提及中都外城周长，《大金国志》卷三十三称燕京"都城四围凡七十五里"，④显然是错的。此外，《辽史》编者误取南京析津府的周长为三十六里，⑤顾祖禹因之。

第二，据《大金国志》，金中都内城"九里三十步"，⑥《读史方舆纪要》误引为"九里三步"。⑦

---

① 冯永谦：《辽宁绥中县金代"来宾县里堠"碑考》，《考古》1983年第3期，第268—270页。

② 顾祖禹：《读史方舆纪要》卷一一(《国学基本丛书》本)，第473—474页。括号内为顾祖禹注文。

③ 《大金国志》卷四〇(《国学基本丛书》本)，第302页。文中"九百一十"可能有误。

④ 《大金国志》卷三三，第244页。

⑤ 《辽史》卷四〇，第494页。

⑥ 《大金国志》卷三三，第244页。

⑦ 顾祖禹：《读史方舆纪要》卷一一《国学基本丛书》本，第474页。顾祖禹未提出处。

第三，《大金国志》曰：中都有“城门十二，每一面分三门”。① 不同于《读史方舆纪要》提供的“有门十三”。② 可能有的城门有不止一个名称，被后世记述者误算为两个不同的门，遂有“十三”之数。

辽南京析津府外城周长史无记载。1958 年调查金中都遗址，发现中都外城西墙长约 4 530 米，南墙长约 4 750 米，东墙长约 4 510 米，北墙长约 4 900 米，③大致呈方形。于是，由外城周长约为 18 690 米，可得金里[a]＝18 690/36 米＝519.17 米。

另据《明实录》记载，洪武元年(1368)八月“戊子(10 月 2 日)，大将军徐达(1332—1385)遣右丞薛显、参政傅友德、陆聚等将兵略大同，令指挥叶国珍计度北平南城：周围凡五千三百二十八丈。南城，故金时旧基也”。④ 当时度量距离用宝钞尺，长 34.02 厘米。⑤ 用明宝钞尺算金中都周长＝53 280×34.02 厘米＝18 125.86 米。1 金里[b]＝18 125.86/36＝503.50 米。金里[a]和金里[b]的平均值是 511.3 米。今暂以 511.3 米作为金里的近似值，与“来宾县里堠”碑所载毫无矛盾。

正如前述金代里制不甚明确。假定它沿袭辽制，那么 1 金尺＝511.3/1 500 米＝34.1 厘米。很明显，这个数值与高青山、王晓斌计算的金尺(约 43 厘米)大为不同。陶宗仪《南村辍耕录》卷二十一曰：元大都(今北京)“城方六十里，里二百四十步”。⑥ 假使元代里制沿袭金制，金代每里二百四十步，那么 1 金里＝240×5 尺＝1 200 尺。由此可得 1 金尺＝511.3/1 200 米＝42.6 厘米，约等于 43 厘米，此数与高、王调查八十多颗金印尺寸所得的结果相符。由此可见金代一里等于 240 步，一步等于 5 尺，每尺约 43 厘米长。因此，1 金里＝0.43×1 200 米＝516 米，1 金亩＝240×(5×0.43)^2 米^2＝1 109 米^2。

---

① 《大金国志》卷三三，第 244 页。左右两门较小，供交通出入；中央正门供皇帝出巡专用。

② 顾祖禹：《读史方舆纪要》卷一一，第 474 页。

③ 闫文儒：《金中都》，《文物》1959 年第 9 期，第 8—12 页。

④ 《明实录》卷三四，中研院历史语言研究所 1968 年影印清初钞本，第 11b—12a 页。

⑤ 宝钞尺长据《中国古代度量衡图集》，第 9 页。

⑥ 陶宗仪：《南村辍耕录》卷二一，第 250 页。

上述金代里、尺、亩之数，虽然不能视为精确之值，可供参考之用。

七、宋、辽、金代里亩制度一览表

为便于查阅计，兹将本文讨论结果列于下表，该表亦可视为本研究的小结。

时代	量地尺	尺长（厘米）	一里步数	一步尺数	一里尺数	里长（米）	一亩方步数	亩积（$米^2$）	备　注
宋	三司布帛尺	31.12	360	5	1 800	560.16	240	581.07	
宋	三司布帛尺(北宋)	31.61	360	5	1 800	568.98	240	599.52	
宋	营造尺	30.91	360	5	1 800	556.38	240	573.26	
宋	浙尺	27.49	360	5	1 800	494.82	240	453.42	
宋	影表尺	24.525	360	5	1 800	441.45	—	—	
辽	辽尺	约 34.4	300	5	1 500	约 515.9	—	—	仅供参考
金	金尺	约 43	240	5	1 200	约 516	240	约 1 109	仅供参考

原文为英文，刊于［美］*Bulletin of Sung-Yuan Studies*，No. 21 (1989)，作者：Jun Wenren、James M. Hargett

中国古代里亩制度概述

本文梳理我国古代里亩制度的主流，以一组比较可靠的量地尺长度数据，①推出中国古代里亩制度简表。

一、先 秦 时 期

“里”是由尺度、每步尺数、每里步数构成的计里程长短的单位。“亩”是以尺度、每步尺数、每亩方步数构成的计土地面积大小的单位。里亩制度由来已久，《诗经》中已将里、亩用作长度和面积单位。② 迄今所谓秦汉以前的里制，大多出于后世的回忆，杂有推测的成分。而有关亩制的记载，已有零星发现。

《穀梁传·宣公十五年》曰：“古者三百步为里。”《周髀算经》卷下之二曰：“以三百乘里，为步。”也就是说，周制 1 里等于 300 步。1 步尺数至少有两种主要的说法。如《论语·学而》马融注引《司马法》云：“六尺为步。”《礼记·王制》则曰：“古者以周尺八尺为步。”《司马法》又云：“步百为亩。”《孟子》第三章谓：“方里而井，井九百亩。”也是 1 里等于 300 步，1 亩等于 100 方步之制。

周制百步为亩，春秋后期亩制扩大。据 1972 年山东临沂银雀山汉墓

① 历代尺长，或采成说，或据文献记载，辅之以考古实物资料，无历史文献可据者，求之于考古实物资料。

② 汪宁生：《从原始计量到度量衡制度的形成》，《考古学报》1987 年第 3 期。

出土的《孙子兵法·吴问》，晋国六卿制田法是："范、中行是(氏)制田，以八十步为婉(畹)，以百六十步为昒(亩)，……(智氏制田，以九十步为畹，以百八十步为亩)……韩、巍(魏)制田，以百步为婉(畹)，以二百步为昒(亩)，……赵是(氏)制田，以百廿步为婉(畹)，以二百卌(四十)步为昒(亩)，……晋国归焉。"①后来秦用赵制，以 240 步为 1 亩，为后世长期沿用。

东周时存在着大尺和小尺两个系统。大尺系统以 1931 年河南洛阳金村古墓出土的战国铜尺为代表，每尺长 23.1 厘米，故 1 周里 $=300\times6\times0.231=415.80$ 米，1 周亩 $=100\times(6\times0.231)^2=192.10$ 米^2。小尺系统以《考工记》中的齐尺为代表，据笔者考证，1 齐尺＝19.7 厘米。②《考工记》"车人为耒"条中也采六尺为步之说。齐里与齐亩之值或许可仿周制推得。

二、秦汉时期

关于秦国里亩制度的直接记载尚感缺乏。《史记·商君传》曰：商鞅"治秦，步过六尺者罚"。显然当时秦行 1 步为 6 尺之制。商鞅之制是秦始皇得天下后统一度量衡的基础，汉承秦制(汉制 1 里等于 300 步，1 步等于 6 尺，详下)，由此上溯秦朝用的是 1 里等于 300 步，1 步等于 6 尺之制。

《通典·州郡四》曰："按周制，百步为亩，亩百给一夫。商鞅佐秦，以一夫力余，地利不尽，于是改制，二百四十步为亩，百亩给一夫矣。"按前述，商鞅改制时借鉴了行之有效的赵制。至此，1 亩等于 240 方步的规定立为秦制。

大约成书于东汉初的《九章算术》"方田"设题曰："今有田广一里，从一里。问为田几何?"答曰："三顷七十五亩。"又曰："广从步数相乘得积步。以亩法二百四十步除之，即亩数。百亩为一顷。"题中明言 1 亩等于

① 田昌五：《中国古代奴隶制向封建制过渡的问题》，《社会科学战线》1979 年第 2 期。

② 闻人军：《〈考工记〉齐尺考辨》，《考古》1983 年第 1 期。

240 方步，并可直接推得 1 里等于 300 步。

《九章算术》中缺乏 1 步尺数的明文记载，幸其“商功章”第 21、22 题暗含步尺换算关系。经白尚恕先生考证，“按照 1 步＝6 尺，对于商功章第 21 问及负土术核算不误”，第 22 问及载土术也是如此，“据此可证《九章算术》及刘徽都是使用秦制 1 步＝6 尺”。①

又北魏《齐民要求》卷一引西汉《氾胜之书》“区种法”曰：“以亩为率，令一亩之地长十八丈，广四丈八尺，当横分十八丈，作十五町。”因为 1 亩＝180×48＝8 640 方尺，故 1 方步＝8 640÷240＝36 方尺，1 步＝6 尺，此亦为汉代步法之一证。

秦尺缺乏文献记载，只能据量器间接推得。据唐兰考证，1 秦尺（商鞅量尺）＝23.1 厘米，②由此得 1 秦里＝415.80 米，1 秦亩＝461.04 米^2。

西汉尺长亦乏文献记载。天石曾据西汉铜锭、曲阜铜尺头、西安铜方炉等测算西汉尺长，以为西汉前期一尺合今 22.5－23－23.5 厘米，西汉后期一尺合今 23.5－23.75 厘米。③《中国古代度量衡图集》著录了 1968 年以来出土的五把西汉尺实物，每尺之长分别相当于 23、23.2、23.5、23.6、23.2 厘米，④其平均值为 23.3 厘米。现取 1 西汉尺＝23.3 厘米，则 1 西汉里＝419.40 米，1 西汉亩＝469.06 米^2。

自 1956 年以来，西汉长安城经过多次勘查发掘，目前已知全城平面略呈方形（除东墙平直外，其他三墙均有曲折），四面城墙总长为 25 700 米，⑤城南部经距为 6 250 米。⑥ 据《续汉书·郡国志》京兆尹补注引《汉旧仪》载：“长安城方六十三里，经纬各长十五里，十三城门，九百七十三顷。”⑦今由城墙总长推得 1 里＝25 700÷63＝407.94 米，由城南部经距

---

① 吴文俊主编：《〈九章算术〉与刘徽》，北京师范大学出版社，1982 年，第 309 页。

② 唐兰：《“商鞅量”与“商鞅量尺”》，北京大学《国学季刊》第五卷第四号，1936 年。

③ 天石：《西汉度量衡略说》，《文物》1975 年第 12 期。

④ 国家计量总局主编：《中国古代度量衡图集》，文物出版社，1981 年，第 1—2 页。

⑤ 中国社会科学院考古研究所编：《新中国的考古发现和研究》，文物出版社，1984 年，第 393 页。

⑥ 王仲殊：《汉长安城考古工作的初步收获》，《考古通讯》1957 年第 5 期。

⑦ 《史记·吕后本纪》“三年方筑长安城”索隐引《汉旧仪》“城方六十三里，经纬各十二里”，孙星衍所辑《汉旧仪》作“长安城方六十里，经纬各十五里”。诸本不同，今择善而从。

推得1里=6 250÷15=416.67米。这两个结果与1西汉里的理论推算值基本相符。

《礼记·王制》曰:“古者以周尺八尺为步,今以周尺六尺四寸为步。古者百亩,当今东田百四十六亩三十步。古者百里,当今百二十一里六十步四尺二寸二分。”郑玄(127—200)注:“古者百亩,当今百五十六亩二十五步。古者百里,当今百二十五里。”一般认为《礼记·王制》为汉文帝时博士所作,是项记载说明汉时山东一带犹存百步为亩的遗制。

解放前,刘复曾以故宫博物院所藏新莽嘉量为依据,测算得1新莽尺=23.088 64厘米。① 1978年伊世同从现存明量天尺的刻度出发,更精确地推算出1新莽尺=23.050厘米。② 今取1新莽尺=23.05厘米,则1新莽里=414.90米,1新莽亩=459.05米^2。

传世或出土的东汉尺实物不下三十余件。《中国古代度量衡图集》著录32件,尺长(或折合尺长)分布于22.5~24.08厘米之间,其中大多密集在23厘米及23.7厘米左右。③ 应该说,这两个数值比较接近东汉的法定尺长。

1958年河南洛阳西工段肖街东汉墓出土的一支骨尺,每尺合23厘米。④ 1965年江苏仪征石碑村东汉墓出土的东汉铜圭表尺,15寸长34.5厘米,1尺合23厘米。⑤ 大概东汉初期常用尺、量地尺与天文测量用尺的量值是一致的,均为23厘米,其后民间实用尺不断伸长。如1970年河南洛阳唐寺门东汉墓(公元167年入葬)出土骨尺二把,皆长23.7厘米,⑥ 现藏于洛阳博物馆。

今取东汉前期1尺=23厘米,得1里=414.0米,1亩=457.06米^2。东汉后期1尺=23.7厘米,则1里=426.6米,1亩=485.30米^2。

---

① 吴承洛:《中国度量衡史》,商务印书馆,1937年,第164页。
② 伊世同:《量天尺考》,《文物》1978年第2期。
③ 《中国古代度最衡图集》,第2—4页。
④ 米士诚:《洛阳一座东汉墓》,《考古》1959年第6期。
⑤ 南京博物院:《东汉铜圭表》,《考古》1977年第6期。
⑥ 《中国古代度量衡图集》,第3—4页。

三、三国两晋南北朝时期

晋时所作的《孙子算经》卷上曰:“六尺为步,二百四十步为一亩,三百步为一里。”中唐时所编之《夏侯阳算经》卷上“辨度量衡”引《田曹》云:“六尺为一步,二百四十步为亩,三百步为一里。”又“论步数不等”引《田曹》:“以六尺为步,三百步为一里。”原注:“此古法。”《田曹》引自《北齐令》。①总之,自汉至隋以前官方的里亩制度都是如此。

魏、蜀、吴三国尺度是东汉尺自然演变的产物,相互间略有不同。其中魏尺为西晋所袭。《隋书·律历志》曰:“魏尺,……比晋前尺(即荀勖律尺,与王莽铜斛尺等长②)一尺四分七厘。”魏景元四年(263)刘徽注《九章算术·商功》云:“王莽铜斛,于今尺,为深九寸五分五厘。”从两者求得的魏尺微有差异,今从刘徽注得 24.14 厘米。1972 年甘肃嘉峪关新城 2 号墓出土魏骨尺二支,均长 23.8 厘米,③与之相近。

据《晋书·律历志》记载,泰始九年(273)中书监荀勖命著作郎刘恭依《周礼》作“古尺”(即晋前尺)。次年,荀勖以晋前尺校“今尺”(即西晋尺),知西晋尺比晋前尺“长四分半”,实即沿用魏尺。故 1 西晋尺$=23.06\times\frac{1\,000}{955}=24.14$厘米。1965 年北京八宝山西晋墓出土一把西晋牙尺,长 24.15 厘米,④正与计算值相符。

《隋书·律历志》曰:“晋后尺实比晋前尺一尺六分二厘。萧吉云:晋氏江东所用。”故 1 晋后尺$=23.05\times1.062=24.479$厘米。实例有 1974 年江西南昌东湖区西晋墓出土的木尺一把,长 24.5 厘米。⑤ 晋后尺为东晋所沿用。

---

① 陈梦家:《亩制与里制》,《考古》1966 年第 1 期。

② 见《隋书·律历志》十五等尺之一。

③ 嘉峪关市文物清理小组:《嘉峪关汉画像砖墓》,《文物》1972 年第 12 期。

④ 北京市文物工作队:《北京西郊西晋王浚妻华芳墓清理简报》,《文物》1965 年第 12 期。

⑤ 江西省博物馆:《江西南昌晋墓》,《考古》1974 年第 6 期。

又据《隋书·律历志》,南朝宋民间尺度“宋氏尺实比晋前尺一尺六分四厘”,则1宋氏尺=23.05×1.064=24.525厘米,此尺在齐、梁、陈朝曾用作调俗乐的律尺。中国历史博物馆藏传世南朝铜尺一支,长25厘米,即其实例。至北周武帝建德六年(577),“即以调钟律,并用均田度地”,①也就是用作法定的律尺,兼作量地尺,旧称北周铁尺。

由上述尺度可推得:1魏里=1西晋里=434.52米,1魏亩=1西晋亩=503.49米^2;1东晋里=440.62米,1东晋亩=517.73米^2;刘宋和北周1里=441.45米,1亩=519.67米^2。

东魏、北齐以降,太行山以东的华北平原地区行用大尺,俗称“山东”大尺。《隋书·律历志》曰:“东魏后尺实比晋前尺一尺五寸八毫。……齐朝因而用之。”《宋史·律历志》谓:“东魏后尺,比晋前尺为一尺三寸八毫。”两说不同,似以前者为是,②与之相应的则是东魏、北齐大亩。南北朝后期至唐宋间增入《齐民要求》的《杂说》曰:“假如一犋牛,总营得小亩三顷,据齐地大亩一顷三十五亩也。”即1齐大亩$=\frac{300}{135}$小亩,行用时间尚不能确指。鉴于东魏后尺相当长(23.05厘米×1.500 8=34.59厘米),若以6尺为步,与实际步长相去甚远,可能当时开始出现5尺为步的萌芽。

四、隋唐时期

汉以来的度量衡制自隋文帝为之一变。《旧唐书·食货志》曰:“武德七年(624)始定律令,以度田之制,五尺为步,步二百四十为亩,亩百为顷。”这是以隋唐的5大尺代替以前的6小尺,步长几乎不变。宋初钱易《南部新书》卷壬引唐《令》:“诸度地五尺为步,三百步为一里。”此令当是唐初之《杂令》。唐武后长安元年至三年(701—703)日本所颁布的《大宝杂令》曰:“凡度地五尺为步,三百步为里。”陈梦家先生指出“今所传唐初

---

① 《隋书·律历志上》。

② 陈梦家:《亩制与里制》。

武德七年令只有亩制，无里制，疑《大宝杂令》之文仿之武德令”，[①]信然。

5尺为步，300步为1里，系唐代的小里。贞观、永徽年间（627—655），唐朝廷颁布新《杂令》，规定“诸度地以五尺为步，三百六十步为一里”，[②]这是唐代的大里。641—656年间所编的《隋书·地理志》记长安（大兴）城里步，已用1里为360步之制。李翱（772—841）《平赋书》也曰：“五尺谓之步，……三百有六十步谓之里。”[③]

唐尺沿用隋制，也有大、小尺之分。据《隋书·律历志》记载，隋开皇初著令以北周市尺为官尺，北周市尺沿自北魏后尺，北魏后尺“实比晋前尺一尺二寸八分一厘”。故1唐大尺＝1开皇官尺＝23.05× 1.281＝29.527厘米。传世和出土的唐（大）尺实物甚多，由于种种缘故，略有参差，但大多比较接近。今取1唐尺＝29.527厘米，则1唐大里＝5×360×0.295 27＝531.486米。1唐小里＝5×300 × 0.295 27＝442.905米，1隋里同。

唐小尺用于调乐律、测日影、医药及某些礼仪。隋唐小尺的前身是北周铁尺，据伊世同先生考证，每尺之长为24.525厘米。[④] 如果以隋唐小尺度地，则1隋（小）里＝6×300×0.245 25＝441.45米，唐小里因之。由于29.527∶24.525＝1.204，略大于1.2（6∶5），所以前后两种方法分别推得的唐小里数值未能密合，但在本质上是一致的。

唐代城市建筑等用唐大里，天文大地测量（如一行、南宫说天文大地测量）及一些道里记载用唐小里。至于某些著作所谓1 500唐小尺的唐小里，其实并不存在。

《隋书·地理志》与《唐六典》卷七记载长安城东西广18里115步，《唐六典》又说皇城东西广5里115步。就长安地势而言，这两项数据较易测准。1961—1962年考古研究所的实测数据分别为9 721米和2 820.3米，[⑤]由此推得1唐里＝9 721÷18 $\frac{115}{360}$＝530.65米，或1唐里＝

① 陈梦家：《亩制与里制》。
② 《夏侯阳算经》卷上“论步数不等”引唐《杂令》。
③ 李翱：《李文公集》卷三（《四部丛刊》本）。
④ 伊世同：《量天尺考》。
⑤ 《新中国的考古发现和研究》，第574—575页。

$2\,820.3 \div 5\frac{115}{360} = 530.23$ 米。此两例与唐大里的理论计算值相当符合。又《元和郡县图志》卷一“关内道京兆府”条：“东至东都八百三十五里。”民国时实测西安至洛阳路程约 736 市里，[①]由此推算 1 唐里等于 440.7 米，与唐小里颇为接近。

《通典·田制下》曰：“大唐开元二十五年(737)令，田广一步，长二百四十步为亩，百亩为顷。”原注：“自秦汉以降，即二百四十步为亩，非独始于国家，盖具令文耳。”《新唐书·食货志》也云：“度田以步。其阔一步，其长二百四十步为亩，百亩为顷。”据此推算，1 唐亩 $= 240 \times (5 \times 0.295\,27)^2 = 523.11$ 米^2，1 隋亩同。

五、宋　代

《宋史·舆服志》曰：“仁宗天圣五年(1027)内侍卢道隆上记里鼓车之制。……以古法六尺为步，三百步为里，用较今法五尺为步，三百六十步为里。”《宋史·食货志》“方田”载：“神宗患田赋不均，熙宁五年(1072)重修定方田法，诏司农以《方田均税条约并式》颁之天下。以东西、南北各千步，当四十一顷六十六亩一百六十步，为一方。”从中可以推得 1 亩等于 240 方步，这是北宋的里亩制度。

因袭北宋的南宋里亩制度，在秦九韶的《数书九章》(1247 年成书)中有集中的反映。该书中提到“里法三百六十步”的不下十题，“步法五尺”和“亩法二百四十步”也屡见不鲜。[②] 秦氏所设之题，大多采自南宋的社会经济活动，上述一再出现的规定当是南宋官方的里亩制度。

宋蔡元定(1135—1198)《律吕新书》云：“太府布帛尺比晋前尺一尺三

---

① 足立喜六著，吴晗译：《汉唐之尺度里程考》下，《人文》第五卷第七期，1934 年。

② 提到“里法三百六十步”的有：卷一“推计土功”，卷五“斜荡求积”，卷六“圈田先计”，卷七“望山高远”，卷八“表望方城”、“望敌圆营”、“望敌远近”，卷十“筑埂均功”，卷十四“计作清台”，卷十六“先计军程”等题。“圈田先计”、“望山高远”、“望敌远近”、“筑埂均功”等题同时指出“步法五尺”。指出“亩法二百四十步”的有：卷五“三斜求积”、“斜荡求积”、“计地容民”、“蕉田求积”、“均分梯田”，卷十“围田租亩”等题。

寸五分。"太府布帛尺即宋三司布帛尺，其1尺之长等于23.05×1.35＝31.12厘米。1965年湖北省武汉市十里铺北宋早期墓出土木尺一支，长31.2厘米，[①]这是宋三司布帛尺的实物。若以三司布帛尺为量地尺，则1宋大里＝1 800 × 0.311 2＝560.16米。

由于时期和地区的差异，考古中发现的北宋三司布帛尺实际尺长小有异同，一般呈加长的趋势。沈括（1032—1096）的《梦溪笔谈》卷三曰："予考乐律，及受诏改铸浑仪，求秦汉以前度量斗升：……古尺二寸五分十分分之三，今尺一寸八分百分分之四十五强。"按沈括的考证，当时三司布帛尺约等于2.53÷1.845×23.05厘米＝31.61厘米。《中国古代度量衡图集》著录的第五六号木尺（长31.4厘米）、第六〇号浮雕木尺（长31.7厘米）、第六二号鎏金铜尺（长31.74厘米），[②]江苏无锡市郊北宋中期女性墓发现的漆木尺（长32厘米），[③]河南巩县石家庄北宋晚期墓发现的铁尺（长32厘米）[④]等，均可能是北宋三司布帛尺的实物遗存。考虑到上述变化不定的情形，今暂以沈括考证的数值作为北宋中后期三司布帛尺的各种"变种"的代表。由此推出的1宋大里＝1 800×31.61＝568.98米。南渡以后，尺长一度收缩，布帛尺的法定长度又趋向北宋前期的数值。

宋营造尺与三司布帛尺的长度相当接近。1921年河北省巨鹿县北宋故城出土木矩尺一支，长30.91厘米，[⑤]现藏于中国历史博物馆，这是北宋末年的实用营造尺。由此推得1宋营造里＝1 800×0.309 1＝556.38米。

《梦溪笔谈》卷二十五曰："熙宁（1068—1077）中，议改疏洛水入汴。予尝因出使，按行汴渠。自京师上善门，量至泗州淮口，凡八百四十里一

① 湖北省文化局文物工作队：《武汉市十里铺北宋墓出土漆器等文物》，《文物》1966年第5期。

② 《中国古代度量衡图集》，第7—9页。

③ 无锡市博物馆：《无锡市郊北宋墓》，《考古》1982年第4期。

④ 河南省文化局文物工作队：《河南巩县石家庄古墓葬发掘简报》，《考古》1963年第2期。

⑤ 《中国古代度量衡图集》，第7页。

百三十步。”①这项实测数据可供验证北宋量地尺之用。以宋大里换算，汴渠长 840.43×568.98 米＝478.20 千米，以宋营造里换算，汴渠长 840.43×556.38 米＝467.80 千米。现据谭其骧先生主编的《中国历史地图集》（第六册）量算，汴渠总长约 460 千米，相互间比较接近。

又据《宋史·地理志》载，开封“新城周回五十里百六十五步”，按营造里折算相当于 28 075 米，按宋大里折算相当于 28 266 米。自 1981 年以来，开封宋城考古队经过钻探和试掘，陆续发现了宋东京外郭城的大致范围，其中西城墙长约 7 590 米，东城墙长约 7 660 米，南城墙长约 6 990 米，北城墙长约 6 940 米，城垣周长约 29 120 米。② 文献记载与考古资料基本上相符。

宋代地方性用尺中，最重要的要数浙尺。赵与时（1175—1231）《宾退录》卷八云：“周尺当布帛尺七寸五分弱，于今浙尺为八寸四分。”此所谓“周尺”，即宋高若讷所仿制的晋前尺，长 23.05 厘米。故 1 浙尺 a＝$23.05\times\frac{100}{84}$＝27.44 厘米。又据宋人所著的《家礼》记载：三司布帛尺当浙尺一尺一寸三分，③则 1 浙尺 b＝$31.12\times\frac{100}{113}$＝27.54 厘米。由浙尺 a 和浙尺 b 平均得 1 浙尺＝27.49 厘米，故 1 浙里＝1 800×0.274 9＝494.82 米。

宋人陈随应的《南渡行宫记》云：南宋临安“皇城九里”。若以宋营造里或宋大里推算，皇城周长应超过 5 000 米；若以浙里推算，周长九里约 4 453米。根据浙江省文物考古所所长王士伦先生考证，南宋临安皇城东西长约 1 400 米，南北长约 700 余米，周长约 4 200 余米。显然，“皇城九里”是以浙里计量的约数。笔者以为杭州附近使用的浙尺，在宋室南渡之后逐渐上升到官尺的地位，不仅用于里制，而且用于亩制。

以三司布帛尺计，宋大亩为 581.07 米^2，主要行于北宋。以浙尺计，

---

① 此引文据《续资治通鉴长编》卷二四八“熙宁六年十一月壬寅”条附注引文补正。
② 丘刚：《北宋东京外城的城墙和城门》，《中原文物》1986 年第 4 期。
③ 转引自杨宽：《中国历代尺度考》，商务印书馆，1955 年，第 84 页。

宋浙亩为 $240\times(5\times0.2749)^2=453.42$ 米^2，在北宋时主要行于杭州及其邻近地区，至南宋通行范围有所扩大。

值得注意的是，当时各地的里亩制度很不统一。比如《数书九章》卷五“三斜求积”题曰“里法三百步”，此乃古法，说不定当时某些地区还在沿用。又如同书卷十三“计浚河渠”题用里法三百六十步、步法六尺之制，卷一“推计土功”题用“里法三百六十步、步法五尺八寸”之制，每步缩短二寸。这些特例的资料来源，或许就在浙西。宋代按亩计赋，由于步尺参差不一，地遂有大小亩之分，于是豪猾享大亩之利，贫民受小亩之累。两宋之交及南宋初年大肆出卖官田的活动，更促使了小亩的盛行。

辽的里制，很可能是里法 300 步，步法 5 尺；金的里制大概也如此。辽的亩制无考，金的亩制则有明确记载，《金史·食货志》曰：“田制：量田以营造尺，五尺为步，阔一步，长二百四十步为亩，百亩为顷。”关于辽尺和金营造尺之长，目前尚未发现明文记载，仅能从有关史料和考古资料间接推得。两者均为 34 厘米强，其中辽尺略大于金营造尺。详情另考。①

六、元　　代

元代里制比较特殊，每里 240 步，盖仿每亩 240 方步之制，每步仍为 5 尺。如陶宗仪《南村辍耕录》卷二十一“宫阙制度”曰：“至元四年(1267)正月城京师，……城方六十里，里二百四十步。”王祯《农书·农器图谱一·田制门》曰：“每步五尺。”故 1 元里 $=240\times5=1\,200$ 元尺。但各地沿用里法 360 步者仍不乏其例。②

明郎瑛《七修类稿》卷二十七“历代尺数”条云：“元尺传闻至大，志无考焉。”人多信之，以为籍无记载。然元代王与法医学著作《无冤录》(1308 年成书)卷上曰：“国朝权衡度尺，已有定制。至若检验尸伤，度然后知长短。夫何州县间舍官尺而用营造尺乎？考之古制度者，分、寸、尺、丈、引

① 参见 Jun Wenren and James M. Hargett, *The Measures Li and Mou during the Song, Liao, and Jin Dynasties*, *Bulletin of Sung-Yuan Studies*, No. 21, 1989, pp. 8-30.

② 如(明)《元史纪事本末》卷十三“治河”，即“用古算法”，采每里 360 步之制。

也。以北方秬黍中者一黍之广为分，十分为寸，十寸为尺，一尺二寸为大尺，往往即营造尺耳。省部所降官尺，比古尺计一尺六寸六分有畸，天下通行，公私一体。曩见丽水、开化仵作检尸并用营造尺，思之既非法物，校勘毫厘有差，短长无准，况明有禁例，……遂毁而弃之，即取官尺打量。"①此所谓"古尺"，当是《宾退录》之"周尺"，即晋前尺。1元尺约当1.66×23.05＝38.26≈38.3厘米，故1元里＝1 200×0.383＝459.6米。上文中之"营造尺"，看来是宋营造尺之类。

《南村辍耕录》卷二十一说元大都"宫城周回九里三十步，东西四百八十步，南北六百十五步，高三十五尺"。按元里制，"九里三十步"等于10 950尺，合4 193.85米。洪武元年(1368)八月，大将军徐达遣"指挥张焕计度故元皇城(实指宫城—笔者注)周围一千二百六丈"。② 如按辽、金尺或明裁衣尺(详下)折算，均为4 100多米，与《辍耕录》的记载大致符合。

1964—1974年的勘探表明，元大都呈长方形，南北长约7 600米，东西宽约6 700米，周长约28 600米。③ 鉴于28 600÷459.6＝62.2里，《南村辍耕录》称大都"城方六十里"当为约数。

元代亩制仍沿用每亩240方步之制，例见朱世杰《四元玉鉴》(1303)卷中"拨换截田"门所用亩法。故1元亩＝240×(5×0.383)^2＝880.13米^2。

七、明　　代

《续通典》卷三曰："明土田之制，……(洪武)二十六年(1393)核天下土田，……五尺为步，步二百四十为亩，亩百为顷。"明汪应蛟《海滨屯田

---

① 王与：《无冤录》卷上(《枕碧楼丛书》本)，第3页，这条史料承黄时鉴先生惠告，谨表感谢。

② 《日下旧闻考》卷三十八引《明太祖实录》。今本《明实录·太祖实录》误作"一千二十六丈"。

③ 《新中国的考古发现和研究》，第610页。

疏》曰:“如地方十里。为田五百四十顷。”①表明明代已恢复1里等于360步之制。

明代的量地尺有多种。朱载堉(1536—1611)《律学新说》卷二列出明代常用的尺度有裁衣尺、工部宝源局量地铜尺、营造尺(即木工曲尺)等。洪武八年(1375),“诏中书省造大明宝钞”,其制“高一尺”,②故有“以钞准尺,以尺准步,以步准亩”之说。③《律学新说》卷二尝谓“钞尺,即裁衣尺”,然朱氏晚年更正此说,其《嘉量算经·凡例》云:“钞尺者,本名工部营缮司营造尺,即今木匠曲尺是也。相传以为鲁般所制。惟此尺天下同,虽然处处皆同,微细较量不无小异。较凡秘法,取钞不经雨湿.样制住者,分中析 道纹,白上至下,黑边外齐是为一尺,此乃较尺秘法。”

中国历史博物馆藏有39张完好的明宝钞,实测其黑边平均长为31.9厘米。④ 1956年在山东省梁山宋金河支流中发现了一艘洪武年间沉没的木船,其中有明初骨尺一支,长31.78厘米,⑤乃明初营造尺的实物,现藏于中国历史博物馆。故宫博物院藏有嘉靖(1522—1566)年间制作的一支牙尺,长32厘米,⑥当是嘉靖年间营造尺的实物,后为清营造尺所袭。明营造尺与宋三司布帛尺相近,旧说系部定官尺,凡田亩、布帛、营造,往往用此尺。今取明营造尺长31.9厘米,算得1明里a=574.2米,1明亩a=610.57米^2。

据《律学新说》卷二记载,明裁衣尺“与宝钞纸外边齐”。中国历史博物馆所藏的39张明宝钞,其纸边平均高度为34.02厘米,⑦即裁衣尺长。1965年上海塘湾明墓出土尺一把,长34.5厘米,⑧当是裁衣尺实物,现藏

① 徐光启:《农政全书》卷八引《海滨屯田疏》。
② 《明史·食货志》。
③ 顾炎武:《日知录》卷十“地亩大小”引《大名府志》。
④ 《中国古代度量衡图集》,第9页。
⑤ 刘桂芳:《山东梁山县发现的明初兵船》,《文物参考资料》1958年第2期。
⑥ 《中国古代度量衡图集》,第9页。
⑦ 同上注。
⑧ 同上注。

上海博物馆。若以裁衣尺度地，1 明里 b＝612.36 米，1 明亩 b＝694.42米^2。

朱载堉谓量地铜尺"当衣尺之九寸六分"，①故 1 量地铜尺＝34.02×$\frac{96}{100}$＝32.66 厘米。由此推得 1 明里 c＝587.88 米，1 明亩 c＝640.01 米^2。

此外，明浙尺沿袭宋制，仍行于江南部分地区。徐光启(1562—1633)《农政全书》卷四"田制"载："今时浙尺八寸，当古一尺，六尺为步，二百四十步为亩。……牙尺六寸四分，当古一尺。五尺为步，二百四十步为亩。"近人研究，"浙江嘉兴、湖州一带，1 明浙尺等于 8.229 市寸"，②合 27.43 厘米。故 1 牙尺＝27.43×(80/64)＝34.29 厘米，徐书所谓"牙尺"实即明裁衣尺，此亦为裁衣尺可作度地尺之一证。今由明浙尺推算，1 明浙里＝300×6×0.274 3＝493.74 米，1 明浙亩＝240×(6×0.274 3)^2＝650.08 米^2。

实际上，明代亩制比上述情形远为复杂，如"有以小地一亩八分折一亩，递增之至八亩以上折一亩者"。③ 万历八年(1579)十一月，诏度民田，张居正"颇以溢额为功，有司争改小弓以求田多，或掊克见田以充虚额"。④ 稽之方志，"浙西海宁、嘉善、平湖诸县每弓(明代十尺为弓—笔者注)俱缩短二寸，崇德缩短三寸。……"。⑤ 再如顾炎武(1613—1682)曰："今北方之量，乡异而邑不同。……至其土地有以二百四十步为亩者，有以三百六十步为亩者，有以七百二十步为亩者(原注：《大名府志》有以一千二百步为一亩者)。其步弓有以五尺为步，有以六尺、七尺、八尺为步，此之谓工不信度者也。"⑥亩制大小之复杂情形，由此可见一斑。加上各

---

① 朱载堉撰，冯文慈点注：《律学新说》，人民音乐出版社，1986 年，第 99 页。

② 中国农业科学院、南京农学院中国农业遗产研究室：《中国农业史》(初稿)下册，科学出版社，1984 年，第 127 页。

③ 《日知录》卷十"地亩大小"引《广平府志》。

④ 《续文献通考》卷二"田赋二"。

⑤ 万国鼎：《明代丈量考略》，《中农月刊》第 6 卷第 11 期，1945 年。

⑥ 《日知录》卷十"斗斛丈尺"。

地量地尺的差异，亩积更为混乱。

八、清 至 民 初

《清朝文献通考》卷一曰："(顺治)十二年(1655)颁部铸步弓尺于天下，广一步，纵二百四十步为亩。"里制随之而定。乾隆二十六年(1716)重修《清会典》曰："度天下土田，凡地东西为经，南北为纬，经度候其月食，纬度测其北极。以营造尺起度，五尺为步，三百六十步为里。凡纬度一，为里二百；经度当赤道下亦如之。"

清代以营造尺定里亩制度，它不但适用于营造、度地，而且用在铸量、景表等场合，意在简化。中国历史博物馆藏"康熙御制"牙尺一支，残长17.5、宽1.4、厚0.5厘米，每寸长3.2厘米，每尺合32厘米。①《清会典》曰："户部量铸铁为式，形方，升积三十一寸六百分，而底方四寸，深一寸九分七厘五毫。……此皆以工部营造尺命度者也。"实测康熙五十四年(1715)造户部铁方升，折算得1尺长32厘米。② 乾隆九年(1744)修改圭表，废止原景表尺的小尺古制，亦改以清营造尺为标准。乾隆三十二年(1767)颁发各省地亩尺勒石，在各"地亩尺"5尺旁加刻"营造尺式"1尺(长32厘米)，以为标准。光绪三十四年(1908)清政府重新颁布计量制度，规定尺度仍以营造尺为准，1尺合32"桑的迈当"(即厘米)。

根据上述讨论，1清营造里＝576.0米，1清营造亩＝614.40米^2。

然而，有清一代量地尺并非如此简单。如罗福颐先生的《传世历代古尺图录》载有清量地藩尺，长34.3厘米。陈梦家先生的《亩制与里制》一文说："据记载及实物，清世量地尺有：康熙量地官尺34.50厘米，康熙户部尺34.86厘米，量地藩尺34.35厘米……"这些量地尺差别不大，似同出一源。今取1清量地尺＝34.3厘米，则1里＝617.40米，1亩＝705.89米^2。

---

① 《中国古代度量衡图集》，第9页。
② 同上注。

清政府对于统一度量衡的计划和努力，未能贯彻始终，实际上亩制与里制逐渐嬗变，也相当混乱。民初仍如此，详见吴承洛《中国度量衡史》。

民国四年(1915)，北洋政府公布《权度法》，在尺度方面，规定营造尺等于 32 厘米，与公尺并行，作为过渡阶段的权宜之计。民国十八年(1929)，国民党政府公布《度量衡法》，规定“中华民国度量衡采用‘万国公制’为‘标准制’，并暂设辅制，称曰‘市用制’”。① 市用制长度以公尺三分之一为市尺(简作尺)，1 500 尺(500 米)定为 1 里，6 000 平方尺(666.67 米²)定为 1 亩。

九、历代里亩制度简表

为了便于查阅，兹将本文讨论结果列于下表：

时代	量地尺	尺长(厘米)	一里步数	一步尺数	一里尺数	里长(米)	一亩方步数	亩积(米²)	备注
周	周尺	23.1	300	6	1 800	415.80	100	192.10	
秦	商鞅量尺	23.1	300	6	1 800	415.80	240	461.04	
西汉	西汉尺	23.3	300	6	1 800	419.40	240	469.06	
新莽	新莽铜斛尺	23.05	300	6	1 800	414.90	240	459.05	
东汉前期	东汉尺	23	300	6	1 800	414.0	240	457.06	
东汉后期	东汉尺	23.7	300	6	1 800	426.6	240	485.30	
魏	魏尺	24.14	300	6	1 800	434.52	240	503.49	
西晋	西晋尺	24.17	300	6	1 800	434.52	240	503.49	
东晋	晋后尺	24.79	300	6	1 800	440.62	240	517.73	
刘宋	宋氏尺	24.525	300	6	1 800	441.45	240	519.67	

① 吴承洛：《中国度量衡史》，商务印书馆，1937 年，第 342 页。

(续表)

时代	量地尺	尺长（厘米）	一里步数	一步尺数	一里尺数	里长（米）	一亩方步数	亩积（米^2）	备注
北周	北周铁尺	29.527	300	6	1 800	441.45	240	519.67	
隋	开皇官尺	29.527	300	5	1 800	442.905	240	523.11	
唐	开皇官尺	29.527	360	5	1 800	531.486	240	523.11	唐大里
唐	开皇官尺	29.527	300	5	1 500	442.905	240		唐小里
宋	三司布帛尺	31.12	360	5	1 800	560.16	240	581.07	宋大里
宋	营造尺	30.91	360	5	1 800	556.38	240	573.26	宋营造里
宋	浙尺	27.49	360	5	1 800	494.82	240	453.42	宋浙里
元	元尺	38.3	240	5	1 200	459.6	240	880.13	
明	营造尺	31.9	360	5	1 800	574.2	240	610.57	明营造里
明	裁衣尺	34.02	360	5	1 800	612.36	240	694.42	明大里
明	量地铜尺	32.66	360	5	1 800	587.88	240	640.01	
明	浙尺	27.43	300	6	1 800	493.74	240	650.08	明浙里
清	营造尺	32	360	5	1 800	576.0	240	614.40	清营造里
清	量地尺	34.3	360	5	1 800	617.40	240	705.89	
民国	市尺	33.33			1 500	500		666.67	

原载《杭州大学学报》(哲社版)1989 年第 3 期

一行、南宫说天文大地测量新考

一千二百多年前，唐代著名天文学家僧一行（俗名张遂，683—727）主持进行的天文大地测量，早已引起了学术界的广泛注意，声闻遐迩。这次测量，为修订历法、编制《大衍历》提供了大量有用的实测数据，揭露了盖天说、浑天说宇宙模型的某些局限性和错误结论。同时，从科学的眼光看来，某地的北极高在数值上大致等于该地的地理纬度，与北极高差一度相应的地面距离实际上就是地球子午线一度弧长，这次测量客观上提供了子午线一度弧长的实测数据，乃是前人从未做过的工作。① 然而，尽管已有不少文章专门论述这个课题，许多专著以各种方式采用了其结论，但迄今为止，对于这段科学史上的重要史实本身，还没有做过比较深入的考证，以致尚存讹误，未能实事求是地作分析评判，从中引出令人满意的结论。本文试图在澄清史实的基础上，进行分析研究，尽可能对一行主持的天文大地测量作出一个比较符合实际的客观评价。

一、一行、南宫说天文大地测量始末

唐神龙、开元年间，麟德历沿用既久，已不能准确预报天象。至开元

① 公元814年，在哈里发阿尔·马蒙的领导下，阿拉伯数学家兼天文学家阿尔·花拉子模等人在美索不达米亚的平原地区进行了首次目的明确的子午线实测，所得结果（子午线1°弧长等于111.8公里）已相当精确。

九年(721),“太史频奏日蚀不验,诏沙门一行刊定律历”。[①] 僧一行受命修订新历后,决定主要从两方面着手:一是使用黄道,使步日躔月离更为精确;二是到九州各地去进行大规模的天文大地测量。

在不同地区,日蚀蚀分、昼夜长短以及其他天象互有差异。关于日影长,《周髀算经》中南北相距一千里,八尺之表的日中影长差一寸的谬说长期占统治地位。历代有识之士,如南北朝何承天(370—447)、隋代刘焯(544—610)等,为检验和纠正这一传统说法作过一定的努力,至一行,始通过实测毕其功。一行因推算各地见蚀多少和按各地实际的昼夜长短校准漏刻的需要,于开元十二年(724)四月,组织“太史监南宫说及太史宫大相元太等,驰传往安南、朗、蔡、蔚等州”,[②]对各地北极高、两分两至日影长和其他有关项目进行测量。这次测量遍及南北十三地,北至铁勒(在今苏联贝加尔湖附近),南达林邑(在今越南中部),规模之大,诚为空前。

由南宫说率领的测量队还进行了一项特殊的测量:在当时黄河南岸平原区选择了滑州白马、汴州浚仪岳台(又称太岳台、古台)、许州扶沟和豫州上蔡武津(或称武津馆)四个测量点,除日影长和北极高外,还测量了相邻两地间的距离。一行据此推翻了日影长“寸差千里”之说,并计算出北极高差一度的南北地面距离。

测量中涉及的技术问题主要有四项:测距离、测北极高、计时和测日影长。使用的主要仪器分别是绳、覆矩、漏刻和八尺之表。其中用以测北极高的覆矩是一种创造。覆矩之名始见于《周髀算经》,但它与一行等人发明的覆矩是两回事,后者形制未见唐代文献描绘,今人已对其作出合理的推想(如图七〇所示)。[③] 覆矩是配有 90°(合 91.31 唐度)量角器、顶系铅垂线的矩尺,以其一特定边瞄准北极时,铅垂线即在量角器上示出北极高。

明崇祯年间,供职司天监的德国传教士汤若望(Johann Adam Schall von Bell, 1591—1666)口授、焦勖笔述的《火攻挈要》,介绍了一种用以测

---

① 《唐会要》卷四二。
② 同上注。
③ 梁宗巨:《僧一行发起的子午线实测》,《科学史集刊》第二期,1959 年。

量炮口对地面仰角的仪器“铳规”，指出“其状如覆矩”，①并有图示（见图七一）。此器的功能和形制都与图七〇所示相同。焦勖提到的“覆矩”，或即一行覆矩之遗制。

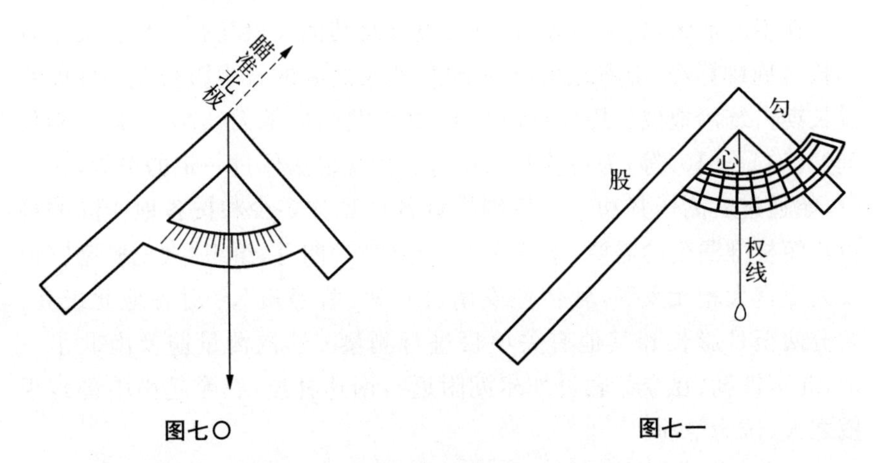

图七〇　　　　　　　　图七一

新旧《唐书·天文志》和《唐会要》卷四二中均载有这次测量的结果，仅有个别数据出入，不难校勘，兹将当时的测量结果列为下表：

表一　一行、南宫说测量值

观测点	北极高（唐度）	八尺表的正午日影长（唐尺）		
		冬　至	夏　至	春　分
白马	35.3	13.00	1.57	5.56
岳台	34.8	12.85	1.53	5.50
扶沟	34.3	12.53	1.44	5.37
武津	33.8	12.38	1.365	5.28

相邻两点间距离：白马至岳台198里179步，岳台至扶沟167里281步，扶沟至武津160里110步，总计526里270步。僧一行据此算出：351里80步北极高差1度。

① 汤若望口授，焦勖笔述：《火攻挈要》（《海山仙馆丛书》本）。

二、今人研究中存在的问题

要对一行、南宫说的天文大地测量作出正确的认识和恰如其分的估价,就应做好以下几点:

(1) 将一行的各项数据换算成如今通用的公制。

(2) 把一行的各项测量值与四地实际的纬度和间距作比较。

(3) 把一行所得的北极高差一度的南北地面距离与子午线一度弧长的现代值作比较。

(4) 对一行的结果作误差分析。

(5) 最后作出客观的评价。

其中第(1)项是核心问题,众说纷纭,均有不同程度的疏误。第(2)项对于判断第(1)项换算的正确性和检验当时的测量水平至为关键,却从未受到足够的重视。由于这两个问题尚未解决,各家就第(3)、(4)、(5)项发表的见解,颇有可商榷之处。

关于第(1)项,唐度与今度的换算是确定的,问题的焦点是唐里与今里的换算。以往代表性的观点主要有两种:

其一:梁宗巨的《僧一行发起的子午线实测》一文(以下简称"梁文"),①根据吴承洛《中国度量衡史》,按 1 里=300 步、1 步=5 尺、1 尺=31.1 厘米的里制和尺度,最后算得一行所推北极高差 1 度南北地面距离长(以下简称"一行值")为 166.141 8 公里,比子午线 1°弧长的现代值(以下简称"真值")"约 111 公里稍大"。如果把一行、南宫说的三个距离测量值与地图所示的间距作认真比较,梁文本可立即发现自己所用的里制不切实际。惜其虽已比较,而疏于审视,失之交臂。梁文称从地图上估计出三段距离都是 85 公里,"和测得的值接近"。实际上按梁文的"唐里"换算,当时的测量值分别是 92、78、74 公里多,与 85 公里相去甚远,不可谓"接近"。梁文又认为白马至浚仪一段误差较大,

① 梁宗巨:《僧一行发起的子午线实测》。

“是因为要跨过黄河南北，测量较难，也可能量的不是直线距离，所以得到的结果偏高”。事实上，根据谭其骧主编的《中国历史地图集》，当时四个测量点均在黄河以南，南宋时河道南迁后，白马才在黄河北岸。再者，如按上述换算，这段距离的误差并非最大，其余两段距离数值偏小，其相对误差也不亚于此。

其二：王冠倬的《从一行测量北极高看唐代的大小尺》①和中国科学院陕西天文台天文史整理研究小组的《我国历史上第一次天文大地测量及其意义——关于张遂（僧一行）的子午线测量》②（以下简称“王文”和“陕文”），以一行的测量结果不应有高达10％以上的误差为出发点，并根据当时测日影长用唐小尺，臆断当时测地所用也是小尺；于是按1里＝300步、1步＝5（小）尺、1（小）尺＝24.75厘米之制，王文算得一行值为132.3公里，陕文算得132.35公里。这一观点，缺乏对我国古代科技成就的具体分析，为了缩小误差，误用了唐朝历史上并不存在的1里等于1 500小尺之制，更与实际情况相矛盾。梁文曾注意到一行的测量值与相应的地图估计值之间的比较，王文和陕文则完全没有考虑这一步。若按梁文的粗略估计，三段距离总长约255公里，那么王文和陕文换算的测量值总长比之少了60公里多，显然有误。更明显的是，若按梁文的换算，白马到浚仪一段，测量值比地图估计值偏大。但按王文和陕文的换算，测量值已小于地图估计值而陕文却仍按梁文之意，认为这段距离因跨河测量而偏大。于是除去这段距离不计，仅用其余两段求得一个较接近真值的数值。人为地剔除三项数据中较大的一项，自然可以使测量结果的上偏差减小，但以偏大为由而除去的数据实际上已经偏小，这是陕文所没有顾及的。

其实，就唐代的测量水平而言，测地并不难，最终结果的误差较大当别有原因。如果考虑到这一点，王文和陕文就不会出于良好的主观愿望，而把注意力集中在如何得到较小的长度换算值上。

---

① 王冠倬：《从一行测量北极高看唐代的大小尺》，《文物》1964年第6期。

② 中国科学院陕西天文台天文史整理研究小组：《我国历史上第一次天文大地测量及其意义》，《天文学报》第1卷第2期，1976年。

上述两说都与史实不符,后一说的立意和方法使结论疏误尤甚。但两说出现后,均产生了较大的影响。郑文光的《中国天文学源流》(1979)和陈遵妫的《中国天文学史》(第三册)(1984)等著作采用了前一说。中国科学院自然科学史研究所的《中国古代地理学史》(1984)因袭后说,《中国古代科技成就》(1978)、《中国科学技术史稿》(上册)(1982)和《中国天文学史》(1981)等也持同样的观点,以 1 里=300 步、1 步=5 唐小尺换算,不同的是唐小尺长度修正为 24.525 厘米,求得一行值为 129.22 公里。影响之大,几成定论。

有鉴于此,笔者重新审核了当时测地所用的里制和尺度,根据史志考订四个测量点的地理位置,然后把各项测量数据、所得结论与实际情况作比较,分析一行、南宫说测量的误差及发生原因,以图恢复历史的本来面目。

三、唐代里制和天文测地的唐小里

我国自西汉起,1 里等于 300 步、1 步等于 6 尺的制度已有明确记载。此制沿用至隋唐,为之一变。

有唐一代,律令多次重订,见之于史籍记载的唐令就有武德令、贞观令、永徽令、麟德令、乾封令、仪凤令、垂拱令、神龙令、太极令、开元三年(或云开元初)令、开元七年(或云四年)令,以及开元二十五年令等十多种,其间里制也有变化,形成唐代大小里并行的局面。

《旧唐书·食货志》曰:“武德七年(624)始定律令,以度田之制,五尺为步,步二百四十为亩,亩百为顷。”这是以隋唐的 5(大)尺代替隋唐以前的 6(小)尺,因实际上两者数值相当,故步长不变。文中里法若干步未详,幸宋初钱易的《南部新书》引唐《令》保存了有关规定。《南部新书》卷壬曰:“《令》云:诸度以北方秬黍中者,一黍之广为分,十分为寸,十寸为尺(本注:一尺二寸为大尺一尺),十尺为丈。……诸积秬黍为度量权衡,调钟律,测晷景、合汤药及冕服制,则用之。此外官私,悉用大者。在京诸司及诸州,各给秤、尺度、斗、升、合等样,皆以铜为之。诸度地五尺为步,三百步为一里。”《四库全书总目》谓是书乃钱易“大中祥符间知开封县时所作，皆记唐时故事，间及五代，多录轶闻琐语，而朝章国典，因革损益，亦杂载其中”。此《令》当是唐初之《杂令》。关于唐初曾存在5尺为步、300步为里的制度，尚可从日本的《大宝杂令》找到佐证。《大宝杂令》颁于唐武后长安元年至三年间(701—703)，其文曰：“凡度地五尺为步，三百步为里。”陈梦家认为：“今所传唐初武德七年令只有亩制，无里制，疑《大宝杂令》之文仿之武德令。”①言之有理。今所传武德七年令只有《田令》中的亩制和《杂令》中的步法，其里法则赖《南部新书》和《大宝杂令》等得以保存。

日本学者仁井田陞的《唐令拾遗》复原武德、开元七年的《杂令》云：“诸度地，以五尺为一步，三百六十步为一里。”②其根据是《夏侯阳算经》卷上“论步数不等”引唐《杂令》：“诸度地，以五尺为一步，三百六十步为一里。”实际上，此《杂令》与武德令无涉。隋开皇二年(582)，自汉长安故城向东南移20里置新都，隋曰大兴城，唐称长安城。《隋书·地理志》、《旧唐书·地理志》和《新唐书·地理志》所记都城里步大体上一致，均采1里等于360步之制。《隋书·地理志》是唐贞观十五年(641)至显庆元年(656)编撰的，故5尺为步、360步为里的规定不是始自贞观十一年(637)令，就是出自永徽二年(651)令，是为唐大里，而1里等于1 500尺的唐小里仍与之并行。

唐尺沿用隋制，也有大、小尺之分。据《隋书·律历志》记载，隋开皇初著令以北周市尺为官尺，北周市尺沿自北魏后尺，北魏后尺“实比晋前尺一尺二寸八分一厘”。由《隋书·律历志》十五等尺得知，晋前尺(即荀勖律尺)与王莽铜斛尺等长，合今23.05厘米。③ 故1开皇官尺＝23.05×1.281厘米＝29.527厘米。唐之大尺即隋之开皇官尺，度地也用此尺。传世和出土的唐(大)尺实物甚多，由于种种原因，每尺实长与理论计算值不可能完全一致，但大多较为接近。现即以每尺长29.527厘米推

---

① 陈梦家：《亩制与里制》，《考古》1966年第1期。
② 仁井田陞：《唐令拾遗》，东京大学出版会，1964年，第846页。
③ 伊世同：《量天尺考》，《文物》1978年第2期。

算唐里之长。

1 唐小里＝5×300×0.295 27 米＝442.905 米

1 唐大里＝5×360×0.295 27 米＝531.486 米

唐之小尺用于调乐律、测日影、医药及某些礼制等特种场合。据伊世同的考证，隋唐小尺的前身是北周铁尺，沿用为宋、元、明的天文测量用尺，每尺之长为 24.525 厘米。①

如果以隋唐小尺度地，则 1 隋里＝6×300×0.245 25 米＝441.45 米，唐小里因之，或作 1 唐小里＝5×360×0.245 25 米＝441.45 米。因为上述开皇官尺和隋唐小尺的数据各有不同程度的近似，所以从两者分别推得的唐小里稍有不同，但本质上是一致的。

如前述，唐代城市建筑等用唐大里，由一行、南宫说河南测量的三段距离及总长可以直接推得他们采用的里制是每里 300 步，即天文大地测量等用唐小里。至于所谓等于 1 500 唐小尺的唐小里，迄今尚未发现它在唐代确曾存在过的证据。

四、河南四个测点的地理位置

在该项研究中，河南四个计程测量点的地理位置十分重要，惜因年代久远，记载欠详，加上测点所在的城镇本身有一定的大小，只能在可能的范围内定出它们的具体位置。

滑州白马本卫之曹邑，秦置白马县，因黄河河道变徙，或政治活动的需要，白马历经沿革，非复旧治。“后魏置兖州于滑台，白马亦随州徙治，隶司州郭，故城遂废。隋唐以来，皆为滑州附郭”，②故南宫说的测点不在唐时所谓的“白马故城”。唐代白马与州城连成一体。《元和郡县图志》卷八曰：“黄河，去(白马县)外城二十步。州城，即古滑台城，城有三重，又有都城，周二十里。相传云卫灵公所筑小城，昔滑氏为垒，后人增以为城，甚

① 伊世同：《量天尺考》。

② 马子宽修，王蒲国纂：民国重修《滑县志》卷二。

高峻坚险。临河亦有台。”考虑到测点名“滑州台表”(简称“滑台表”)。①《旧唐书·天文志》曰：测量“始自滑州白马县”,《新唐书·天文志》曰“自滑台始白马”,则滑台表应不出白马(滑台)近郊范围,或许就是《元和郡县图志》所说的临河之台。果若如此,它离滑台中心约 3 里左右。《大清一统志·卫辉府·古迹》曰:“滑台故城,即今滑县治。”民国重修《滑县志》卷一云:“县城在滑境南北适中,极西边界,即古滑台城遗址。”据此可大致定出“滑台表”的位置。

唐浚仪县在今开封市西北,南宫说的测量是在浚仪岳台表进行的。《读史方舆纪要》卷四七称岳台在祥符县(今开封市)“城西九里”,若按此计程,则岳台至滑台表和扶沟县表的距离相差无几,而当年的实测结果是前者远大于后者,今疑“西九里”乃“南九里”之误。每明里合今 612.36 米,②9 明里约合 5.5 公里。

扶沟县表(简称扶沟表)在扶沟县治或其近郊。清光绪《扶沟县志》载隋代扶沟县属豫州部颍川郡,“隋末移县治于桐邱县,……桐邱城即今县治”,“武德四年于县置北陈州,其年州废,改置洧州。贞观元年洧州废,改属许州。天宝元年改许州为颍川郡,以扶沟隶之,乾元元年复为许州,故终唐之世属许州焉”。③ 自隋末以降,扶沟的隶属关系虽有变动,但县址未作迁徙。

康熙《上蔡县志》卷一“舆地志”称：晋“改上蔡为武津县,仍隶汝南郡,故址在县东北四十五里(即今武津里)”。隋“复改临汝为上蔡县”,唐上蔡县因隋代旧治,以后也没有搬迁。“武津故城,……今考当时县东北四十五里朱里店,相传故武津也。今有武津里、武津村,有废城”。④ 武津故城即上蔡武津表所在的上蔡武津馆,按 1 清里＝576 米换算,⑤清代 45 里合今 25.9 公里。今查河南省测绘局 1982 年编绘的《河南分县地图

① 《旧唐书》卷三五《天文上》。

② 闻人军:《历代里亩制度综考》,“秦九韶《数书九章》成书 740 周年纪念会暨学术研讨国际会议”论文,1987 年 5 月,北京。

③ 熊燦修,张文楷纂:《光绪扶沟县志》卷一。

④ 杨廷望纂修:《康熙上蔡县志》卷一。

⑤ 闻人军:《历代里亩制度综考》。

册》，在上蔡县城东北方向直线距离 20.8 公里处，确有一地名朱里乡，与康熙《上蔡县志》所言大致相符。

现据上述考证，在地图上描出唐代四表的位置(图七二)。

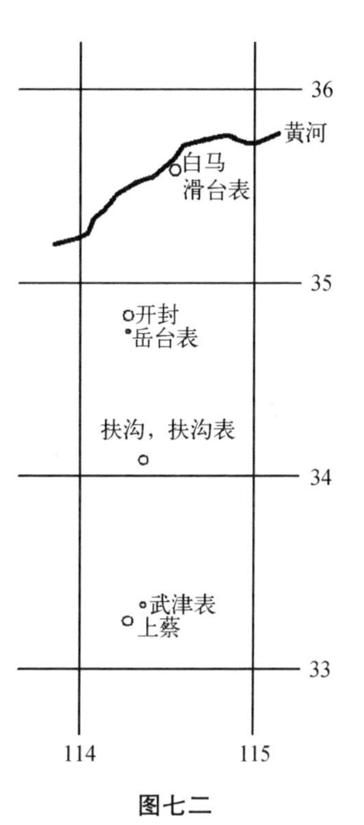

图七二

应该说明的是，这四个计程的特殊测量点是经过精心选择的：首先是均在黄河以南，无须跨河测量。其次是选取了比较平坦的地带。如上蔡县城附近有高出地面 30 余米、南北长 20 多公里的卧龙岗，而武津则位于县东部平原区。① 再次是四地顺南北方向一路而下(基本上处于同一经度)，白马(滑台)对其余三地未能“直路应弦”而偏东，乃是因为它的西面紧靠黄河，已无选择的余地。

五、数据比较与误差分析

兹将四地间距(地图测量值)，一行、南宫说的实测值(按 1 唐小里＝442.905 米折算)，梁文、王文和陕文的换算值分别列于表二：

表二　四地间距离对照表

起讫位置	地图测量值(公里)	一行、南宫说实测值(公里)	梁文换算值(公里)	王文和陕文换算值(公里)
白马—岳台	87.14	87.96	92.64	73.72
岳台—扶沟	75.33	74.38	78.34	62.35
扶沟—武津	69.08	71.03	74.81	59.54
总　　长	231.55	233.37	245.79	195.61

① 河南省测绘局编绘：《河南分县地图册》上蔡县，1982 年。

从表二可见，一行、南宫说的实测折算值与地图测量值的各个数据都相当接近，总长仅多 1.82 公里，在允许误差的范围之内。梁文换算值过大，总长相差 14 公里多；王文和陕文换算值过小，总长相差近 36 公里。显而易见，一行、南宫说测地所用的里制确是上文所述的唐小里（1 500 唐大尺）。

为了进一步检验和分析各项数据，我们把一行、南宫说的北极高测量值换算成今度，并将其化为真北极高，①用日影长算出纬度，②从地图上量出四地纬度值，分别列入表三，以资比较。

表三　四观测点纬度对照表

观测点	观测点纬度			
	由北极高化成	由冬夏至日影长算出	由春秋分日影长算出	地图上量出
白马	34°46′09″	35°01′42″	35°04′33″	35°32′38″
岳台	34°16′34″	34°44′26″	34°47′06″	34°45′42″
扶沟	33°46′58″	34°06′13″	34°08′51″	34°03′19″
武津	33°17′22″	33°41′09″	33°42′03″	33°24′18″

一行测算的结果是“三百五十一里八十步而极差一度”，③351 里 80 步合今 155.58 公里（$351\frac{80}{300}\times 0.442\ 905$ 公里＝155.58 公里），1 唐度合今 0.985 6 度（360÷365.25＝0.985 6），由此可推一行所得为北极高差 1°地面相距 157.8 公里。北纬 34.5°处子午线 1°弧长的现代值为 110.6 公里，④故

① 梁文所举之算例中，北极视差达 7″之多，似误用了太阳视差；由唐度化为今度时亦有计算错误。由北极高化纬度，本须加入几项与测量日期及时刻有关的较大的修正值，但因无从确知当时的测量时间，只能化为真北极高。以白马滑台表为例，视差极小略去不计，只计入蒙气差：北极高测量值为 35.3 唐度，合 35.3×360÷365.25 今度＝34°47′33″，真北极高＝34°47′33″－1′24″（蒙气差）＝34°46′9″。

② 按梁文计入太阳半径，蒙气差和视差三种校正。

③ 《新唐书》卷三一《天文一》。

④ 中国科学院陕西天文台天文史整理研究小组：《我国历史上第一次天文大地测量及其意义》。

一行值与真值之间的相对误差为 42.7％。

这个误差之所以偏高，是因为距离测量值偏大和测点间度数差偏小。

从表二看，距离测量值已相当准确。自然，由于四地不在同一经度上，三段距离之和总要大于相应的子午线长。但白马纬度到武津纬度的子午线长，从地图上量出为 230.72 公里，一行、南宫说的测量值为233.37 公里，仅有 1.15％的相对误差。因此，度数误差是主要原因。

对北极高的测量，当时只用矩边瞄准，显然有较大的偶然误差。《新唐书·天文志》中有“秒分微有盈缩，难以目校”之语，表明一行亦深知这一点。此外，随观测的日期和时刻不同，北极高与纬度之间有不同的偏差，常高达几十分。如果各地不是同步观测，这种误差就难以在北极高差值中消去。

关于日影长，从表三可以明显看出：(1) 冬夏至影长所得纬度值与春秋分所得各值很接近。(2) 春秋分一列各值比对应的冬夏至各值大 2′左右，颇有规律。总之，日影长的测量不同于北极高那样有较大的偶然误差，测值较准。

把由日影长化成的纬度值与现代地图上的各地纬度作比较，岳台和扶沟两地相当准确，白马偏低，两分两至偏低的程度几乎一致。武津偏高，两分两至偏高的程度也几乎一致。在一年中几个不同时间发生同一偏差，显系仪器系统误差。

综上所述，一行测算结果的终极误差，主要来自北极高的测量误差。白马、武津两地的测景仪器有系统误差。所有的距离测量与岳台、扶沟的日影长测量则相当准确。如果用岳台、扶沟间距和日影长所化纬度计算，则由两至日影可算出当地子午线 1°弧长为 116.62 公里[74.38 公里×1°÷(34°44′29″－34°6′13″)＝116.62 公里]。同理，由两分日影算得116.67公里。两者几乎相等，其平均值为 116.65 公里，与真值之间的相对误差仅 5.5％。当然，这只能说明他们对距离及岳台、扶沟两地日影长测量得颇为精确，不能用它代表这次天文大地测量的整体水平。

尽管一行等人尚未明白这次天文大地测量的潜在意义，不是有意识地测量子午线，习惯上有不少著作仍称之为“世界上用科学方法进行的第一次子午线实测”,[①]此说欠妥。

子午线和经纬度是伴随着天地同心球几何模型产生的科学概念。中国古代的宇宙模型中,无论是盖天说,还是浑天说,均认为天地之大无限,从未形成所谓“地球”的概念,无由谈及子午线。一行虽已发现:“今诚以为盖天,则南方之度渐狭;以为浑天,则北方之极浸高。此二者,又浑、盖之家未能有以通其说也。”[②]他却认为:“原古人所以步圭影之意,将以节宣和气,辅助物宜,不在于辰次之周径。其所以重历数之意,将欲恭授人时,钦若乾象,不在于浑、盖之是非。”[③]一行以为通过测算,就足以制订历法,敬天授时。至于浑、盖两说的内在矛盾,说明它们都不可信。一行无意于构筑新的宇宙几何模型,不知“地球”为何物,故他的北极高和南北地面距离不能与纬度和子午线等量齐观。

《大衍历议》指出:“步九服日晷,以定蚀分,晨昏漏刻与地偕变,则宇宙虽广,可以一术齐之矣。”[④]一行的《大衍历》是用日影长来推算蚀分的,他正是为此才通过实测解决了日影长与南北地面距离的关系这个历史悬案。

一行之所以要测量北极高,计算北极高差一度的南北地面距离,是因为仅凭行政区划难以标识各地日蚀蚀分和昼夜长短的异同,最直接有效的办法是采用地面距离,而实际上又不可能到全国各地去拉绳计程。这次测量涉及日影长、戴日北(南)度(即太阳天顶距)、太阳去极度、昼夜长短、北极高与地面距离等项目,其中前四项同是太阳运动的表象。由于它们与北极高同时因地而变,一行断定:“极之远近异,则黄道轨景固随而变矣。”[⑤]这就可以用北极高代替南北地面距离来测度太阳视位置随地域的变化,其关键是要建立北极高与南北地面距离的关系。河南四地测量的真正意义即在于建立了这个比值,可惜不够精确。这次测量的最终结果,

① 杜石然等编著:《中国科学技术史稿》上册,1982年,第331页。

② 《旧唐书》卷三五《天文上》。

③ 《新唐书》卷三一《天文一》。

④ 《新唐书》卷二七下《历三下》。

⑤ 《新唐书》卷三一《天文一》。

即二十四幅覆矩图（已佚），就是按北极高每差一度，标出"晷差"（日影长之差），用以确定日蚀之蚀分，昼夜之短长。从《大衍历议》中可以看出，当时的十三个测量点中，除河南四地外，其余各地间距离都是按"三百五十一里八十步而极差一度"的比值推出的。

总而言之，一行、南宫说的天文大地测量没有也不可能解决子午线长度问题。一行的真正贡献并不在此。这次天文大地测量自有其多方面的功绩，现概述如下：

（1）发明了比较科学的天文测地方法，建立了北极高差与南北地面距离之间的比值。

（2）以实测结果否定了传统所谓日影长"寸差千里"的谬说。

（3）首次通过实测研究九服日蚀，获得了关于日影长、太阳天顶距、去极度、北极高、昼夜长短等因地而变的正确认识。

（4）建立了太阳天顶距与日影长的关系，这是一种用高阶等差级数计算正切函数的数学方法；[①]一行据此计算各地各节气的日影长，进而由日影长推算各地见蚀的多少，都是历法史上的创造性进展。

（5）作出了一系列与天体结构学说有关的重要发现，揭露了浑、盖说的一些缺陷。一行指出："古人所以恃勾股术，谓其有证于近事。顾未知目视不能及远，远则微差，其差不已，遂与术错。"[②]他正确地认识到历史上各种宇宙论的错误根源，在于把局部的情况无条件地当成普遍形式，这种见解在古代是难能可贵的。

原载《文史》第32辑，作者：闻人军、李磊，中华书局，1989年

① 刘金沂、赵澄秋：《唐代一行编成世界上最早的正切函数表》，《自然科学史研究》1986年第4期。

② 《新唐书》卷三一《天文一》。

海井：膜脱盐技术源流考

功能高分子膜及其分离技术作为一门新兴的高技术学科正在世界范围内蓬勃发展，方兴未艾。从人们发现膜现象并探索其奥秘开始，迄今已经历了漫长的岁月。追溯渊源，在国外，是一位法国科学家 Abble Nellet 于偶然发现中捷足先得。1748 年他在试验中发现水可以自然扩散渗入装有酒精溶液的猪膀胱体内，从而大胆推测和肯定：膀胱壁中存在能起渗透作用的细胞膜。而在国内，发现并进而利用膜现象则是 2 000 多年以前的事了。本文的考证表明，中国是膜技术开发的故乡。

我国古代膜技术的先驱者曾在酿造、烹饪、炼丹、医药、盐水淡化等方面对天然膜的早期开发进行过不懈的努力，并取得了良好的效用。本文发掘的这段史实，既可使人们了解现代膜的理论和分离技术的早期源流，同时将为今后的发展提供有益的启示。

一、膜法分离技术的萌芽

我国膜法分离技术的萌芽始于酿酒之术。考古发现表明，远在龙山文化时期我国已用谷物酿酒，自西周至春秋战国时期，酿酒技术有了长足的进步。对于制酒技术，在先秦的古籍如《周礼·天官》、《礼记·月令》等著作中已有所记载。西汉初的《淮南万毕术》(公元前 2 世纪)又曰："酒薄复厚，渍以莞蒲。"注："断蒲渍酒中，有倾出之，酒则厚矣。"这段记载幸赖北魏时期贾思勰的《齐民要术》作了引用而得以保存。莞蒲是莎草科藨草属植物，又名席子草。段玉裁《说文解字注》谓："莞之言管也，凡茎中空者曰管，莞盖即今席子草，细茎，圆中空。"《尔雅·释草》云："莞，苻蓠，其上蒚。"郭璞注："今西方人呼蒲为莞蒲；蒚，谓其头台也。今江东谓之苻蓠。"东汉许慎的《说文·草部》云："蒲，水草也，或以作席。"李时珍《本草纲目》也说："蒲，丛生水际，似莞而褊，有脊而柔。"总之，莞蒲遍生于我国南北各地池沼、水边及浅沼泽地中，乃人们所熟知的水草类植物。然而，莞蒲何以厚酒？其解今方得明。

莞蒲，具外皮致密而内里多孔的结构，其主要成分即纤维素。据加拿大国家研究院索里拉金实验室的研究表明，用纤维素制成的半透膜对乙醇具有极高的分率效率，该膜只能让水渗透，而不让乙醇透过。①世界上第一张高通量的反渗透膜正是他们采用醋酸纤维素为原料研制成功的。莞蒲浸酒，使其变浓也是借助于蒲草纤维素膜的作用。酒实质为乙醇的水溶液，对非蒸馏酿制的酒来说，乙醇的含量往往仅有20%左右。由表一可知，乙醇溶液中醇的渗透压随乙醇浓度的增加而急速下降，而水的渗透压则随乙醇浓度的增加而迅速增加。

表一　乙醇浓度与渗透压关系

重量分数		渗透压(atm, 20℃)	
水	乙醇	水 π_w	乙醇 π_e
0.004	0.996	5 072.3	4.2
0.020	0.980	2 990.5	20.7
0.042	0.958	2 162.8	40.4
0.089	0.911	1 416.2	79.6
0.144	0.856	1 027.8	118.9
0.207	0.793	775.5	160.8
0.281	0.719	592.4	207.1

① 刘廷惠：《开辟新能源的一种重要途径——膜法纯化乙醇发酵液》，《水处理技术》vol. 9, no. 1, 1983年。

（续表）

重量分数		渗透压(atm，20℃)	
水	乙醇	水 π_w	乙醇 π_e
0.370	0.630	449.5	261.0
0.477	0.523	331.0	329.8
0.610	0.390	225.3	429.6
0.779	0.221	120.2	623.3
0.881	0.119	63.4	851.4
0.975	0.025	13.2	1 467.4

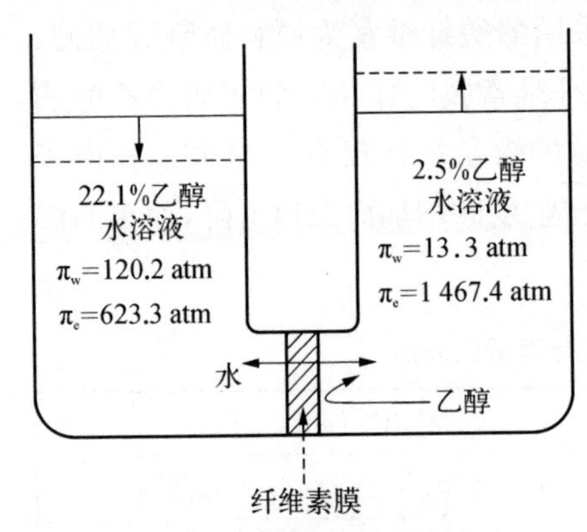

图七三　半透膜(莞蒲)存在下乙醇溶液的渗透

我们如果用一张纤维素膜(或莞蒲)将浓度不同的两种酒隔开，将发生如图七三所示那样的渗透现象。因左侧水的渗透压 π_w 大于右侧的 π_w，所以水便从左侧透过膜渗向右侧。而右侧乙醇的渗透压 π_e 虽然大于左侧 π_e，但是纤维素半透膜的特性是只选择和允许水透过而不让乙醇透过，结果便导致左侧乙醇浓度的增加而使酒变浓，而右侧不断地被稀释，直至渗透平衡。此乃我国古代膜法分离技术之萌芽中典型的一例。看来，此技术从开发之始就与饮食结下了不解之缘。下文的"蒲菹法"酱腌菜便是另一个早期例证。

远在周朝(约公元前1046—前256)，我国已有了酱腌菜之术。《齐民要术》作蒲菹法说："《诗》义疏曰：'蒲，深蒲也。'《周礼》以为菹，谓菹始生，取其中心入地者，蒻大如匕柄，正白，生啖之，甘脆。又煮，以苦酒(醋)受之，如食笋法，大美。"《周礼·天官·醢人》载有深蒲菹。郑司农注："深蒲，蒲蒻入水深，故曰深蒲。"郑玄注："凡醯(醋)酱所和，细切为齑，全物若牒为菹。"《周礼》设有"醯人"和"盐人"，专掌醋、盐之事。醋浸的菹，长约数寸。至汉代，《说文·草部》云："菹，酢菜也。"这里，酢是醋的本义，有时亦释为稀释的酸。汉末刘熙《释名·释饭食》曰："菹，阻也，生酿之，遂使阻于寒温之间，不得烂也。"《齐民要术》的"作菹藏生菜法"中进一步出现了更多用盐、醋作酱腌菜的明确记载。

上述"作菹法"，无论使用醋或是盐，其过程都是一个脱水过程。这里，腌菜的细胞壁实际上也是一层半透膜，因外部醋或盐水的渗透压远大于膜内溶液的渗透压，从而使细胞内的水源源不断地通过膜渗透到外部，造成脱水，以成酱腌菜并能长期存放而不烂。

二、早期炼丹文献中的半透膜

我国炼丹术产生于秦汉之际，距今 2 000 余年。佚名的《三十六水法》是我国古代关于水溶液的一种早期炼丹文献。其作"丹砂水"法云："以丹砂一斤，内生竹筒中，加石胆、消石各二两，复荐上下，闭塞筒口，以漆骨丸封之，须干，以内醇苦酒中，埋之地中，深三尺，三十日成水，色赤味苦也。"①晋葛洪（约 283—约 363）的《抱朴子内篇》卷十六"作丹砂水法"曾引此方。在《黄帝九鼎神丹经诀》卷八和《诸家神品丹法》卷一等唐宋古籍中也见载此方，仅是文字上大同小异。

该方是在醋酸存在的条件下，利用硝酸盐的作用使不溶性的硫化汞氧化，旨在生成醋酸汞溶液。石胆可能是作为反应的催化剂。关于上述反应，英国科学史家李约瑟、我国科学家曹天钦和澳籍华裔科学史家何丙郁曾于 1959 年发表文章指出："水和 H^+（及其阴离子 Ac^-）不是直接加在那些固体物质上，而是透过构成反应器的竹'膜'（虽经削皮仍然很厚）接触到它们的，因此反应也必然很慢。反应生成的一部分胶体状硫，由于粒子过大而无法自行扩散通过膜，势将留在竹筒里面。因此，这竹制容器起了'半透膜'的作用，留下了那些胶状生成物。"②为了更好地发挥竹筒

① 《道藏·洞神部众术类·三十六水法》。

② 潘吉星主编：《李约瑟文集·〈三十六水法〉——中国古代关于水溶液的一种早期炼丹文献》，辽宁科学技术出版社，1986 年，第 740 页。

这种天然纤维素半透膜的作用，《三十六水法》中多处强调要“薄削筒表”。如作“矾石水”法云：“取矾石一斤，无胆而马齿者，纳青竹筒中，薄削筒表，以硝石四两复荐上下，深固其口，纳华池（即醋）中，三十日成水。”①

关于《三十六水法》的成书年代，尚不能明确肯定，一般认为是汉代古籍。②《抱朴子内篇·遐览篇》著录的《三十六水经》一卷，疑即《三十六水法》。宋《通志·艺文略》诸子类道家金石药题为《炼三十六水石法》，又名《三十六水法》。唐《黄帝九鼎神丹经诀》卷八《明化石序》谓：“昔太极真人以此神经（指《五灵神丹上经》）及水石法（指《三十六水法》）授东海青童君，君授金楼先生，先生授八公，八公授淮南王刘安，安升天之日授吴左。”《黄帝九鼎神丹经诀》又云，“矾石、雄黄、丹砂化之为水，一依八公《三十六水正经》。”按此说法，《三十六水法》应在刘安（公元前 179—前 122）以前产生，而在公元前 2 世纪成书。

由于炼丹家对竹筒的作用只知其然，未知其所以然，所以后来炼丹术中的膜渗透法一直踏步不前，只是作为一种中药炮制技术被保存下来。如清乾隆年间汪昂所编的《本草备要》中，介绍“人中黄”的制法时，仍采用通过竹筒（膜）进行渗透的方法，即把甘草放入竹筒中，封闭筒口后，浸入大粪池中以制得人中黄。

三、海水淡化技术的滥觞

《史记·货殖列传》曰：“山东食海盐，山西食盐卤。”此处的盐卤是指池盐。我国古代的盐池，以山西解县解池的开发为最早，《山海经》中已有所记载。盐工们在长期的生产实践中曾发现“弊箄淡卤”现象，口耳相传。至东汉末年，孔融（153—208）著《同岁论》，就利用这种自然现象作过比喻：“弊箄径尺，不足以救盐池之咸；阿胶径寸，不能止黄河之浊。”③刘宋

① 《道藏·洞神部众术类·三十六水法》。

② 陈国符：《道藏经中外丹黄白法经诀出世朝代考》，《中国科技史探索》，上海古籍出版社，1982 年，第 316 页。

③ （汉）孔融：《同岁论》，见严可均辑《全上古三代秦汉三国六朝文·后汉文》卷八三。

《雷公炮炙论·序》云“弊箄淡卤”，注云：“常使旧甑中箄，能淡盐味。此物理之相感也。”①佚名的《炼化术》也有所记：“饮食过咸，以饭箄竹数条炙之，着其中，则汁便淡。”②《炼化术》已佚，但因宋人笔记已有引用，可见咸汁淡化之事至迟发生在宋代。

又北宋熙宁五年(1072)，台州临海县东北一百二十里处设杜渎盐场。后一位浙江绍兴地区博学多才的才子姚宽(1105—1162)曾出监杜渎盐场。他对自然科学知识兴趣颇浓，其任内不仅试验“以莲子试卤”(即用莲子测定卤水的比重)取得成功，而且还观察或进行了盐水淡化的有趣实验，并翔实地记录在自己所作的《西溪丛语》中。其卷上曰：“淋下卤水，或以他水杂之，但识其旧痕，以饭甑盖之于中，掠去面上水，至旧处，元卤尽在，所去者皆他水。或以甑箄隔之，亦可；以他物则不可分矣。此理未晓。”据查，姚宽之后，南宋《嘉泰会稽志》卷十七的“盐”中转录了这个记载。其云：“淋下卤水，或以它水杂之，但识其旧痕，以饭甑盖之于中，撇去面水至旧处，元卤尽在，所去者皆它水。或以甑箄隔之，亦可。以他物则不可分矣。孔融《论》中亦言：‘弊箄不能救盐池之卤’，意盖指此。”

以上记载中，对于“淡卤”和“元卤尽在”之解，由于当时科学水平所限，难以言明，只能一言以蔽之“物理相感”，或曰“此理未晓”。其实，这种现象可以用我们今天已经熟知的离子交换和反渗透过程来解释。弊箄，即为古代蒸饭时覆盖于甑底以防漏落的竹席，因久经蒸煮(炙之)后具有吸附和离子交换功能，能吸附盐分，所以“弊箄淡卤”，“能淡盐味”。而饭甑(箄)是古代用于煮饭的容器。《辞源》解释甑为：“瓦制煮器。后世以竹木制者称蒸笼。”瓦为“已烧的土坯”，具有众多的毛细孔隙。在长期蒸煮过程中，表面沉积一层胶凝沉淀物(来自水中的铁、铝等无机物和有机物的混合物)形成具有能透水而不透盐的半透膜(动态形成膜)。卤水(或杂以他水的卤水)中的水在压力作用下通过膜在多孔陶瓷的内侧凝成水，而盐不能通过半透膜，导致渗出的液体皆为“他水”，“而元卤尽在”。这与

① 《本草纲目·服器部》卷三八。
② (宋)姚宽：《西溪丛语》卷上(学津讨原本)。

1867 年 Traube 在多孔瓷器板上胶凝沉淀铁氰化铜制得的无机合成膜何其相似。

四、“海井”——一个关于海水淡化器的动人传说

反渗透脱盐技术研究始于 1953 年 Reid 的报告，①但是人类的早期探索至少在距今八百多年前业已开始。宋人笔记中的“海井”即其中一例。

据《宋稗类钞》记载：“华亭县（今上海市松江）市中，有小常卖铺。适有一物如小桶而无底，非竹非木，非金非石，既不知其名，亦不知何用。如此者凡数年，未有过而睨之者。一日，有海船老商，见之骇愕，且有喜色，抚弄不已，叩其所值。其人亦驵黠，漫索五百缗，商嘻笑，偿以三百，即取钱付。驵因叩曰：‘此物我实不知。今已成交得钱，决无悔理。幸以告我。’商曰：‘此至宝也。其名曰海井。寻常航海，必须载淡水自随，今但以大器满贮海水，置此井于水中汲之，皆甘泉也。平生闻其名于番贾而未尝遇，今幸得之，吾事济矣。’”②

仅从这段简单的文字，尚难推断“海井”淡化海水的方式和机制，但是，此非金非石、非竹非木之物，很可能是某种功能高分子材料制成，对盐分离子或对水具有特殊选择吸附或透过的本领。如果投入“海井”致使“大器”中海水皆甘，那么，海井材料应该是天然的或人工制成的离子交换材料，如天然泡沸石或银泡沸石之类。这类物质因其晶体是由包含固定阴离子电荷的铝硅酸盐点阵组成，以离子吸引方式束缚阳离子，具有吸附和离子交换的功能，可以使海水变淡。如果置“井”（假设使用时可加一底）于“大器”以后可从“井”内汲取甘泉，那么，“海井”有可能是用具有半透膜功能的材料制成的。因为“井”壁外侧受到来自“大器”海水的压力，

---

① R. E. Lacey and S. Loeb, *Industrial Processing with Membranes*, New York, 1972, p. 109.

② （清）潘永因编：《宋稗类钞》，书目文献出版社，1985 年，第 655 页。

水通过“井”壁（膜）源源渗入“井”内。诚然，这种传说来源于史实，还只是一种设想，有待继续考证。1964 年有人提出利用海水压力推动反渗透海水淡化的浸入式海水淡化器，①不正是“海井”的翻版吗？如若海井实有其事，无论是源于国内或因闻名于番贾而可能是海外舶来品，在古代的海水淡化史上，无疑是一个里程碑式的发现和成就。

原题《膜脱盐技术源流考》，载《水处理技术》1989 年第 2 期，作者：闻人军、李仲钦、陈益棠。今稍有校订

---

① J. W. Chapin and J. S. Williams, U. S. Patent 3156645, Nov. 10, 1964.

沈存中法：作者的年代和发明

宋代著名科学家和政治活动家沈括(1032—1096)，[①]字存中，北宋钱塘(今杭州)人。沈括是历史上不可多得的通才。在古代史家的眼中，他"博学善文，于天文、方志、律历、音乐、医药、卜算，无所不通，皆有所论著"。[②] 如按近现代的学科分类，沈括曾涉足数学、天文历法、地理、地质、气象、物理学、乐律、化学、冶金、兵器、水利、建筑、动植物、医药等领域，往往有所发现或发明。[③] 早在宋代就闻名的"沈存中法"虽然不是他本人的发明，却因缘际会，对活字印刷术作了首次科学总结，使毕昇活字印刷术借其盛名传于后世，驰誉海外。英国著名科学史家李约瑟(J. Needham)称沈括为"中国整部科学史中最卓越的人物"。[④] 沈括其人及其贡献在科学技术史论著中屡见称引，往往涉及其生卒年，学术界仍有不同观点。为方便读者取舍，本文首先澄清沈括的生卒年，然后扼要阐述"沈存中法"以及沈括的主要科技发明。

---

① 徐规、闻人军：《沈括前半生考略》，《中国科技史料》1989 年第 3 期，第 30—38 页。

② 《宋史・沈括传》。

③ 王锦光、闻人军：《沈括的科学成就与贡献》，杭州大学宋史研究室：《沈括研究》，浙江人民出版社，1985 年，第 64—123 页。

④ Joseph Needham, *Science and Civilisation in China*, vol. 1, Cambridge University Press, 1954, p. 135.

一、沈括的生卒年

关于沈括的生卒年份，曾有不下四种说法。胡道静先生在《梦溪笔谈校证》中提出，沈括生于天圣九年（1031），卒于绍圣二年（1095）。由于胡先生对《梦溪笔谈》研究的卓越贡献，学术界至今大多采用这一观点。《宋史》卷三三一本传载：“元祐初，徙秀州。继以光禄少卿分司，居润八年卒，年六十五。”胡先生指出：“元祐初”当为“元丰末”之误。这一明确记载是诸家考订沈括生卒年的共同基点，只要确定沈括何年迁居润州（今江苏镇江），其生卒年便可推算出来。宋李焘《续资治通鉴长编》卷四一三载：“哲宗元祐三年（1088）八月丙子（初二），秀州团练副使、本州安置、不得签书公事沈括，赐绢百匹，仍从便居止，以括上编修《天下州县图》故也。”胡先生误认为沈括当年即迁居润州，遂推算出沈括卒于绍圣二年（1095）。又据沈括“年六十五”，算得沈括生于天圣九年（1031）。①

其实，沈括迁居润州是在元祐四年（1089）。徐规先生和我合写的《沈括前半生考略》中指出：《续资治通鉴长编》卷四三三载：“元祐四年（1089）九月己丑（二十二日），诏责授秀州（治所在今浙江嘉兴）团练副使、（黄）[本]州安置沈括叙朝散郎、[守]光禄少卿；责授成州（今甘肃成县）团练副使、黄州安置吴居厚叙朝奉郎、少府少监；并分司南京；……并许于外州军任便居住。”（参校南宋杨仲良《续通鉴长编纪事本末》卷九八，参阅北宋刘安世《尽言集》卷一一《权给事中封驳沈括除命》）沈括在接到这道诏旨后，马上就徙居润州。九月乙未（二十八日）北宋朝廷颁发的“沈括、吴居厚前命勿行，内沈括更候一期取旨”（《长编》卷四三三，元祐四年九月己丑条注文）的诏命下达时，沈括已离开秀州了。但元祐四年（1089）九月己卯（22 日）前，沈括尚在秀州安置，不“许于外州军任便居住”，故“居润八年卒”，应从元祐四年（1089）算起，卒于绍圣三年（1096）。

除了从沈括卒年上推求得生年（1032）外，《沈括前半生考略》一文还直接考证出沈括的生年是明道元年（1032）。《苏沈良方》卷七“治诸目疾”条

① 胡道静：《新校正梦溪笔谈》，上海书店出版社，1957 年，第 992—999 页。

说:“予自十八岁因书小字病目,楚痛凡三十年。”卷二“乌头煎丸”方后之“又方”条说:“予少感目疾,逾年,人有以此方见遗,未暇为之。有中表兄许复,尝苦目昏,后已都瘥,问其所以瘥之由,云服此药。遂合服,未尽一剂而瘥,自是与人莫不验。”根据上述沈括两段自述,十八岁在金陵始“病目”,十九岁在苏州始得此方。皇祐二年(1050),其父沈周离江东路赴明州任知州,时十九岁的沈括借居苏州母舅家读书。由此可知,沈括生于明道元年(1032)。

《沈括前半生考略》通过两条途径考证出同样的结果,可见沈括的生卒年应定为 1032—1096。

二、“沈存中法”——活字印刷术

皇祐三年(1051),青年沈括经历了重大的变故。八月,父沈周归居钱塘故里(今浙江杭州)。十一月庚申(十三日),病逝钱塘,享年七十四。二十岁的沈括是年秋回归故乡,父丧后留居杭州服父丧。沈括比父亲小 54 岁,与族中侄辈年纪相近。他与侄辈们来往,幸而见证了毕昇(?—1051?)发明的活字印刷术。

我国发明的雕板印刷术肇始于 7 世纪初的隋唐之际,经过唐、五代的发展,至宋代趋于鼎盛。当时浙江是全国四大印刷中心(河南、四川、福建、浙江)之一。杭州城内雕板良工荟萃,庆历年间(1041—1048),平民毕昇发明了活字印刷术。毕昇没有著述传世,但他的发明得到了爱好科技和文物收藏的沈氏叔侄的重视。

沈括在其名著《梦溪笔谈》卷十八中记载和总结了毕昇活字印刷术的要点,他说:“庆历中,有布衣毕昇,又为活板。其法用胶泥刻字,薄如钱唇,每字为一印,火烧令坚。先设一铁板,其上以松脂蜡和纸灰之类冒之。欲印则以一铁范置铁板上,乃密布字印。满铁范为一板,持就火炀之,药稍镕,则以一平板按其面,则字平如砥。若止印三二本,未为简易;若印数十百千本,则极为神速。常作二铁板,一板印刷,一板已自布字。此印者才毕,则第二板已具,更互用之,瞬息可就。每一字皆有数印,如‘之’、‘也’等字,每字有二十余印,以备一板内有重复者。不用则以纸贴之,每韵为一贴，木格贮之。有奇字素无备者，旋刻之，以草火烧，瞬息可成。不以木为之者，木理有疏密，沾水则高下不平，兼与药相粘不可取。不若燔土，用讫再火令药镕，以手拂之，其印自落，殊不沾污。昇死，其印为予群从所得，至今宝藏。”①毕昇逝世之年并无明确记载，胡道静先生曾推测，毕昇逝世于1051年前后。毕昇逝世后，他的泥活字为沈括侄辈们所得，至沈括著《笔谈》时仍然“宝藏”着，后来下落不明。

法国汉学家儒莲（Stanislas Julien）研究过中国印刷术，1847年以法文发表关于中国书籍中所见雕版、石印技艺和中国发明，后被欧洲采用的活字印刷术之著录，不仅全文影印沈括《梦溪笔谈》中关于毕昇发明活字印刷术的条文，并且逐句译成了法文（图七四）。他以这种严谨的方式首次向西方世界介绍了中国发明的活字印刷。儒莲从最后一段看出，中国活字印刷术的发明者没有直接的继任者。不过他把沈括笔下的“群从”误译为“同伴们”（compagnons），②国内外有关论著中也常有类似误解，或以为“群从”指门客或食客（followers）。

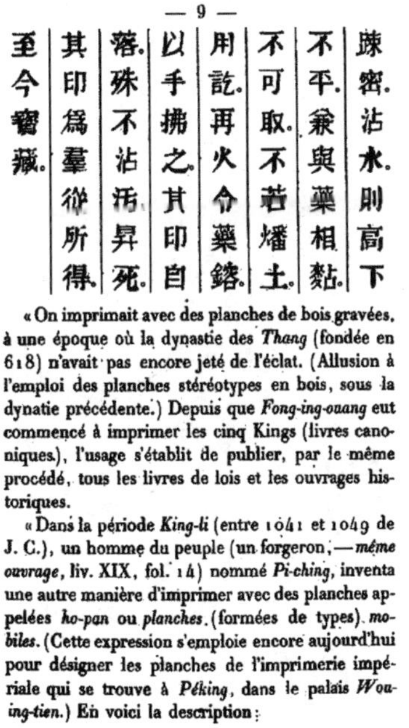

— 9 —

疎密。沾水。則高下不平。兼與藥相黏。不可取。不若燔土。用訖。再火令藥鎔。以手拂之。其印自落。殊不沾汚。昇死。其印爲羣從所得。至今寶藏。

« On imprimait avec des planches de bois gravées, à une époque où la dynastie des *Thang* (fondée en 618) n'avait pas encore jeté de l'éclat. (Allusion à l'emploi des planches stéréotypes en bois, sous la dynatie précédente.) Depuis que *Fong-ing-ouang* eut commencé à imprimer les cinq Kings (livres canoniques), l'usage s'établit de publier, par le même procédé, tous les livres de lois et les ouvrages historiques.

« Dans la période *King-li* (entre 1041 et 1049 de J. C.), un homme du peuple (un forgeron, — *même ouvrage*, liv. XIX, fol. 14) nommé *Pi-ching*, inventa une autre manière d'imprimer avec des planches appelées *ho-pan* ou *planches* (formées de types) *mobiles*. (Cette expression s'emploie encore aujourd'hui pour désigner les planches de l'imprimerie impériale qui se trouve à *Péking*, dans le palais *Wou-ing-tien*.) En voici la description :

图七四　《梦溪笔谈》活字印刷术法译书影

南宋光宗绍熙二年（1191），曾任左丞相、封益国公的周必大（1126—1204）遭贬出判潭州（今湖南长沙）。周必大是南宋私家刻书名家。上世纪80年代台湾学者黄宽重先生从周必大的文集中发现，周必大曾用沈括

① 沈括：《梦溪笔谈》卷十八。“至今宝藏”，《元刊梦溪笔谈》作“至今保藏”。

② Stanislas Julien. *Documents sur l'art d'imprimer à l'aide de planches en bois, de planches en pierre et de types mobiles, inventé en China, bien longtemps avant que l'Europe en fît usage; extraits des livres chinois*. Paris: Imprimerie royale, 1847, 12.

总结的活字法印书。绍熙四年(1193),周必大说:“近用沈存中法,以铜版移换摹印,今日偶成《玉堂杂记》二十八事。”①《玉堂杂记》是周必大的笔记小说,他采用铜板代替铁板摹印,对活字印刷术来说是一种进步,说明“沈存中法”已经传开。可惜随着岁月流逝,世事变迁,周必大《玉堂杂记》活字本不知去向。

“沈存中法”又称“沈氏活板”。据元代姚遂《牧庵集》卷一五“中书左丞姚文宪公神道碑”所载,元世祖忽必烈的谋士姚枢以“《小学》书流布未广,教其弟子杨古为沈氏(恬)[活]板,与《近思录》、《东莱经史论说》诸书,散之四方”。②

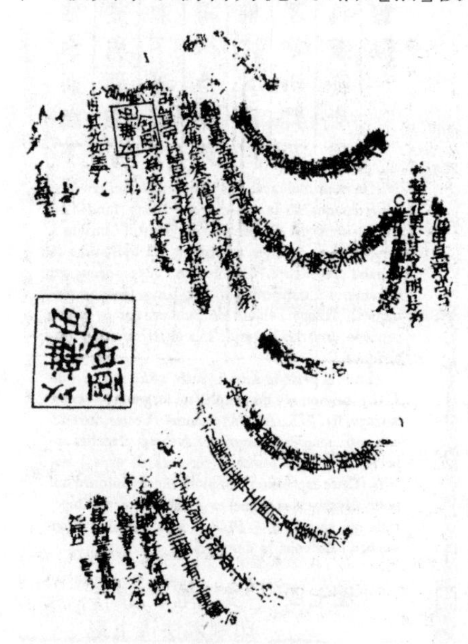

图七五　现存最早的活字印刷品:《佛说观无量寿佛经》残叶④

据《文物》1987年第5期报导,1965年在浙江省温州市郊北宋白象塔第二层墙壁中出土了一幅回旋式《佛说观无量寿佛经》残叶,③宽13、左高8.5、右高10.5厘米。经文为宋体字,字体较小,“笔划拙劣,长短大小不一,笔画粗细不均”,排列形式回旋萦绕,可辨者计166字。在转折处出现倒字,“色”字横排,且有漏字现象。纸面字迹有轻微凹陷,墨色浓淡不一,具有较明显的活字印刷特征(图七五)。报告者根据同处发现的宋崇宁二年(1103)墨书“写经缘

① 周必大:《周文忠公全集·书稿》卷十三《程元(成)[诚]给事札子》。

② 姚遂:《牧庵集》卷十五(四部丛刊本)。参校张秀民、韩琦:《中国活字印刷史》,中国书籍出版社,1998年,第14页。

③ 温州市文物处、温州市博物馆:《温州市北宋白象塔清理报告》,《文物》1987年第5期,第1—14页。

④ 采自钱存训著,郑如斯编订:《中国纸和印刷文化史》,广西师范大学出版社,2004年,第186页图79。

起”残页，推定它是同一年或相近年代的活字版印刷品。[①]

对《佛说观无量寿佛经》残叶是否用活字印刷，学术界有过争议。有的质疑者认为：“今此经不但笔画粗细不一，单字大小长短也悬殊，所以不可能是活字。……今此经不但上下字有交叉处，更有二字相连，如今分；甚至有三字相连的，如十二由。……此《无量寿佛经》是否为活字印本，尚是疑问。”[②]钱存训先生的意见是倾向于活字排版，其主要理由有三，简言之：(1) 经文中上下字之间的笔画相接，或二字相近连成一字，正是活字的特征。早期活字可能按单字笔画多寡而刻制，因此字体大小不一。(2) 经文的行格排列极不规则，不像雕版排列整齐。(3) 经文中个别字的倒置或横排，如转折处“色”字横卧，并非表示连接下句经义的方向，当是活字误植的一个重要证据。[③] 钱氏的论证颇有说服力。现大多认为这一佛经残叶为活字本，乃是迄今为止所发现的世界上最早的活字印刷品。它上距毕昇的发明不过五六十年，从《梦溪笔谈》的问世和流传算起，只有十年左右。

钱存训先生还说：“毕昇的泥活字制作地点原在杭州，后归沈括的子侄辈。据胡道静先生考证，沈括所说‘予群从所得，至今保藏’，以他的侄儿沈逵或沈述的可能性为较大，他们生当公元1100年前后，家在钱塘，与发现这一件佛经的浙江温州及其印制年代，时地都很相近。如推测这一佛经是用毕昇制作的胶泥活字所印，也并非没有可能。”[④]倘若果真如此，这一佛经残叶的文物研究价值将倍加珍贵。不过，毕昇“每字为一印”，为与雕版比试，“密布字印。满铁范为一板”，当每字大小整齐。他是雕版良工，刻的泥活字怎会“笔划拙劣”？愚意这一佛经残叶不会是用毕昇制作的胶泥活字所印。毕昇似无后人，其活字又在沈括子侄辈中宝藏着，在《梦溪笔谈》流传开来以前，知道毕昇其人其事的范围相当有限。《梦溪笔

---

① 金柏东：《早期活字印刷术的实物见证——温州市白象塔出土北宋佛经残叶介绍》，《文物》1987年第5期，第15—18页。

② 张秀民、韩琦：《中国活字印刷史》，第9—10页。

③ 钱存训著，郑如斯编订：《中国纸和印刷文化史》，广西师范大学出版社，2004年，第185—187页。

④ 钱存训著，郑如斯编订：《中国纸和印刷文化史》，第187页。

谈》传开后，人们才纷纷知道雕版之外还有活字印刷，所以称为“沈存中法”。想来当时尝试此法的人并非凤毛麟角，但作品难以保存下来，唯《佛说观无量寿佛经》残叶藏身佛塔，有幸成了仅存的硕果。

沈括为活字印刷术的总结和流传作出了不可磨灭的贡献，反过来，毕昇的科技发明对沈括科学思想的形成产生了积极的影响。嘉祐六年(1061)，沈括客居宣州宁国(今安徽宁国)时，上书参知政事欧阳修，提出“至于技巧器械，大小尺寸，黑黄苍赤，岂能尽出于圣人？百工、群有司、市井、田野之人，莫不预焉”。[①] 其中虽然不无自荐的成分，但至少可以说，沈括受毕昇、喻皓等平民发明家和能工巧匠的影响，对科技发展的真正动力已有了较正确的认识。终其一生，沈括作为“群有司”的一份子，积极参与了科技发明创造的活动，不断为我国古代科学技术的高峰锦上添花。

三、沈括的主要发明

沈括从县主簿等低级官吏做起，时断时续，磨炼了十年，至嘉祐八年(1063)进士及第，开始进入上层社会。接着的十余年中，他在内政外交科技财政等方面施展才能，不时有所建树，直至升为权三司使，执掌全国最高财政机构。沈括结合本职工作，上至天文，下至地理，作出了一系列的发明创造。

沈括提举司天监时，为了克服古代刻漏的缺点，提高精度，创造成每昼夜误差小于 20 秒的玉壶浮漏，[②]先后著成《浮漏仪》和《熙宁晷漏》四卷，可惜后者已佚，前者至今尚未完全读通。燕肃(1961—1041)发明的莲花漏(1030)和沈括的玉壶浮漏(1072—1074)是我国古代刻漏计时技术在宋代达到高峰的两个标志，代表了当时精密时计的世界水平。

沈括的“十二气”历，是一种以太阳视运动为计算依据的阳历。它废除了阴阳合历中的置闰之法，以十二气为基础来制定一年的历法，既简捷

---

① 沈括：《长兴集》卷一九。

② 李志超、毛允清：《刻漏精度的实验研究》，《中国科学技术大学学报》第 S1 期，1982 年。

易算易记，又对农事安排有利。他在介绍十二气历的制定方法后说："予先验天百刻有余，有不足，人已疑其说。又谓十二次斗建当随岁差迁徙，人愈骇之。今此历论，尤当取怪怨攻骂。然异时必有用予之说者。"①这段话是沈括在天文学领域内科学研究成果的高度概括。发现真太阳日有长短，认为十二次斗建当随岁差迁徙，提出十二气历，乃是沈括天文学方面的三项得意之作。他的创新精神、勇气、自信心和历史预见，亦溢于言表。

指南针是我国古代的四大发明之一，至迟在公元前3世纪就有了磁性司南。历代方家以悬吸钢针的多寡测试磁石磁性强弱，进而以磁石磨针锋获得磁化钢针，沈括知道后，将此公之于世。《梦溪笔谈》卷二十四说："方家以磁石磨针锋，则能指南，然常微偏东，不全南也。水浮多荡摇。指爪及碗唇上皆可为之，运转尤速，但坚滑易坠，不若缕悬为最善。其法取新纩中独茧缕，以芥子许蜡，缀于针腰，无风处悬之，则针常指南。"沈括对磁针的支挂方法作了多种实验和分析，认为缕悬法最好，所以他对缕悬法作了详细的介绍。他还用自制的灵敏指南针验证了方家发现的地磁偏角现象。虽然《梦溪笔谈》关于磁偏角的记载未必最早，但其影响却是超过了那些堪舆书。

熙宁五年(1072)九月，沈括受命提举疏浚汴渠事。他主持了自京师上善门量至泗州淮岸的实测。鉴于"验量地势，用水平、望尺、干尺量之，亦不能无小差"。而"汴渠堤外，皆是出土故沟"，于是沈括"决沟水令相通，时为一堰节其水；候水平，其上渐浅涸，则又为一堰，相齿如阶陛。乃量堰之上下水面相高下之数，会之，乃得地势高下之实"。② 当时利用沈括新创的分层筑堰测量地形法，测得开封比泗州高出十九丈四尺八寸六分。这种比较精密的地形测量，比俄国1696年开始进行的顿河地形测量，要早六百多年。

熙宁七年(1074)八月，沈括被任命为河北西路察访使。他沿太行山

---

① 沈括：《梦溪笔谈·补笔谈》卷二。
② 沈括：《梦溪笔谈》卷二五。

北行，看到山崖之间的螺蚌化石及砾层的沉积带，推断“此乃昔之海滨，……所谓大陆者，皆浊泥所湮耳”。① 沈括至河北定州，遍履山川，调查二十余日，获得了详细的地形资料。先以面糊木屑、熔蜡造型，制成山川道路的立体地图雏形。归至官府，则以木刻成地图成品。后上呈朝廷，得到认可，下诏推行。自此，“边州皆为木图，藏于内府”。② 沈括发明的木图，是地图学史上关于木质地形图的首次明确记载，比瑞士 18 世纪出现的地理模型图约早七百年。

上述玉壶浮漏、十二气历、缕悬法指南针、分层筑堰测量地势法和立体木质地形图，只是沈括科技发明中的几个典型例子。事实上，沈括知识广博，富有灵感，大小发明之多，举不胜举，下面让我们再看一项以沈括的名字命名的新发明。

四、“沈存中石墨”

元丰三年(1080)六月，沈括调任延州(今陕西延安)知府，兼鄜延路经略安抚使。戎机之暇，他发现当地产石油。他说：“鄜延境内有石油，旧说‘高奴县出脂水’，即此也。生于水际，沙石与泉水相杂，惘惘而出，土人以雉尾裛之，乃采入缶中，颇似淳漆，燃之如麻，但烟甚浓，所沾幄幕皆黑。予疑其烟可用，试扫其煤以为墨，黑光如漆，松墨不及也，遂大为之。其识文为‘延川石液’者是也。此物后必大行于世，自予始为之。盖石油至多，生于地中无穷，不若松木有时而竭。”③

沈括在此首次提出了“石油”这一科学命名。原油燃烧，“幄幕皆黑”。沈括却由此联想到石油烟尘所凝结的煤炱(即炭黑)有用，试制成功石油烟墨，定名为“延川石液”，它在文人士大夫中不胫而走。

与沈括同时代的著名文学家苏轼(1036—1101)，跟沈括的政治见解不同，也有过一点个人恩怨，但对沈括的“延川石液”颇为欣赏，起而仿制。

① 沈括：《梦溪笔谈》卷二四。
② 沈括：《梦溪笔谈》卷二五。
③ 沈括：《梦溪笔谈》卷二四。

苏轼《书沈存中石墨》说："陆士衡与士龙书云：登铜雀台得曹公所藏石墨数瓮，今分寄一螺。《大业拾遗记》宫人以娥绿画眉，亦石墨之类也。近世无复此物。沈存中帅鄜延，以石烛烟作墨，坚重而黑，在松烟之上。曹公所藏岂此物也耶？"苏轼又说："予近取油烟，才积便扫，以为墨皆黑，殆过于松煤。但调不得法，不为佳墨，然则非烟之罪也。"①从东坡先生的经验看来，石油烟墨的调制是有一定的难度和工艺要求的。沈括能制得"黑光如漆"的佳墨，说明他在技术上也有一手。

---

① 苏轼：《东坡题跋》卷五（《丛书集成》本）。

谭峭《化书》四种反射镜考辨

近从桑尼维尔的书原书店购得一本五代谭峭所撰的《化书》，由丁祯彦、李似珍点校，中华书局 1996 年第 1 版，2010 年第 5 次印刷。读了之后，解开了留在心头多年的关于“四镜”的疑惑。

《化书》又名《谭子化书》，由南唐道士谭峭所撰，谭峭，字景升，泉州府清源县（今福建省莆田市华亭）人。幼读经史，酷爱黄老、诸子及《穆天子传》等书，立志修道学仙。曾师从嵩山道士，得道家养生之术。谭峭虽以学道自隐，号紫霄真人，但仍十分关心世道治乱和民生疾苦，著有《化书》六卷传世。

此书的版本很多，传本中题名《化书》者有：《正统道藏》本、《盐邑志林》本、《宝颜堂秘笈》本、《四库全书》本，《墨海金壶》本等。题名《谭子化书》的有：《道书全集》本、《二十子》本、《唐化丛书》本、《说郛》宛委山堂本等。丁、李点校本说：“还有一种称蒋孟苹藏宋刊本者，其书目见载于《涵芬楼烬余书录》及邵懿辰、邵章所著之《增订四库简明目录标注》，近人傅增湘曾据此本校《宝颜堂秘笈》本，而此校本目前仍保存于北京图书馆。……经对校，元秦昇家塾刻本与此宋本文字大致相近，故或定此两本为宋、元刊本系统。”①

传本《化书》卷一“四镜”条云：“小人常有四镜。一曰圭，二曰珠，三曰砥，四曰盂。圭视者大，珠视者小，砥视者正，盂视者倒。”物理学史界对此

---

① 谭峭撰，丁祯彦、李似珍点校：《化书》，中华书局，1996 年，代序第 20 页。

主要有两类解释。一为透镜说。李约瑟博士、[①]徐克明先生、[②]戴念祖先生[③]的观点之间虽有差异，但都将此四镜释为四种透镜(len)。二为反射镜说，德意志汉学家 Alfred Forke (1867—1944)、[④]王师锦光先生、洪震寰先生将此四镜释为四种反射镜(mirror)。[⑤] 仁者见仁，智者见智，迄无定论。他们都曾为"圭视者大"句颇费心思，而始终找不到合理的解释，原来"圭"是一个错字。

据丁、李点校本，"圭"，底本《盐邑志林》本等作"圭"，但宋、元刊本作"璧"。故原文已被校正为："一曰璧，二曰珠，三曰砥，四曰盂。璧视者大，珠视者小，砥视者正，盂视者倒。"[⑥]

经此校正，文意就比较明确了，只要多引述一些原文，就不难理解谭峭所称"四镜"为何物。

《化书》卷一"形影"条曰："以一镜照形，以余镜照影。镜镜相照，影影相传，不变冠剑之状，不夺黼黻之色。是形也与影无殊，是影也与形无异。"[⑦]此处"镜"为平面铜镜。

"四镜"条曰："小人常有四镜：一名璧，一名珠，一名砥，一名盂。璧视者大，珠视者小，砥视者正，盂视者倒。观彼之器，察我之形，由是无大小、无长短、无妍丑、无美恶。所以知形气谄我，精魄贼我，奸臣贵我，礼乐尊我。是故心不得为之君，王不得为之主。戒之如火，防之如虎。纯俭不

---

① Joseph Needham, *Science and Civilisation in China*, vol. 4, part 1, Cambridge University Press, 1962, p. 117.

② 徐克明、李志军：《从〈论衡〉和〈谭子化书〉探讨我国古透镜自先秦至五代的进展》,《自然科学史研究》1989 年第 1 期。第 43—55 页。

③ 戴念祖主编：《中国科学技术史(物理学卷)》,科学出版社，2001 年，第 234—238 页。

④ Forke, A., *Geschichte der mittelalterlichen chinesischen Philosophie*, de Gruyter, Hamberg, 1934, p. 344.

⑤ 王锦光：《〈谭子化书〉中的光学知识》,载方励之主编《科学史论集》,中国科学技术大学出版社，1987 年，第 213 页。王锦光、洪震寰：《中国光学史》,湖南教育出版社，1986 年，第 100—102 页。

⑥ 《化书》,第 6 页。

⑦ 《化书》,第 5 页。

可袭,清静不可侮,然后可以迹容广而跻三五。”[1]在此,谭峭以几种不同铜镜的影像为喻发表哲理政见。李约瑟及有的著作以为“小人”是指谭峭本人,其实“小人”是贬义词。“观彼之器”,是用小人的四镜照镜子;“察我之形”,是照镜者察看自己的形象。用这四种铜镜来照有完全不同的效果,别被表象迷惑。

卷二“帝师”条曰:“镜非求鉴于物,而物自投之。”[2]此句的“镜”即《考工记》所谓“鉴燧之齐”之“鉴”,也就是铜镜。

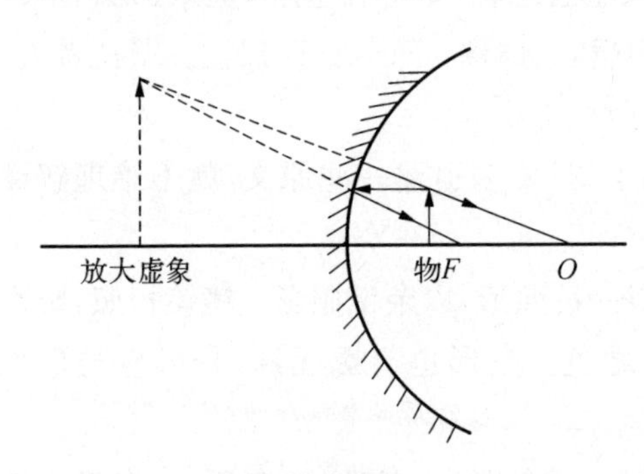

图七六　凹面镜视者大(物在焦距内)

因此,上述“四镜”的含义是简单明白的。

一曰璧。“璧”镜得名于其形状似玉璧,指圆形的微凹面镜。沈括《梦溪笔谈》所谓“凡鉴洼则照人面大”,正指此类铜镜(图七六)。

二曰珠。“珠”镜得名于其形如珠面,指凸面镜。《中国光学史》指出:“‘珠’原为珍珠,泛指球状颗粒。这里指凸面镜(即球体表面的一部分或整个球体)。”[3]《中国科学技术史(物理学卷)》质疑:“在唐宋之前,甚至明代以前,在历史文献中未见称球面镜为‘珠’的惯例。”[4]但又引述唐开元二十六年(738)崔曙《奉试明堂火珠》诗:“正位开重屋,凌空出火珠。夜来双月满,曙后一星孤。天净光难灭,云生望欲无。遥知太平代,国宝在名都。”并指出诗中“火珠”“是一个有反射功能的铜球”。[5] 愚意以为《化书》这四镜的名称都来自形状,将镜称作璧、砥、盂,无论是指铜镜还是指透镜均无先例。明堂建筑上空“一

① 《化书》,第6—7页。
② 《化书》,第28页。
③ 《中国光学史》,第100页。
④ 《中国科学技术史(物理学卷)》,第236页。
⑤ 《中国科学技术史(物理学卷)》,第234页。

个有反射功能的铜球”被官方命名为“火珠”，谭峭将珠面铜镜形象地称作“珠”，也顺理成章。沈括《梦溪笔谈》所谓“凡鉴……凸则照人面小”，正指此类铜镜（图七七）。

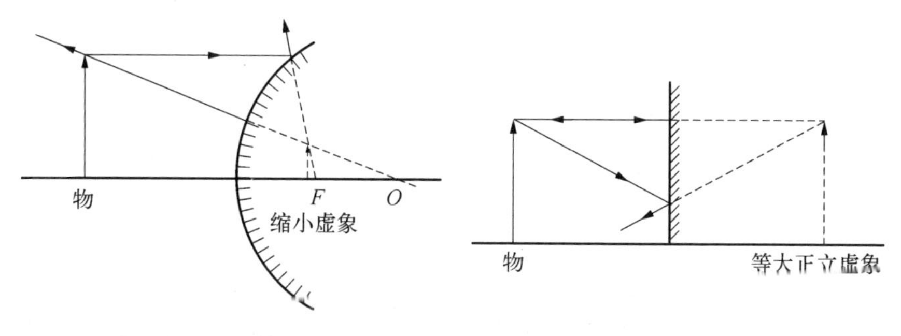

图七七　凸面镜视者小　　　图七八　平面镜视者正

三曰砥。《广韵 · 纸韵》：“砥，平也；直也。”“砥”镜指普通平面铜镜。对平面镜，人在任何位置都成正像，所以说“砥视者正”（图七八）。

四曰盂。《说文》：“盂，饭器也。”“盂”镜得名于盂，指圆形的深凹面镜。《中国光学史》说：盂“的里底呈凹球面形，由于盂壁较高，人面总是处在它的球心之外，故成倒像”。① 《中国科学技术史（物理学卷）》指出：“‘盂’多为外凹内凸之底。”②笔者以为如果盂的底部往上凸，那么将盂倒过来看底面就呈凹面状。谭峭用“盂”指深凹面镜也颇传神。如人面在深凹面镜的焦距甚至球心之外，所成的就是倒像，所以说“盂视者倒”（图七九）。

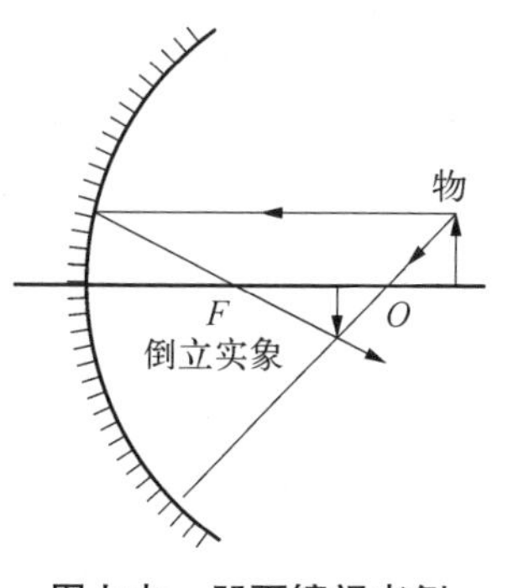

图七九　凹面镜视者倒（物在球心外）

综上所述，从全书语境用例的一致性，四镜名称来源和物理意义的合理解释来看，《化书》中的“四镜”确是四种反射镜。

① 《中国光学史》，第 101 页。
② 《中国科学技术史（物理学卷）》，第 236 页。

《周髀算经》陈子日高图复原记

《周髀算经》是中国现存最早的数学天文学著作，其内容分为三大部分。第一部分是商高周公答问，阐述勾股定理等古典数学，内容最古。第二部分以陈子荣方答问的形式阐述周髀数学天文，陈子是春秋末或战国初的杰出数学天文学家。第三部分是周髀家的盖天说和天文历法。《周髀算经》的编成年代学术界看法不一，具体年代难以认定，实因它经历了逐渐累积充实的过程。公元3世纪中叶，数学家赵爽为《周髀算经》作注，旨在"颓毁重仞之墙，披露堂室之奥"，[①]对后人理解《周髀算经》的内容，很有帮助。他自己也在数学上有所发现，有所前进。

周髀，本意是周代测影用的圭表。"测影的圭表是周髀家的主要仪器，测影的数据、方法及理论分析是周髀家的学说基石"。[②] 陈子就是在立表"求中"的传统文化土壤中成长起来的古代数学家和天文学家。在陈子的宇宙模型中，天地是一组平行平面。太阳运行于天平面上，太阳到地面的垂直距离称为日高。陈子测算日高的方法是作二次测望的二望测高法，利用这一方法，陈子推导出陈子重差公式，说明从一个测量获得的距离和影长之比等于从两个测量获得的距差和影差之比，创建了后来所谓的重差术。[③]

---

① 程贞一、闻人军：《周髀算经译注·赵爽序》，上海古籍出版社，2012年，第1页。

② 程贞一、闻人军：《周髀算经译注·前言》，第1页。

③ 程贞一、闻人军：《周髀算经译注》，第42页。

陈子重差公式的推导用到了陈子重差求高公式。[①] 陈子是把双测太阳高度的两个直角三角形积成两个矩，利用其中的面积关系推导而成重差求高公式的。[②] 他为了直观地说明其测算日高的方法，绘制了日高图。赵爽当年为陈子日高图作注时，也设计了自己的日高图。赵爽日高图仅存注文，原图失传。古今中外许多学者曾尝试复原赵爽日高图。清代学者顾观光、当代吴文俊先生分别成功地复原过赵爽日高图，各有特色，证实了陈子重差公式的推导是建立在等面积关系上。[③] 至于陈子日高图，传本中都有一幅，可惜有图无文，图也已失真，长久以来它的解读成了悬案。2012 年程贞一先生和我的《周髀算经译注》由上海古籍出版社出版，书中指出：

> 陈子重差公式的推导，现仅存日高图和图中标以甲、乙、戊面积所示的数量关系。历来学者对这些面积之间的关系有不同看法，但均未解释这些面积对于推导重差公式的关系。我们发现：现存南宋本和明刻本的陈子日高图脱缺最下一行；补上底行的陈子日高图（参见陈子篇二“日高图”，图四十和图四十五）展示甲、乙、戊面积之间的关系，正是推导重差公式的关键的面积关系且与赵爽注文符合。由此证实，推导重差公式出自春秋末期（或战国初期）的陈子，远在赵爽（约活动于公元 250 左右）和刘徽（活动于公元 263 左右）时代之前。[④]

详细论证请参见《周髀算经译注》。今从该书中选取几幅插图，略作解说。

图八〇采自《周髀算经译注》图四十一，展示现存最早的《周髀算经》刊本[南宋嘉定六年（1213）鲍澣之根据北宋元丰七年（1084）的版本重刻的《算经十书》本]中的陈子日高图，此图脱缺最下一行。图八一采自《周

---

① 程贞一、闻人军：《周髀算经译注》，第 42 页。

② 程贞一、闻人军：《周髀算经译注》，第 79 页。

③ 吴文俊：《我国古代测望之学重差理论评介兼评数学史研究中的某些方法问题》，《科技史文集》第八辑（数学史专辑），上海科学技术出版社，1982 年，第 5—30 页。

④ 程贞一、闻人军：《周髀算经译注·前言》，第 3 页。

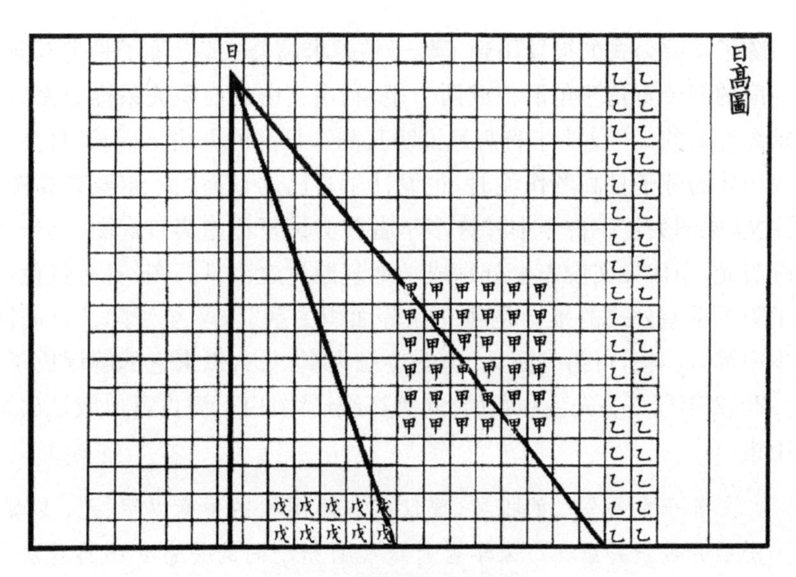

图八〇　南宋本陈子日高图

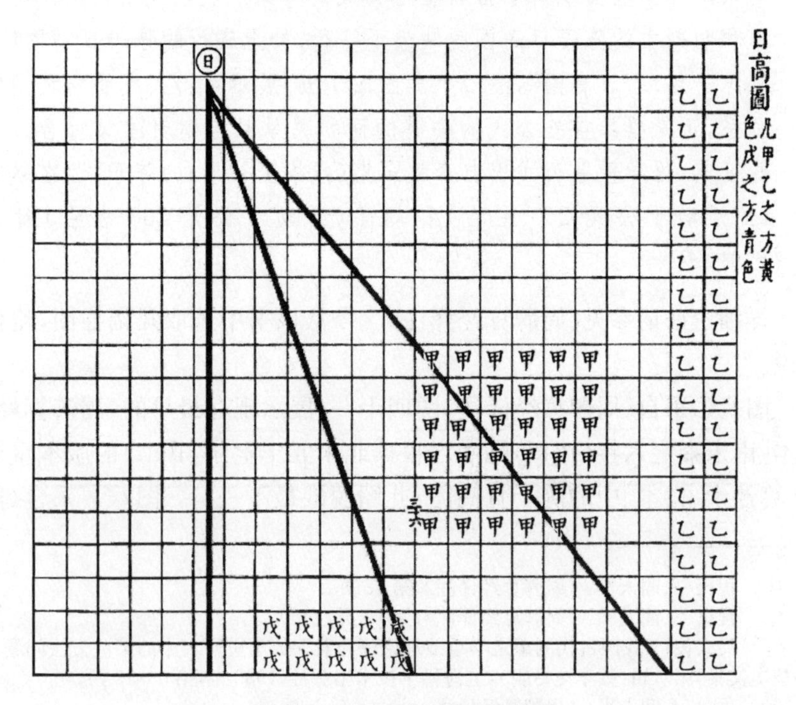

图八一　明胡刻本陈子日高图

髀算经译注》图四十二，这是流传较广的明朝万历中胡震亨刻本《周髀算经》陈子日高图，也脱缺最下一行。它比南宋本多出题下小字注和图中小字注“三十六”，应属于原图所有而南宋本却缺失者，对复原有用，且说明陈子日高图乃是一种多色图。图八二采自《周髀算经译注》图四十五，这是我们经过论证，以南宋本为基础复原的陈子日高图。“陈子没有依照实际理论比例绘图，而是创造性地利用标字面积的格数说明面积相等的关系。借助于极简单的方格图标志，陈子表达了其日高图的精髓”。① 当然，我们也可以胡刻本为基础，补行移字，得到如图八三所示的复原图。

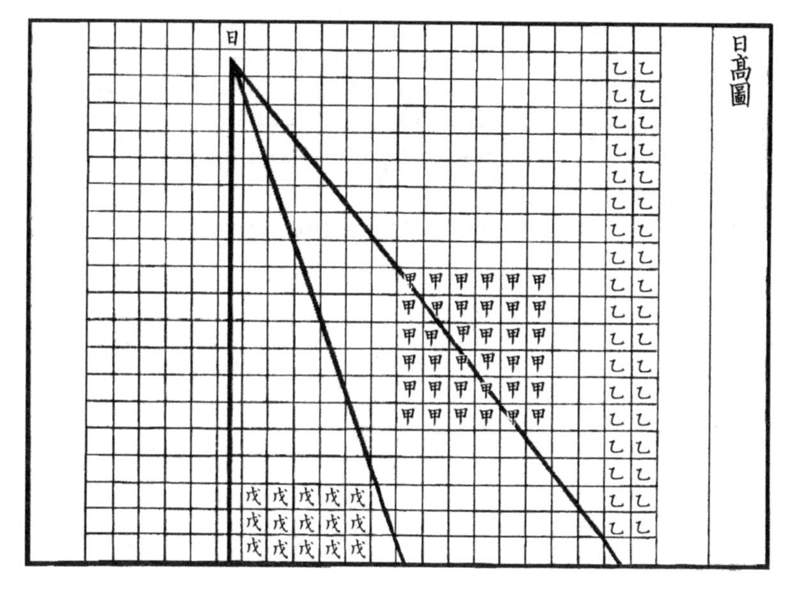

图八二　陈子日高图(补正移字)

① 程贞一、闻人军：《周髀算经译注》，第83页。

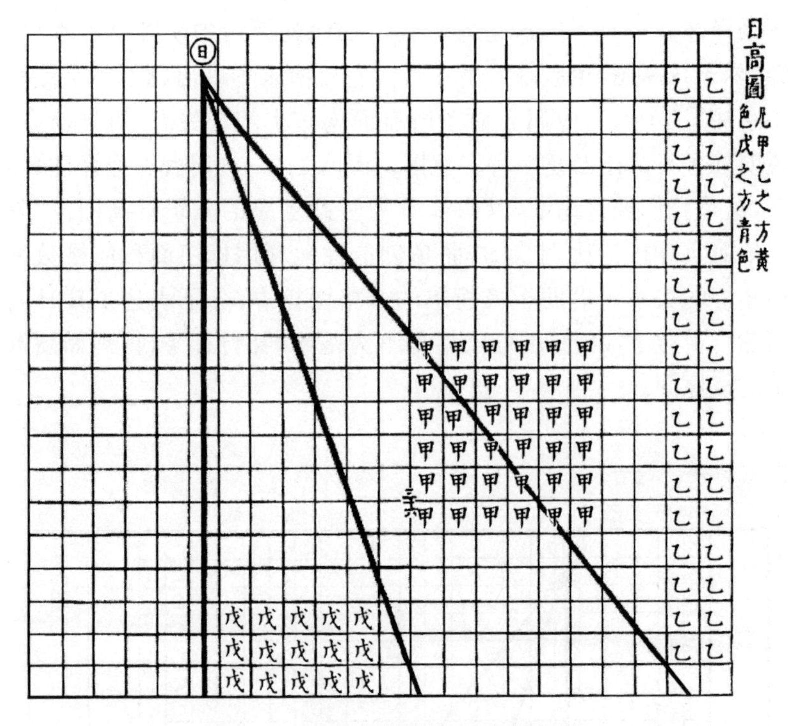

图八三　陈子日高图(补正移字含注)

后　记

学术界素有六十自定稿、七十自选集之举，从未料想自己也有类似机遇。现拙著付印在即，首先要感谢复旦大学出土文献与古文字研究中心邀我加入协同创新中心下属研究团队，使我重燃科技史和名物研究的热情；又立此名物研究项目，精心筹划，才有是书之作。

笔者与上海古籍出版社合作多年，感谢出版社知人善任，顾莉丹女士的博士论文为《〈考工记〉兵器疏证》，任拙著责编乃上佳人选。几十年来，本人的研究时断时续，体例不一。感谢责编费心统一体例，感谢出版社有关部门称职、高效的工作，使拙著新年伊始将与读者见面。至于书中可能有的观点出入，概由笔者负责，希望以后有机会增订修正。

最后，要感谢妻子王雅增和家人一如既往的理解和支持，让我在工作之余安心完成此一项目。

闻人军于2017年元旦